国家科学技术学术著作出版基金资助出版

无模型自适应控制
——理论与应用

侯忠生　金尚泰　著

科学出版社
北　京

内 容 简 介

本书系统地总结了作者自 1994 年以来关于无模型自适应控制理论和应用的研究成果. 无模型自适应控制是指仅利用受控系统的输入输出数据直接进行控制器的设计和分析, 并能实现未知非线性受控系统的参数自适应控制和结构自适应控制的一种全新架构的控制理论与方法. 本书主要内容包括: 伪偏导数、伪梯度、伪 Jacobian 矩阵和广义 Lipschitz 条件等新概念, 非线性系统的动态线性化技术, 无模型自适应控制、无模型自适应预测控制和无模型自适应迭代学习控制等控制方法, 以及相应的稳定性分析和典型的实际应用; 同时也包括复杂互联系统的无模型自适应控制、无模型自适应控制与其他控制方法之间的模块化设计、无模型自适应控制的鲁棒性和无模型自适应控制系统的对称相似结构构想等若干重要问题.

本书可供从事控制科学与工程领域的研究生、教师、研究人员, 以及从事过程控制实践的工程师参考和阅读.

图书在版编目(CIP)数据

无模型自适应控制: 理论与应用/侯忠生, 金尚泰著. —北京: 科学出版社, 2013

ISBN 978-7-03-037993-1

I. ①无⋯　 II. ①侯⋯②金⋯　 III. ①控制-自动化-研究　 IV. ①TP13

中国版本图书馆 CIP 数据核字(2013)第 136221 号

责任编辑: 余　丁　于　红 / 责任校对: 彭　涛
责任印制: 张　倩 / 封面设计: 蓝　正

科 学 出 版 社 出版

北京东黄城根北街 16 号
邮政编码: 100717

http://www.sciencep.com

北京凌奇印刷有限责任公司 印刷
科学出版社发行　 各地新华书店经销

*

2013 年 6 月第　 一　 版　 开本: B5(720×1000)
2013 年 6 月第一次印刷　 印张: 20
字数　 382 000

POD定价:　 138.00元
(如有印装质量问题, 我社负责调换)

前　言

自 20 世纪 50 年代末以来,现代控制理论得到了空前的发展和完善,形成了许多领域与分支,如线性系统理论、最优控制、系统辨识、自适应控制、鲁棒控制、变结构控制和随机系统理论等,并已在工业过程、航空航天以及军事等诸多方面取得了令人瞩目的成就.然而,无论从学科发展还是应用需求方面来看,现代控制理论研究和应用都面临着巨大的挑战.现代控制理论是基于受控对象的数学模型或标称模型精确已知这个基本假设建立和发展起来的.众所周知,建立受控系统的数学模型不是一件容易的事情,有时甚至是不可能的,即使受控系统的数学模型能建立起来,其数学模型也不是精确的.因此,现代控制理论在实际应用中面临着建模困难、不易应用、鲁棒性差、不安全以及理论分析结果与实际应用效果存在鸿沟等诸多问题.系统精确建模和模型简约或控制器简约、未建模动态和系统鲁棒性、未知不确定性与鲁棒控制要求不确定性上界已知等问题是一些孪生的长期存在的理论难题,这些问题的解决在传统基于模型的控制理论研究框架下是非常困难的,从而阻碍了现代控制理论的健康发展.进一步,即使我们有办法建立受控系统精确的数学模型,由于实际受控系统的复杂性,其建立起来的数学模型也将是非常复杂的高阶强非线性时变系统,从而导致控制器的设计和系统分析变得非常复杂.同时,复杂控制器在实际应用中成本高、不易被工程师接受、不易应用、不易维护.

近年来,随着科学技术、特别是信息科学技术的快速发展,化工、冶金、机械、电力和交通运输等系统发生了重大变化,企业的规模越来越大,生产过程越来越复杂,对产品质量的要求越来越高,使得基于受控对象精确数学模型的控制理论和方法在实际中的应用变得越来越困难.然而,实际系统和工业过程时刻都在产生大量的生产和过程数据,这些数据隐含着系统状态变化和过程运行等信息.如何有效利用这些数据以及这些数据中蕴含的知识,在难以建立受控系统较准确模型的条件下,实现对系统和生产过程的优化控制已成为控制理论界迫切需要解决的问题.因此,研究和发展数据驱动控制理论与方法是新时期控制理论发展与应用的必然选择,具有重大的理论与现实意义.

无模型自适应控制是一种典型的数据驱动控制方法,它是本书的第一作者于1994 年在其博士论文中提出的.无模型自适应控制仅利用受控系统的输入输出数据进行控制器的设计和分析,能实现未知非线性受控系统的参数自适应控制和结构自适应控制,摆脱了控制器设计对受控系统数学模型的依赖及上述各种孪生的理论难题,为控制理论的研究和实际应用提供了一种全新的控制理论与方法.经过近 20 年的研究与发展,无模型自适应控制已经形成了系统的理论体系,并且已经在许多实际系统,如电机、化工、机械等领域得到了成功的应用.

本书的主要内容包括离散时间非线性系统的动态线性化方法、无模型自适应控制方法、无模型自适应预测控制方法、无模型自适应迭代学习控制方法以及相应的稳定性分析和典型的实际应用,同时也包括复杂互联系统的无模型自适应控制、无模型自适应控制方法与其他控制方法之间的模块化设计、无模型自适应控制的鲁棒性和无模型自适应控制系统的对称相似结构构想等若干重要问题.

感谢国家自然科学基金委员会重点项目、重大国际合作项目和面上项目 (60834001、61120106009、60474038)的资助.没有国家自然科学基金委员会的长期支持,就没有本书工作的完善.

感谢我已经毕业的和在读的研究生们,与他们的合作研究对无模型自适应控制理论研究的完善和实际应用起到了重要的作用.已毕业的研究生有池荣虎博士、金尚泰博士、王卫红博士、殷辰堃博士、晏静文博士、卜旭辉博士和柳向斌博士;在读博士研究生有李永强、孙何青、朱明远和吉鸿海.尤其是池荣虎博士和殷辰堃博士,他们为本书的最后定稿付出了很多的努力!感谢新加坡国立大学的 Jian-Xin Xu 教授,与他的讨论对本书动态线性化方法的数学严谨性起到了帮助作用;感谢浙江工业大学的孙明轩教授和新加坡国立大学的 Cheng Xiang 副教授对本书的写作提出的有益建议;感谢引用无模型自适应控制方法进行理论研究,尤其是进行实际系统应用的国内外学者,没有他们成功的实际应用对我们的激励,很难想象我们能有这么大的自信和勇气一直坚守这一方向的研究!

侯忠生

2013 年 5 月于北京

缩 写 表

比例积分微分控制	proportional integral differential control, PID
带外部输入的非线性自回归滑动平均	nonlinear auto-regressive moving average with exogenous input, NARMAX
单输入单输出	single input and single output, SISO
迭代反馈整定	iterative feedback tuning, IFT
迭代学习控制	iterative learning control, ILC
多输入单输出	multiple input and single output, MISO
多输入多输出	multiple input and multiple output, MIMO
动态矩阵控制	dynamic matrix control, DMC
广义预测控制	generalized predictive control, GPC
基于紧格式动态线性化的无模型自适应迭代学习控制	CFDL-MFAILC
基于紧格式动态线性化的无模型自适应控制	CFDL-MFAC
基于紧格式动态线性化的无模型自适应预测控制	CFDL-MFAPC
基于模型的控制	model based control, MBC
基于偏格式动态线性化的无模型自适应控制	PFDL-MFAC
基于偏格式动态线性化的无模型自适应预测控制	PFDL-MFAPC
基于全格式动态线性化的无模型自适应控制	FFDL-MFAC
基于全格式动态线性化的无模型自适应预测控制	FFDL-MFAPC
基于相关性的整定方法	correlation-based tuning, CbT
紧格式动态线性化	compact form dynamic linearization, CFDL
控制输入线性化长度常数	linearization length constant, LLC
懒惰学习	lazy learning, LL
偏格式动态线性化	partial form dynamic linearization, PFDL
去伪控制	unfasified control, UC
全格式动态线性化	full form dynamic linearization, FFDL
神经元网络	neural networks, NN
输入输出	input/output, I/O
数据驱动控制	data-driven control, DDC
同步扰动随机逼近	simultaneous perturbation stochastic approximation, SPSA

网络控制系统	networked control system，NCS
伪分块 Jacobian 矩阵	pseudo partitioned Jacobian matrix，PPJM
伪分块梯度	pseudo partitioned gradient，PPG
伪 Jacobian 矩阵	pseudo Jacobian matrix，PJM
伪偏导数	pseudo partial derivative，PPD
伪梯度	pseudo gradient，PG
无模型自适应迭代学习控制	model-free adaptive iterative learning control，MFAILC
无模型自适应控制	model-free adaptive control，MFAC
无模型自适应预测控制	model-free adaptive predictive control，MFAPC
虚拟参考反馈整定	virtual reference feedback tuning，VRFT
有界输入有界输出	bounded-input bounded-output
预测启发控制	model predictive heuristic control，MPHC

符号对照表

L	PFDL 数据模型中的控制输入线性化长度常数
L_y	FFDL 数据模型中的控制输出线性化长度常数
L_u	FFDL 数据模型中的控制输入线性化长度常数
$\phi_c(k)$	SISO 系统的 CFDL 数据模型中的 PPD 在第 k 时刻的值
$\phi_c(k,i)$	SISO 系统的迭代相关 CFDL 数据模型中的 PPD 在第 i 次迭代运行第 k 时刻的值
$\boldsymbol{\phi}_c(k)$	MISO 系统的 CFDL 数据模型中的 PG 在第 k 时刻的值
$\boldsymbol{\phi}_{c,i}(k)$	互联系统第 i 个子系统的 CFDL 数据模型中的 PG 在第 k 时刻的值
$\boldsymbol{\phi}_{p,L}(k)$	SISO 系统的 PFDL 数据模型中的 L 维 PG 在第 k 时刻的值
$\overline{\boldsymbol{\phi}}_{p,L}(k)$	MISO 系统的 PFDL 数据模型中的 mL 维 PPG 在第 k 时刻的值
$\boldsymbol{\phi}_{i,p,L}(k)$	互联系统第 i 个子系统的 PFDL 数据模型中的 L 维 PG 在第 k 时刻的值
$\boldsymbol{\phi}_{f,L_y,L_u}(k)$	SISO 系统的 FFDL 数据模型中的 L_y+L_u 维 PG 在第 k 时刻的值
$\overline{\boldsymbol{\phi}}_{f,L_y,L_u}(k)$	MISO 系统的 FFDL 数据模型中的 L_y+mL_u 维 PPG 在第 k 时刻的值
$\boldsymbol{\phi}_S(k)$	串联系统的 PFDL 数据模型中的 PG 在第 k 时刻的值
$\boldsymbol{\phi}_P(k)$	并联系统的 PFDL 数据模型中的 PG 在第 k 时刻的值
$\boldsymbol{\phi}_F(k)$	反馈连接系统的 PFDL 数据模型中的 PG 在第 k 时刻的值
$\boldsymbol{\Phi}_c(k)$	MIMO 系统 CFDL 数据模型中的 $m\times m$ 维 PJM 在第 k 时刻的值
$\boldsymbol{\Phi}_{p,L}(k)$	MIMO 系统 PFDL 数据模型中的 $m\times mL$ 维 PPJM 在第 k 时刻的值
$\boldsymbol{\Phi}_{f,L_y,L_u}(k)$	MIMO 系统 FFDL 数据模型中的 $mL_y\times mL_u$ 维 PPJM 在第 k 时刻的值
$\boldsymbol{U}_L(k)$	SISO 系统的 PFDL 数据模型中由滑动时间窗口 $[k-L+1,k]$ 内的所有控制输入信号组成的向量,即 $\boldsymbol{U}_L(k)=[u(k),\cdots,u(k-L+1)]^T$
$\boldsymbol{U}_{i,L_i}(k)$	互联系统第 i 个子系统的 PFDL 数据模型中由滑动时间窗口 $[k-L_i+1,k]$ 内的所有控制输入信号组成的向量,即 $\boldsymbol{U}_{i,L_i}(k)=[u_i(k),\cdots,u_i(k-L_i+1)]^T$
$\overline{\boldsymbol{U}}_L(k)$	MIMO(或 MISO)系统的 PFDL 数据模型中由滑动时间窗口 $[k-L+1,k]$ 内的所有控制输入信号组成的向量,即 $\overline{\boldsymbol{U}}_L(k)=[\boldsymbol{u}^T(k),\cdots,\boldsymbol{u}^T(k-L+1)]^T$
$\boldsymbol{H}_{L_y,L_u}(k)$	SISO 系统的 FFDL 数据模型中由输入相关的滑动时间窗口 $[k-L_u+1,k]$ 内的所有控制输入信号以及在输出相关的滑动时间窗口 $[k-L_y+$

$1,k$]内的所有系统输出信号组成的向量，即 $\boldsymbol{H}_{L_y,L_u}(k) = [y(k), \cdots,$
$y(k-L_y+1), u(k), \cdots, u(k-L_u+1)]^{\mathrm{T}}$

$\bar{\boldsymbol{H}}_{L_y,L_u}(k)$　　MIMO 系统的 FFDL 数据模型中由输入相关的滑动时间窗口 $[k-L_u+1,k]$ 内的所有控制输入信号以及输出相关的滑动时间窗口 $[k-L_y+1,k]$ 内的所有系统输出信号组成的向量，即 $\bar{\boldsymbol{H}}_{L_y,L_u}(k) = [\boldsymbol{y}^{\mathrm{T}}(k), \cdots, \boldsymbol{y}^{\mathrm{T}}(k-L_y+1), \boldsymbol{u}^{\mathrm{T}}(k), \cdots, \boldsymbol{u}^{\mathrm{T}}(k-L_u+1)]^{\mathrm{T}}$

$\breve{\boldsymbol{H}}_{L_y,L_u}(k)$　　MISO 系统的 FFDL 数据模型中由输入相关的滑动时间窗口 $[k-L_u+1,k]$ 内的所有控制输入信号以及输出相关的滑动时间窗口 $[k-L_y+1,k]$ 内的所有系统输出信号组成的向量，即 $\breve{\boldsymbol{H}}_{L_y,L_u}(k) = [\boldsymbol{y}^{\mathrm{T}}(k), \cdots, \boldsymbol{y}^{\mathrm{T}}(k-L_y+1), \boldsymbol{u}^{\mathrm{T}}(k), \cdots, \boldsymbol{u}^{\mathrm{T}}(k-L_u+1)]^{\mathrm{T}}$

$\mathbf{R}$　　　　　　实数集

$\mathbf{R}^n$　　　　　n 维实向量空间

$\mathbf{R}^{n\times m}$　　　　$n \times m$ 维实矩阵空间

$\mathbf{Z}^+$　　　　　正整数集

I　　　　　　单位矩阵

q^{-1}　　　　　单位延迟算子

Δ　　　　　　变量在相邻两时刻的差分

$\mathrm{sign}(x)$　　　符号函数

$\mathrm{round}(\cdot)$　　四舍五入

$|\cdot|$　　　　　绝对值

$\|\cdot\|_v$　　　　相容范数

$\hat{a}(k)$　　　　　变量 a 在 k 时刻的估计值

$\tilde{a}(k)$　　　　　变量 a 在 k 时刻的估计值与其真实值的误差

$s(\boldsymbol{A})$　　　　矩阵 $\boldsymbol{A}$ 的谱半径

$\boldsymbol{A}^{-1}$　　　　矩阵 $\boldsymbol{A}$ 的逆矩阵

$\boldsymbol{A}^{\mathrm{T}}$　　　　矩阵 $\boldsymbol{A}$ 的转置

$\boldsymbol{A}^*$　　　　矩阵 $\boldsymbol{A}$ 的伴随矩阵

$\det(\boldsymbol{A})$　　　矩阵 $\boldsymbol{A}$ 的行列式

$\sigma_1(\boldsymbol{A})$　　　矩阵 $\boldsymbol{A}$ 的条件数

$\lambda_{\max}[\boldsymbol{A}]$　　矩阵 $\boldsymbol{A}$ 的最大特征值

$\lambda_{\min}[\boldsymbol{A}]$　　矩阵 $\boldsymbol{A}$ 的最小特征值

$\nabla J(\boldsymbol{\theta})$　　　函数 $J(\boldsymbol{\theta})$ 关于 $\boldsymbol{\theta}$ 的梯度

$\nabla^2 J(\boldsymbol{\theta})$　　　函数 $J(\boldsymbol{\theta})$ 关于 $\boldsymbol{\theta}$ 的 Hessian 矩阵

目　　录

前言

缩写表

符号对照表

第1章　绪论 ··· 1

1.1　基于模型的控制 ··································· 1

1.1.1　建模和辨识 ································ 1

1.1.2　基于模型的控制器设计 ············· 3

1.2　数据驱动控制 ····································· 4

1.2.1　数据驱动控制的定义和动机 ······· 5

1.2.2　数据驱动控制方法的被控对象 ···· 6

1.2.3　数据驱动控制理论与方法的必要性 ···· 7

1.2.4　已有数据驱动控制方法的简要综述 ···· 8

1.2.5　数据驱动控制方法总结 ············· 12

1.3　章节概况 ··· 13

第2章　离散时间系统的递推参数估计 ········· 15

2.1　引言 ·· 15

2.2　线性参数化系统的参数估计算法 ········ 16

2.2.1　投影算法 ·································· 16

2.2.2　最小二乘算法 ··························· 17

2.3　非线性参数化系统的参数估计算法 ····· 20

2.3.1　投影算法及其改进形式 ············· 20

2.3.2　最小二乘算法及其改进形式 ······ 23

2.4　小结 ·· 32

第3章　离散时间非线性系统的动态线性化方法 ···· 33

3.1　引言 ·· 33

3.2　SISO 离散时间非线性系统 ················ 34

3.2.1　紧格式动态线性化方法 ············· 34

3.2.2　偏格式动态线性化方法 ············· 39

3.2.3　全格式动态线性化方法 ············· 43

3.3　MIMO 离散时间非线性系统 ·· 46

　　3.3.1　紧格式动态线性化方法 ··· 46

　　3.3.2　偏格式动态线性化方法 ··· 47

　　3.3.3　全格式动态线性化方法 ··· 49

3.4　小结 ·· 51

第 4 章　SISO 离散时间非线性系统的无模型自适应控制 ·············· 53

4.1　引言 ·· 53

4.2　基于紧格式动态线性化的无模型自适应控制 ···················· 54

　　4.2.1　控制系统设计 ··· 54

　　4.2.2　稳定性分析 ·· 57

　　4.2.3　仿真研究 ·· 61

4.3　基于偏格式动态线性化的无模型自适应控制 ···················· 67

　　4.3.1　控制系统设计 ··· 67

　　4.3.2　稳定性分析 ·· 69

　　4.3.3　仿真研究 ·· 75

4.4　基于全格式动态线性化的无模型自适应控制 ···················· 82

　　4.4.1　控制系统设计 ··· 82

　　4.4.2　仿真研究 ·· 84

4.5　小结 ·· 89

第 5 章　MIMO 离散时间非线性系统的无模型自适应控制 ··········· 91

5.1　引言 ·· 91

5.2　基于紧格式动态线性化的无模型自适应控制 ···················· 92

　　5.2.1　控制系统设计 ··· 92

　　5.2.2　稳定性分析 ·· 95

　　5.2.3　仿真研究 ··· 100

5.3　基于偏格式动态线性化的无模型自适应控制 ··················· 104

　　5.3.1　控制系统设计 ·· 104

　　5.3.2　稳定性分析 ··· 107

　　5.3.3　仿真研究 ··· 111

5.4　基于全格式动态线性化的无模型自适应控制 ··················· 115

　　5.4.1　控制系统设计 ·· 115

　　5.4.2　仿真研究 ··· 119

5.5　小结 ·· 122

第 6 章　无模型自适应预测控制 ·· 123

  6.1　引言 ·· 123

  6.2　基于紧格式动态线性化的无模型自适应预测控制 ·············· 124

    6.2.1　控制系统设计 ·· 124

    6.2.2　稳定性分析 ·· 128

    6.2.3　仿真研究 ··· 130

  6.3　基于偏格式动态线性化的无模型自适应预测控制 ·············· 135

    6.3.1　控制系统设计 ·· 135

    6.3.2　仿真研究 ··· 140

  6.4　基于全格式动态线性化的无模型自适应预测控制 ·············· 146

    6.4.1　控制系统设计 ·· 146

    6.4.2　仿真研究 ··· 150

  6.5　小结 ·· 152

第 7 章　无模型自适应迭代学习控制 ·· 154

  7.1　引言 ·· 154

  7.2　基于紧格式动态线性化的无模型自适应迭代学习控制 ········· 155

    7.2.1　迭代域的紧格式动态线性化方法 ····································· 155

    7.2.2　控制系统设计 ·· 157

    7.2.3　收敛性分析 ·· 159

    7.2.4　仿真研究 ··· 162

  7.3　小结 ·· 164

第 8 章　复杂互联系统的无模型自适应控制及控制器模块化设计 ····· 165

  8.1　引言 ·· 165

  8.2　复杂互联系统的无模型自适应控制 ·································· 166

    8.2.1　串联系统的无模型自适应控制 ·· 166

    8.2.2　并联系统的无模型自适应控制 ·· 169

    8.2.3　反馈连接系统的无模型自适应控制 ··································· 170

    8.2.4　复杂连接系统的无模型自适应控制 ··································· 172

    8.2.5　仿真研究 ··· 174

  8.3　控制器模块化设计 ·· 180

    8.3.1　估计型控制系统设计 ··· 180

    8.3.2　嵌入型控制系统设计 ··· 182

    8.3.3　仿真研究 ··· 187

  8.4　小结 ·· 191

第 9 章　无模型自适应控制的鲁棒性 ·· 192

9.1　引言 ·· 192

9.2　存在输出量测噪声情形下的无模型自适应控制 ················ 193

　　9.2.1　鲁棒稳定性分析 ··· 193

　　9.2.2　仿真研究 ·· 196

9.3　数据丢失情形下的无模型自适应控制 ························· 198

　　9.3.1　鲁棒稳定性分析 ··· 199

　　9.3.2　带有丢失数据补偿的无模型自适应控制方案 ··········· 201

　　9.3.3　仿真研究 ·· 206

9.4　小结 ·· 208

第 10 章　控制系统设计的对称相似性 ·································· 210

10.1　引言 ··· 210

10.2　自适应控制系统的对称相似结构 ······························ 211

　　10.2.1　对称相似结构构想及设计原则 ····························· 212

　　10.2.2　具有对称相似结构的基于模型的自适应控制 ············· 213

　　10.2.3　具有对称相似结构的无模型自适应控制 ················· 218

　　10.2.4　仿真研究 ··· 221

10.3　无模型自适应控制和无模型自适应迭代学习控制的相似性 ······ 228

10.4　自适应控制和自适应迭代学习控制的相似性 ················ 230

　　10.4.1　离散时间非线性系统的自适应控制 ······················ 231

　　10.4.2　离散时间非线性系统的自适应迭代学习控制 ············· 236

　　10.4.3　两种控制方法的对比 ·· 241

10.5　小结 ··· 243

第 11 章　应用 ··· 244

11.1　引言 ··· 244

11.2　三容水箱系统 ·· 245

　　11.2.1　实验装置 ··· 245

　　11.2.2　三种数据驱动控制方案 ······································ 246

　　11.2.3　实验研究 ··· 248

11.3　永磁直线电机 ·· 253

　　11.3.1　永磁同步直线电机 ··· 254

　　11.3.2　双轴直线电机龙门系统 ······································ 262

11.4　快速路交通系统 ··· 265

　　11.4.1　宏观交通流模型 ··· 266

　　　11.4.2　控制方案设计 ··· 268
　　　11.4.3　仿真研究 ··· 269
11.5　焊接过程 ··· 272
　　　11.5.1　实验系统 ··· 273
　　　11.5.2　控制方案设计 ··· 274
　　　11.5.3　仿真研究 ··· 274
　　　11.5.4　实验研究 ··· 276
11.6　兆瓦级风力发电 ··· 278
　　　11.6.1　风电叶片静力加载控制系统 ····································· 278
　　　11.6.2　控制方案设计 ··· 279
　　　11.6.3　静力加载试验 ··· 280
11.7　小结 ··· 281
第12章　结论与展望 ··· 282
12.1　结论 ··· 282
12.2　展望 ··· 283
参考文献 ··· 285

第 1 章　绪　　论

本章首先简要地回顾了基于模型的控制理论中存在的问题和挑战,然后概要地介绍了已有的各种数据驱动控制方法及应用,并尝试给出了数据驱动控制的定义、分类方法、特点以及一些本质的理解,最后是本书后续各章节的简介.

1.1　基于模型的控制

Kalman 在 1960 年提出的状态空间方法的概念[1,2]标识着现代控制理论与方法的萌芽和诞生. 由于现代控制理论是基于受控对象的数学模型或标称模型精确已知这个基本假设建立和发展起来的,因此,它也可被称为是基于模型的控制(model based control,MBC)理论. 随着现代控制理论的主要分支,线性系统理论、系统辨识理论、最优控制理论、自适应控制理论、鲁棒控制理论以及滤波和估计理论等的蓬勃发展,MBC 理论在实际中得到了广泛的成功应用,尤其是在航空航天、国防、工业等领域更是取得了无可比拟的辉煌成就. 但是,随着现代科学和技术的发展,系统和企业的规模越来越大,工艺和过程越来越复杂,对产品质量的要求也越来越高,这给 MBC 的理论研究和实际应用带来了许多前所未有的挑战.

1.1.1　建模和辨识

目前绝大多数线性系统和非线性系统的控制方法都属于 MBC 方法. 利用 MBC 理论与方法进行控制系统设计时,首先要得到系统的数学模型,然后根据"确定等价原则"在得到的系统数学模型基础上设计控制器,最后基于所获取的数学模型进行闭环控制系统分析."确定等价原则"成立的依据是承认系统模型可以代表真实的实际系统,这是现代控制理论的基石. 因此,系统模型对于 MBC 理论是不可或缺的.

系统模型的获取主要有两种方法:机理建模和系统辨识. 机理建模指的是根据物理或化学定律建立被控对象的动力学方程,并通过一系列试验来确定动态系统参数的建模方法. 系统辨识是事先给定模型集合,然后利用受控过程的在线或离线的量测数据从模型集合中寻找与这些采样数据最贴近的被控对象的输入输出(input/output,I/O)模型,预先给定的模型集合必须能覆盖真实系统才能使辨识模型在一定程度的偏差下很好地逼近原有的真实系统. 由于实际系统内部结构和外部运行环境的复杂性,采用机理建模或通过系统辨识方法建立的模型都仅是对真实系统带有一定偏差的逼近模型. 换句话说, 未建模动态和其他不确定性在上述的建模过程中总是不可避免的. 而基于这种不精确的数学模型设计控制器, 在实际应用中会存在各种各样的问题, 未建模动力学因素以及各种外部扰动等原因可能引起闭环控制系统鲁棒性差, 有时甚至会引起失稳或者安全事故[3-6].

为了在保持 MBC 方法设计优点的同时增强控制系统的鲁棒性, 科学家们已经付出了巨大的努力来发展鲁棒控制理论. 人们考虑了多种方法对不确定性进行描述, 如对噪声、模型误差的加性描述、乘性描述或假设这些不确定性的上界已知. 鲁棒控制设计方法依赖于对这些不确定因素的描述. 然而, 机理建模或系统辨识方法都不能给出上述各种不确定性的定性或定量描述. 即使针对不确定性的上界, 到现在为止也没有获取任何有效的辨识方法. 关于不确定性的描述与各种建模方法所能提供的结果是相互不配套的. 换句话说, 这些关于不确定性的假设与已有的机理建模或系统辨识方法所能提供的结果不一致[7], 进而导致鲁棒控制方法在实际应用时可能无法保证其控制效果和安全性[8].

通常, 控制系统的设计思路是, 先花大力气通过机理建模或系统辨识方法尽可能地建立受控系统的非常精确的数学模型(包括模型不确定性), 然后在此基础上进行 MBC 系统设计, 最后再进行实际应用. 然而, 这种思路面临着理论和实际的双重困难. 首先, 未建模动态和鲁棒性是一对不可避免的孪生问题, 它们在传统的 MBC 理论框架下是不能同时得到解决的. 理论上讲, 实际系统都是非常复杂的非线性系统. 对于复杂非线性系统, 到现在为止, 无论是数学理论还是系统辨识理论都没有很好的工具和方法能够给出系统精确的建模结果. 受控系统的精确建模有时候比控制系统设计自身更难实现. 如果系统的结构是时变的或者含有快时变参数, 则用解析的数学工具很难对系统进行设计和分析. 其次, 模型越精确, 需要花费的代价就越大, 依此精确模型所设计的控制器也会越复杂. 复杂的控制器会使闭环系统的鲁棒性和可靠性降低, 同时也会使控制系统的实现及应用变得更加困难. 如果动态系统的模型阶数非常高, 基于此高阶模型进行控制系统设计必定会导致控制器也具有很高的阶数, 而高阶控制器可能导致控制系统的设计、分析和应用变得更加复杂, 系统监控和维护也变得更为困难, 因此, 高阶模型不适用于实际的控制器设计. 实际中, 为了得到简单实用的控制系统, 必须要对复杂的高阶数学模型或者高阶控制器进行额外的模型简约和控制器简约工作. 因此, 这是一对矛盾. 一方面为了提高被控对象的性能需要建立精确的高阶模型; 另一方面为了得到低阶控制器又需要进行模型简约. 最后一个非常重要的理论问题是建模中的持续激励条件. 在系统建模和闭环控制过程中如何保障系统输入信号具有持续激励条件是一个非常具有挑战性的问题. 若缺乏持续激励的输入, 则无法得到系统的精确模型. 没有精确的数学模型, 在实际系统中应用 MBC 理论和方法就不能保证它一定能使闭环控制系统达到其理论分析得到的控制效果, 如稳定性和收敛性等[4-6,8]. 因此,持续激励条件与控制效果是一对不可调和的矛盾,这对矛盾在传统的 MBC 理论框架下也是很难得到解决的.

1.1.2 基于模型的控制器设计

在现代控制理论中,控制器的设计都是基于受控系统的数学模型给出的. 典型的线性控制系统设计方法有零极点配置、线性二次型调节器(linear quadratic regulator,LQR)设计、最优控制等. 对于非线性系统,最基本的控制器设计方法包括基于 Lyapunov 函数的设计方法、backstepping 设计方法和反馈线性化设计方法等. 这些控制器设计方法都被认为是 MBC 系统的基本设计方法. MBC 设计方法的特点体现在对被控系统的闭环误差动力学的数学分析中,甚至还包括在控制系统的运行监控、评价和诊断的各个环节中. MBC 理论框架体系如图 1.1 所示. 从该示意图可以看出,系统模型和假设既是 MBC 系统设计和分析的起点,同时也是 MBC 系统设计和分析的目的.

图 1.1 MBC 理论框架

由于未建模动态和其他不确定性总是存在于建模过程中,因此基于 MBC 方法设计的控制器在实际应用中并不一定能很好地工作,甚至可能会导致很差的动态性能和使闭环系统失稳,任意小的建模误差都可能会引起非常差的闭环性能[9]. Rohrs 给出的关于自适应控制的反例给研究 MBC 理论和方法的学者敲响了警钟. Rohrs 等指出,基于一些系统模型假设和确定性等价原理设计得到的自适应控制系统,在存在未建模动态的情况下,可能会表现出某种不希望得到的动态行为[10,11],从而使 MBC 系统设计方法的正确性和可用性受到质疑.

如果针对系统模型所做的假设不正确,即使模型是精确的,通过严谨的数学推导所得到的诸如稳定性、收敛性和鲁棒性等理论分析结果也不总是有价值的. 以自适应控制为例,典型的说法是在假设 A、B、C、D 和 E 成立的条件下,利用算法 F,当时间趋于无穷时,所有信号都是有界的,以及其他一些结果成立. 进一步,由于建模中未建模动态以及各种其他外界扰动等不确定性的存在,自适应控制系统在运行中也可能产生参数随时间的漂移. 参数漂移和其他外界因素引起的未建模动态就可能引起自适应控制系统的失稳,也就是说,自适应控制所给出的结论并未排除在时间趋向无穷前的某个时刻,与系统相连的控制器会使闭环系统变得不稳定这种可能性[6].

自适应控制系统研究中通常含有两类不确定因素,一类是参数不确定性,另一类是非参数的模型不确定性.为了加强控制系统的鲁棒性,人们提出了许多改进技术和鲁棒自适应控制设计方法,如正规化、死区方法、投影方法、σ修正和滑模自适应控制方法等.自适应控制系统的鲁棒性是现在许多研究者所关心的棘手问题.

总之,对于 MBC 系统设计,由于受控系统的动力学模型是嵌入在控制系统中的,因此建模精度和针对受控系统数学模型所作假设的正确性决定了控制系统性能、可靠性和安全性.如果没有系统模型和系统假设,就无法进行控制器的设计和控制系统的分析,更无从谈起控制方法的应用.系统模型既是 MBC 设计方法的出发点,也是目的地.在某种意义下,MBC 方法应该被称为是模型理论而非控制理论.

1.2　数据驱动控制

随着信息科学技术的发展,许多工业过程都经历了翻天覆地的变化,如化工业、冶金业、机械制造业、电子工业、电气工业、交通运输业等.工业生产的规模越来越大,设备工艺越来越复杂,对产品的质量要求也越来越高,对这些过程进行机理建模或者辨识建模变得越来越困难.因此,利用传统的 MBC 理论来解决这些难于建模的工业过程的控制问题会变得更加困难和不现实.但另一方面,工业过程中每时每刻都产生并储存了大量的过程数据,这些数据中包含了关于过程运行和设备状态的全部有用信息.在无法获得过程精确模型的情况下,如何利用这些离线或在线的过程数据直接进行控制器设计,实现对这些过程的有效控制,甚至实现对系统的监测、预报、诊断和评估等,并将其提炼上升为数据驱动控制(data driven control,DDC)理论和方法,是一项具有重要应用价值的工作,同时对完善控制理论也具有十分重要的意义.

到目前为止,文献中已经给出了一些数据驱动的控制方法,如 PID 控制、无模型自适应控制(model free adaptive control,MFAC)、迭代反馈整定(iterative feedback tuning,IFT)、虚拟参考反馈整定(virtual reference feedback tuning,VRFT)和迭代学习控制(iterative learning control,ILC)等.虽然 DDC 的研究现在仍处于萌芽状态,但在控制理论领域已经吸引了越来越多学者的广泛注意.明尼苏达大学数学及应用研究所(The Institute for Mathematics and Applications,IMA)在 2002 年举办了一次名为"IMA Hot Topics Workshop:Data-driven Control and Optimization"的研讨会.中国国家自然科学基金委员会(NSFC)于 2008 年 11 月召开了题目为"Data-based Control, Decision, Scheduling, and Fault

Diagnostics"的"双清论坛". 随后,《自动化学报》于 2009 年 6 月出版了同名的专刊[12]. 国家自然科学基金委员会和北京交通大学在 2010 年 11 月又召开了名为 "International Workshop on Data Based Control, Modeling and Optimization"的国际学术研讨会. 2009 年和 2011 年举办的中国自动化大会(Chinese Automation Congress)也把数据驱动控制列为大会的主论坛题目之一. 另外, 2010 年和 2011 年, 国际控制领域著名期刊 *IEEE Transactions on Neural Networks*、*Information Sciences* 和 *IEEE Transactions on Industrial Informatics* 也分别发布了数据驱动控制的专刊征文通知. 其中, *IEEE Transactions on Neural Networks* 的专刊已于 2011 年 11 月出版发行[13].

1.2.1　数据驱动控制的定义和动机

截至目前, 在因特网上可找到的关于数据驱动控制的定义有如下三种.

定义 1.1[14]　数据驱动控制是指控制器设计并不显含或隐含受控过程的数学模型信息, 仅利用受控系统的在线或离线 I/O 数据以及经过数据处理而得到的知识来设计控制器, 并在一定的假设下有收敛性、稳定性保障和鲁棒性结论的控制理论与方法.

定义 1.2[15]　数据驱动控制是指控制器设计仅用被控系统的 I/O 数据, 且不显含被控系统的参数模型(或非参数模型)的自适应控制方法.

定义 1.3[16]　数据驱动控制是指直接使用被控系统的量测数据设计以控制器参数作为优化变量的优化问题, 并通过离线最优化方法求解此优化问题的控制方法.

定义 1.1 强调 DDC 控制器设计仅使用被控对象量测的 I/O 数据, 并不包含被控系统的任何动态信息和结构信息. 定义 1.2 则不排除 DDC 可以隐含地利用被控对象结构信息. 定义 1.3 则偏重于给定 DDC 控制器结构的控制器参数离线优化获取方法. 从上面三种定义中可以看出, DDC 设计方法的基本特点就是直接使用被控对象的 I/O 量测数据进行控制器设计.

综合上述三个定义, 可给出如下更一般的数据驱动控制的定义.

定义 1.4[17]　数据驱动控制是指控制器设计不显含受控过程的数学模型信息, 仅利用受控系统的在线或离线 I/O 数据以及经过数据处理而得到的知识来设计控制器, 并在一定假设下有收敛性、稳定性保障和鲁棒性结论的控制理论与方法.

定义 1.4 和定义 1.1 的唯一区别是定义 1.4 的 DDC 可以隐含地利用被控对象的数学模型信息. 根据定义 1.4, 直接自适应控制和子空间预测控制等均属于 DDC 方法.

DDC 方法框架结构如图 1.2 所示.

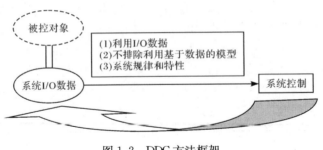

图 1.2　DDC 方法框架

1.2.2　数据驱动控制方法的被控对象

控制系统包含两个主要部分：一是被控对象，另一个就是控制器. 被控对象一般可分为如下四类.

C1：机理模型或辨识模型可精确获取；

C2：机理模型或辨识模型不精确，且含有不确定因素；

C3：机理模型或辨识模型虽然可获取，但非常复杂，阶数高，非线性强；

C4：机理模型或辨识模型很难建立，或不可获取.

现代控制理论与方法，又被称为 MBC 理论与方法，可以很好地处理 C1 和 C2 两类被控对象. 对于 C1 类被控对象，虽然一般非线性系统的控制器设计比较复杂，但已有很多针对线性或非线性系统的成熟方法可使用，如零极点配置、基于 Lyapunov 方法的控制器设计、backstepping 设计方法和反馈线性化设计方法等. 对于 C2 类被控对象，如果不确定项可参数化，或者不确定性因素的上界可获取或者假设已知，则可使用自适应控制和鲁棒控制的方法来处理这些不确定性. 当然，还有其他一些现代控制理论与方法也可处理这两类被控对象的控制问题.

对于 C3 类被控对象，虽然高精度的机理模型或辨识模型可以获取，但系统模型可能由成百上千的状态变量和方程组成，阶数高、非线性性强. 对这样的非线性系统的控制问题，控制器的设计和控制系统的分析都是一件非常困难的事情. 众所周知，高阶非线性模型一定会导致高阶非线性的控制器. 过于复杂的高阶非线性控制器会给控制器的实现、性能分析、实际应用和维护带来巨大困难. 在这种情况下，模型简约或控制器简约的过程就必不可少. 因此，复杂的高阶非线性模型不适合进行控制器的设计、分析和应用. 从这个角度上看，C3 类被控对象和 C4 类被控对象一样，到目前为止还没有很好的方法来解决这两类系统的控制问题.

在上述四类被控对象中，已有的 MBC 理论和方法只能很好地处理其中一半或不到一半的对象，另一大半的被控对象到目前为止还没有很好的方法来处理. 然而，无论哪类被控对象，系统 I/O 数据总是可获取的. 因此，可以考虑应用 DDC

方法.如果系统模型是不可获取的,或者受控对象的不确定性非常大,则DDC方法就是必然的选择.控制方法和相应的研究对象之间的关系如图1.3所示.

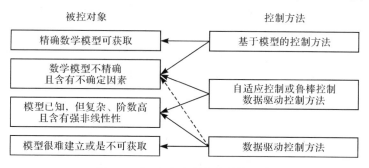

图1.3 DDC方法研究的被控对象

1.2.3 数据驱动控制理论与方法的必要性

完整的控制理论体系应包含能处理上述所有被控对象的控制理论和方法.从这个观点来说,MBC方法和DDC方法应该是一套完整的控制理论体系中不可缺少的两个部分,也就是说,完整的控制理论体系应该包括MBC理论与DDC理论.

从控制理论、控制理论的应用和控制理论的发展历程三个层面的历史和现状也能说明DDC理论与方法存在的必要性.

从理论方面来讲:①MBC理论和方法总是不可避免地会出现未建模动态和鲁棒性这种在MBC框架下难于解决的问题.没有模型,MBC方法就无能为力;而建模又面临着未建模动态和鲁棒性问题,从而形成了一个无可避免的怪圈.②数学模型的复杂结构决定了控制器的复杂结构,复杂的高阶非线性系统模型势必导致复杂的高阶非线性控制器,控制器的简化和降阶问题以及鲁棒性问题变成了不可逾越的设计问题.③进行鲁棒控制器设计需要已知不确定性的定性描述或者定量上界,然而理论上的建模方法又不能提供有关不确定性的任何定性描述或者定量上界.

从应用角度来看,实际中的很多问题,如化工过程、生产过程系统等,多数都要求低成本且能满足决策者控制指标的自动化系统和装置.而建立系统的机理模型和全局数学模型需要很多专家以及高水平研究人员,成本高,尤其对间歇过程,很难对每一批次、每个产品和每个周期都进行建模以提高产品的产量和质量,更何况并不是每个系统都能建立起准确的数学模型.对复杂系统来说,由于系统本身的复杂性以及受到的各种干扰,建立系统的全局数学模型不太可能,即使建立局部模型也不是很准确,因此MBC理论和方法在解决实际问题时就显得苍白无力.虽然理论结果丰富,可实际应用的控制方法很少.信息量大、知识匮乏已经成为很多过程工业、复杂系统管理和控制的共同问题. 另外,复杂高深的数学知识及专业技能的需求使得控制工程师在设计和维护控制系统时,尤其是在进行复杂系统的控制时,显得力不从心和缺乏自信. 理论和实际之间的距离越来越大,制约了控制理论的健康发展.

从控制理论发展历程上来看,控制理论的发展依次经历了不需要数学模型的简单调节装置、PID 控制、基于传递函数模型的经典控制理论、基于受控系统状态空间模型的 MBC 理论、基于其他规则模型、网络模型和专家系统等的依赖系统专业领域知识的控制理论与方法,和目前为了摆脱对受控系统数学模型依赖的数据驱动控制理论,整个过程是螺旋式的发展历程. DDC 理论与方法,能够直接基于数据设计控制器,符合控制理论的螺旋式发展趋势.

另外,从控制理论完整性角度来说,现有的控制理论和方法可分为三类:①需要已知数学模型才能设计控制器的控制理论和方法,如航天控制技术、最优控制方法、线性和非线性控制方法、大系统控制协调和分解方法、极点配置方法等.②需要已知部分数学模型信息就能设计控制器的控制理论和方法,如鲁棒控制、滑模变结构控制、自适应控制、模糊控制、专家控制、神经元网络控制、智能控制等.③仅知道受控系统的 I/O 数据就能设计控制器的 DDC 理论与方法,如 PID 控制、ILC、其他数据驱动控制方法等. DDC 理论和方法的建立符合控制理论体系完整性的要求.

需要指出的是,DDC 方法和 MBC 方法不能互相取代,且这两种控制方法之间也不是相互排斥的. MBC 方法有其无法替代的优点,而 DDC 方法也有它的长处,它们可以共存发展,并能优势互补地工作. MBC 方法和 DDC 方法的主要区别在于:前者是在精确模型可获取情况下的基于模型的控制设计方法,而后者则是在精确数学模型不可获取情况下的基于数据的控制设计方法. DDC 理论与方法的优点是,它摆脱了控制系统设计对受控系统数学模型的依赖,在传统 MBC 方法中无可回避的诸如,未建模动态和鲁棒性问题、精确建模和模型简约问题、鲁棒设计与不确定性定性和定量描述不可获取问题、理论结果好与实际应用效果差等问题在 DDC 方法框架下不再存在.

1.2.4　已有数据驱动控制方法的简要综述

迄今为止,在文献中可以找到 10 余种不同的 DDC 方法. 根据数据使用方法的不同,这些 DDC 方法可归纳为三类:基于在线数据的 DDC 方法,基于离线数据的 DDC 方法和基于在线/离线数据的 DDC 方法. 根据控制器结构的不同,这些 DDC 方法也可分为两类:控制器结构已知的 DDC 方法和控制器结构未知的 DDC 方法. 以下将根据这两种不同的分类方法对已有 DDC 方法做一个简要的综述.

1. 基于数据使用方法的 DDC 分类

1) 基于在线数据的 DDC 方法

同步扰动随机逼近（simultaneous perturbation stochastic approximation，SPSA）： 基于 SPSA 的直接逼近控制器方法是由美国学者 J. C. Spall 于 1992 年提出的[18]. 该方法针对一类离散时间非线性系统，仅使用闭环系统的量测数据来调整控制器参数，而不依赖于被控对象的数学模型. 基于 SPSA 的控制方法假设被控对象的非线性动态是未知的，所设计的控制器是一种函数逼近器，其结构固定，参数可调. 神经元网络或多项式等都可以作为逼近器. 该方法设计一个以控制器参数为优化变量的控制性能指标函数，利用每个时刻系统的 I/O 数据最小化该性能指标函数得到最优的控制器参数，从而实现控制器的设计. 为了在系统模型未知的情况下求解上述优化问题，该控制方法采用 SPSA 算法来估计指标函数关于控制输入的梯度信息[19,20]. 基于 SPSA 的控制算法已被应用于交通控制[21]和工业控制中[22].

无模型自适应控制（model free adaptive control，MFAC）： MFAC 方法是由本书作者于 1994 年提出来的[23-26]. 该方法针对离散时间非线性系统使用了一种新的动态线性化方法及一个称为伪偏导数（pseudo partial derivative，PPD）的新概念，在闭环系统的每个动态工作点处建立一个等价的动态线性化数据模型，然后基于此等价的虚拟数据模型设计控制器并进行控制系统的理论分析，进而实现非线性系统的自适应控制. PPD 参数可仅使用被控对象的 I/O 量测数据进行估计. 动态线性化方法有三种具体形式，分别为紧格式动态线性化（compat form dynamic linearization，CFDL）、偏格式动态线性化（partial form dynamic linearization，PFDL）和全格式动态线性化（full form dynamic linearization，FFDL）. 与传统自适应控制方法相比，MFAC 方法具有如下几个优点，使其更加适用于实际系统的控制问题. 第一，MFAC 仅依赖于被控系统实时量测的数据，不依赖受控系统任何的数学模型信息，是一种数据驱动的控制方法. 这意味着对一类实际的工业过程，可独立地设计出一个通用的控制器. 第二，MFAC 方法不需要任何外在的测试信号或训练过程，而这些对于基于神经网络的非线性自适应控制方法是必需的. 因此，MFAC 方法得到的是低成本的控制器. 第三，MFAC 方法简单、计算负担小、易于实现且鲁棒性较强. 第四，在一些实际假设的条件下，基于 CFDL 的 MFAC（CFDL-MFAC）方案和基于 PFDL 的 MFAC（PFDL-MFAC）方案可保证闭环系统跟踪误差的单调收敛性和有界输入有界输出（bounded- input bounded-output，BIBO）稳定性，这是区别于其他数据驱动控制方法的重要特点. 第五，结构最简单的 CFDL-MFAC 方案已在很多实际系统中得到了成功的应用，如化工过程[27,28]、直线电机控制[29]、注模过程[30]、pH 控制[31]等.

去伪控制(unfasified control,UC):美国学者 M. G. Safonov 在 1995 年提出了 UC 方法[32]. 该方法通过递归证伪的方式从候选的控制器集合中筛选出满足特定性能要求的控制器作为当前的控制器. 该方法不需要任何形式的被控对象数学模型,只根据被控对象的 I/O 量测数据进行控制器设计. 本质上,UC 属于一种切换控制方法,而又不同于传统的切换控制. UC 方法能在控制器作用于闭环反馈系统之前,有效地剔除伪控制器,即不能镇定控制系统的控制器,表现出较好的瞬态响应. UC 方法由三个要素组成:可逆控制器组成的候选控制器集合、评价控制器的性能指标和控制器切换机制[33,34]. 文献[35]说明去伪自适应切换控制机制在噪声环境下的 I/O 稳定性. 其他改进形式的 UC 可参见文献[36]. 在导弹导航、机器人手臂控制和工业过程控制等领域,UC 都已有成功的应用[37].

2) 基于离线数据的 DDC 方法

PID 控制:PID 控制方法是一种在实际中广泛应用的成熟技术,可以找到大量关于 PID 控制方法的研究文献. 到目前为止,工业过程中使用的控制方法有 95% 以上都是 PID 类控制方法[38]. 值得指出的是,PID 控制可以认为是最早的 DDC 方法,PID 控制器的参数整定方法和技术仍在不断发展.

迭代反馈整定(iterative feedback tuning,IFT):IFT 是由瑞典学者 H. Hjal-marsson 在 1994 年首先提出的一种数据驱动的控制器参数整定方法[39]. 该方法通过迭代估计控制性能指标相对于控制输入的梯度信息来寻找反馈控制器的最优参数. 在每次迭代估计梯度时需要收集两次实验数据,一是来自于闭环系统正常实验的运行数据;二是来自于特定实验的数据. 在适当的假设下,上述算法可以使控制性能指标达到局部最小值,具体内容参见文献[40]. 从文献[41-44]中可以找到 IFT 方法在非线性系统中的推广结果. IFT 在工业中或实验室条件下应用的结果参见文献[40,45].

基于相关性的整定方法(correlation-based tuning,CbT):CbT 是由瑞士学者 A. Karimi、L. Miskovic 和 D. Bonvin 于 2002 年提出的一种数据驱动的控制器参数整定方法[46]. 该方法的主要思想来源于系统辨识中的相关性分析方法,通过最小化受控闭环系统的输出误差与外部激励信号或外部参考信号的相关性准则函数,来迭代地整定控制器的参数. 值得指出的是,IFT 和 CbT 是两种相近的方法,二者的主要区别体现在用于控制器设计的目标函数和获取梯度估计值的方法不同. 文献[47]将 CbT 方法推广到 MIMO 系统,文献[48,49]将其应用于悬浮系统.

虚拟参考反馈整定(virtual reference feedback tuning,VRFT):VRFT 是由意大利学者 G. O. Guardabassi 和 S. M. Savaresi 在 2000 年提出的一种数据驱动的直接辨识线性时不变系统控制器参数的方法[50]. 该方法通过引入虚拟参考信号将控制器设计问题转化成控制器参数辨识问题. VRFT 和 IFT 属于同一类控制器设计方法,但它们的特点又是截然不同的:IFT 是一种基于梯度下降准则的迭代算法,而 VRFT 是一种寻找性能指标全局最小值的一次性(非迭代)的批量方法. 它仅利用被控对象的一组 I/O 数据,而不需要进行特定的试验[51]. 文献[52]介绍了 VRFT 在针对非线性控制器整定时的设计方法,文献[53]将该方法推广到 MIMO 系统. VRFT 已成功应用于垂直单连杆机械臂[54]、油气悬挂系统[55]、工业用自平衡手操式机械臂[56]等.

3) 基于在线/离线数据的 DDC 方法

迭代学习控制 (iterative learning control, ILC): ILC 首先是由日本学者 M. Uchiyama 提出的[57],但未能引起足够的关注. 真正推动 ILC 广泛研究和大规模应用的是 1984 年的另一篇文献[58]. 对于在有限时间区间执行重复控制任务的系统而言,ILC 是一种理想的控制手段. 该方法利用以前循环的系统输出误差和控制输入信号构建当前循环的控制输入信号,以获得比以前循环更好的控制效果. ILC 控制器结构非常简单,本质上是一种迭代域的积分器. ILC 的另一个特点是它仅需要少量的系统先验知识就可以保证学习得到的误差在迭代域上收敛. 文献[59-63]对近些年 ILC 研究的最新结果做了系统的总结和综述. 大多数关于 ILC 的理论研究都是以压缩映射方法作为主要分析手段[64,65]. 此外,ILC 也广泛应用于很多实际领域,参见文献[66,67]. 与其他 DDC 方法相比,ILC 可以更充分系统地利用收集的各种数据,包括在线的和离线的数据. 值得指出的是,ILC 方法并不是使用数据进行控制器参数整定,而是直接用数据逼近最优的控制输入信号.

懒惰学习(lazy learning, LL)控制: LL 是一种有监督的机器学习算法. 1994 年美国学者 S. Schaal 和 C. G. Atkeson 首先将 LL 应用于控制领域[68]. 与其他有监督的机器学习算法一样,LL 的目的是:从一组由 I/O 数据对组成的训练数据集中找到输入输出的映射关系. 基于懒惰学习的控制方法利用历史数据在线建立受控系统局部线性模型,然后基于每个时刻的局部线性模型设计局部控制器. 由于历史数据的实时更新,使得 LL 控制具有先天的自适应特性,但其计算量较大. 另外,LL 控制的稳定性分析还缺乏相应的理论研究[69,70]. 类似的方法还有许多,如 Just-in-time 学习[71]、基于案例的学习[72]、局部加权模型[73] 以及 model-on-demand[74,75]等.

2. 基于不同控制器结构的 DDC 分类

本小节将按照控制器结构是否已知为原则对前述的各种 DDC 方法再次进行分类,使读者能更好地理解这些方法.

1) 控制器结构已知的 DDC 方法

该类方法基于事先已知的控制器结构,而控制器的未知参数则是通过受控对象的 I/O 量测数据,利用数学优化的方法获取. 优化方法包括批量算法或递归算法. 换句话说,该类 DDC 方法本质上是将控制器的设计问题转化为控制器参数的辨识问题,属于该类方法的有:PID、IFT、VRFT、UC、基于 SPSA 的控制、CbT 等. 这些方法都不涉及对象模型的任何显式信息,但其问题的关键在于如何事先确定控制器的结构.一般而言,对特定对象尤其是一般非线性系统合理地设计出带有未知参数的控制器是十分困难的,有时候其难度相当于对受控系统进行精确建模.这类 DDC 方法的另一个局限在于缺乏闭环系统的稳定性分析方法和结论.

2) 控制器结构未知的 DDC 方法

模型相关的 DDC 方法.表面上看,这类数据驱动控制方法仅依赖于受控对象的 I/O 量测数据,但其控制器的设计隐含地用到了系统模型结构和动态信息.因此,这类 DDC 方法的控制系统设计和理论分析都与 MBC 方法类似.但是,模型相关的数据驱动控制方法对控制系统设计还是非常有意义的,该类方法在实际应用中体现出了较好的鲁棒性.典型的方法有直接自适应控制方法和子空间预测控制方法等.

模型无关的 DDC 方法.对于这类数据驱动控制方法,其控制器的设计仅使用对象的 I/O 量测数据,且不隐含或显含受控系统的任何模型信息,能统一处理线性系统和非线性系统的控制问题.这类数据驱动控制方法的另一个重要特征是它具有系统化的控制器设计框架,且能提供系统的稳定性分析方法和结论.典型的模型无关的数据驱动控制方法有 ILC、LL 和 MFAC.与其他 DDC 方法相比,这些方法在理论上已说明了控制器结构和设计的有效性和合理性.

1.2.5 数据驱动控制方法总结

为了让读者能对 DDC 方法有一个整体的了解,下面给出关于 DDC 方法的简要总结.

(1) 从理论上讲,ILC、SPSA、UC 和 MFAC 都是源于直接应用受控系统的 I/O 数据解决非线性系统控制问题而提出的,而其他 DDC 方法,诸如 IFT、VRFT 等都是基于线性时不变系统给出的,然后再推广到非线性系统.

(2) SPSA、MFAC、UC 和 LL 都具有自适应的特点,而其他 DDC 方法都是非自适应的工作方式.基于 SPSA 的 DDC 方法的适应性会受到系统结构变化或参数变化的影响.

(3) SPSA、IFT 和 VRFT 方法本质上都是控制器参数辨识方法,其中,VRFT 方法仅需要一次试验收集系统的 I/O 数据对,然后通过离线优化方法直接辨识控制器参数,其他两种都是迭代辨识方法.

(4) MFAC 和 LL 都是基于动态线性化的方法.具体而言,MFAC 可针对 SISO、MISO 和 MIMO 系统给出一套系统化的动态线性化数据模型,以及一系列的控制器设计策略,并有基于压缩映射的闭环系统稳定性分析方法和误差收敛性结论.LL 控制方法则没有形成体系.

（5）除了 PID、ILC 和 VRFT 外，大多数 DDC 方法都需要利用量测的 I/O 数据估计梯度. SPSA、IFT 和基于梯度的 UC 估计某种值函数关于控制器参数的梯度值，而基于动态线性化的 MFAC 和 LL 则是在线地估计系统输出关于输入的梯度值.

（6）SPSA、UC 和 MFAC 利用的是在线量测的 I/O 数据，PID、IFT 和 VRFT 使用的是离线的 I/O 数据，而 ILC 和 LL 既使用在线数据也使用离线数据. 值得指出的是，ILC 有系统化的基于在线/离线数据的控制器设计框架，且其控制器的输出在迭代域上直接逼近期望的控制信号，而不是进行控制器参数的调节.

（7）针对控制器设计和性能分析，ILC 给出一套较完美的系统的分析框架，MFAC 也具有与 ILC 类似的特点，而其他的 DDC 方法还需要进一步地研究.

（8）除了 ILC 以外，上述提到的数据驱动控制器几乎都是基于控制器参数整定方法进行设计的，其中一部分是在线整定控制器参数的，如 MFAC、UC 和 SPSA，另一部分则是离线整定. DDC 方法的关键在于其控制器结构不依赖于被控对象的数学模型，尽管某些数据驱动控制方法假设控制器结构预先已知. 相对于其他 DDC 方法而言，MFAC 和 LL 这两种方法的控制器结构都是基于有理论支撑的动态线性化数据模型和某种优化指标进行设计的，其合理性由优化理论保障，而其他方法的控制器结构则必须事先假设已知. 对给定的受控系统，确定一个合理的控制器结构与对受控对象进行精确建模一样，都是非常困难的问题.

（9）控制器参数整定问题本质上就是数学优化问题，而 DDC 控制器设计中的优化与传统的优化是截然不同的. 这主要是由于 DDC 控制器设计过程中系统的模型是未知的，而 MBC 方法中其数学模型则是已知的. 从这一点上来看，MFAC、SPSA 和 IFT 这三种 DDC 方法的突出之处在于这些方法给出了在目标函数未知情况下利用受控系统的 I/O 数据计算或估计梯度信息的技术. 上述三种 DDC 方法的不同之处在于，MFAC 和 IFT 使用的是确定性方法，而 SPSA 是一种随机逼近的方法.

（10）区别一种控制方法是 DDC 方法还是 MBC 方法的关键在于，其控制器是否是基于受控系统的 I/O 数据来设计的，受控系统的动力学模型结构信息或者动力学方程本身（包括其他形式的表述，如神经元网络、模糊规则、专家知识等）是否嵌入到控制器结构当中. 如果仅用受控系统的 I/O 数据进行设计，且不包含系统模型的结构信息和动力学方程本身，则该种方法就是 DDC 方法，否则就是 MBC 方法.

1.3　章 节 概 况

本书共有 12 章，其中，第 1 章～第 10 章集中论述 MFAC 设计和分析以及相关重要内容，第 11 章是 MFAC 的典型应用，第 12 章是结论与展望.

第1章,首先介绍了 MBC 理论的建模、辨识、控制以及面临的主要问题,然后对 DDC 方法的定义、分类、已有 DDC 方法,以及其他一些重要问题进行了简要的讨论.

第2章,介绍了在线参数估计的一些预备知识和改进的参数估计算法.

第3章,针对离散时间 SISO、MISO 和 MIMO 非线性系统,提出了一系列新型动态线性化方法,这是 MFAC 理论与方法设计和分析的基础.三种不同的动态线性化方法包括 CFDL、PFDL 和 FFDL.

第4章和第5章,针对离散时间 SISO、MISO 和 MIMO 非线性系统,分别给出了 MFAC 设计、稳定性分析和仿真验证结果.

第6章,针对离散时间 SISO 非线性系统,给出了无模型自适应预测控制(model free adaptive predictive control,MFAPC)的设计、稳定性分析和仿真验证结果.

第7章,针对离散时间 SISO 非线性系统,提出了无模型自适应迭代学习控制(model free adaptive iterative learning control,MFAILC)方法,并理论证明和仿真验证了最大学习误差在迭代域的单调收敛性.

第8章,针对复杂互联非线性系统控制问题,给出了相应的 MFAC 的设计方法,并研究了 MFAC 方法和其他控制方法(如自适应控制和 ILC)之间优势互补的模块化设计方案.

第9章,研究了存在输出量测噪声和数据丢包情形下的 MFAC 系统的鲁棒性问题.

第10章,针对控制系统设计中的对称相似结构设计问题,给出概念性的描述和设计原理,并分析了 MFAC 和 MFAILC、自适应控制和 ILC 之间的对称相似关系.

第11章,介绍了 MFAC 在三容水箱系统、直线电机系统、交通系统、焊接过程和风力发电等实际系统中的应用.

第12章,总结了 MFAC 理论与方法,并对相关问题进行了展望.

第 2 章 离散时间系统的递推参数估计

2.1 引　言

系统的数学模型是指人们对所研究的客观系统所做的数学描述.系统建模包括两部分:确定系统模型结构和确定模型参数.当系统的模型结构确定以后,确定系统模型参数有两种方法.一种是基于物理或化学定律确定系统模型中参数精确值的机理标定方法;另一种是利用系统的输入输出(input/output,I/O)数据,按照一定参数估计准则函数的极小化程序而获得参数估计值的系统辨识方法,也称为参数估计方法.

参数估计算法分为离线估计算法和在线估计算法.离线估计算法又被称为批量估计算法,指当获得了被观测系统一定量的 I/O 数据后,一次性地对这些数据按照一定的算法进行计算从而得到参数估计值的方法.其优点是对时间没有苛刻的要求,可以应用复杂或高级的算法来实现参数估计,进而达到较高的精度.在线估计算法也称为递推参数估计算法,指在系统运行过程中,持续地量测被观测系统的 I/O 数据,不断地根据这些数据来修正模型中未知参数的估计值,即一边量测数据一边修正模型的参数,在一个采样周期内完成一次参数估计的迭代运算方法,递推参数估计算法对于自适应控制系统设计是不可或缺的.因此,在实际应用中要求在线估计算法具有结构简单、稳定性好、收敛速度快等特点.

递推参数估计算法具有如下一般的结构形式

$$\hat{\boldsymbol{\theta}}(k) = \boldsymbol{g}(\hat{\boldsymbol{\theta}}(k-1), D(k), k), \tag{2.1}$$

其中,$\hat{\boldsymbol{\theta}}(k)$ 是待估参数 $\boldsymbol{\theta}$ 在 k 时刻的估计值;$D(k)$ 表示到 k 时刻为止可获得的动态系统的 I/O 数据集合,即

$$D(k) = \{Y(k), U(k)\} = \{y(k), y(k-1), \cdots; u(k), u(k-1), \cdots\}.$$

$\boldsymbol{g}(\cdots)$ 表示某一函数,它的不同形式标识了不同的参数估计算法.

在实际应用中,典型的参数估计算法如下

$$\hat{\boldsymbol{\theta}}(k) = \hat{\boldsymbol{\theta}}(k-1) + \boldsymbol{M}(k-1)\bar{\boldsymbol{\phi}}(k-1)\bar{e}(k), \tag{2.2}$$

其中,$\boldsymbol{M}(k-1)$ 表示算法的增益矩阵;$\bar{\boldsymbol{\phi}}(k-1)$ 表示过去系统 I/O 数据 $Y(k-1)$ 和 $U(k-1)$ 的某种组合的回归向量;$\bar{e}(k)$ 表示某种模型误差.

　　为了讨论简单、主线清楚,本章仅针对确定性单输入单输出(single input and single output,SISO)系统进行讨论.本章结构安排如下:2.2 节介绍了线性参数化系统的两类典型的在线参数估计算法,即投影算法和最小二乘算法;2.3 节介绍了关于非线性参数化系统参数估计的部分已有工作,以及本书作者给出了的改进投影算法和改进最小二乘算法;2.4 节给出了结论.

2.2　线性参数化系统的参数估计算法

　　线性系统和一大类非线性系统的输入输出特性均能用如下简单的线性参数化模型来表示

$$y(k) = \boldsymbol{\phi}^{\mathrm{T}}(k-1)\boldsymbol{\theta}_0, \tag{2.3}$$

其中,$\boldsymbol{\phi}(k-1)$ 表示由 $k-1$ 时刻及其之前的 I/O 数据组成的线性或非线性回归向量;$\boldsymbol{\theta}_0$ 表示未知的时不变参数向量.

　　本节内容来自文献[76],目的是引出 2.3 节的改进参数估计算法,同时也方便后面章节的引用和讨论.

2.2.1　投影算法

　　为了估计系统(2.3)中的时不变参数 $\boldsymbol{\theta}_0$,可用如下投影算法

$$\hat{\boldsymbol{\theta}}(k) = \hat{\boldsymbol{\theta}}(k-1) + \frac{\boldsymbol{\phi}(k-1)}{\boldsymbol{\phi}^{\mathrm{T}}(k-1)\boldsymbol{\phi}(k-1)}(y(k) - \boldsymbol{\phi}^{\mathrm{T}}(k-1)\hat{\boldsymbol{\theta}}(k-1)), \tag{2.4}$$

其中,初始估计 $\hat{\boldsymbol{\theta}}(0)$ 给定.

　　下面的定理指出,投影算法是如下优化问题的最优解.

　　定理 2.1　给定 $\hat{\boldsymbol{\theta}}(k-1)$ 和 $y(k)$,投影算法(2.4)使得

$$J(\hat{\boldsymbol{\theta}}(k)) = \frac{1}{2}\|\hat{\boldsymbol{\theta}}(k) - \hat{\boldsymbol{\theta}}(k-1)\|^2 \tag{2.5}$$

在约束条件

$$y(k) = \boldsymbol{\phi}^{\mathrm{T}}(k-1)\hat{\boldsymbol{\theta}}(k) \tag{2.6}$$

下达到最小.

　　在实际应用中,为了避免式(2.4)的分母为零,总是采用如下改进形式

$$\hat{\boldsymbol{\theta}}(k) = \hat{\boldsymbol{\theta}}(k-1) + \frac{\alpha\boldsymbol{\phi}(k-1)}{c + \boldsymbol{\phi}^{\mathrm{T}}(k-1)\boldsymbol{\phi}(k-1)}(y(k) - \boldsymbol{\phi}^{\mathrm{T}}(k-1)\hat{\boldsymbol{\theta}}(k-1)), \tag{2.7}$$

其中,$c > 0$;$0 < \alpha < 2$.

　　定义

$$\tilde{\boldsymbol{\theta}}(k) = \hat{\boldsymbol{\theta}}(k) - \boldsymbol{\theta}_0, \tag{2.8}$$

$$e(k)=y(k)-\boldsymbol{\phi}^{\mathrm{T}}(k-1)\hat{\boldsymbol{\theta}}(k-1)=-\boldsymbol{\phi}^{\mathrm{T}}(k-1)\tilde{\boldsymbol{\theta}}(k-1). \tag{2.9}$$

改进算法(2.7)的基本性质由下列定理给出.

定理 2.2　对模型(2.3),投影算法(2.7)满足:

$$(1)\ \|\hat{\boldsymbol{\theta}}(k)-\boldsymbol{\theta}_0\|\leqslant\|\hat{\boldsymbol{\theta}}(k-1)-\boldsymbol{\theta}_0\|\leqslant\|\hat{\boldsymbol{\theta}}(0)-\boldsymbol{\theta}_0\|, \quad k\geqslant1, \tag{2.10}$$

$$(2)\ \lim_{N\to\infty}\sum_{k=1}^{N}\frac{e^2(k)}{c+\boldsymbol{\phi}^{\mathrm{T}}(k-1)\boldsymbol{\phi}(k-1)}<\infty. \tag{2.11}$$

从式(2.10)、式(2.11)还可以推出

$$(1)\ \lim_{k\to\infty}\frac{e(k)}{(c+\boldsymbol{\phi}^{\mathrm{T}}(k-1)\boldsymbol{\phi}(k-1))^{1/2}}=0, \tag{2.12}$$

$$(2)\ \lim_{N\to\infty}\sum_{k=1}^{N}\frac{\boldsymbol{\phi}^{\mathrm{T}}(k-1)\boldsymbol{\phi}(k-1)e^2(k)}{(c+\boldsymbol{\phi}^{\mathrm{T}}(k-1)\boldsymbol{\phi}(k-1))^2}<\infty, \tag{2.13}$$

$$(3)\ \lim_{N\to\infty}\sum_{k=1}^{N}\|\hat{\boldsymbol{\theta}}(k)-\hat{\boldsymbol{\theta}}(k-1)\|^2<\infty, \tag{2.14}$$

$$(4)\ \lim_{N\to\infty}\sum_{k=t}^{N}\|\hat{\boldsymbol{\theta}}(k)-\hat{\boldsymbol{\theta}}(k-t)\|^2<\infty, \tag{2.15}$$

$$(5)\ \lim_{k\to\infty}\|\hat{\boldsymbol{\theta}}(k)-\hat{\boldsymbol{\theta}}(k-t)\|=0, \quad \text{对任意有限的 } t. \tag{2.16}$$

2.2.2　最小二乘算法

1. 常规递推最小二乘算法

为了估计系统(2.3)中的时不变参数,也可采用如下递推最小二乘算法

$$\hat{\boldsymbol{\theta}}(k)=\hat{\boldsymbol{\theta}}(k-1)+\frac{\boldsymbol{P}(k-2)\boldsymbol{\phi}(k-1)}{1+\boldsymbol{\phi}^{\mathrm{T}}(k-1)\boldsymbol{P}(k-2)\boldsymbol{\phi}(k-1)}(y(k)-\boldsymbol{\phi}^{\mathrm{T}}(k-1)\hat{\boldsymbol{\theta}}(k-1)),$$

$$\tag{2.17}$$

$$\boldsymbol{P}(k-1)=\boldsymbol{P}(k-2)-\frac{\boldsymbol{P}(k-2)\boldsymbol{\phi}(k-1)\boldsymbol{\phi}^{\mathrm{T}}(k-1)\boldsymbol{P}(k-2)}{1+\boldsymbol{\phi}^{\mathrm{T}}(k-1)\boldsymbol{P}(k-2)\boldsymbol{\phi}(k-1)}, \tag{2.18}$$

其中,$\hat{\boldsymbol{\theta}}(0)$ 是给定的初值;$\boldsymbol{P}(-1)$ 是任意的正定矩阵 $\boldsymbol{P}_0$.

定理 2.3　最小二乘算法(2.17)和(2.18)是如下参数估计指标函数最小化问题的最优解

$$J_N(\boldsymbol{\theta})=\frac{1}{2}\sum_{k=1}^{N}(y(k)-\boldsymbol{\phi}^{\mathrm{T}}(k-1)\boldsymbol{\theta})^2+\frac{1}{2}(\boldsymbol{\theta}-\hat{\boldsymbol{\theta}}(0))^{\mathrm{T}}\boldsymbol{P}_0^{-1}(\boldsymbol{\theta}-\hat{\boldsymbol{\theta}}(0)).$$

$$\tag{2.19}$$

上述问题的推导利用了如下形式的矩阵逆引理.

引理 2.1(矩阵逆引理)　如果

$$\boldsymbol{P}^{-1}(k-1)=\boldsymbol{P}^{-1}(k-2)+\boldsymbol{\phi}(k-1)\boldsymbol{\phi}^{\mathrm{T}}(k-1)\alpha(k-1), \tag{2.20}$$

其中,纯量 $\alpha(k-1)>0$,那么有

$$P(k-1)=P(k-2)-\frac{P(k-2)\boldsymbol{\phi}(k-1)\boldsymbol{\phi}^{\mathrm{T}}(k-1)P(k-2)\alpha(k-1)}{1+\boldsymbol{\phi}^{\mathrm{T}}(k-1)P(k-2)\boldsymbol{\phi}(k-1)},\quad(2.21)$$

同时也有

$$P(k-1)\boldsymbol{\phi}(k-1)=\frac{P(k-2)\boldsymbol{\phi}(k-1)}{1+\boldsymbol{\phi}^{\mathrm{T}}(k-1)P(k-2)\boldsymbol{\phi}(k-1)\alpha(k-1)},\quad(2.22)$$

$$P(k-2)\boldsymbol{\phi}(k-1)=\frac{P(k-1)\boldsymbol{\phi}(k-1)}{1-\boldsymbol{\phi}^{\mathrm{T}}(k-1)P(k-1)\boldsymbol{\phi}(k-1)\alpha(k-1)},\quad(2.23)$$

$$\boldsymbol{\phi}^{\mathrm{T}}(k-1)P(k-1)\boldsymbol{\phi}(k-1)=\frac{\boldsymbol{\phi}^{\mathrm{T}}(k-1)P(k-2)\boldsymbol{\phi}(k-1)}{1+\boldsymbol{\phi}^{\mathrm{T}}(k-1)P(k-2)\boldsymbol{\phi}(k-1)\alpha(k-1)},(2.24)$$

$$\boldsymbol{\phi}^{\mathrm{T}}(k-1)P(k-2)\boldsymbol{\phi}(k-1)=\frac{\boldsymbol{\phi}^{\mathrm{T}}(k-1)P(k-1)\boldsymbol{\phi}(k-1)}{1-\boldsymbol{\phi}^{\mathrm{T}}(k-1)P(k-1)\boldsymbol{\phi}(k-1)\alpha(k-1)}.(2.25)$$

递推最小二乘算法的基本性质如下.

定理 2.4　对于模型(2.3),最小二乘算法(2.17)和(2.18)具有如下性质:

(1) $\|\hat{\boldsymbol{\theta}}(k)-\boldsymbol{\theta}_0\|^2\leqslant\sigma_1\|\hat{\boldsymbol{\theta}}(0)-\boldsymbol{\theta}_0\|^2,\quad k\geqslant1,$　　(2.26)

其中,σ_1 是矩阵 $\boldsymbol{P}^{-1}(-1)$ 的条件数,即 $\sigma_1=\dfrac{\lambda_{\max}[\boldsymbol{P}^{-1}(-1)]}{\lambda_{\min}[\boldsymbol{P}^{-1}(-1)]}.$

(2) $\displaystyle\lim_{N\to\infty}\sum_{k=1}^{N}\frac{e^2(k)}{1+\boldsymbol{\phi}^{\mathrm{T}}(k-1)P(k-2)\boldsymbol{\phi}(k-1)}<\infty.$　　(2.27)

并且从以上基本性质还可推出

(1) $\displaystyle\lim_{k\to\infty}\frac{e(k)}{(1+\sigma_1\boldsymbol{\phi}^{\mathrm{T}}(k-1)\boldsymbol{\phi}(k-1))^{1/2}}=0,$　　(2.28)

(2) $\displaystyle\lim_{N\to\infty}\sum_{k=1}^{N}\frac{\boldsymbol{\phi}^{\mathrm{T}}(k-1)P(k-2)\boldsymbol{\phi}(k-1)e^2(k)}{(1+\boldsymbol{\phi}^{\mathrm{T}}(k-1)P(k-2)\boldsymbol{\phi}(k-1))^2}<\infty,$　　(2.29)

(3) $\displaystyle\lim_{N\to\infty}\sum_{k=1}^{N}\|\hat{\boldsymbol{\theta}}(k)-\hat{\boldsymbol{\theta}}(k-1)\|^2<\infty,$　　(2.30)

(4) $\displaystyle\lim_{N\to\infty}\sum_{k=t}^{N}\|\hat{\boldsymbol{\theta}}(k)-\hat{\boldsymbol{\theta}}(k-t)\|^2<\infty,$　　(2.31)

(5) $\displaystyle\lim_{k\to\infty}\|\hat{\boldsymbol{\theta}}(k)-\hat{\boldsymbol{\theta}}(k-t)\|=0,$　　对任意有限的 t.　　(2.32)

2. 估计时变参数的最小二乘算法

1) 带指数权重遗忘因子的递推最小二乘算法

该算法的基本思想是对旧数据加指数遗忘因子,以降低旧数据的影响,增加新数据的信息量,目的是使算法能够跟踪时变参数. 具体算法是通过考虑如下带有指数权重遗忘因子的时变参数估计的指标函数来实现的

$$S_N(\boldsymbol{\theta})=\alpha(N-1)S_{N-1}(\boldsymbol{\theta})+(y(N)-\boldsymbol{\phi}^{\mathrm{T}}(N-1)\boldsymbol{\theta})^2,\quad(2.33)$$

其中,$0<\alpha(\cdot)<1$;N 是数据长度.注意当 $\alpha(k)\equiv1$ 时,基于上述指标函数推导得到的参数估计算法即为标准的递推最小二乘算法.

对目标函数 $S_N(\boldsymbol{\theta})$ 的极小化能够得到下述递推算法

$$\hat{\boldsymbol{\theta}}(k)=\hat{\boldsymbol{\theta}}(k-1)$$
$$+\frac{\boldsymbol{P}(k-2)\boldsymbol{\phi}(k-1)}{\alpha(k-1)+\boldsymbol{\phi}^{\mathrm{T}}(k-1)\boldsymbol{P}(k-2)\boldsymbol{\phi}(k-1)}(y(k)-\boldsymbol{\phi}^{\mathrm{T}}(k-1)\hat{\boldsymbol{\theta}}(k-1)),$$

$$(2.34)$$

$$\boldsymbol{P}(k-1)=\frac{1}{\alpha(k-1)}\left(\boldsymbol{P}(k-2)-\frac{\boldsymbol{P}(k-2)\boldsymbol{\phi}(k-1)\boldsymbol{\phi}^{\mathrm{T}}(k-1)\boldsymbol{P}(k-2)}{\alpha(k-1)+\boldsymbol{\phi}^{\mathrm{T}}(k-1)\boldsymbol{P}(k-2)\boldsymbol{\phi}(k-1)}\right),$$

$$(2.35)$$

其中,$\hat{\boldsymbol{\theta}}(0)$ 是估计算法的初值,$\boldsymbol{P}(-1)$ 是给定的正定矩阵,如 $\boldsymbol{P}(-1)=c\boldsymbol{I}$,$c$ 是一个正常数,$\boldsymbol{I}$ 是单位阵.

文献[77]中提供了一种设计 $\alpha(k)$ 的方法如下

$$\alpha(k)=\alpha_0\alpha(k-1)+(1-\alpha_0),\qquad(2.36)$$

其中,典型的参数值可选为 $\alpha(0)=0.95$,$\alpha_0=0.99$.

2) 协方差重置的递推最小二乘算法

在实践中,常规递推最小二乘算法在开始的时候收敛很快,但在几步迭代之后(一般 $10\sim20$ 次),矩阵 $\boldsymbol{P}$ 的范数就会变得很小,此时算法的增益也随之急剧衰减,从而使得算法的更新能力变弱.防止这一现象产生的方法是在某些时刻重置协方差阵 $\boldsymbol{P}$,这样可使算法复苏,并能使算法始终具有较快的跟踪时变参数的能力.这种方案在处理时变参数估计问题时比较有效.重置协方差阵 $\boldsymbol{P}$ 的时刻可设定在发现参数有显著变化的时刻.

重置协方差的递推最小二乘算法可描述如下

$$\hat{\boldsymbol{\theta}}(k)=\hat{\boldsymbol{\theta}}(k-1)+\frac{\boldsymbol{P}(k-2)\boldsymbol{\phi}(k-1)}{1+\boldsymbol{\phi}^{\mathrm{T}}(k-1)\boldsymbol{P}(k-2)\boldsymbol{\phi}(k-1)}(y(k)-\boldsymbol{\phi}^{\mathrm{T}}(k-1)\hat{\boldsymbol{\theta}}(k-1)),$$

$$(2.37)$$

$$\boldsymbol{P}(-1)=t_0\boldsymbol{I},\quad t_0>0,\qquad(2.38)$$

其中,$\hat{\boldsymbol{\theta}}(0)$ 是给定的初值.设 k_i 是协方差重置的时刻,并令 $Z_s=\{k_1,k_2,\cdots\}$ 为重置协方差的时间序列,当 $k\notin Z_s$ 时,就以常规递推最小二乘算法来校正 $\boldsymbol{P}$,即

$$\boldsymbol{P}(k-1)=\boldsymbol{P}(k-2)-\frac{\boldsymbol{P}(k-2)\boldsymbol{\phi}(k-1)\boldsymbol{\phi}^{\mathrm{T}}(k-1)\boldsymbol{P}(k-2)}{1+\boldsymbol{\phi}^{\mathrm{T}}(k-1)\boldsymbol{P}(k-2)\boldsymbol{\phi}(k-1)},\qquad(2.39)$$

当 $k=k_i\in Z_s$ 时,将 $\boldsymbol{P}(k_i-1)$ 进行如下重置

$$\boldsymbol{P}(k_i-1)=t_i\boldsymbol{I},\quad 0<t_{\min}\leqslant t_i\leqslant t_{\max}<\infty.\qquad(2.40)$$

定理 2.5 对系统(2.3),算法(2.37)$\sim$(2.40)具有下列性质:

(1) $\|\hat{\boldsymbol{\theta}}(k)-\boldsymbol{\theta}_0\|^2\leqslant\|\hat{\boldsymbol{\theta}}(k-1)-\boldsymbol{\theta}_0\|^2\leqslant\|\hat{\boldsymbol{\theta}}(0)-\boldsymbol{\theta}_0\|^2$,$\forall k\geqslant1$,　(2.41)

(2) $\lim\limits_{N\to\infty} t_{\min}\sum\limits_{k=1}^{N}\dfrac{e^2(k)}{(1+t_{\max}\boldsymbol{\phi}^{\mathrm{T}}(k-1)\boldsymbol{\phi}(k-1))}<\infty.$ 　　　　(2.42)

并且从以上基本性质还可推出:

(1) $\lim\limits_{k\to\infty}\dfrac{e(k)}{(1+t_{\max}\boldsymbol{\phi}^{\mathrm{T}}(k-1)\boldsymbol{\phi}(k-1))^{1/2}}=0,$ 　　　　(2.43)

(2) $\lim\limits_{k\to\infty}\|\hat{\boldsymbol{\theta}}(k)-\hat{\boldsymbol{\theta}}(k-t)\|=0,\quad\forall t\geqslant 1.$ 　　　　(2.44)

注 2.1　由定理 2.5 的结论容易看出,如果 $\boldsymbol{P}$ 在每一步都进行重置,那么算法就直接退化为投影算法.由此可见,协方差重置的递推最小二乘算法(2.37)~(2.40)兼有最小二乘算法和投影算法的优点.

3) 协方差修正的最小二乘算法

对于时变参数估计问题,当探测到参数发生变化后,还可以在常规递推最小二乘算法的协方差矩阵上增加一个附加项,以此来防止 $\boldsymbol{P}$ 趋于零,它与前一种算法有类似的效果.

协方差修正的最小二乘算法如下

$$\hat{\boldsymbol{\theta}}(k)=\hat{\boldsymbol{\theta}}(k-1)+\frac{\boldsymbol{P}(k-2)\boldsymbol{\phi}(k-1)}{1+\boldsymbol{\phi}^{\mathrm{T}}(k-1)\boldsymbol{P}(k-2)\boldsymbol{\phi}(k-1)}(y(k)-\boldsymbol{\phi}^{\mathrm{T}}(k-1)\hat{\boldsymbol{\theta}}(k-1)),$$

(2.45)

$$\overline{\boldsymbol{P}}(k-1)=\boldsymbol{P}(k-2)-\frac{\boldsymbol{P}(k-2)\boldsymbol{\phi}(k-1)\boldsymbol{\phi}^{\mathrm{T}}(k-1)\boldsymbol{P}(k-2)}{1+\boldsymbol{\phi}^{\mathrm{T}}(k-1)\boldsymbol{P}(k-2)\boldsymbol{\phi}(k-1)},$$

(2.46)

$$\boldsymbol{P}(k-1)=\overline{\boldsymbol{P}}(k-1)+\boldsymbol{Q}(k-1),$$

(2.47)

其中,$0\leqslant\boldsymbol{Q}(k-1)<\infty.$

类似地,可以得到该算法的收敛性.

2.3　非线性参数化系统的参数估计算法

系统模型可具有线性参数化结构,也可具有非线性参数化结构.非线性参数化系统可更准确地描述实际系统.本节将进一步讨论非线性参数化系统的参数估计算法.

2.3.1　投影算法及其改进形式

1. 已有的投影算法

考虑如下非线性参数化系统的参数估计问题

$$y(k+1)=f(Y(k),U(k),\boldsymbol{\theta}),$$

(2.48)

其中,$y(k)$ 是 k 时刻系统的输出;$Y(k)$ 和 $U(k)$ 分别表示截止到时刻 k 的输出及输入数据集合;$\boldsymbol{\theta}$是未知的时不变或者慢时变参数;$f(\cdots)$是已知结构的非线性函数.

文献[78,79]中已经给出了针对系统(2.48)的参数估计算法

$$\hat{\boldsymbol{\theta}}(k) = \hat{\boldsymbol{\theta}}(k-1) + \frac{\delta\boldsymbol{\phi}(k-1)}{\|\boldsymbol{\phi}(k-1)\|^2}(y(k) - f(Y(k-1),U(k-1),\hat{\boldsymbol{\theta}}(k-1))),$$

(2.49)

其中,δ是一个适当的常数

$$\boldsymbol{\phi}(k-1) = \frac{\partial f(Y(k-1),U(k-1),\boldsymbol{\theta})}{\partial \boldsymbol{\theta}}\bigg|_{\boldsymbol{\theta}=\hat{\boldsymbol{\theta}}(k-1)}.$$

实际上,算法(2.49)可由如下方法推导出来.

假设 $y(k)$ 和 $\hat{\boldsymbol{\theta}}(k-1)$ 已知,将 $f(Y(k-1),U(k-1),\boldsymbol{\theta})$ 在 $\boldsymbol{\theta}=\hat{\boldsymbol{\theta}}(k-1)$ 处作一阶 Taylor 展开,得

$$f(Y(k-1),U(k-1),\boldsymbol{\theta}) \cong f(Y(k-1),U(k-1),\hat{\boldsymbol{\theta}}(k-1)) + \boldsymbol{\phi}^{\mathrm{T}}(k-1)(\boldsymbol{\theta}-\hat{\boldsymbol{\theta}}(k-1)).$$

(2.50)

式(2.50)的物理意义是在工作点 $\hat{\boldsymbol{\theta}}(k-1)$ 附近用一阶动态线性模型来逼近原非线性系统.将式(2.50)代入如下准则函数

$$J(\boldsymbol{\theta}) = (y(k) - f(Y(k-1),U(k-1),\boldsymbol{\theta}))^2,$$

(2.51)

并求其最小值,令其最优解为 $\hat{\boldsymbol{\theta}}(k)$,再应用矩阵求逆公式,即可得式(2.49),其中常数 δ 的加入是为了增加算法的一般性.另外,我们通常在分母中加入一个较小的正常数 μ,以避免式(2.49)的分母出现零的情况.

2. 改进的投影算法

基于准则函数(2.51)所得的参数估计算法(2.49),虽然通过考虑第 k 时刻模型输出和系统实际观测到的输出之差的极小化指标而增加了其跟踪参数的能力,然而,它对一些反常的或者陡变的检测数据(可能由于传感器失灵、人为原因或噪声干扰等造成)过于灵敏,使其鲁棒性不好.另外,针对自适应控制系统设计的非线性系统参数估计算法必须满足在线控制的快速性要求,也要避免复杂的非线性运算.因此,在工作点附近进行线性展开是很好的解决方案,但必须要求两个工作点相距不能太远,即其线性化范围不能太大,否则其估计精度必将不好,甚至会引起算法失稳.实践证明应用准则函数(2.51)所得到的参数估计算法(2.49)对个别反常数据敏感,经常会引起参数估计值变化过大或者变化过快,这也是造成应用该算法的自适应控制系统不稳定的原因之一,为此提出如下新的参数估计准则

$$J(\boldsymbol{\theta}) = (y(k+1) - f(Y(k),U(k),\boldsymbol{\theta}))^2 + \mu\|\boldsymbol{\theta}-\hat{\boldsymbol{\theta}}(k)\|^2,$$

(2.52)

其中,$\mu>0$ 是权重因子.式(2.52)中项 $\mu\|\boldsymbol{\theta}-\hat{\boldsymbol{\theta}}(k)\|^2$ 的引入是为了惩罚参数估计误差的过大变化.

将 $f(Y(k),U(k),\boldsymbol{\theta})$ 在 $\boldsymbol{\theta}=\hat{\boldsymbol{\theta}}(k)$ 处进行一阶 Taylor 展开得

$$f(Y(k),U(k),\boldsymbol{\theta})\cong f(Y(k),U(k),\hat{\boldsymbol{\theta}}(k))+\boldsymbol{\phi}^{\mathrm{T}}(k)(\boldsymbol{\theta}-\hat{\boldsymbol{\theta}}(k)),\quad(2.53)$$

其中,$\boldsymbol{\phi}(k)=\dfrac{\partial f(Y(k),U(k),\boldsymbol{\theta})}{\partial\boldsymbol{\theta}}\bigg|_{\boldsymbol{\theta}=\hat{\boldsymbol{\theta}}(k)}$. 将式(2.53)代入式(2.52),求解方程 $J'(\boldsymbol{\theta})=0$,并应用矩阵求逆引理,即可得到如下改进的投影算法

$$\hat{\boldsymbol{\theta}}(k+1)=\hat{\boldsymbol{\theta}}(k)+\frac{\eta_k\boldsymbol{\phi}(k)}{\mu+\parallel\boldsymbol{\phi}(k)\parallel^2}(y(k+1)-f(Y(k),U(k),\hat{\boldsymbol{\theta}}(k))).\quad(2.54)$$

注 2.2　式(2.54)中加入因子 η_k 是为了增强算法的通用性. 前述的推导中并未出现该因子,但它在算法收敛性分析中会被用到.

注 2.3　μ 是关于参数估计变化量的惩罚因子,通过对其适当选取可限制用动态线性系统(2.53)代替非线性系统(2.48)时的应用范围. 另外从算法(2.54)中可以看出,只要 $\mu>0$,算法就可以避免出现奇异的情况. 最后,μ 的加入可使估计算法对个别的反常数据具有鲁棒性.

注 2.4　当系统是线性参数化系统时,即

$$y(k+1)=\boldsymbol{\phi}^{\mathrm{T}}(k)\boldsymbol{\theta}_0,$$

算法(2.54)的具体形式就与已有的投影算法(2.7)完全一样. 但 μ 的意义不同,此处该因子有实际的物理意义,即它是关于参数估计变化量的惩罚因子.

上述改进的投影算法具有如下性质.

定理 2.6　对非线性参数化系统(2.48),假设如下条件满足:

(1) 系统对参数 $\boldsymbol{\theta}$ 具有连续偏导数.

(2) 对任意时刻 k,系统输出的观测值 $y(k)$ 有界,其界为 b_1.

(3) $f(\cdots)$ 对各个自变量及一切的 k 一致有界,其界为 b_2.

(4) 对由算法(2.54)所确定的估计序列 $\{\hat{\boldsymbol{\theta}}(k)\}$ 满足 $\inf_k\{(\boldsymbol{\phi}^*(k))^{\mathrm{T}}\boldsymbol{\phi}(k)\}=\gamma>0$,其中,$\boldsymbol{\phi}^*(k)$ 表示偏导数 $\dfrac{\partial f(Y(k),U(k),\boldsymbol{\theta})}{\partial\boldsymbol{\theta}}$ 在 $\hat{\boldsymbol{\theta}}(k)$ 与 $\hat{\boldsymbol{\theta}}(k+1)$ 之间某一点处的值.

那么在适当的选取 μ 和 η_k 情况下,根据算法(2.54)所得到的估计值 $\hat{\boldsymbol{\theta}}(k+1)$,有

$$\lim_{k\to\infty}|y(k+1)-f(Y(k),U(k),\hat{\boldsymbol{\theta}}(k+1))|=0.\quad(2.55)$$

证明　对 $f(Y(k),U(k),\hat{\boldsymbol{\theta}}(k+1))$ 在 $\hat{\boldsymbol{\theta}}(k+1)=\hat{\boldsymbol{\theta}}(k)$ 处应用 Cauchy 微分中值定理可得

$$f(Y(k),U(k),\hat{\boldsymbol{\theta}}(k+1))=f(Y(k),U(k),\hat{\boldsymbol{\theta}}(k))+(\boldsymbol{\phi}^*(k))^{\mathrm{T}}\Delta\hat{\boldsymbol{\theta}}(k+1),$$
$$(2.56)$$

其中,$\Delta\hat{\boldsymbol{\theta}}(k+1)\triangleq\hat{\boldsymbol{\theta}}(k+1)-\hat{\boldsymbol{\theta}}(k)$.

将算法(2.54)代入式(2.56)中,并用系统输出的观测值减去所得结果,整理有

$$\left| y(k+1) - f(Y(k), U(k), \hat{\boldsymbol{\theta}}(k+1)) \right|$$

$$\leqslant \left| y(k+1) - f(Y(k), U(k), \hat{\boldsymbol{\theta}}(k)) \right| \left| 1 - \frac{\eta_k (\boldsymbol{\phi}^*(k))^{\mathrm{T}} \boldsymbol{\phi}(k)}{\mu + \| \boldsymbol{\phi}(k) \|^2} \right|. \quad (2.57)$$

应用定理 2.6 的假设(2)和假设(3)，由式(2.57)得

$$\left| y(k+1) - f(Y(k), U(k), \hat{\boldsymbol{\theta}}(k+1)) \right| \leqslant (b_1 + b_2) \left| 1 - \frac{\eta_k (\boldsymbol{\phi}^*(k))^{\mathrm{T}} \boldsymbol{\phi}(k)}{\mu + \| \boldsymbol{\phi}(k) \|^2} \right|.$$

$$(2.58)$$

又由假设(4)知，对任意的 $0 < \varepsilon < \gamma$，一定存在整数 N，使得当 $k > N$ 时有

$$\frac{(\boldsymbol{\phi}^*(k))^{\mathrm{T}} \boldsymbol{\phi}(k)}{\mu + \| \boldsymbol{\phi}(k) \|^2} \geqslant \frac{\gamma - \varepsilon}{\mu + \bar{b}^2} > 0, \quad (2.59)$$

其中，$\bar{b}$ 是满足 $\left\| \dfrac{\partial f(Y(k), U(k), \boldsymbol{\theta})}{\partial \boldsymbol{\theta}} \right\| \leqslant \bar{b}$ 的常数(基于假设(1)).

另外，根据假设(1)总可适当地选取 μ，使得

$$\frac{(\boldsymbol{\phi}^*(k))^{\mathrm{T}} \boldsymbol{\phi}(k)}{\mu + \| \boldsymbol{\phi}(k) \|^2} \leqslant 1. \quad (2.60)$$

基于式(2.59)和式(2.60)，选取 η_k 满足 $0 < \eta_k \leqslant \dfrac{\mu + \bar{b}^2}{\gamma - \varepsilon}$，那么从式(2.58)可知

$$\left| y(k+1) - f(Y(k), U(k), \hat{\boldsymbol{\theta}}(k+1)) \right| \leqslant \left(1 - \eta_k \frac{\gamma - \varepsilon}{\mu + \bar{b}^2} \right) (b_1 + b_2), \quad (2.61)$$

此时如果 η_k 还满足

$$\eta_k \geqslant \left(1 - \frac{\varepsilon}{b_1 + b_2} \right) \frac{\mu + \bar{b}^2}{\gamma - \varepsilon},$$

则由式(2.61)可知

$$\left| y(k+1) - f(Y(k), U(k), \hat{\boldsymbol{\theta}}(k+1)) \right| \leqslant \varepsilon,$$

从而得到了定理 2.6 的结论.

注 2.5　定理 2.6 的假设条件(4)并不苛刻. 例如，对一类很广泛的带有时变参数的系统

$$y(k+1) = \boldsymbol{\varphi}^{\mathrm{T}}(k) \boldsymbol{\theta}(k),$$

其中，$\boldsymbol{\varphi}(k)$ 表示在 k 时刻由系统 I/O 数据组成的回归向量. 那么当 I/O 数据非零时，恒有 $\inf_k \{ (\boldsymbol{\phi}^*(k))^{\mathrm{T}} \boldsymbol{\phi}(k) \} = \inf_k \{ \boldsymbol{\varphi}^{\mathrm{T}}(k) \boldsymbol{\varphi}(k) \}$ 存在且大于零，定理 2.6 的条件(4)满足.

2.3.2　最小二乘算法及其改进形式

1. 已有的递推最小二乘算法

针对非线性参数化系统(2.48)，下面讨论参数估计的递推最小二乘算法及其

改进形式.

递推最小二乘算法的准则函数如下

$$J_N(\boldsymbol{\theta}) = \frac{1}{2}\sum_{k=1}^{N}(y(k)-\hat{y}(k,\boldsymbol{\theta}))^2, \tag{2.62}$$

其中,$\hat{y}(k,\boldsymbol{\theta})=f(Y(k-1),U(k-1),\boldsymbol{\theta})$;$\boldsymbol{\theta}$ 是未知的时不变或慢时变参数.

将式(2.62)重写为

$$J_{N+1}(\boldsymbol{\theta})=J_N(\boldsymbol{\theta})+\frac{1}{2}(y(N+1)-\hat{y}(N+1,\boldsymbol{\theta}))^2. \tag{2.63}$$

利用类似于 2.3.1 节第 1 小节的思想,即用动态线性化模型来逼近原非线性系统,也就是在 $\boldsymbol{\theta}=\hat{\boldsymbol{\theta}}(N)$ 处对 $\hat{y}(N+1,\boldsymbol{\theta})$ 进行一阶 Taylor 展开

$$\hat{y}(N+1,\boldsymbol{\theta})\cong\hat{y}(N+1,\hat{\boldsymbol{\theta}}(N))+(\hat{y}'(N+1,\hat{\boldsymbol{\theta}}(N)))^{\mathrm{T}}(\boldsymbol{\theta}-\hat{\boldsymbol{\theta}}(N)), \tag{2.64}$$

其中,$\hat{y}'(N+1,\hat{\boldsymbol{\theta}})=\dfrac{\partial f(Y(N),U(N),\boldsymbol{\theta})}{\partial\boldsymbol{\theta}}\bigg|_{\boldsymbol{\theta}=\hat{\boldsymbol{\theta}}(N)}$.将式(2.64)代入式(2.63),并令

$$\boldsymbol{\phi}(N)\triangleq\hat{y}'(N+1,\hat{\boldsymbol{\theta}}(N)),$$

$$Z(N+1)\triangleq y(N+1)-\hat{y}(N+1,\boldsymbol{\theta})+\boldsymbol{\phi}^{\mathrm{T}}(N)\boldsymbol{\theta},$$

可得

$$J_{N+1}(\boldsymbol{\theta})=J_N(\boldsymbol{\theta})+\frac{1}{2}(Z(N+1)-\boldsymbol{\phi}^{\mathrm{T}}(N)\boldsymbol{\theta})^2. \tag{2.65}$$

对式(2.65)两边关于 $\boldsymbol{\theta}$ 求导,得

$$\nabla J_{N+1}(\boldsymbol{\theta})=\nabla J_N(\boldsymbol{\theta})-\boldsymbol{\phi}(N)(Z(N+1)-\boldsymbol{\phi}^{\mathrm{T}}(N)\boldsymbol{\theta}), \tag{2.66}$$

将 $\nabla J_N(\boldsymbol{\theta})$ 在 $\boldsymbol{\theta}=\hat{\boldsymbol{\theta}}(N)$ 处一阶 Taylor 展开

$$\nabla J_N(\boldsymbol{\theta})\cong\nabla J_N(\hat{\boldsymbol{\theta}}(N))+\nabla^2 J_N(\hat{\boldsymbol{\theta}}(N))(\boldsymbol{\theta}-\hat{\boldsymbol{\theta}}(N)), \tag{2.67}$$

再将式(2.67)代入式(2.66),并利用 $\hat{\boldsymbol{\theta}}(N)$ 使得 $J_N(\boldsymbol{\theta})$ 达到极小值这个条件,则有

$$\nabla J_{N+1}(\boldsymbol{\theta})\cong\nabla^2 J_N(\hat{\boldsymbol{\theta}}(N))(\boldsymbol{\theta}-\hat{\boldsymbol{\theta}}(N))-\boldsymbol{\phi}(N)(Z(N+1)-\boldsymbol{\phi}^{\mathrm{T}}(N)\boldsymbol{\theta}).$$

设 $\hat{\boldsymbol{\theta}}(N+1)$ 使得 $J_{N+1}(\boldsymbol{\theta})$ 达到极小值,由上式整理可得

$$\hat{\boldsymbol{\theta}}(N+1)=\hat{\boldsymbol{\theta}}(N)+P(N)\boldsymbol{\phi}(N)(Z(N+1)-\boldsymbol{\phi}^{\mathrm{T}}(N)\hat{\boldsymbol{\theta}}(N)), \tag{2.68}$$

其中

$$P(N)=(\nabla^2 J_N(\hat{\boldsymbol{\theta}}(N))+\boldsymbol{\phi}(N)\boldsymbol{\phi}^{\mathrm{T}}(N))^{-1}. \tag{2.69}$$

为了推导关于 $P(N)$ 的递推公式,对式(2.66)两边关于 $\boldsymbol{\theta}$ 求导,得

$$\nabla^2 J_{N+1}(\boldsymbol{\theta})=\nabla^2 J_N(\boldsymbol{\theta})+\boldsymbol{\phi}(N)\boldsymbol{\phi}^{\mathrm{T}}(N).$$

故有

$$P^{-1}(N) = \nabla^2 J_{N+1}(\hat{\boldsymbol{\theta}}).$$

由式(2.69)及矩阵求逆引理可得

$$P(N) = P(N-1) - \frac{P(N-1)\boldsymbol{\phi}(N)\boldsymbol{\phi}^{\mathrm{T}}(N)P(N-1)}{1+\boldsymbol{\phi}^{\mathrm{T}}(N)P(N-1)\boldsymbol{\phi}(N)}.$$

从而,非线性参数化系统的递推最小二乘算法如下

$$\hat{\boldsymbol{\theta}}(k+1) = \hat{\boldsymbol{\theta}}(k) + P(k)\boldsymbol{\phi}(k)(y(k+1) - f(Y(k), U(k), \hat{\boldsymbol{\theta}}(k))), \quad (2.70)$$

$$P(k) = P(k-1) - \frac{P(k-1)\boldsymbol{\phi}(k)\boldsymbol{\phi}^{\mathrm{T}}(k)P(k-1)}{1+\boldsymbol{\phi}^{\mathrm{T}}(k)P(k-1)\boldsymbol{\phi}(k)}, \quad (2.71)$$

$$\boldsymbol{\phi}(k) = \frac{\partial f(Y(k), U(k), \boldsymbol{\theta})}{\partial \boldsymbol{\theta}}\bigg|_{\boldsymbol{\theta}=\hat{\boldsymbol{\theta}}(k)}. \quad (2.72)$$

注 2.6　当系统模型为

$$y(k+1) = \boldsymbol{\phi}^{\mathrm{T}}(k)\boldsymbol{\theta},$$

其中,$\boldsymbol{\phi}(k)$是在 k 时刻可获得的输入输出数据的某种函数,则算法(2.49)和(2.70)~(2.72)分别与 2.2 节给出的投影算法和递推最小二乘算法是一样的.

2. 改进的递推最小二乘算法

众所周知,各种形式的递推最小二乘算法在参数辨识中已经得到了广泛的应用. 但在应用递推最小二乘算法时,系统的观测数据需要满足一定的条件,比如信号的持续激励等. 初始矩阵也要适当地选取以便能增加收敛速度并避免由病态矩阵所带来的困难.

为了改进递推最小二乘算法的性能,提出准则函数(2.62)的改进形式

$$J_N(\boldsymbol{\theta}) = \frac{1}{2}\sum_{k=1}^{N}(y(k) - \hat{y}(k, \boldsymbol{\theta}))^2 + \frac{1}{2}\mu\|(\boldsymbol{\theta} - \hat{\boldsymbol{\theta}}(N-1))\|^2. \quad (2.73)$$

类似前述 2.3.2 第 1 小节的推导,可得一般非线性参数化系统(2.48)的改进递推最小二乘算法如下

$$\begin{aligned}\hat{\boldsymbol{\theta}}(k+1) &= \hat{\boldsymbol{\theta}}(k) + P(k)\boldsymbol{\phi}(k)(y(k+1) - f(Y(k), U(k), \hat{\boldsymbol{\theta}}(k)))\\ &\quad - \mu P(k)\Delta\hat{\boldsymbol{\theta}}(k),\end{aligned} \quad (2.74)$$

$$P(k) = P(k-1) - \frac{P(k-1)\boldsymbol{\phi}(k)\boldsymbol{\phi}^{\mathrm{T}}(k)P(k-1)}{1+\boldsymbol{\phi}^{\mathrm{T}}(k)P(k-1)\boldsymbol{\phi}(k)}, \quad (2.75)$$

$$\boldsymbol{\phi}(k) = \frac{\partial f(Y(k), U(k), \boldsymbol{\theta})}{\partial \boldsymbol{\theta}}\bigg|_{\boldsymbol{\theta}=\hat{\boldsymbol{\theta}}(k)}, \quad (2.76)$$

其中

$$\Delta\hat{\boldsymbol{\theta}}(k) = \hat{\boldsymbol{\theta}}(k) - \hat{\boldsymbol{\theta}}(k-1).$$

注 2.7　上述改进算法(2.74)~(2.76)仅是在一般的非线性系统最小二乘算

法(2.70)~(2.72)的基础上增加了一项 $\mu\boldsymbol{P}(k)\Delta\hat{\boldsymbol{\theta}}(k)$,几乎不增加计算量,且形式简单.当 $\mu=0$ 时,就变成一般的非线性系统递推最小二乘算法.

此处省略对一般情况下递推最小二乘算法(2.74)~(2.76)的收敛性讨论,感兴趣的读者请参见文献[80,81].

为分析简明透彻,以一类对参数线性的非线性系统为例来讨论其性质

$$y(k+1)=\boldsymbol{\phi}^{\mathrm{T}}(k)\boldsymbol{\theta},\qquad(2.77)$$

其中,$\boldsymbol{\theta}-(\theta_1,\cdots,\theta_n)^{\mathrm{T}}$ 是未知时不变或慢时变参数;$\boldsymbol{\phi}(k)=[f_1(Y(k),U(k)),\cdots,f_n(Y(k),U(k))]^{\mathrm{T}}$;$f_i(\cdots),i=1,2,\cdots,n$ 是已知的与 $\boldsymbol{\theta}$ 无关的非线性函数.系统(2.77)具有较广泛的代表性,许多非线性系统均可化成此类模型.

此时准则函数(2.73)的具体形式可写成如下形式

$$J_N(\boldsymbol{\theta})=\frac{1}{2}\sum_{k=1}^{N}(y(k)-\boldsymbol{\phi}^{\mathrm{T}}(k-1)\boldsymbol{\theta})^2+\frac{1}{2}(\boldsymbol{\theta}-\hat{\boldsymbol{\theta}}(N-1))^{\mathrm{T}}\boldsymbol{P}^{-1}(0)(\boldsymbol{\theta}-\hat{\boldsymbol{\theta}}(N-1)),$$
$$(2.78)$$

其中,$\boldsymbol{P}^{-1}(0)=\mu\boldsymbol{I}$,$\mu$ 为一常数.

设

$$\boldsymbol{\Phi}_N=[\boldsymbol{\phi}(1),\boldsymbol{\phi}(2),\cdots,\boldsymbol{\phi}(N)]^{\mathrm{T}},$$
$$\boldsymbol{Y}_N=[y(1),y(2),\cdots,y(N)]^{\mathrm{T}},$$

则准则函数(2.78)可写成如下向量形式

$$J_N(\boldsymbol{\theta})=\frac{1}{2}\|\boldsymbol{Y}_N-\boldsymbol{\Phi}_{N-1}\boldsymbol{\theta}\|^2+\frac{1}{2}(\boldsymbol{\theta}-\hat{\boldsymbol{\theta}}(N-1))^{\mathrm{T}}\boldsymbol{P}^{-1}(0)(\boldsymbol{\theta}-\hat{\boldsymbol{\theta}}(N-1)),$$
$$(2.79)$$

最小化准则函数(2.79),可得改进的最小二乘算法

$$\Delta\hat{\boldsymbol{\theta}}(k)=(\boldsymbol{P}^{-1}(0)+\boldsymbol{\Phi}_{k-1}^{\mathrm{T}}\boldsymbol{\Phi}_{k-1})^{-1}\boldsymbol{\Phi}_{k-1}^{\mathrm{T}}(\boldsymbol{Y}_k-\boldsymbol{\Phi}_{k-1}\hat{\boldsymbol{\theta}}(k-1)).\qquad(2.80)$$

在这种情况下,矩阵 $\boldsymbol{\Phi}_{k-1}^{\mathrm{T}}\boldsymbol{\Phi}_{k-1}$ 的病态化可通过适当选取 $\boldsymbol{P}(0)$ 值来克服.为避免算法(2.80)中的直接求逆运算,类似 2.2 节的推导,可以得到非线性系统(2.77)的递推最小二乘算法如下

$$\hat{\boldsymbol{\theta}}(k)=\hat{\boldsymbol{\theta}}(k-1)+\boldsymbol{P}(k-1)\boldsymbol{\phi}(k-1)(y(k)-\boldsymbol{\phi}^{\mathrm{T}}(k-1)\hat{\boldsymbol{\theta}}(k-1))$$
$$-\boldsymbol{P}(k-1)\boldsymbol{P}^{-1}(0)\Delta\hat{\boldsymbol{\theta}}(k-1),\qquad(2.81)$$

其中,$\boldsymbol{P}(k-1)=(\boldsymbol{P}^{-1}(0)+\boldsymbol{\Phi}_{k-1}^{\mathrm{T}}\boldsymbol{\Phi}_{k-1})^{-1}$,并且有

$$\boldsymbol{P}(k-1)=\boldsymbol{P}(k-2)-\frac{\boldsymbol{P}(k-2)\boldsymbol{\phi}(k-1)\boldsymbol{\phi}^{\mathrm{T}}(k-1)\boldsymbol{P}(k-2)}{1+\boldsymbol{\phi}^{\mathrm{T}}(k-1)\boldsymbol{P}(k-2)\boldsymbol{\phi}(k-1)}.\qquad(2.82)$$

在参数估计中,估计系统慢时变参数的一个有效方法是对数据进行适当的加权来减弱旧数据的影响.将上述思想应用到改进的递推最小二乘算法(2.78)中,此时的准则函数就变成如下形式

$$J_N(\boldsymbol{\theta}) = \frac{1}{2}\sum_{i=1}^{N} r^{N-i}\,(y(i)-\boldsymbol{\phi}^{\mathrm{T}}(i-1)\boldsymbol{\theta})^2 + (\boldsymbol{\theta}-\hat{\boldsymbol{\theta}}(k-1))^{\mathrm{T}}\boldsymbol{P}^{-1}(0)(\boldsymbol{\theta}-\hat{\boldsymbol{\theta}}(k-1)),$$

$$(2.83)$$

其中,$r\in[0,1]$是权重因子.

最小化准则函数(2.83),可得慢时变参数的改进加权最小二乘算法如下

$$\Delta\hat{\boldsymbol{\theta}}(k) = (\boldsymbol{P}^{-1}(0)+\boldsymbol{\Phi}_{k-1}^{\mathrm{T}}\boldsymbol{\Omega}_{k-1}\boldsymbol{\Phi}_{k-1})^{-1}\boldsymbol{\Phi}_{k-1}^{\mathrm{T}}\boldsymbol{\Omega}_{k-1}(\boldsymbol{Y}_k-\boldsymbol{\Phi}_{k-1}\hat{\boldsymbol{\theta}}(k-1)),$$

$$(2.84)$$

其中,$\boldsymbol{\Omega}_{k-1}=\mathrm{diag}\{1,r,r^2,\cdots,r^{k-1}\}$. 只要矩阵 $\boldsymbol{P}(0)$ 可逆,则逆矩阵 $(\boldsymbol{P}^{-1}(0)+\boldsymbol{\Phi}_{k-1}^{\mathrm{T}}\boldsymbol{\Omega}_{k-1}\boldsymbol{\Phi}_{k-1})^{-1}$总存在. 因此,当矩阵 $\boldsymbol{\Phi}_{k-1}^{\mathrm{T}}\boldsymbol{\Omega}_{k-1}\boldsymbol{\Phi}_{k-1}$发生病态时,该算法仍然有效. 显然,当 $r=1$ 时算法(2.84)就变成算法(2.80).

算法(2.84)的递推形式如下

$$\hat{\boldsymbol{\theta}}(k) = \hat{\boldsymbol{\theta}}(k-1) + \boldsymbol{P}(k-1)\boldsymbol{\phi}(k-1)(y(k)-\boldsymbol{\phi}^{\mathrm{T}}(k-1)\hat{\boldsymbol{\theta}}(k-1))$$

$$-r\boldsymbol{P}(k-1)\boldsymbol{P}^{-1}(0)\Delta\hat{\boldsymbol{\theta}}(k-1),\qquad(2.85)$$

其中

$$\boldsymbol{P}(k-1)=(\boldsymbol{P}^{-1}(0)+\boldsymbol{\Phi}_{k-1}^{\mathrm{T}}\boldsymbol{\Omega}_{k-1}\boldsymbol{\Phi}_{k-1})^{-1}.\qquad(2.86)$$

下面讨论式(2.86)的递推公式.方便起见,初始矩阵取为对角阵,即 $\boldsymbol{P}^{-1}(0)=\mu\boldsymbol{I}$.利用 Cholesky 分解方法[82],有

$$\boldsymbol{P}^{-1}(0)=\sum_{i=1}^{n}\mu\boldsymbol{e}_i\boldsymbol{e}_i^{\mathrm{T}},\qquad(2.87)$$

其中,n 代表 $\boldsymbol{P}^{-1}(0)$ 的维数;$\boldsymbol{e}_i,i=1,\cdots,n$,表示第 i 个单位向量,即除了第 i 个元素是 1 外,其他元素均是零.将式(2.86)重写如下

$$\boldsymbol{P}(k-1)=(r\boldsymbol{P}^{-1}(k-2)+\boldsymbol{\phi}(k-1)\boldsymbol{\phi}^{\mathrm{T}}(k-1)+(1-r)\boldsymbol{P}^{-1}(0))^{-1},\quad(2.88)$$

将式(2.87)代入式(2.88)有

$$\boldsymbol{P}(k-1)=\Big(r\boldsymbol{P}^{-1}(k-2)+\boldsymbol{\phi}(k-1)\boldsymbol{\phi}^{\mathrm{T}}(k-1)+(1-r)\sum_{i=1}^{n}\mu\boldsymbol{e}_i\boldsymbol{e}_i^{\mathrm{T}}\Big)^{-1}.$$

$$(2.89)$$

设

$$\overline{\boldsymbol{P}}(0,k-2)=\boldsymbol{P}(k-2)/r,$$

$$\overline{\boldsymbol{P}}(1,k-2)=(\overline{\boldsymbol{P}}^{-1}(0,k-2)+(1-r)\mu\boldsymbol{e}_1\boldsymbol{e}_1^{\mathrm{T}})^{-1}$$

$$=\overline{\boldsymbol{P}}(0,k-2)-\frac{(1-r)\mu\overline{\boldsymbol{p}}_1(0,k-2)\overline{\boldsymbol{p}}_1^{\mathrm{T}}(0,k-2)}{1+(1-r)\mu\,\overline{p}_{11}(0,k-2)},$$

$$\vdots$$

$$\bar{\boldsymbol{P}}(i,k-2)=\bar{\boldsymbol{P}}(i-1,k-2)+\frac{(1-r)\mu\bar{\boldsymbol{p}}_i(i-1,k-2)\bar{\boldsymbol{p}}_i^{\mathrm{T}}(i-1,k-2)}{1+(1-r)\mu\bar{p}_{ii}(i-1,k-2)},$$

其中, $\bar{\boldsymbol{p}}_i(i-1,k-2)$ 是矩阵 $\bar{\boldsymbol{P}}(i-1,k-2)$ 的第 i 个列向量;而 $\bar{p}_{ii}(i-1,k-2)$ 是向量 $\bar{\boldsymbol{p}}_i(i-1,k-2)$ 的第 i 个元素.那么

$$\boldsymbol{P}(k-1)=\bar{\boldsymbol{P}}(n,k-2)-\frac{\bar{\boldsymbol{P}}(n,k-2)\boldsymbol{\phi}(k-1)\boldsymbol{\phi}^{\mathrm{T}}(k-1)\bar{\boldsymbol{P}}(n,k-2)}{1+\boldsymbol{\phi}^{\mathrm{T}}(k-1)\bar{\boldsymbol{P}}(n,k-2)\boldsymbol{\phi}(k-1)}, \quad (2.90)$$

针对慢时变参数改进的加权递推最小二乘算法可写成如下递归形式

$$\hat{\boldsymbol{\theta}}(k)=\hat{\boldsymbol{\theta}}(k-1)+\boldsymbol{P}(k-1)\boldsymbol{\phi}(k-1)(y(k)-\boldsymbol{\phi}^{\mathrm{T}}(k-1)\hat{\boldsymbol{\theta}}(k-1))$$
$$-r\boldsymbol{P}(k-1)\boldsymbol{P}^{-1}(0)\Delta\hat{\boldsymbol{\theta}}(k-1), \quad (2.91)$$

$$\boldsymbol{P}(k-1)=\bar{\boldsymbol{P}}(n,k-2)-\frac{\bar{\boldsymbol{P}}(n,k-2)\boldsymbol{\phi}(k-1)\boldsymbol{\phi}^{\mathrm{T}}(k-1)\bar{\boldsymbol{P}}(n,k-2)}{1+\boldsymbol{\phi}^{\mathrm{T}}(k-1)\bar{\boldsymbol{P}}(n,k-2)\boldsymbol{\phi}(k-1)}, \quad (2.92)$$

其中

$$\bar{\boldsymbol{P}}(i,k-2)=\bar{\boldsymbol{P}}(i-1,k-2)-\frac{(1-r)\mu\bar{\boldsymbol{p}}_i(i-1,k-2)\bar{\boldsymbol{p}}_i^{\mathrm{T}}(i-1,k-2)}{1+(1-r)\mu\bar{p}_{ii}(i-1,k-2)}, \quad i=1,\cdots,n,$$
$$(2.93)$$

$$\bar{\boldsymbol{P}}(0,k-2)=\frac{\boldsymbol{P}(k-2)}{r}. \quad (2.94)$$

注 2.8　只有当 $r\neq0$ 时算法(2.91)～(2.94)才有效.如果 $r=0$,则上述算法变成

$$\hat{\boldsymbol{\theta}}(k)=\hat{\boldsymbol{\theta}}(k-1)+\boldsymbol{P}(k-1)\boldsymbol{\phi}(k-1)(y(k)-\boldsymbol{\phi}^{\mathrm{T}}(k-1)\hat{\boldsymbol{\theta}}(k-1)), \quad (2.95)$$
$$\boldsymbol{P}(k-1)=\boldsymbol{P}(0)-\frac{\boldsymbol{P}(0)\boldsymbol{\phi}(k-1)\boldsymbol{\phi}^{\mathrm{T}}(k-1)\boldsymbol{P}(0)}{1+\boldsymbol{\phi}^{\mathrm{T}}(k-1)\boldsymbol{P}(0)\boldsymbol{\phi}(k-1)}, \quad (2.96)$$

即成为非递推形式的最小二乘算法.如果 $r=1$,那么算法就变成对时不变参数估计的算法(2.81)和(2.82).

下面对改进的递推最小二乘算法(2.81)和(2.82)以及改进的加权递推最小二乘算法(2.91)～(2.94)的性质加以介绍.

定理 2.7　对于模型(2.77),改进的递推最小二乘算法(2.81)、算法(2.82)具有如下性质:

$$(1)\ \|\hat{\boldsymbol{\theta}}(k)-\boldsymbol{\theta}\|^2\leqslant k_c\|\hat{\boldsymbol{\theta}}(0)-\boldsymbol{\theta}\|^2, \quad \forall k>0, \quad (2.97)$$

其中, k_c 是矩阵 $\boldsymbol{P}^{-1}(0)$ 的条件数.

$$(2)\ \lim_{k\to\infty}\|\boldsymbol{P}(k)\boldsymbol{\phi}(k)e(k)\|=0, \quad (2.98)$$

其中, $e(k)=y(k)-\boldsymbol{\phi}^{\mathrm{T}}(k-1)\hat{\boldsymbol{\theta}}(k-1)$.

(3) $\lim_{k \to \infty} \| \hat{\boldsymbol{\theta}}(k) - \hat{\boldsymbol{\theta}}(k-l) \| = 0$,对任意有限的 l. 　　　　　　(2.99)

证明　(1)根据定义 $\tilde{\boldsymbol{\theta}}(k) = \hat{\boldsymbol{\theta}}(k) - \boldsymbol{\theta}$ 和 $\Delta\hat{\boldsymbol{\theta}}(k) = \hat{\boldsymbol{\theta}}(k) - \hat{\boldsymbol{\theta}}(k-1)$ 有

$$\tilde{\boldsymbol{\theta}}(k) = \tilde{\boldsymbol{\theta}}(k-1) + \Delta\hat{\boldsymbol{\theta}}(k).\quad\quad(2.100)$$

将式(2.80)代入到式(2.100)中,并注意到模型 $Y_k = \boldsymbol{\Phi}_{k-1}\boldsymbol{\theta}$ 和关系式 $\boldsymbol{P}(k-1) = (\boldsymbol{P}^{-1}(0) + \boldsymbol{\Phi}_{k-1}^{\mathrm{T}}\boldsymbol{\Phi}_{k-1})^{-1}$,可得

$$\begin{aligned}
\tilde{\boldsymbol{\theta}}(k) &= \tilde{\boldsymbol{\theta}}(k-1) + (\boldsymbol{P}^{-1}(0) + \boldsymbol{\Phi}_{k-1}^{\mathrm{T}}\boldsymbol{\Phi}_{k-1})^{-1}\boldsymbol{\Phi}_{k-1}^{\mathrm{T}}(Y_k - \boldsymbol{\Phi}_{k-1}\hat{\boldsymbol{\theta}}(k-1)) \\
&= \tilde{\boldsymbol{\theta}}(k-1) - \boldsymbol{P}(k-1)\boldsymbol{\Phi}_{k-1}^{\mathrm{T}}\boldsymbol{\Phi}_{k-1}\tilde{\boldsymbol{\theta}}(k-1).
\end{aligned}\quad(2.101)$$

再次利用 $\boldsymbol{P}(k-1) = (\boldsymbol{P}^{-1}(0) + \boldsymbol{\Phi}_{k-1}^{\mathrm{T}}\boldsymbol{\Phi}_{k-1})^{-1}$,式(2.101)变为

$$\begin{aligned}
\tilde{\boldsymbol{\theta}}(k) &= (I - \boldsymbol{P}(k-1)\boldsymbol{\Phi}_{k-1}^{\mathrm{T}}\boldsymbol{\Phi}_{k-1})\tilde{\boldsymbol{\theta}}(k-1) \\
&= \boldsymbol{P}(k-1)\boldsymbol{P}^{-1}(0)\tilde{\boldsymbol{\theta}}(k-1).
\end{aligned}\quad(2.102)$$

令

$$V(k) = \tilde{\boldsymbol{\theta}}^{\mathrm{T}}(k)\boldsymbol{P}^{-1}(k)\tilde{\boldsymbol{\theta}}(k),$$

根据式(2.102),计算 $V(k)$ 的差分为

$$V(k) - V(k-1) = \tilde{\boldsymbol{\theta}}^{\mathrm{T}}(k-1)(\boldsymbol{P}^{-1}(0)\boldsymbol{P}(k-1)\boldsymbol{P}^{-1}(0) - \boldsymbol{P}^{-1}(k-1))\tilde{\boldsymbol{\theta}}(k-1).$$
$$(2.103)$$

利用式(2.82),有

$$\boldsymbol{P}(k) = \boldsymbol{P}(0) - \sum_{i=1}^{k} \frac{\boldsymbol{P}(i-1)\boldsymbol{\phi}(i)\boldsymbol{\phi}^{\mathrm{T}}(i)\boldsymbol{P}(i-1)}{1 + \boldsymbol{\phi}^{\mathrm{T}}(i)\boldsymbol{P}(i-1)\boldsymbol{\phi}(i)},\quad\quad(2.104)$$

结合式(2.104)和 $\boldsymbol{P}(k-1) = (\boldsymbol{P}^{-1}(0) + \boldsymbol{\Phi}_{k-1}^{\mathrm{T}}\boldsymbol{\Phi}_{k-1})^{-1}$,方程(2.103)变成

$$\begin{aligned}
V(k) - V(k-1) &= \tilde{\boldsymbol{\theta}}^{\mathrm{T}}(k-1) \\
&\times \left(-\sum_{i=1}^{k-1} \frac{\boldsymbol{P}^{-1}(0)\boldsymbol{P}(i-1)\boldsymbol{\phi}(i)\boldsymbol{\phi}^{\mathrm{T}}(i)\boldsymbol{P}(i-1)\boldsymbol{P}^{-1}(0)}{1 + \boldsymbol{\phi}^{\mathrm{T}}(i)\boldsymbol{P}(i-1)\boldsymbol{\phi}(i)} - \boldsymbol{\Phi}_{k-1}^{\mathrm{T}}\boldsymbol{\Phi}_{k-1} \right) \\
&\times \tilde{\boldsymbol{\theta}}(k-1),
\end{aligned}\quad(2.105)$$

故 $V(k)$ 是一单调非增的函数,因此

$$\tilde{\boldsymbol{\theta}}^{\mathrm{T}}(k)\boldsymbol{P}^{-1}(k)\tilde{\boldsymbol{\theta}}(k) \leqslant \tilde{\boldsymbol{\theta}}^{\mathrm{T}}(0)\boldsymbol{P}^{-1}(0)\tilde{\boldsymbol{\theta}}(0).\quad\quad(2.106)$$

利用 $\boldsymbol{P}(k)$ 的定义式 $\boldsymbol{P}(k) = (\boldsymbol{P}^{-1}(0) + \boldsymbol{\Phi}_k^{\mathrm{T}}\boldsymbol{\Phi}_k)^{-1}$ 和 $\boldsymbol{\Phi}_k$ 的定义,可得

$$\boldsymbol{P}^{-1}(k) = \boldsymbol{P}^{-1}(k-1) + \boldsymbol{\phi}(k-1)\boldsymbol{\phi}^{\mathrm{T}}(k-1),$$

因此

$$\sigma_{\min}[\boldsymbol{P}^{-1}(k)] \geqslant \sigma_{\min}[\boldsymbol{P}^{-1}(k-1)] \geqslant \sigma_{\min}[\boldsymbol{P}^{-1}(0)],$$

其中,$\sigma_{\min}[\,\cdot\,]$ 是矩阵的最小奇异值,因此有

$$\sigma_{\min}\big[\boldsymbol{P}^{-1}(0)\big]\,\|\,\tilde{\boldsymbol{\theta}}(k)\,\|^{\,2}\leqslant\sigma_{\min}\big[\boldsymbol{P}^{-1}(k)\big]\,\|\,\tilde{\boldsymbol{\theta}}(k)\,\|^{\,2}$$

$$\leqslant\tilde{\boldsymbol{\theta}}^{\mathrm{T}}(k)\boldsymbol{P}^{-1}(k)\tilde{\boldsymbol{\theta}}(k)$$

$$\leqslant\cdots\leqslant\tilde{\boldsymbol{\theta}}^{\mathrm{T}}(0)\boldsymbol{P}^{-1}(0)\tilde{\boldsymbol{\theta}}(0) \tag{2.107}$$

$$\leqslant\sigma_{\max}\big[\boldsymbol{P}^{-1}(0)\big]\,\|\,\tilde{\boldsymbol{\theta}}(0)\,\|^{\,2},$$

其中,$\sigma_{\max}[\,\boldsymbol{\cdot}\,]$是矩阵的最大奇异值. 从而,定理 2.7 的(1)的结论成立.

(2) 因为 $V(k)$ 是一个非负、非增函数,因此

$$\lim_{k\to\infty}\Big|\sum_{i=1}^{k}(V(i)-V(i-1))\Big|=\lim_{k\to\infty}|V(k)-V(0)|<\infty,$$

所以

$$\lim_{k\to\infty}(V(k)-V(k-1))=0, \tag{2.108}$$

基于式(2.108),并注意到式(2.105)右侧求和式中的每一项都是负定的,可得

$$\lim_{k\to\infty}\frac{\tilde{\boldsymbol{\theta}}^{\mathrm{T}}(k-1)\boldsymbol{P}^{-1}(0)\boldsymbol{P}(k-1)\boldsymbol{\phi}(k)\boldsymbol{\phi}^{\mathrm{T}}(k)\boldsymbol{P}(k-1)\boldsymbol{P}^{-1}(0)\tilde{\boldsymbol{\theta}}(k-1)}{1+\boldsymbol{\phi}^{\mathrm{T}}(k)\boldsymbol{P}(k-1)\boldsymbol{\phi}(k)}=0 \tag{2.109}$$

和

$$\lim_{k\to\infty}\tilde{\boldsymbol{\theta}}^{\mathrm{T}}(k-1)\boldsymbol{\Phi}_{k-1}^{\mathrm{T}}\boldsymbol{\Phi}_{k-1}\tilde{\boldsymbol{\theta}}(k-1)=0. \tag{2.110}$$

在式(2.109)两边左乘 $\boldsymbol{\phi}^{\mathrm{T}}(k-1)$ 右乘 $\boldsymbol{\phi}(k-1)$,并利用 $\boldsymbol{P}(0)$ 和 $\boldsymbol{P}(k-1)$ 的对称性得

$$\lim_{k\to\infty}\frac{\|\,\boldsymbol{P}^{-1}(0)\boldsymbol{P}(k-1)\boldsymbol{\phi}(k)e(k)\,\|^{\,2}}{1+\boldsymbol{\phi}^{\mathrm{T}}(k)\boldsymbol{P}(k-1)\boldsymbol{\phi}(k)}=0. \tag{2.111}$$

利用式(2.111),显然有

$$\lim_{k\to\infty}\frac{\|\,\boldsymbol{P}^{-1}(0)\boldsymbol{P}(k-1)\boldsymbol{\phi}(k)e(k)\,\|^{\,2}}{1+\boldsymbol{\phi}^{\mathrm{T}}(k)\boldsymbol{P}(k-1)\boldsymbol{\phi}(k)}$$

$$\geqslant\lim_{k\to\infty}\frac{\sigma_{\min}^{2}\big[\boldsymbol{P}^{-1}(0)\big]}{1+\boldsymbol{\phi}^{\mathrm{T}}(k)\boldsymbol{P}(k-1)\boldsymbol{\phi}(k)}\,\|\,\boldsymbol{P}(k-1)\boldsymbol{\phi}(k)e(k)\,\|^{\,2}\geqslant0. \tag{2.112}$$

因为 $\sigma_{\min}[\boldsymbol{P}^{-1}(0)]\neq0$,结合式(2.111)和式(2.112)有

$$\lim_{k\to\infty}\|\,\boldsymbol{P}(k-1)\boldsymbol{\phi}(k)e(k)\,\|^{\,2}=0. \tag{2.113}$$

应用式(2.82)和式(2.113),可以得到

$$\lim_{k\to\infty}\|\,\boldsymbol{P}(k)\boldsymbol{\phi}(k)e(k)\,\|^{\,2}$$

$$\leqslant\lim_{k\to\infty}\|\,\boldsymbol{P}(k-1)\boldsymbol{\phi}(k)e(k)\,\|^{\,2}$$

$$+\lim_{k\to\infty}\frac{\|\,\boldsymbol{P}(k-1)\boldsymbol{\phi}(k)\boldsymbol{\phi}^{\mathrm{T}}(k)\,\|^{\,2}}{1+\boldsymbol{\phi}^{\mathrm{T}}(k)\boldsymbol{P}(k-1)\boldsymbol{\phi}(k)}\,\|\,\boldsymbol{P}(k-1)\boldsymbol{\phi}(k)e(k)\,\|^{\,2} \tag{2.114}$$

$$=0,$$

此即定理 2.7 的结论(2).

(3) 根据式(2.100)和式(2.101)得

$$\lim_{k \to \infty} \Delta \hat{\boldsymbol{\theta}}(k) = \lim_{k \to \infty} \boldsymbol{P}(k-1) \boldsymbol{\Phi}_{k-1}^{\mathrm{T}} \boldsymbol{\Phi}_{k-1} \hat{\boldsymbol{\theta}}(k-1). \tag{2.115}$$

再利用式(2.110)和式(2.115),有

$$\lim_{k \to \infty} \Delta \hat{\boldsymbol{\theta}}(k) = 0. \tag{2.116}$$

由式(2.116)和 Schwarz 不等式得

$$\lim_{k \to \infty} \| \hat{\boldsymbol{\theta}}(k) - \hat{\boldsymbol{\theta}}(k-l) \| = \lim_{k \to \infty} \| \hat{\boldsymbol{\theta}}(k) - \hat{\boldsymbol{\theta}}(k-1) + \hat{\boldsymbol{\theta}}(k-1) - \cdots$$

$$+ \hat{\boldsymbol{\theta}}(k-l+1) - \hat{\boldsymbol{\theta}}(k-l) \|$$

$$\leqslant \lim_{k \to \infty} \| \hat{\boldsymbol{\theta}}(k) - \hat{\boldsymbol{\theta}}(k-1) \| + \cdots$$

$$+ \lim_{k \to \infty} \| \hat{\boldsymbol{\theta}}(k-l+1) - \hat{\boldsymbol{\theta}}(k-l) \|$$

$$= 0,$$

此即定理 2.7 的结论(3). ∎

定理 2.8　如果普通的最小二乘算法(2.17)和(2.18)和改进的最小二乘算法(2.81)和(2.82)的初始值和量测输出值相同,那么有

$$\| \tilde{\boldsymbol{\theta}}(k) \|^2 \leqslant \| \tilde{\boldsymbol{\theta}}'(k) \|^2, \tag{2.117}$$

其中,$\tilde{\boldsymbol{\theta}}(k)$ 和 $\tilde{\boldsymbol{\theta}}'(k)$ 分别表示改进最小二乘算法和普通最小二乘算法在第 k 个时刻参数估计值的误差.

证明　由式(2.102)知,$\tilde{\boldsymbol{\theta}}(k)$ 可以写成

$$\tilde{\boldsymbol{\theta}}(k) = \boldsymbol{P}(k-1) \boldsymbol{P}^{-1}(0) \tilde{\boldsymbol{\theta}}(k-1) = \Big[\prod_{i=1}^{k-1} \boldsymbol{P}(i) \boldsymbol{P}^{-1}(0) \Big] \tilde{\boldsymbol{\theta}}(0). \tag{2.118}$$

另外,由 $\boldsymbol{P}^{-1}(N-1) = \boldsymbol{P}^{-1}(N-2) + \boldsymbol{\phi}(N-1) \boldsymbol{\phi}^{\mathrm{T}}(N-1)$,式(2.17)和矩阵逆引理,知

$$\tilde{\boldsymbol{\theta}}'(k) = \tilde{\boldsymbol{\theta}}'(k-1) + \boldsymbol{P}(k-1) \boldsymbol{\phi}(k-1) (y(k) - \boldsymbol{\phi}^{\mathrm{T}}(k-1) \hat{\boldsymbol{\theta}}'(k-1))$$

$$= (\boldsymbol{I} - \boldsymbol{P}(k-1) \boldsymbol{\phi}(k-1) \boldsymbol{\phi}^{\mathrm{T}}(k-1)) \hat{\boldsymbol{\theta}}'(k-1)$$

$$= \boldsymbol{P}(k-1) \boldsymbol{P}^{-1}(k-2) \hat{\boldsymbol{\theta}}'(k-1)$$

$$= \Big[\prod_{i=1}^{k-1} \boldsymbol{P}(i) \boldsymbol{P}^{-1}(i-1) \Big] \hat{\boldsymbol{\theta}}'(0). \tag{2.119}$$

如果 $\tilde{\boldsymbol{\theta}}(0) = \tilde{\boldsymbol{\theta}}'(0)$,那么

$$\parallel \widetilde{\pmb{\theta}}(k)\parallel^2 - \parallel \widetilde{\pmb{\theta}}'(k)\parallel^2 = \widetilde{\pmb{\theta}}^{\mathrm{T}}(0)\Big\{\Big[\prod_{i=1}^{k-1}\pmb{P}(i)\pmb{P}^{-1}(0)\Big]^{\mathrm{T}}\Big[\prod_{i=1}^{k-1}\pmb{P}(i)\pmb{P}^{-1}(0)\Big]$$

$$- \Big[\prod_{i=1}^{k-1}\pmb{P}(i)\pmb{P}^{-1}(i-1)\Big]^{\mathrm{T}}\Big[\prod_{i=1}^{k-1}\pmb{P}(i)\pmb{P}^{-1}(i-1)\Big]\widetilde{\pmb{\theta}}(0).$$

$$(2.120)$$

因为对于任意的 $i \geqslant 0, \pmb{P}(i)$ 总是正定的,且满足

$$\pmb{P}^{-1}(i) = \pmb{P}^{-1}(i-1) + \pmb{\phi}(i-1)\pmb{\phi}^{\mathrm{T}}(i-1),$$

所以有

$$\parallel \widetilde{\pmb{\theta}}(k)\parallel^2 \leqslant \parallel \widetilde{\pmb{\theta}}'(k)\parallel^2. \qquad \blacksquare$$

推论 2.1　对于模型 (2.77),应用带有遗忘因子 $r \in [0,1]$ 的改进递推最小二乘算法 (2.85) 和 (2.86),有

(1) $\lim\limits_{k\to\infty}\parallel \widetilde{\pmb{\theta}}(k)\parallel \leqslant k_c\parallel \widetilde{\pmb{\theta}}(0)\parallel, \quad \forall k > 0,$

其中,k_c 是矩阵 $\pmb{P}(0)$ 的条件数.

(2) $\lim\limits_{k\to\infty}(y(k) - \pmb{\phi}^{\mathrm{T}}(k-1)\hat{\pmb{\theta}}(k-1)) = 0.$

证明　类似于定理 2.7 的证明,具体请参见文献 [83].

2.4　小　　结

关于系统参数估计的文献非常丰富,本章仅介绍了两大类在自适应控制系统设计中广泛应用的参数估计算法,以备本书后续章节引用方便.有关系统参数辨识和参数估计的全面介绍可参考文献 [7,84-94].

第 3 章　离散时间非线性系统的动态线性化方法

3.1　引　　言

针对离散时间线性时不变系统的分析和控制器设计方法已经比较成熟,并在很多实际系统中得到了成功的应用.然而,线性模型只是真实系统的一种逼近,而现实中的系统几乎都是非线性的.因此研究非线性系统的建模和控制是十分有意义的.由于非线性本质上非常复杂,对非线性系统的研究要比对线性系统的研究困难得多.相对于连续时间系统而言,离散时间非线性系统的研究还很有限,现有工作主要集中于某些特定的离散时间非线性系统的分析和控制器设计问题,如 Hammerstein 模型[95]、双线性模型[96]、Wiener 模型[97]等.

带外部输入的非线性自回归滑动平均(nonlinear auto-regressive moving average with exogenous input,NARMAX)模型[89,98,99]是对离散时间非线性非仿射系统的一种一般性表述,但其固有的关于控制输入非线性的特点使得对这类系统的控制器设计变得非常困难.利用线性化方法将原 NARMAX 系统转化到线性系统的框架中进行研究是处理此类一般非线性系统的常见做法.典型的线性化方法有反馈线性化[100-113]、Taylor 线性化[114-118]、分段线性化[119]、正交函数逼近线性化[120-122]等.然而,这几种线性化方法都存在各自的局限性.反馈线性化的目的是建立从输入到输出的直接联系通道,该方法需要知道受控系统的精确数学模型,而建立受控系统的精确数学模型在实际应用中是很难做到的. Taylor 线性化通过在工作点附近对非线性函数进行 Taylor 展开得到线性化后的逼近模型.该方法需要将高阶项舍去,由此得到的线性化模型是一种近似的表述,尽管在实际中有许多成功应用,但这种线性化方法会给控制系统设计的理论分析带来较多困难.分段线性化则需要更多的关于受控系统非线性模型的信息,如每段动力学的切换时刻以及驻留时间,以便通过逐段 Taylor 展开来提高线性化精度.正交函数逼近线性化利用一组正交的基函数来逼近受控系统的非线性模型,在此过程中会产生大量参数,其数量随基函数数量的增多而呈指数增长,这势必会加重参数估计算法的计算负担和控制器设计的复杂性.

上述各种线性化方法,要么需要系统模型的精确信息,要么不同程度地忽略非线性函数线性化对控制器设计或系统分析的影响.换句话说,这些线性化方法并不是目的于控制系统设计的.比如,正交函数逼近线性化必定会带来非常多的模型参数,从而导致线性化模型阶数过高,而基于此线性化模型所设计的控制器一定非常复杂. 众所周知,过于复杂的控制器是不适合实际应用的,因为设计和维护这样的控制器都是费时费力的,而且鲁棒性也很难保证. 为了设计低阶的控制器,模型简约或控制器简约的过程是不可避免的. 因此,目的于控制系统设计的线性化方法应该具有结构简单、可调参数适中、方便控制器设计、方便输入输出(input/output,I/O)数据的直接利用等特点[14,123].

本章针对一般离散时间非线性系统,基于伪偏导数(pseudo partial derivative,PPD)、伪梯度(pseudo gradient,PG)和伪雅可比矩阵(pseudo Jacobian matrix,PJM)等新概念,提出了一种新型的目的于控制系统设计的等价动态线性化方法. 利用这种方法,可以将离散时间非线性系统等价转换成一系列的基于 I/O 增量形式的动态线性化数据模型,如紧格式动态线性比(compact form dynamic linearization,CFDL)数据模型、偏格式动态线性化(partical form dynamic linearization,PFDL)数据模型和全格式动态线性化(full form dynamic linearization,FFDL)数据模型[23-26,124-126].

本章组织如下:3.2 节和 3.3 节分别介绍了单输入单输出(single input and single output,SISO)和多输入多输出(multiple input and multiple output,MIMO)离散时间非线性系统的三种动态线性化数据模型及理论证明;3.4 节总结了这类动态线性化方法的特点并给出本章小结.

3.2　SISO 离散时间非线性系统

3.2.1　紧格式动态线性化方法

一般 SISO 离散时间非线性系统如下

$$y(k+1)=f(y(k),\cdots,y(k-n_y),u(k),\cdots,u(k-n_u)),\qquad(3.1)$$

其中,$u(k)\in\mathbf{R},y(k)\in\mathbf{R}$ 分别表示 k 时刻系统的输入和输出;n_y,n_u 是两个未知的正整数;$f(\cdots):\mathbf{R}^{n_u+n_y+2}\mapsto\mathbf{R}$ 是未知的非线性函数.

Hammerstein 模型、双线性模型和一些其他非线性系统模型均能表示为模型(3.1)的特例.

在介绍 CFDL 方法之前,对系统提出如下一些假设.

假设 3.1　除有限时刻点外,$f(\cdots)$ 关于第 (n_y+2) 个变量的偏导数是连续的.

假设 3.2　除有限时刻点外,系统(3.1)满足广义 Lipschitz 条件,即对任意 $k_1\neq k_2,k_1,k_2\geqslant 0$ 和 $u(k_1)\neq u(k_2)$ 有

$$|y(k_1+1)-y(k_2+1)|\leqslant b|u(k_1)-u(k_2)|,$$

其中,$y(k_i+1)=f(y(k_i),\cdots,y(k_i-n_y),u(k_i),\cdots,u(k_i-n_u)),i=1,2;b>0$ 是一

个常数.

从实际角度出发,上述对控制对象的假设是合理且可接受的.假设 3.1 是控制系统设计中对一般非线性系统的一种典型约束条件.假设 3.2 是对系统输出变化率上界的一种限制.从能量角度来看,有界的输入能量变化应产生系统内有界的输出能量变化.很多实际系统都满足这种假设,如温度控制系统、压力控制系统、液位控制系统等.

不失一般性,在后续章节的相关内容中将省略"除有限时刻点外"文字,以便主要内容清晰和不重复.

为方便下面定理的叙述,记 $\Delta y(k+1)=y(k+1)-y(k)$ 为相邻两个时刻的输出变化,$\Delta u(k)=u(k)-u(k-1)$ 为相邻两个时刻的输入变化.

定理 3.1 对满足假设 3.1 和假设 3.2 的非线性系统(3.1),当 $|\Delta u(k)|\neq 0$ 时,一定存在一个被称为是 PPD 的时变参数 $\phi_c(k)\in\mathbf{R}$,使得系统(3.1)可转化为如下 CFDL 数据模型

$$\Delta y(k+1)=\phi_c(k)\Delta u(k),\tag{3.2}$$

并且 $\phi_c(k)$ 对任意时刻 k 有界.

证明 由 $\Delta y(k+1)$ 的定义和系统(3.1)知

$$\begin{aligned}\Delta y(k+1)=&f(y(k),\cdots,y(k-n_y),u(k),\cdots,u(k-n_u))\\&-f(y(k),\cdots,y(k-n_y),u(k-1),u(k-1),\cdots,u(k-n_u))\\&+f(y(k),\cdots,y(k-n_y),u(k-1),u(k-1),\cdots,u(k-n_u))\\&-f(y(k-1),\cdots,y(k-n_y-1),u(k-1),\cdots,u(k-n_u-1)).\end{aligned}\tag{3.3}$$

令

$$\begin{aligned}\psi(k)=&f(y(k),\cdots,y(k-n_y),u(k-1),u(k-1),\cdots,u(k-n_u))\\&-f(y(k-1),\cdots,y(k-n_y-1),u(k-1),\cdots,u(k-n_u-1)).\end{aligned}$$

由假设 3.1 和 Cauchy 微分中值定理[127],式(3.3)可写为如下形式

$$\Delta y(k+1)=\frac{\partial f^*}{\partial u(k)}\Delta u(k)+\psi(k),\tag{3.4}$$

其中,$\partial f^*/\partial u(k)$ 表示 $f(\cdots)$ 关于第 (n_y+2) 个变量的偏导数在

$$[y(k),\cdots,y(k-n_y),u(k-1),u(k-1),\cdots,u(k-n_u)]^{\mathrm{T}}$$

和

$$[y(k),\cdots,y(k-n_y),u(k),u(k-1),\cdots,u(k-n_u)]^{\mathrm{T}}$$

之间某一点处的值.

对每一个固定时刻 k,考虑以下含有变量 $\eta(k)$ 的数据方程

$$\psi(k)=\eta(k)\Delta u(k),\tag{3.5}$$

由于 $|\Delta u(k)|\neq 0$,方程(3.5)一定存在唯一解 $\eta^*(k)$.

令 $\phi_c(k) = \eta^*(k) + \partial f^* / \partial u(k)$，则方程（3.4）可以写成 $\Delta y(k+1) = \phi_c(k)\Delta u(k)$. 再利用假设 3.2，立即可得 $\phi_c(k)$ 有界.

注 3.1 PPD $\phi_c(k)$ 显然是一个时变参数，即使系统（3.1）是线性时不变的. 从定理 3.1 的证明可以看出，$\phi_c(k)$ 与到采样时刻 k 为止的系统输入输出信号有关. $\phi_c(k)$ 可被认为是某种意义下的一种微分信号，且对任意时刻 k 有界. 实际上，如果采样周期和 $\Delta u(k)$ 的值不是很大，$\phi_c(k)$ 是一个慢时变参数.

进一步，从定理 3.1 的证明可以看出，原动态非线性系统中所有可能的复杂行为特征，如非线性、时变参数或时变结构等，都被压缩融入到时变标量参数 $\phi_c(k)$ 中，因此，PPD $\phi_c(k)$ 的动态特性可能会十分复杂而难以进行数学描述，但其数值行为却可能比较简单且容易估计. 也就是说，即使原系统是带有显式的时变参数、时变结构和时变时滞的非线性系统，它们在基于模型的控制系统设计框架下是很难处理的，但在这里，PPD 的数值变化却可能对这些时变因素不敏感.

最后要说明的是，PPD 仅是一个数学意义上的概念. PPD 的存在性是通过上述定理的严格证明从理论上保证的. 一般而言，PPD 并不能用解析式表达出来. 它是由偏导数在区间上某一点的中值和一个非线性余项共同决定的，甚至对于一个已知的简单非线性函数也是如此，正像 Cauchy 中值定理不能显式地给出其微分中值的解析式一样.

对简单的非线性系统 $y(k+1) = f(u(k))$，PPD 代表非线性函数 $f(\cdot)$ 的导数在 $u(k-1)$ 和 $u(k)$ 之间某一点的值. PPD 的几何解释如图 3.1 所示，其中分段虚线表示闭环系统沿着各个动态工作点建立的动态线性化数据模型. PPD 的有界性意味着非线性函数不会出现突变，也就是说它是有界的导数值. 由于实际中 I/O 变量都是能量相关的，因此这个有界性条件在许多实际系统中都是满足的.

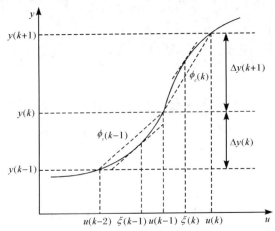

图 3.1　PPD 的几何解释

注 3.2　动态线性化数据模型仅与闭环系统的 I/O 量测数据相关,不显含或隐含受控系统动态模型的结构信息和参数信息,是一种数据驱动的方法. 因此,本章提出的动态线性化方法可用于大多数实际系统的控制器设计,无论系统的参数和模型结构时变与否.

　　动态线性化数据模型(3.2)是一种精确等价的、基于 I/O 数据的动态线性化增量形式的数据模型. 更重要的是,动态线性化方法是目的于控制系统设计的,也就是说用该方法得到的数据模型仅是为了控制器设计,而不适合应用于诸如诊断、监测等其他目的. 这与其他线性化方法有着本质的区别. 相比较而言,Taylor 线性化给出的仅仅是一种近似模型,因为该方法会将 Taylor 展开后的高阶项忽略. 动态线性化数据模型(3.2)不依赖于原系统的结构和参数,仅与系统产生的 I/O 数据有关;而反馈线性化方法是一种基于精确已知系统结构和参数的线性化方法. 动态线性化数据模型(3.2)给出的是关于控制输入信号增量和系统输出信号增量之间的一种直接映射关系,在第 4 章控制器的设计中将会发现这种线性化方法给控制系统设计带来了极大的便利,因此它被认为是一种目的于控制系统设计的线性化方法;比较而言,正交函数逼近线性化方法更侧重于从数学模型变换的角度将非线性函数在某个正交基空间上进行投影分解,而不关心是否有利于控制系统设计,且正交基空间的选取直接影响模型变换的准确性和有效性.

注 3.3　对于如 $x(k+1)=Ax(k)+Bu(k)$ 的线性系统,判断其可控性的一个简单准则是计算可控性矩阵 $[B,AB,\cdots,A^{n-1}B]$ 的秩. 由于过去和将来时刻的系统状态完全取决于系统模型的系数矩阵,而可行控制输入的存在性又可由可控性矩阵的非奇异性保证,因此,当线性系统的状态空间模型完全已知时,其可控性检验是**先验的**.

　　在数据驱动方法中,状态和状态空间模型都是未知的,唯一可用的系统信息是到当前时刻为止的 I/O 量测数据,而系统在未来时刻的量测数据是不可获取的. 因此,从传统状态空间范畴下可控性概念的角度来讨论动态线性化数据模型的可控性并不容易. 类似线性系统,我们引入如下“输出可控性”的概念. 如果在有限时间内可通过一个控制输入序列将系统输出转移到一个指定的可行设定点,那么该系统就被称为是输出可控的.

　　对于未知的非线性系统(3.1),可借助 PPD 的概念讨论其输出可控性. 很明显,如果 PPD 参数 $\phi_c(k)$ 对所有时刻 k 既不等于零也不趋于无穷,则系统(3.1)在指定的可行设定点是输出可控的. 第 4 章将通过严格的数学分析验证这个论断. 对于数据驱动的控制器设计,系统模型(3.1)是未知的,可用的系统信息仅是截止到 k 时刻的量测数据,因此在数据驱动框架下的输出可控性检验是**后验的**. $\phi_c(k)$ 的大小可用来判断系统的输出可控性,但我们仅能利用截止到 k 时刻量测到的运行 I/O 数据来估计 $\phi_c(k)$ 的值. 在这种意义下,可控性的讨论与基于模型的方法是完全不同的. 值得指出的是, 尽管 PPD $\phi_c(k)$ 不能像检验线性系统可控性矩阵那样分析其解析值, 但是利用收集到的闭环量测数据可以验证 PPD 的有界性和非零与否.

从定理 3.1 的结论可以看出, PPD $\phi_c(k)$ 的有界性可以由系统满足的广义 Lipschitz 条件保证, 也就是说系统的 I/O 数据应满足一定的条件. 很明显, 广义 Lipschitz 条件与系统的输出可控性是紧密相关的, 这是理论分析的至关重要的条件.

定理 3.1 中要求对所有时刻 k 都满足 $|\Delta u(k)| \neq 0$. 实际上, 如果在某些采样区间出现 $\Delta u(k)=0$ 的情形, 此时可以向前移动 $\sigma_k \in \mathbf{Z}^+$ 个采样时间直到 $u(k) \neq u(k-\sigma_k)$ 成立后再进行线性化. 详细的结果总结在下面的定理中.

定理 3.2　对于满足假设 3.1 和假设 3.2 的非线性系统(3.1), 如果存在一个整数 $k_0 \geqslant 1$ 使得

$$\Delta u(j) \begin{cases} =0, & j=1,\cdots,k_0-1 \\ \neq 0, & j=k_0, \end{cases}$$

那么对任意整数 $k \geqslant k_0$, 总可以找到一个有界的整数 σ_k, 使得

$$\Delta u(k-j) \begin{cases} =0, & j=0,\cdots,\sigma_k-2 \\ \neq 0, & j=\sigma_k-1, \end{cases} \tag{3.6}$$

同时一定存在一个 PPD $\phi_c(k)$, 使得系统(3.1)可转化为如下 CFDL 数据模型

$$y(k+1)-y(k-\sigma_k+1)=\phi_c(k)(u(k)-u(k-\sigma_k)), \tag{3.7}$$

并且对任意 k 时刻 $\phi_c(k)$ 有界.

证明　首先, 用数学归纳法证明前半部分结论.

当 $k=k_0$ 时, 根据假设有 $\Delta u(k_0) \neq 0$, 也就是在 $\sigma_k=\sigma_{k_0}=1$ 的情况下式(3.6)成立.

假设当 $k=i>k_0$ 时, 有 $\Delta u(i-j) \begin{cases} =0, & j=0,\cdots,\sigma_i-2 \\ \neq 0, & j=\sigma_i-1 \end{cases}$ 成立. 现在需要证明

当 $k=i+1$ 时式(3.6)也成立, 分两种情况考虑: 如果 $\Delta u(i+1) \neq 0$, 那么显然令 $\sigma_{i+1}=1$ 就可以得到式(3.6); 如果 $\Delta u(i+1)=0$, 那么根据归纳法的假设则有

$\Delta u(i+1-j) \begin{cases} =0, & j=1,\cdots,\sigma_i-1 \\ \neq 0, & j=\sigma_i \end{cases}$, 这时取 $\sigma_{i+1}=\sigma_i+1$ 也能保证式(3.6)成立.

接下来, 类似定理 3.1 的证明方法, 可说明在 σ_k 存在和式(3.6)成立的条件下动态线性化模型(3.7)的合理性以及 $\phi_c(k)$ 的具体构造方法.

最后, 在假设 3.2 的基础上可直接得到 $\phi_c(k)$ 的有界性.

注 3.4　定理 3.2 排除了一种极端的情形, 即控制输入序列满足 $\Delta u(k)=0$, $\forall k \geqslant 1$. 在这种情况下, 如果系统在初始时刻处于平衡状态, 那么线性化数据模型(3.7)依然成立. 对于这种极端情况, 也可采用 3.2.2 小节和 3.2.3 小节介绍的动态线性化方法描述被控对象.

当对任意整数 $k \geqslant 1$ 有 $\sigma_k=1$ 成立时, 式(3.6)就变为定理 3.1 中的条件 $\Delta u(k) \neq$

$0,\forall k\geqslant1$. 在此基础上,可认为定理 3.2 是定理 3.1 的一种推广.不失一般性,后续章节仅讨论 $\Delta u(k)\neq0,\forall k\geqslant1$ 的情形.

3.2.2　偏格式动态线性化方法

从定理 3.1 中可以看出,CFDL 方法将一般的离散时间非线性系统转化成含有一个纯量参数 $\phi_c(k)$ 的线性时变动态数据模型,原系统中所有可能的复杂行为,如非线性、参数时变或结构时变等,都压缩融入时变参数 $\phi_c(k)$ 中,因此,$\phi_c(k)$ 的行为可能非常复杂.

从另一个角度来看,CFDL 方法的本质是仅考虑了系统在下一时刻的输出变化量与当前时刻的输入变化量之间的时变动态关系.然而,系统在下一时刻的输出变化量还可能与之前时刻其他的控制输入变化量有关.基于这种观察,在线性化时可将当前时刻的一个固定长度滑动时间窗口内的所有输入变化量对下一时刻输出变化量的影响都考虑进来,提出一种新的 PFDL 方法.理论上,使用该方法可以很好地捕获原系统中存在的复杂动态,并且基于多个参数的动态线性化方法可有效地将这种复杂性分散降低.

定义 $U_L(k)\in\mathbf{R}^L$ 为一个在滑动时间窗口 $[k-L+1,k]$ 内的所有控制输入信号组成的向量如下

$$U_L(k)=[u(k),\cdots,u(k-L+1)]^{\mathrm{T}},\tag{3.8}$$

且满足当 $k\leqslant0$ 时,有 $U_L(k)=\mathbf{0}_L$,其中,整数 L 为控制输入线性化长度常数(linearization length constant,LLC);$\mathbf{0}_L$ 是维数为 L 的零向量.

对形如(3.1)的 SISO 离散时间非线性系统,提出如下两个类似于假设 3.1 和假设 3.2 的假设.

假设 3.3　$f(\cdots)$ 关于第 (n_y+2) 个变量到第 (n_y+L+1) 个变量分别存在连续偏导数.

假设 3.4　系统(3.1)满足广义 Lipschitz 条件,即对任意 $k_1\neq k_2,k_1,k_2\geqslant0$ 和 $U_L(k_1)\neq U_L(k_2)$ 有

$$|y(k_1+1)-y(k_2+1)|\leqslant b\|U_L(k_1)-U_L(k_2)\|,$$

其中,$y(k_i+1)=f(y(k_i),\cdots,y(k_i-n_y),u(k_i),\cdots,u(k_i-n_u)),i=1,2;b>0$ 是一个常数.

记 $\Delta U_L(k)=U_L(k)-U_L(k-1)$.下面的定理将详细地给出系统(3.1)的 PFDL 方法.

定理 3.3　对于满足假设 3.3 和假设 3.4 的非线性系统(3.1),给定 L,当 $\|\Delta U_L(k)\|\neq0$ 时,一定存在一个称为 PG 的时变参数向量 $\phi_{p,L}(k)\in\mathbf{R}^L$,使得系统(3.1)可转化为如下 PFDL 数据模型

$$\Delta y(k+1)=\phi_{p,L}^{\mathrm{T}}(k)\Delta U_L(k),\tag{3.9}$$

且对于任意时刻 k, $\boldsymbol{\phi}_{p,L}(k)=[\phi_1(k),\cdots,\phi_L(k)]^{\mathrm{T}}$ 是有界的.

证明　由系统(3.1)得

$$
\begin{aligned}
\Delta y(k+1) =\ & f(y(k),\cdots,y(k-n_y),u(k),u(k-1),\cdots,u(k-n_u)) \\
& -f(y(k),\cdots,y(k-n_y),u(k-1),u(k-1),\cdots,u(k-n_u)) \\
& +f(y(k),\cdots,y(k-n_y),u(k-1),u(k-1),\cdots,u(k-n_u)) \\
& -f(y(k-1),\cdots,y(k-n_y-1),u(k-1),u(k-2),\cdots,u(k-n_u-1)).
\end{aligned}
$$

$$(3.10)$$

利用假设 3.3 和 Cauchy 微分中值定理,式(3.10)可写为如下形式

$$
\begin{aligned}
\Delta y(k+1) =\ & \frac{\partial f^*}{\partial u(k)}\Delta u(k) \\
& +f(y(k),\cdots,y(k-n_y),u(k-1),u(k-1),\cdots,u(k-n_u)) \\
& -f(y(k-1),\cdots,y(k-n_y-1),u(k-1),u(k-2), \\
& \cdots,u(k-n_u-1)),
\end{aligned}
$$

$$(3.11)$$

其中, $\partial f^*/\partial u(k)$ 表示 $f(\cdots)$ 关于第 (n_y+2) 个变量的偏导数在

$$[y(k),\cdots,y(k-n_y),u(k-1),u(k-1),\cdots,u(k-n_u)]^{\mathrm{T}}$$

和

$$[y(k),\cdots,y(k-n_y),u(k),u(k-1),\cdots,u(k-n_u)]^{\mathrm{T}}$$

之间某一点处的值.

由式(3.1)得

$$y(k)=f(y(k-1),\cdots,y(k-n_y-1),u(k-1),\cdots,u(k-n_u-1)).\quad(3.12)$$

将式(3.12)代入式(3.11),并令

$$
\begin{aligned}
& \psi_1(y(k-1),\cdots,y(k-n_y-1),u(k-1),u(k-2),\cdots,u(k-n_u-1)) \\
\triangleq\ & f(f(y(k-1),\cdots,y(k-n_y-1),u(k-1),\cdots,u(k-n_u-1)), \\
& \quad y(k-1),\cdots,y(k-n_y),u(k-1),u(k-1),\cdots,u(k-n_u)) \\
& -f(y(k-1),\cdots,y(k-n_y-1),u(k-1),\cdots,u(k-n_u-1)).
\end{aligned}
$$

$$(3.13)$$

式(3.11)可重写为

$$
\begin{aligned}
\Delta y(k+1) =\ & \frac{\partial f^*}{\partial u(k)}\Delta u(k) \\
& +\psi_1(y(k-1),\cdots,y(k-n_y-1),u(k-1),u(k-2),\cdots,u(k-n_u-1)) \\
& -\psi_1(y(k-1),\cdots,y(k-n_y-1),u(k-2),u(k-2),\cdots,u(k-n_u-1)) \\
& +\psi_1(y(k-1),\cdots,y(k-n_y-1),u(k-2),u(k-2),\cdots,u(k-n_u-1)) \\
=\ & \frac{\partial f^*}{\partial u(k)}\Delta u(k)+\frac{\partial \psi_1^*}{\partial u(k-1)}\Delta u(k-1) \\
& +\psi_2(y(k-2),\cdots,y(k-n_y-2),u(k-2),u(k-3),\cdots,u(k-n_u-2)),
\end{aligned}
$$

$$(3.14)$$

其中，$\dfrac{\partial \psi_1^*}{\partial u(k-1)}$ 表示 $\psi_1(\cdots)$ 关于第 (n_y+2) 个变量的偏导数在

$$[y(k-1),\cdots,y(k-n_y-1),u(k-2),u(k-2),\cdots,u(k-n_u-1)]^{\mathrm{T}}$$

和

$$[y(k-1),\cdots,y(k-n_y-1),u(k-1),u(k-2),\cdots,u(k-n_u-1)]^{\mathrm{T}}$$

之间某一点处的值，且

$$\psi_2(y(k-2),\cdots,y(k-n_y-2),u(k-2),u(k-3),\cdots,u(k-n_u-2))$$
$$\triangleq \psi_1(f(y(k-2),\cdots,y(k-n_y-2),u(k-2),u(k-3),\cdots,u(k-n_u-2)),$$
$$y(k-2),\cdots,y(k-n_y-1),u(k-2),u(k-2),\cdots,u(k-n_u-1)).$$

同理可得

$$\Delta y(k+1)=\frac{\partial f^*}{\partial u(k)}\Delta u(k)+\frac{\partial \psi_1^*}{\partial u(k-1)}\Delta u(k-1)+\cdots$$
$$+\frac{\partial \psi_{L-1}^*}{\partial u(k-L+1)}\Delta u(k-L+1)$$
$$+\psi_L(y(k-L),\cdots,y(k-n_y-L),u(k-L),\cdots,$$
$$u(k-n_u-L)), \tag{3.15}$$

其中，对 $i=2,\cdots,L$，定义

$$\psi_i(y(k-i),\cdots,y(k-n_y-i),u(k-i),u(k-i-1),\cdots,u(k-n_u-i))$$
$$\triangleq \psi_{i-1}(f(y(k-i),\cdots,y(k-n_y-i),u(k-i),u(k-i-1),\cdots,u(k-n_u-i)),$$
$$y(k-i),\cdots,y(k-n_y-i+1),u(k-i),u(k-i),\cdots,u(k-n_u-i+1)).$$

对每个固定时刻 k，考虑以下含有变量 $\boldsymbol{\eta}(k)$ 的方程

$$\psi_L(y(k-L),\cdots,y(k-n_y-L),u(k-L),\cdots,u(k-n_u-L))$$
$$=\boldsymbol{\eta}^{\mathrm{T}}(k)[\Delta u(k)\cdots\Delta u(k-L+1)]^{\mathrm{T}}=\boldsymbol{\eta}^{\mathrm{T}}(k)\Delta \boldsymbol{U}_L(k). \tag{3.16}$$

由于 $\|\Delta \boldsymbol{U}_L(k)\|\neq 0$，故方程 (3.16) 至少有一个解 $\boldsymbol{\eta}^*(k)$（实际上存在许多有限解）.

再令

$$\boldsymbol{\phi}_{p,L}(k)=\boldsymbol{\eta}^*(k)+\left[\frac{\partial f^*}{\partial u(k)},\frac{\partial \psi_1^*}{\partial u(k-1)},\cdots,\frac{\partial \psi_{L-1}^*}{\partial u(k-L+1)}\right]^{\mathrm{T}},$$

则方程 (3.15) 可写成如式 (3.9) 的 PFDL 模型.

最后，根据 PFDL 数据模型 (3.9) 和假设 3.4，对于任意 k 和 $\|\Delta \boldsymbol{U}_L(k)\|\neq 0$ 有

$$|\Delta y(k+1)|=|\boldsymbol{\phi}_{p,L}^{\mathrm{T}}(k)\Delta \boldsymbol{U}_L(k)|\leqslant b\|\Delta \boldsymbol{U}_L(k)\|,$$

由此可以看出，如果 $\boldsymbol{\phi}_{p,L}(k)$ 中的分量是无界的，那么如上不等式就无法成立. 因此 $\boldsymbol{\phi}_{p,L}(k)$ 的有界性对任意 k 都是可以保证的. ∎

注 3.5　与 PPD $\boldsymbol{\phi}_c(k)$ 类似，PG $\boldsymbol{\phi}_{p,L}(k)$ 与到采样时刻 k 为止的系统 I/O 信号有关，它也可认为是某种意义下的一组微分信号. 特别地，当 $L=1$ 时，非线性系统

的 PFDL 数据模型(3.9)就变为 3.2.1 小节提出的 CFDL 数据模型(3.2).显然, 相比于 CFDL 数据模型,PFDL 数据模型综合考虑了第 $k+1$ 时刻的输出变化和在固定长度滑动时间窗口 $[k-L+1,k]$ 内的控制输入变化之间的关系,而非像 3.2.1 小节那样笼统地将这些因素压缩融入到一个纯量时变参数 $\phi_c(k)$ 中.PFDL 数据模型中参数 $\boldsymbol{\phi}_{p,L}(k)$ 的维数虽然增加了,但可降低 CFDL 数据模型中 PPD $\phi_c(k)$ 的复杂性,PG $\boldsymbol{\phi}_{p,L}(k)$ 中每个分量的动态行为会变得简单.在应用 PFDL 数据模型设计控制系统时,更容易设计和选择参数估计算法来估计 $\boldsymbol{\phi}_{p,L}(k)$ 的值.

注 3.6　从定理 3.3 的证明中可以看出,在 L 选定的情况下,系统(3.1)的 PFDL 数据模型(3.9)中的 PG 并不是唯一的,但一定存在一个有界的 PG $\boldsymbol{\phi}_{p,L}(k)$ 使得这种动态线性化数据模型在任意时刻都成立.另外,选择不同的控制输入线性化长度常数 L 也可以得到不同的 PFDL 数据模型.总之,通过合理地选择 PG 和 L 可提高动态线性化数据模型对原非线性系统进行等价描述时的灵活性.

注 3.7　考虑线性时不变系统

$$A(q^{-1})y(k)=B(q^{-1})u(k),\qquad\qquad(3.17)$$

其中,$A(q^{-1})=1+a_1 q^{-1}+\cdots+a_{n_a}q^{-n_a}$ 和 $B(q^{-1})=b_1 q^{-1}+\cdots+b_{n_b}q^{-n_b}$ 是关于单位延迟算子 q^{-1} 的多项式;$a_1,\cdots,a_{n_a}$ 和 $b_1,\cdots,b_{n_b}$ 是常系数.

假设多项式 $A(q^{-1})$ 的根都在单位圆内,则式(3.17)可写成

$$y(k+1)=\frac{B(q^{-1})}{A(q^{-1})q^{-1}}u(k)\doteq H(q^{-1})u(k),\qquad\qquad(3.18)$$

其中,$H(q^{-1})=h_0+h_1 q^{-1}+\cdots+h_{n_h-1}q^{-n_h+1}$ 是控制对象的有限脉冲响应多项式[128,129].当 n_h 充分大时,模型(3.18)可很好地近似原来的真实系统(3.17).

根据模型(3.18)容易得到

$$\Delta y(k+1)=H(q^{-1})\Delta u(k)=\boldsymbol{\phi}_{n_h}^{\mathrm{T}}\Delta \boldsymbol{U}_{n_h}(k),\qquad\qquad(3.19)$$

其中,$\boldsymbol{\phi}_{n_h}\triangleq[h_0,h_1,\cdots,h_{n_h-1}]^{\mathrm{T}}\in \mathbf{R}^{n_h}$;$\Delta \boldsymbol{U}_{n_h}(k)\triangleq[\Delta u(k),\Delta u(k-1),\cdots,\Delta u(k-n_h+1)]^{\mathrm{T}}\in \mathbf{R}^{n_h}$.

比较式(3.19)和 PFDL 数据模型(3.9)可知:当 $L\geqslant n_h$ 时,PFDL 中的 PG 变为一个时不变的向量 $\boldsymbol{\phi}_{p,L}(k)=[h_0,\cdots,h_{n_h-1},0,\cdots,0]^{\mathrm{T}}$;而当 $L<n_h$ 时,即使系统(3.1)是时不变的,PG 也明显是时变的,这是因为有限脉冲响应系数 $h_0,\cdots,h_{n_h-1}$ 都被归结到 PG 的 L 个分量 $\phi_1(k),\cdots,\phi_L(k)$ 中.

如果 n_h 充分大,则模型(3.18)能够以很高的精度逼近真实系统(3.17),那么在 $h_0,\cdots,h_{n_h-1}$ 和 $\phi_1(k),\cdots,\phi_L(k)$ 之间一定存在显性关系.也就是说,对于稳定的线性时不变系统,有限脉冲响应系数 $h_0,\cdots,h_{n_h-1}$ 是 PFDL 数据模型中参数 $\phi_1(k),\cdots,\phi_L(k)$ 的很好的逼近值.从相反角度上看,PG $\boldsymbol{\phi}_{p,L}(k)$ 是线性时不变系统的有限脉冲响应系数在非线性离散时间系统中的推广.

3.2.3　全格式动态线性化方法

偏格式线性化仅考虑了在下一时刻的系统输出变化量与当前时刻的一个固定长度滑动时间窗口内的输入变化量之间的动态时变关系. 事实上,系统在下一时刻的系统输出变化量还可能与具有某个长度的滑动时间窗口内的系统输出变化量有关. 基于这种观察,在线性化时可将当前时刻的具有某个长度的滑动时间窗口内的所有控制输入变化量和系统输出变化量对下一时刻输出变化量的影响都考虑进来,提出一种新的动态线性化方法,称为 FFDL 方法. 相对于 CFDL 和 PFDL 数据模型的 PPD 和 PG,使用该方法可提供更多的 PG 分量,更好地分担捕获原系统中可能存在的复杂动态.

定义 $\boldsymbol{H}_{L_y,L_u}(k)\in\mathbf{R}^{L_y+L_u}$ 为一个在输入相关的滑动时间窗口 $[k-L_u+1,k]$ 内的所有控制输入信号以及在输出相关的滑动时间窗口 $[k-L_y+1,k]$ 内的所有系统输出信号组成的向量,即

$$\boldsymbol{H}_{L_y,L_u}(k)=[y(k),\cdots,y(k-L_y+1),u(k),\cdots,u(k-L_u+1)]^{\mathrm{T}},\quad(3.20)$$

且当满足 $k\leqslant0$ 时有 $\boldsymbol{H}_{L_y,L_u}(k)=\mathbf{0}_{L_y+L_u}$,其中整数 $L_y,L_u(0\leqslant L_y\leqslant n_y,1\leqslant L_u\leqslant n_u)$ 称为系统的**伪阶数**,也可以类似 PFDL 中常数 L 的叫法分别称为控制输出线性化长度常数和控制输入线性化长度常数.

对形如(3.1)的 SISO 离散时间非线性系统,提出如下两个类似于假设 3.1 和假设 3.2 的假设.

假设 3.5　$f(\cdots)$ 关于各个变量都存在连续偏导数.

假设 3.6　系统(3.1)满足广义 Lipschitz 条件,即对 $k_1\neq k_2,k_1,k_2\geqslant0$ 和 $\boldsymbol{H}_{L_y,L_u}(k_1)\neq\boldsymbol{H}_{L_y,L_u}(k_2)$ 有

$$|y(k_1+1)-y(k_2+1)|\leqslant b\|\boldsymbol{H}_{L_y,L_u}(k_1)-\boldsymbol{H}_{L_y,L_u}(k_2)\|,$$

其中,$y(k_i+1)=f(y(k_i),\cdots,y(k_i-n_y),u(k_i),\cdots,u(k_i-n_u)),i=1,2;b>0$ 是一个常数.

记 $\Delta\boldsymbol{H}_{L_y,L_u}(k)=\boldsymbol{H}_{L_y,L_u}(k)-\boldsymbol{H}_{L_y,L_u}(k-1)$. 下面的定理将给出针对系统(3.1)的 FFDL 方法.

定理 3.4　对于满足假设 3.5 和假设 3.6 的非线性系统(3.1),给定 $0\leqslant L_y\leqslant n_y$ 和 $1\leqslant L_u\leqslant n_u$,当 $\|\Delta\boldsymbol{H}_{L_y,L_u}(k)\|\neq0$ 时,一定存在一个被称为 PG 的时变参数向量 $\boldsymbol{\phi}_{f,L_y,L_u}(k)\in\mathbf{R}^{L_y+L_u}$,使得系统(3.1)可转化为如下 FFDL 数据模型

$$\Delta y(k+1)=\boldsymbol{\phi}_{f,L_y,L_u}^{\mathrm{T}}(k)\Delta\boldsymbol{H}_{L_y,L_u}(k),\quad(3.21)$$

且对任意时刻 $k,\boldsymbol{\phi}_{f,L_y,L_u}(k)=[\phi_1(k),\cdots,\phi_{L_y}(k),\phi_{L_y+1}(k),\cdots,\phi_{L_y+L_u}(k)]^{\mathrm{T}}$ 是有界的.

证明　由系统(3.1)得

$$\Delta y(k+1)=f(y(k),\cdots,y(k-n_y),u(k),\cdots,u(k-n_u))$$

$$-f(y(k-1),\cdots,y(k-n_y-1),u(k-1),\cdots,u(k-n_u-1))$$

$$= f(y(k),\cdots,y(k-L_y+1),y(k-L_y),\cdots,y(k-n_y),$$
$$u(k),\cdots,u(k-L_u+1),u(k-L_u),\cdots,u(k-n_u))$$
$$-f(y(k-1),\cdots,y(k-L_y),y(k-L_y),\cdots,y(k-n_y),$$
$$u(k-1),\cdots,u(k-L_u),u(k-L_u),\cdots,u(k-n_u))$$
$$+f(y(k-1),\cdots,y(k-L_y),y(k-L_y),\cdots,y(k-n_y),$$
$$u(k-1),\cdots,u(k-I_u),u(k-L_u),\cdots,u(k-n_u))$$
$$-f(y(k-1),\cdots,y(k-L_y),y(k-L_y-1),\cdots,y(k-n_y-1),$$
$$u(k-1),\cdots,u(k-L_u),u(k-L_u-1),\cdots,u(k-n_u-1)). \quad (3.22)$$

令

$$\psi(k) \triangleq f(y(k-1),\cdots,y(k-L_y),y(k-L_y),\cdots,y(k-n_y),$$
$$u(k-1),\cdots,u(k-L_u),u(k-L_u),\cdots,u(k-n_u))$$
$$-f(y(k-1),\cdots,y(k-L_y),y(k-L_y-1),\cdots,y(k-n_y-1),$$
$$u(k-1),\cdots,u(k-L_u),u(k-L_u-1),\cdots,u(k-n_u-1)).$$

由假设 3.5 和 Cauchy 微分中值定理,式(3.22)可写为如下形式

$$\Delta y(k+1) = \frac{\partial f^*}{\partial y(k)}\Delta y(k) + \cdots + \frac{\partial f^*}{\partial y(k-L_y)}\Delta y(k-L_y+1)$$
$$+ \frac{\partial f^*}{\partial u(k)}\Delta u(k) + \cdots + \frac{\partial f^*}{\partial u(k-L_u)}\Delta u(k-L_u+1) + \psi(k),$$
$$(3.23)$$

其中,$\partial f^*/\partial y(k-i)$,$0 \leqslant i \leqslant L_y-1$ 和 $\partial f^*/\partial u(k-j)$,$0 \leqslant j \leqslant L_u-1$ 分别表示 $f(\cdots)$关于第$(i+1)$个变量的偏导数和第(n_y+2+j)个变量的偏导数在

$$[y(k),\cdots,y(k-L_y+1),y(k-L_y),\cdots,y(k-n_y),$$
$$u(k),\cdots,u(k-L_u+1),u(k-L_u),\cdots,u(k-n_u)]^{\mathrm{T}}$$

和

$$[y(k-1),\cdots,y(k-L_y),y(k-L_y),\cdots,y(k-n_y),$$
$$u(k-1),\cdots,u(k-L_u),u(k-L_u),\cdots,u(k-n_u)]^{\mathrm{T}}$$

之间某一点处的值.

对每一个固定时刻 k,考虑如下含有变量 $\boldsymbol{\eta}(k)$ 的数据方程

$$\psi(k) = \boldsymbol{\eta}^{\mathrm{T}}(k)[\Delta y(k),\cdots,\Delta y(k-L_y+1),\Delta u(k),\cdots,\Delta u(k-L_u+1)]^{\mathrm{T}}$$
$$= \boldsymbol{\eta}^{\mathrm{T}}(k)\Delta \boldsymbol{H}_{L_y,L_u}(k), \quad (3.24)$$

由于 $\|\Delta \boldsymbol{H}_{L_y,L_u}(k)\| \neq 0$,故方程(3.24)至少有一个解 $\boldsymbol{\eta}^*(k)$(实际上存在许多有限解).

令

$$\boldsymbol{\phi}_{f,L_y,L_u}(k)=\boldsymbol{\eta}^*(k)+\left[\frac{\partial f^*}{\partial y(k)},\cdots,\frac{\partial f^*}{\partial y(k-L_y)},\frac{\partial f^*}{\partial u(k)},\cdots,\frac{\partial f^*}{\partial u(k-L_u)}\right]^{\mathrm{T}},$$

则方程(3.23)就可以写成如式(3.21)的 FFDL 数据模型.

最后,根据 FFDL 数据模型(3.21)和假设 3.6,对于任意 k 和 $\|\Delta \boldsymbol{H}_{L_y,L_u}(k)\|\neq 0$ 有

$$|\Delta y(k+1)|=|\boldsymbol{\phi}_{f,L_y,L_u}^{\mathrm{T}}(k)\Delta \boldsymbol{H}_{L_y,L_u}(k)|\leqslant b\|\Delta \boldsymbol{H}_{L_y,L_u}(k)\|.$$

由此可以看出,如果 $\boldsymbol{\phi}_{f,L_y,L_u}(k)$ 中的分量是无界的,那么上述不等式就无法成立.因此,$\boldsymbol{\phi}_{f,L_y,L_u}(k)$ 的有界性对任意 k 都是可以保证的. ∎

注 3.8　当常数 $L_y=0$ 和 $L_u=L$ 时,非线性系统的 FFDL 数据模型(3.21)就变为 PFDL 数据模型(3.9);而当常数 $L_y=0$ 和 $L_u=1$ 时,FFDL 数据模型(3.21)就变为 CFDL 数据模型(3.2).因此,本节给出的 FFDL 方法是最一般的动态线性化方法.在实际中,可以选择不同的伪阶数从而得到不同形式的动态线性化模型.一般而言,复杂的系统需要伪阶数较高的 FFDL 数据模型,而伪阶数较低的 FFDL 数据模型更适合简单的系统.显然,相比于 PFDL 数据模型,FFDL 方法考虑了 $k+1$ 时刻的系统输出变化与控制输入相关的固定长度滑动时间窗口 $[k-L_u+1,k]$ 内的控制输入变化,以及与系统输出相关的固定长度滑动时间窗口 $[k-L_y+1,k]$ 内的系统输出变化之间的关系.FFDL 数据模型中 PG 向量的维数最高,但也增强了动态线性化方法的可适用性,降低了动态线性化数据模型中 PG 向量分量的复杂行为.关于由此给基于 I/O 的控制器设计带来的计算负担的问题将在第 4 章中讨论.

注 3.9　伪阶数 L_y 和 L_u 是可调节的.如果系统阶数 n_y 和 n_u 是已知的,则有理由选择伪阶数满足 $L_y=n_y$ 且 $L_u=n_u$.而在实际应用中,n_y 和 n_u 的值一般是未知的,有时甚至是时变的,因此 n_y 和 n_u 是很难确定的.在这种情况下可选取与系统阶数接近的值作为 FFDL 数据模型的伪阶数.另外,当系统的阶数很大时,有必要选择大小合适的伪阶数以得到较低维的动态线性化数据模型,这样有助于在进行闭环系统控制时减轻计算负担.众所周知,高阶的非线性模型一定会产生高阶的非线性控制器,而高阶的非线性控制器无疑会给控制器的设计和应用带来不可避免的困难.因此,适当地选取动态线性化数据模型的伪阶数,可以避免对模型进行简约或对控制器进行简约这一基于模型的控制理论和方法所必需的设计步骤.

注 3.10　对于线性时不变系统(3.17),可将其改写为

$$y(k+1)=\bar{A}(q^{-1})y(k)+B(q^{-1})u(k),\tag{3.25}$$

其中,$\bar{A}(q^{-1})=-a_1 q^{-1}-\cdots-a_{n_a}q^{-n_a}$.

根据式(3.25)容易得到

$$\Delta y(k+1)=\bar{A}(q^{-1})\Delta y(k)+B(q^{-1})\Delta u(k)=\boldsymbol{\phi}_{n_a,n_b}^{\mathrm{T}}\Delta \boldsymbol{H}_{n_a,n_b}(k),\tag{3.26}$$

其中，$\boldsymbol{\phi}_{n_a,n_b} \triangleq [a_1,\cdots,a_{n_a},b_1\cdots,b_{n_b}]^T \in \mathbf{R}^{n_a+n_b}$；$\Delta \boldsymbol{H}_{n_a,n_b}(k) \triangleq [\Delta y(k),\cdots,\Delta y(k-n_a),\Delta u(k),\cdots,\Delta u(k-n_b)]^T \in \mathbf{R}^{n_a+n_b}$. 比较式(3.26)和 FFDL 数据模型(3.21)可知，当 $L_y \geqslant n_a$ 且 $L_u \geqslant n_b$ 时，FFDL 模型中的 PG 可以选择为一个时不变的向量 $\boldsymbol{\phi}_{f,L_y,L_u}(k) = [a_1,\cdots,a_{n_a},0,\cdots,0,b_1\cdots,b_{n_b},0,\cdots,0]^T$；而当 $L_y < n_a$ 或 $L_u < n_b$ 时，即使系统(3.1)是时不变的，PG 也明显是时变的.

3.3　MIMO 离散时间非线性系统

3.3.1　紧格式动态线性化方法

本节将把动态线性化方法推广到如下 MIMO 离散时间非线性系统中

$$y(k+1) = f(y(k),\cdots,y(k-n_y),u(k),\cdots,u(k-n_u)), \qquad (3.27)$$

其中，$\boldsymbol{u}(k) \in \mathbf{R}^m,\boldsymbol{y}(k) \in \mathbf{R}^m$ 分别表示 k 时刻系统的输入和输出；n_y,n_u 是两个未知的正整数；$\boldsymbol{f}(\cdots) = (f_1(\cdots),\cdots,f_m(\cdots))^T \in \prod_{n_u+n_y+2} \mathbf{R}^m \mapsto \mathbf{R}^m$ 是未知的非线性向量值函数.

假设 3.7　$f_i(\cdots),i=1,\cdots,m$，关于第 (n_y+2) 个变量的每个分量具有连续的偏导数.

假设 3.8　系统(3.27)满足广义 Lipschitz 条件，即对任意 $k_1 \neq k_2,k_1,k_2 \geqslant 0$ 和 $\boldsymbol{u}(k_1) \neq \boldsymbol{u}(k_2)$ 有

$$\| \boldsymbol{y}(k_1+1) - \boldsymbol{y}(k_2+1) \| \leqslant b \| \boldsymbol{u}(k_1) - \boldsymbol{u}(k_2) \|,$$

其中，$\boldsymbol{y}(k_i+1) = \boldsymbol{f}(\boldsymbol{y}(k_i),\cdots,\boldsymbol{y}(k_i-n_y),\boldsymbol{u}(k_i),\cdots,\boldsymbol{u}(k_i-n_u)),i=1,2;b>0$ 是一个常数.

定理 3.5　对于满足假设 3.7 和假设 3.8 的非线性系统(3.27)，当 $\| \Delta \boldsymbol{u}(k) \| \neq 0$ 时，一定存在一个被称为 PJM 的时变参数 $\boldsymbol{\Phi}_c(k) \in \mathbf{R}^{m \times m}$，使得系统(3.27)可转化为如下 CFDL 数据模型

$$\Delta \boldsymbol{y}(k+1) = \boldsymbol{\Phi}_c(k) \Delta \boldsymbol{u}(k), \qquad (3.28)$$

且对于任意时刻 $k,\boldsymbol{\Phi}_c(k)$ 是有界的.

证明类似定理 3.1，此处略.

注 3.11　需要指出的是，PJM $\boldsymbol{\Phi}_c(k)$ 及相应的动态线性化数据模型(3.28)都不是唯一的，这与系统是 SISO 时的情形是不同的.

本小节所给出的线性化方法是 3.2.1 小节方法针对 MIMO 系统的推广，因此也可给出类似于 3.2.1 小节中的所有讨论.

对于 MISO 情形，即 $\boldsymbol{u}(k) \in \mathbf{R}^m,y(k) \in \mathbf{R}$ 时，系统(3.27)变为

$$y(k+1) = f(y(k),\cdots,y(k-n_y),\boldsymbol{u}(k),\cdots,\boldsymbol{u}(k-n_u)), \qquad (3.29)$$

其中, $f(\cdots) \in \prod\limits_{n_y+1} \mathbf{R} \times \prod\limits_{n_u+1} \mathbf{R}^m \mapsto \mathbf{R}$ 是未知的非线性函数. 在此种情况下, 定理 3.5 的假设条件可作如下修改.

假设 3.7′　$f(\cdots)$ 关于第 (n_y+2) 个变量的每个分量具有连续的偏导数.

假设 3.8′　系统 (3.29) 满足广义 Lipschitz 条件, 即对任意 $k_1 \neq k_2, k_1, k_2 \geqslant 0$ 和 $u(k_1) \neq u(k_2)$ 有

$$|y(k_1+1) - y(k_2+1)| \leqslant b \| u(k_1) - u(k_2) \|,$$

其中, $y(k_i+1) = f(y(k_i), \cdots, y(k_i-n_y), u(k_i), \cdots, u(k_i-n_u)), i = 1, 2; b > 0$ 是一个常数.

推论 3.1　对于满足假设 3.7′ 和假设 3.8′ 的 MISO 离散时间非线性系统 (3.29), 当 $\| \Delta u(k) \| \neq 0$ 时, 一定存在一个被称为 PG 的时变参数向量 $\boldsymbol{\phi}_c(k) \in \mathbf{R}^m$, 使得系统 (3.29) 可转化为如下 CFDL 数据模型

$$\Delta y(k+1) = \boldsymbol{\phi}_c^{\mathrm{T}}(k) \Delta u(k), \tag{3.30}$$

且对所有时刻 $k, \boldsymbol{\phi}_c(k)$ 是有界的.

注 3.12　显然, MISO 数据模型 (3.30) 中的 PG $\boldsymbol{\phi}_c(k)$ 是定理 3.5 给出的 MIMO 数据模型 (3.28) 中 PJM $\boldsymbol{\Phi}_c(k)$ 的一个特例. 同时, 也可以把 $\boldsymbol{\phi}_c(k)$ 看成是定理 3.1 给出的 SISO 数据模型 (3.2) 中 PPD $\phi_c(k)$ 的一种推广. 也就是说, 由于系统的输入变成多维的, 那么在应用 CFDL 方法时必须针对 $\Delta u(k)$ 中的所有分量 $\Delta u_1, \cdots,$ Δu_m 都考虑其 PPD, 再综合起来得到数据模型 (3.30) 中的 PG $\boldsymbol{\phi}_c(k)$.

注 3.13　动态线性化数据模型 (3.30) 与数据模型 (3.9) 在形式上是相似的, 二者的证明思路也是相同的. 但必须指出的是二者使用的是两种不同的线性化方法, 线性化针对的对象也是不同的. 模型 (3.30) 是针对 MISO 系统 (3.29) 在 k 时刻的输入增量 $\Delta u(k)$ 应用 CFDL 方法得到的数据模型; 而模型 (3.9) 是针对 SISO 系统 (3.1) 在一个长度为 L 的滑动时间窗口 $[k-L+1, k]$ 内的控制输入增量 $\Delta U_L(k)$ 应用 PFDL 方法得到的数据模型. 数据模型 (3.30) 中的 PG $\boldsymbol{\phi}_c(k)$ 与数据模型 (3.9) 中的 PG $\boldsymbol{\phi}_{p,L}(k)$ 也具有本质的不同, 前者的维数取决于 MISO 系统 (3.29) 中输入信号 $u(k)$ 的维数, 这是由系统自身特点决定的且不可改变; 而后者的维数决定于控制输入线性化长度常数 L, 即滑动时间窗口的长度, 这是可以人为选择的.

3.3.2　偏格式动态线性化方法

本小节考虑系统 (3.27) 的 PFDL 数据模型.

定义 $\bar{U}_L(k) \in \mathbf{R}^{mL}$ 为一个由在滑动时间窗口 $[k-L+1, k]$ 内的所有控制输入向量组成的向量如下

$$\bar{U}_L(k) = [u^{\mathrm{T}}(k), \cdots, u^{\mathrm{T}}(k-L+1)]^{\mathrm{T}}, \tag{3.31}$$

且满足 $k \leqslant 0$ 时有 $\bar{U}_L(k) = \mathbf{0}_{mL}$，其中整数 L 为控制输入线性化长度常数.

对形如式(3.27)的 MIMO 离散时间非线性系统，提出如下两个类似于假设 3.7 和假设 3.8 的假设.

假设 3.9　$f_i(\cdots), i = 1, \cdots, m$，关于第 $(n_y + 2)$ 个变量到第 $(n_y + L + 1)$ 个变量的每个分量分别存在连续偏导数.

假设 3.10　系统(3.27)满足广义 Lipschitz 条件，即对任意 $k_1 \neq k_2, k_1, k_2 \geqslant 0$ 和 $\bar{U}_L(k_1) \neq \bar{U}_L(k_2)$ 有

$$\| y(k_1 + 1) - y(k_2 + 1) \| \leqslant b \| \bar{U}_L(k_1) - \bar{U}_L(k_2) \|,$$

其中, $y(k_i + 1) = f(y(k_i), \cdots, y(k_i - n_y), u(k_i), \cdots, u(k_i - n_u)), i = 1, 2; b > 0$ 是一个常数.

记 $\Delta \bar{U}_L(k) = \bar{U}_L(k) - \bar{U}_L(k - 1)$. 下面的定理将给出系统(3.27)的 PFDL 方法.

定理 3.6　对于满足假设 3.9 和假设 3.10 的非线性系统(3.27)，给定 L，当 $\| \Delta \bar{U}_L(k) \| \neq 0$ 时，一定存在一个被称为伪分块雅可比矩阵(pseudo partitioned Jacobian matrix, PPJM)的时变参数矩阵 $\boldsymbol{\Phi}_{p,L}(k) \in \mathbf{R}^{m \times mL}$，使得系统(3.27)可转化为如下 PFDL 数据模型

$$\Delta y(k+1) = \boldsymbol{\Phi}_{p,L}(k) \Delta \bar{U}_L(k), \tag{3.32}$$

且对于任意时刻 k, $\boldsymbol{\Phi}_{p,L}(k) = [\boldsymbol{\Phi}_1(k) \ \cdots \ \boldsymbol{\Phi}_L(k)]$ 是有界的，其中 $\boldsymbol{\Phi}_i(k) \in \mathbf{R}^{m \times m}, i = 1, \cdots, L$.

证明类似定理 3.3，此处略.

本节所给出的线性化方法是 3.2.2 小节方法针对 MIMO 系统的推广，因此，也可给出类似于 3.2.2 小节中的所有讨论.

注 3.14　$\boldsymbol{\Phi}_{p,L}(k)$ 是 3.3.1 小节提出的 PJM $\boldsymbol{\Phi}_c(k)$ 的一种推广. 实际上, $\boldsymbol{\Phi}_{p,L}(k)$ 中的每一个子块 $\boldsymbol{\Phi}_i(k) \in \mathbf{R}^{m \times m}, i = 1 \cdots, L$，都逐一对应输入增量 $\Delta \bar{U}_L(k)$ 中的一个分量 $\Delta u(k - i + 1), i = 1 \cdots, L$，这正是将其称之为 PPJM 的原因.

按照上面的推导，可将定理 3.6 的结果推广到如式(3.29)的 MISO 非线性系统中. 在此种情况下，定理 3.6 的假设条件应作如下修改.

假设 3.9′　$f(\cdots)$ 关于第 $(n_y + 2)$ 个变量到第 $(n_y + L + 1)$ 个变量的每个分量分别存在连续偏导数.

假设 3.10′　系统(3.29)满足广义 Lipschitz 条件，即对任意 $k_1 \neq k_2, k_1, k_2 \geqslant 0$ 和 $\bar{U}_L(k_1) \neq \bar{U}_L(k_2)$ 有

$$| y(k_1 + 1) - y(k_2 + 1) | \leqslant b \| \bar{U}_L(k_1) - \bar{U}_L(k_2) \|,$$

其中, $y(k_i+1)=f(y(k_i),\cdots,y(k_i-n_y),u(k_i),\cdots,u(k_i-n_u))$, $i=1,2;b>0$ 是一个常数.

推论 3.2 对于满足假设 3.9′和假设 3.10′的 MISO 离散时间非线性系统 (3.29),给定 L,当 $\|\Delta\bar{U}_L(k)\|\neq0$ 时,一定存在一个被称为伪分块梯度(pseudo partitioned gradient, PPG)的时变参数向量 $\bar{\boldsymbol{\phi}}_{p,L}(k)\in\mathbf{R}^{mL}$,使得系统(3.29)可转化为如下 PFDL 数据模型

$$\Delta y(k+1)=\bar{\boldsymbol{\phi}}_{p,L}^{\mathrm{T}}(k)\Delta\bar{U}_L(k),\qquad(3.33)$$

且对于任意时刻 k, $\bar{\boldsymbol{\phi}}_{p,L}(k)=[\bar{\boldsymbol{\phi}}_1^{\mathrm{T}}\cdots\bar{\boldsymbol{\phi}}_L^{\mathrm{T}}]^{\mathrm{T}}$ 是有界的,其中, $\bar{\boldsymbol{\phi}}_i\in\mathbf{R}^m$, $i=1,\cdots,L$.

注 3.15 显然,MISO 数据模型(3.33)中的 PPG $\bar{\boldsymbol{\phi}}_{p,L}(k)$ 是定理 3.6 给出的 MIMO 数据模型(3.32)中 PPJM $\boldsymbol{\Phi}_{p,L}(k)$ 的一个特例.同时,也可以把 $\bar{\boldsymbol{\phi}}_{p,L}(k)$ 看成是定理 3.3 给出的 SISO 数据模型(3.9)中 PG $\boldsymbol{\phi}_{p,L}(k)$ 的一种推广.也就是说,由于系统的输入变成多维的,那么在应用 PFDL 方法时必须针对 $\Delta\bar{U}_L(k)$ 中的所有子向量 $\Delta u(k),\cdots,\Delta u(k-L+1)$ 都逐个考虑其 PG,再综合起来得到数据模型 (3.33)中的 PPG $\bar{\boldsymbol{\phi}}_{p,L}(k)$.

3.3.3 全格式动态线性化方法

类似于第 3.2.3 节的思路,本节考虑系统(3.27)的 FFDL 数据模型.

定义 $\bar{H}_{L_y,L_u}(k)\in\mathbf{R}^{mL_y+mL_u}$ 为一个由在输入相关的滑动时间窗口 $[k-L_u+1,k]$ 内的所有控制输入向量以及在输出相关的滑动时间窗口 $[k-L_y+1,k]$ 内的所有系统输出向量组成的向量,如下

$$\bar{H}_{L_y,L_u}(k)=[y^{\mathrm{T}}(k),\cdots,y^{\mathrm{T}}(k-L_y+1),u^{\mathrm{T}}(k),\cdots,u^{\mathrm{T}}(k-L_u+1)]^{\mathrm{T}},(3.34)$$

且满足当 $k\leqslant0$ 时有 $\bar{H}_{L_y,L_u}(k)=\mathbf{0}_{mL_y+mL_u}$,其中整数 $L_y,L_u(0\leqslant L_y\leqslant n_y,1\leqslant L_u\leqslant n_u)$ 称为伪阶数,也可分别称为控制输出线性化长度常数和控制输入线性化长度常数.

对形如式(3.27)的 MIMO 离散时间非线性系统,提出如下两个类似于假设 3.7 和假设 3.8 的假设.

假设 3.11 $f_i(\cdots)$, $i=1,\cdots,m$,对各个变量的分量都存在连续偏导数.

假设 3.12 系统(3.27)满足广义 Lipschitz 条件,即对任意 $k_1\neq k_2,k_1,k_2\geqslant0$ 和 $\bar{H}_{L_y,L_u}(k_1)\neq\bar{H}_{L_y,L_u}(k_2)$ 有

$$\|y(k_1+1)-y(k_2+1)\|\leqslant b\|\bar{H}_{L_y,L_u}(k_1)-\bar{H}_{L_y,L_u}(k_2)\|,$$

其中, $y(k_i+1)=f(y(k_i),\cdots,y(k_i-n_y),u(k_i),\cdots,u(k_i-n_u))$, $i=1,2;b>0$ 是一

个常数.

记 $\Delta \overline{H}_{L_y,L_u}(k)=\overline{H}_{L_y,L_u}(k)-\overline{H}_{L_y,L_u}(k-1)$. 下面的定理将详细地给出系统 (3.27) 的 FFDL 方法.

定理 3.7 对于满足假设 3.11 和假设 3.12 的非线性系统(3.27),给定 $0\leqslant L_y\leqslant n_y$ 和 $1\leqslant L_u\leqslant n_u$,当 $\|\Delta\overline{H}_{L_y,L_u}(k)\|\neq0$ 时,一定存在一个被称为 PPJM 的时变参数矩阵 $\boldsymbol{\Phi}_{f,L_y,L_u}(k)\in\mathbf{R}^{m\times(mL_y+mL_u)}$,使得系统(3.27)可转化为如下 FFDL 数据模型

$$\Delta\boldsymbol{y}(k+1)=\boldsymbol{\Phi}_{f,L_y,L_u}(k)\Delta\overline{H}_{L_y,L_u}(k),\qquad(3.35)$$

且对任意时刻 k,$\boldsymbol{\Phi}_{f,L_y,L_u}(k)=[\boldsymbol{\Phi}_1(k)\cdots\boldsymbol{\Phi}_{L_y+L_u}(k)]$ 是有界的,其中 $\boldsymbol{\Phi}_i(k)\in\mathbf{R}^{m\times m}$,$i=1,\cdots,L_y+L_u$.

证明类似定理 3.4,此处略.

注 3.16 $\boldsymbol{\Phi}_{f,L_y,L_u}(k)$ 是 3.3.2 小节提出的 PPJM $\boldsymbol{\Phi}_{p,L}(k)$ 的一种推广. 实际上,$\boldsymbol{\Phi}_{f,L_y,L_u}(k)$ 中的每一个子块 $\boldsymbol{\Phi}_i(k)\in\mathbf{R}^{m\times m}$,$i=1\cdots,L_y+L_u$,都逐一对应 $\Delta\overline{H}_{L_y,L_u}$ 中的一个分量 $\Delta\boldsymbol{y}(k-i+1)$,$i=1\cdots,L_y$,及 $\Delta\boldsymbol{u}(k-i+1)$,$i=1\cdots,L_u$.

按照上面的推导,可将定理 3.7 的结果推广到形如式(3.29)的 MISO 非线性系统中. 此时需要定义 $\check{H}_{L_y,L_u}(k)\in\mathbf{R}^{L_y+mL_u}$ 为一个在输入相关的滑动时间窗口 $[k-L_u+1,k]$ 内的所有控制输入向量以及在输出相关的滑动时间窗口 $[k-L_y+1,k]$ 内的所有系统输出组成的向量,如

$$\check{H}_{L_y,L_u}(k)=[y^{\mathrm{T}}(k),\cdots,y^{\mathrm{T}}(k-L_y+1),\boldsymbol{u}^{\mathrm{T}}(k),\cdots,\boldsymbol{u}^{\mathrm{T}}(k-L_u+1)]^{\mathrm{T}},(3.36)$$

且满足 $k\leqslant0$ 有 $\check{H}_{L_y,L_u}(k)=\mathbf{0}_{L_y+mL_u}$.

将定理 3.7 的假设条件作如下修改.

假设 3.11′ $f(\cdots)$ 关于各个变量的分量分别存在连续偏导数.

假设 3.12′ 系统(3.29)满足广义 Lipschitz 条件,即对任意 $k_1\neq k_2$,$k_1,k_2\geqslant0$ 和 $\check{H}_{L_y,L_u}(k_1)\neq\check{H}_{L_y,L_u}(k_2)$ 有

$$|y(k_1+1)-y(k_2+1)|\leqslant b\|\check{H}_{L_y,L_u}(k_1)-\check{H}_{L_y,L_u}(k_2)\|,$$

其中,$y(k_i+1)=f(y(k_i),\cdots,y(k_i-n_y),\boldsymbol{u}(k_i),\cdots,\boldsymbol{u}(k_i-n_u))$,$i=1,2$;$b>0$ 是一个常数.

推论 3.3 对于满足假设 3.11′ 和假设 3.12′ 的 MISO 离散时间非线性系统 (3.29),给定 $0\leqslant L_y\leqslant n_y$ 和 $1\leqslant L_u\leqslant n_u$,当 $\|\Delta\check{H}_{L_y,L_u}(k)\|\neq0$ 时,一定存在一个被称为 PPG 的时变参数向量 $\overline{\boldsymbol{\phi}}_{f,L_y,L_u}(k)\in\mathbf{R}^{L_y+mL_u}$,使得系统(3.29)可转化为如下 FFDL 数据模型

$$\Delta y(k+1)=\bar{\boldsymbol{\phi}}_{f,L_y,L_u}^{\mathrm{T}}(k)\Delta \bar{\boldsymbol{H}}_{L_y,L_u}(k),\qquad (3.37)$$

且对任意时刻 $k,\bar{\boldsymbol{\phi}}_{f,L_y,L_u}(k)=[\phi_1\cdots\ \phi_{L_y}\ \boldsymbol{\phi}_{L_y+1}^{\mathrm{T}}\cdots\ \boldsymbol{\phi}_{L_y+L_u}^{\mathrm{T}}]^{\mathrm{T}}$ 是有界的,其中 $\phi_i\in\mathbf{R}$,
$\boldsymbol{\phi}_{L_y+j}\in\mathbf{R}^m,i=1\cdots L_y,j=1\cdots L_u.$

注 3.17　显然,MISO 数据模型(3.37)中的 PPG $\bar{\boldsymbol{\phi}}_{f,L_y,L_u}(k)$ 是定理 3.7 给出的
MIMO 数据模型(3.35)中 PPIM $\boldsymbol{\Phi}_{f,L_y,L_u}(k)$ 的一个特例. 同时,也可以把 $\bar{\boldsymbol{\phi}}_{f,L_y,L_u}(k)$
看成是定理 3.4 给出的 SISO 数据模型(3.21)中 PG $\boldsymbol{\phi}_{f,L_y,L_u}(k)$ 的一种推广. 也就是
说,由于系统的输入变成多维的,那么在应用 FFDL 方法时必须针对 $\Delta\bar{\boldsymbol{H}}_{L_y,L_u}(k)$ 中的
每个分量 $\Delta y(k),\cdots,\Delta y(k-L_y+1)$ 逐个考虑其 PPD,且对每个子向量 $\Delta\boldsymbol{u}(k),\cdots,$
$\Delta\boldsymbol{u}(k-L_u+1)$ 逐个考虑其 PG,再综合起来得到数据模型(3.37)中的 PPG $\bar{\boldsymbol{\phi}}_{f,L_y,L_u}(k)$.

3.4　小　　结

本章详细介绍了离散时间非线性系统的动态线性化方法,并针对 SISO、MI-
SO 和 MIMO 非线性系统分别给出了三种新型的动态线性化数据模型. 与已有的
线性化方法相比,本章给出的动态线性化方法具有以下优点.

第一,动态线性化的过程仅依赖于被控系统的 I/O 量测数据,并不需要借助
于系统的精确的动力学模型、结构信息等先验知识. 因此,对一大类非线性动态系
统,无论其系统参数是否时变、模型结构是否变化,都可以应用本章提出的方法进
行动态线性化.

第二,本章给出的动态线性化数据模型是受控系统 I/O 的增量形式的,有利
于直接利用受控系统的 I/O 数据来设计 PPD、PG、PJM 等参数的数据驱动估计算
法和数据驱动控制算法,同时也为下一步分析控制系统稳定性提供了便利.

第三,等价的动态线性化数据模型利用了诸如 PPD、PG 和 PJM 等新概念来
描述被控系统的变化,而这些概念的存在性是由 Cauchy 中值定理和一些数值方
程的解来保证的. 所提出的动态线性化方法与其他基于模型的线性化方法有本质
的不同. 值得指出的是,PPD、PG、PJM 的变化对诸如时变参数、时变结构或阶数
变化等系统不确定性并不敏感. 该性质赋予基于上述动态线性化数据模型设计的
无模型自适应控制系统很多其他控制方法所不具有的优势.

第四,动态线性化方法在每个采样时刻给出了原非线性系统的一个精确等价
的、基于 I/O 数据描述的动态增量形式的线性化数据模型. 传统的基于模型的控
制系统设计中不可避免的未建模动态问题,在此数据驱动的动态线性化数据模型
框架下不再存在.

第五，动态线性化数据模型描述虽然简单，但对包含强非线性、非最小相位、时变滞后等特性在内的许多复杂系统都有效. 动态线性化数据模型中的可调参数相对较少. 对于 SISO 非线性系统，CFDL 数据模型中只有一个纯量参数，FFDL 数据模型中也只有 (L_y+L_u) 个参数，且参数的数量可以预先设计.

第六，对于某一具体的离散时间非线性系统而言，它的动态线性化模型可以有 CFDL、PFDL 和 FFDL 等多种表达形式，这会给控制器的设计带来非常大的灵活性. CFDL 数据模型最为简单，但是对某些复杂系统来说，其 PPD 参数的行为可能非常复杂，进而使得设计的估计算法很难捕获其复杂的变化. FFDL 数据模型最为一般，针对复杂系统来说，由于其 PG 参数的 (L_y+L_u) 个分量共同分担系统复杂的行为变化. 因此，它会使得我们更加容易设计参数估计算法来估计其变化，但付出的代价则是数据模型的阶数变高，基于此数据模型设计的控制器相比于基于 CFDL 数据模型的控制器会更复杂，由此会引起相应的控制系统的理论分析和实际应用也更加困难.

第七，值得指出的是，本章所提出的动态线性化数据模型是目的于控制系统设计的，也就是说，这类模型仅能应用于控制器设计，而不适用于系统输出的长程预报、诊断和监测. 这些数据模型并不是根据物理定律得到的，因此数据模型中诸如 PPD、PG、PJM、PPJM 等参数的物理意义并不像机理模型参数的物理意义那么明确.

第 4 章　SISO 离散时间非线性系统的
无模型自适应控制

4.1　引　　言

自适应控制研究的被控对象为模型结构已知,未知参数是慢时变或时不变的线性或非线性系统. 目前,关于线性系统自适应控制的研究已取得了比较完善的成果,有很多专著和论文出版[76,130-132],并且在实际中有广泛的应用[133-135]. 然而,各种实际系统,例如飞行器、机器人、过程控制系统、交通系统、电力系统等,都存在各种非线性现象. 与线性系统自适应控制相比,非线性系统的自适应控制近些年来才成为研究热点,且研究的对象局限在几类特殊的非线性系统[136,137].

典型的非线性系统有 NARMAX 模型[99]、Winner 模型[97,138]、双线性模型[96]、Hammerstein 模型[95] 以及其他比较普遍的非线性环节,如死区非线性、输入饱和非线性和滞环非线性等. 典型的非线性系统的自适应控制设计方法,如:基于反馈线性化的自适应控制[139,140]、Backstepping 方法[141-144]、预测自适应控制[145-148]、多模型方法[149,150]、滑模自适应控制[151,152] 等,都是基于模型的控制器设计方法. 换句话说,应用这些方法设计控制系统时都需要知道被控系统的精确数学模型.

当系统模型未知或者存在较大不确定性时,前述的这些方法将很难适用. 众所周知,建立受控系统的状态空间模型、输入输出模型等不是一件容易的事情,有时甚至是不可能的. 即使可以建立受控系统的数学模型,未建模动态也不可避免. 基于带有不确定性的系统模型以及针对模型所作的额外数学假设所设计的控制系统,在实际应用中有可能会出现无法预料的问题,甚至变成不安全的控制系统[6]. 尽管已有很多文献研究控制系统的鲁棒性,但是真正能解决实际过程控制问题的鲁棒控制方法还不是很多. 因而,研究非线性系统数据驱动的无模型自适应控制(model free adaptive control,MFAC),在理论和实际应用中都具有重要意义[14,123].

模糊自适应控制[153-155]、神经网络自适应控制[156-160] 等方法虽然可以在不利用系统精确数学模型的情况下实现非线性系统的自适应控制,但模糊规则的建立需要对被控对象有深入了解,神经元网络模型的训练也需要大量的系统运行数据. 一般而言,由于控制器的设计依赖于模糊规则和神经元网络模型,因此基于模型控制的许多共性问题仍然存在.

MFAC 是一种针对非线性系统的控制设计方法. 该方法在 1994 年首次提

出[23]并经过后续的发展和完善[24 26,124-126]，现已形成了一整套的控制理论与方法．其基本思路是，在每个工作点处，建立非线性系统等价的动态线性数据模型，利用受控系统的 I/O 数据在线估计系统的伪偏导数（pseudo partial derivative，PPD）或伪梯度（pseudo gradient，PG）参数，然后设计加权一步向前的控制器，进而实现非线性系统数据驱动的无模型自适应控制．

本章针对 SISO 离散时间非线性系统，基于第 3 章提出的非线性系统动态线性化数据模型，提出了一系列 MFAC 方案，并给出了分析结果．与传统的自适应控制方法相比，MFAC 方法有如下显著特点：首先，控制器设计仅需要被控系统的I/O 量测数据，无需任何模型的信息，传统的未建模动态问题在数据驱动的MFAC 框架下并不存在，非常适用于工业控制系统的现场应用．其次，MFAC 方法结构简单、计算量小、不需要构建精确的数学模型、任何实验信号、测试信号和训练过程，是一种低成本的控制器．最后，MFAC 方法可实现带有参数变化和结构变化的非线性系统的自适应控制．

本章内容安排如下：针对一类 SISO 离散时间非线性系统，第 4.2 节给出基于紧格式动态线性化的无模型自适应控制（compact form dynamic linearization based MFAC，CFDL-MFAC）方案的设计方法，及其闭环系统的输入输出稳定性分析和仿真结果．第 4.3 节和第 4.4 节分别研究基于偏格式动态线性化的无模型自适应控制（partial form dynamic linearization based MFAC，PFDL-MFAC）以及基于全格式动态线性化的无模型自适应控制（full form dynamic linearization based MFAC，FFDL-MFAC）方案的设计方法及相应的分析结果和仿真数例．第4.5 节为本章的结论．

4.2　基于紧格式动态线性化的无模型自适应控制

4.2.1　控制系统设计

考虑一类 SISO 离散时间非线性系统
$$y(k+1)=f(y(k),\cdots,y(k-n_y),u(k),\cdots,u(k-n_u)), \quad (4.1)$$
其中，$y(k)\in\mathbf{R}$，$u(k)\in\mathbf{R}$ 分别表示系统在 k 时刻的输出和输入；n_y，n_u 是两个未知的正整数；$f(\cdots):\mathbf{R}^{n_u+n_y+2}\mapsto\mathbf{R}$ 为未知的非线性函数．

由定理 3.1 可知，当非线性系统（4.1）满足假设 3.1 和假设 3.2，且对所有的时刻 k 有 $\Delta u(k)\neq0$ 成立时，其 CFDL 数据模型可表示为
$$y(k+1)=y(k)+\phi_c(k)\Delta u(k), \quad (4.2)$$
其中，$\phi_c(k)\in\mathbf{R}$ 为系统（4.1）的 PPD．

式（4.2）是非线性系统（4.1）的一种等价的动态线性化表示。它是一个目的

于控制器设计的、具有简单增量形式的、含有一个单参数的线性时变数据模型,这与受控对象传统的机理模型和其他线性化方法得到的模型都有本质不同.

本小节将讨论基于动态线性化数据模型(4.2)的自适应控制方案设计. 需要说明的是,本书仅考虑当 $\sigma_k=1$, 即 $\Delta u(k)\neq 0$ 时的控制器设计问题. 当 $\sigma_k>1$ 时可以采用类似的方法设计控制器.

1. 控制算法

对于离散时间系统,由最小化一步向前预报误差准则函数得到的控制算法有可能产生过大的控制输入,使控制系统本身遭到破坏,而由最小化加权一步向前预报误差准则函数得到的控制算法又有可能产生稳态的跟踪误差. 因此,考虑如下控制输入准则函数

$$J(u(k))=|y^*(k+1)-y(k+1)|^2+\lambda\,|u(k)-u(k-1)|^2, \qquad (4.3)$$

其中,$\lambda>0$ 是一个权重因子,用来限制控制输入量的变化;$y^*(k+1)$ 为期望的输出信号.

将式(4.2)代入准则函数(4.3)中,对 $u(k)$ 求导,并令其等于零,可得到如下控制算法

$$u(k)=u(k-1)+\frac{\rho\phi_c(k)}{\lambda+|\phi_c(k)|^2}(y^*(k+1)-y(k)), \qquad (4.4)$$

其中,$\rho\in(0,1]$ 是步长因子,它的加入目的是使控制算法更具一般性.

注 4.1　控制算法(4.4)中的 λ 限制了控制输入的变化 $\Delta u(k)$,在控制系统设计中经常被用来保证控制输入信号具有一定的平滑性. 实际上,λ 对 MFAC 系统设计非常重要,后面的理论分析和仿真结果都表明,适当选取 λ 可保证被控系统的稳定性,并能获得较好的输出性能.

2. PPD 估计算法

由定理 3.1 可知,满足假设 3.1 和假设 3.2 的非线性系统(4.1)可由带有时变 PPD 参数 $\phi_c(k)$ 的动态线性化数据模型(4.2)来表示. 基于控制输入准则函数(4.3)的极小化,可设计出控制算法(4.4),为实现控制算法(4.4),则需要已知 PPD 的值. 由于系统的数学模型未知,且由注 3.1 的讨论可知,PPD 是时变参数,其精确真实值很难获取. 因此,需要设计利用受控系统的输入输出数据来估计 PPD 的某种估计算法.

传统的参数估计准则函数是极小化系统模型输出与真实输出之差的平方. 然而,在应用由此类准则函数推导出的参数估计算法时,其参数估计值会对某些不准确的采样数据(可能由于干扰或者传感器失灵等原因引起的)过于敏感. 为此,提出如下 PPD 估计准则函数

$$J(\phi_c(k)) = |y(k) - y(k-1) - \phi_c(k)\Delta u(k-1)|^2 + \mu |\phi_c(k) - \hat{\phi}_c(k-1)|^2, \quad (4.5)$$

其中，$\mu > 0$ 是权重因子.

对式(4.5)关于 $\phi_c(k)$ 求极值，可得 PPD 的估计算法为

$$\hat{\phi}_c(k) = \hat{\phi}_c(k-1) + \frac{\eta \Delta u(k-1)}{\mu + \Delta u (k-1)^2} (\Delta y(k) - \hat{\phi}_c(k-1)\Delta u(k-1)), \quad (4.6)$$

其中，$\eta \in (0,1]$ 是加入的步长因子，目的是使该算法具有更强的灵活性和一般性；$\hat{\phi}_c(k)$ 为 PPD $\phi_c(k)$ 的估计值.

注 4.2　估计算法(4.6)和一般的投影估计算法[76] 的区别为：在一般投影算法的分母项中引入常数 μ 的目的是为了防止除数等于零，而在估计算法(4.6)中的 μ 是对 PPD 估计值变化量的惩罚因子.

3. 控制方案

综合前面所得到的 PPD 估计算法(4.6)及控制算法(4.4)，可给出 CFDL-MFAC 方案如下

$$\hat{\phi}_c(k) = \hat{\phi}_c(k-1) + \frac{\eta \Delta u(k-1)}{\mu + \Delta u (k-1)^2} (\Delta y(k) - \hat{\phi}_c(k-1)\Delta u(k-1)), \quad (4.7)$$

$$\hat{\phi}_c(k) = \hat{\phi}_c(1)，如果 |\hat{\phi}_c(k)| \leqslant \varepsilon 或 |\Delta u(k-1)| \leqslant \varepsilon 或$$

$$\mathrm{sign}(\hat{\phi}_c(k)) \neq \mathrm{sign}(\hat{\phi}_c(1)), \quad (4.8)$$

$$u(k) = u(k-1) + \frac{\rho \hat{\phi}_c(k)}{\lambda + |\hat{\phi}_c(k)|^2} (y^*(k+1) - y(k)), \quad (4.9)$$

其中，$\lambda > 0, \mu > 0, \rho \in (0,1], \eta \in (0,1]$；$\varepsilon$ 是一个充分小的正数；$\hat{\phi}_c(1)$ 是 $\hat{\phi}_c(k)$ 的初值.

注 4.3　在上述 CFDL-MFAC 方案中，算法重置机制(4.8)的引入是为了使 PPD 估计算法(4.7)具有更强的对时变参数的跟踪能力.

注 4.4　从 CFDL-MFAC 方案(4.7)~(4.9)可以看出，该方案仅利用闭环受控系统量测的在线 I/O 数据进行控制器设计，不显含或隐含任何关于受控系统动态模型的信息，这就是我们称之为 MFAC 的原因. 由于 PPD $\phi_c(k)$ 对时变参数、时变结构、时变相位甚至滞后等并不敏感，因此 CFDL-MFAC 方案具有非常强的适应性和鲁棒性，而这在基于模型的控制系统设计框架下是很难达到的. 值得指出的是，这并不意味着 MFAC 是一种万能的控制方法，万能的控制方法是不存在的. 实际上，MFAC 是针对一类离散时间非线性系统给出的控制方案，这类系统要满足假设 3.1、假设 3.2 以及 4.2.2 节提到的假设 4.1、假设 4.2.

4.2.2　稳定性分析

为了严谨地证明控制系统的稳定性,给出如下两个假设.

假设 4.1　对某一给定的有界期望输出信号 $y^*(k+1)$,总存在一个有界的 $u^*(k)$,使得系统在此控制输入信号的驱动下,其输出等于 $y^*(k+1)$.

假设 4.2　对任意时刻 k 及 $\Delta u(k) \neq 0$,系统 PPD 的符号保持不变,即满足 $\phi_c(k) > \varepsilon > 0$,或 $\phi_c(k) < -\varepsilon$,其中,ε 是一个小正数.

不失一般性,本书只讨论 $\phi_c(k) > \varepsilon$ 的情形.

注 4.5　假设 4.1 是控制问题可设计求解的一个必要条件. 也就是说,系统 (4.1) 是输出可控的,具体可参见注 3.4. 假设 4.2 的物理意义很明显,即控制输入增加时相应的受控系统输出应该是不减的,这可被认为是系统的一种"拟线性"特征. 此条件与基于模型的控制方法中要求控制方向已知或至少不变号的假设是类似的[76]. 很多实际系统均能满足此假设,如温度控制系统,压力控制系统等.

定理 4.1　针对非线性系统(4.1),在假设 3.1,假设 3.2 和假设 4.1,假设 4.2 满足的条件下,当 $y^*(k+1) = y^* = \mathrm{const}$ 时,采用 CFDL-MFAC 方案(4.7)~ (4.9),则存在一个正数 $\lambda_{\min} > 0$,使得当 $\lambda > \lambda_{\min}$ 时有

(1) 系统输出跟踪误差是单调收敛的,且 $\lim\limits_{k \to \infty} |y^* - y(k+1)| = 0$,

(2) 闭环系统是 BIBO 稳定的,即输出序列 $\{y(k)\}$ 和输入序列 $\{u(k)\}$ 是有界的.

证明　如果满足条件 $|\hat{\phi}_c(k)| \leqslant \varepsilon$ 或 $|\Delta u(k-1)| \leqslant \varepsilon$ 或 $\mathrm{sign}(\hat{\phi}_c(k)) \neq \mathrm{sign}(\hat{\phi}_c(1))$,则 $\hat{\phi}_c(k)$ 明显是有界的.

在其他情形下,定义 $\tilde{\phi}_c(k) = \hat{\phi}_c(k) - \phi_c(k)$ 为 PPD 估计误差,在参数估计算法 (4.7) 两边同时减去 $\phi_c(k)$,可得

$$\tilde{\phi}_c(k) = \left\{1 - \frac{\eta |\Delta u(k-1)|^2}{\mu + |\Delta u(k-1)|^2}\right\} \tilde{\phi}_c(k-1) + \phi_c(k-1) - \phi_c(k). \quad (4.10)$$

对式(4.10)两边取绝对值,得

$$|\tilde{\phi}_c(k)| \leqslant \left| \left(1 - \frac{\eta |\Delta u(k-1)|^2}{\mu + |\Delta u(k-1)|^2}\right) \right| |\tilde{\phi}_c(k-1)| + |\phi_c(k-1) - \phi_c(k)|. \quad (4.11)$$

注意到,函数 $\dfrac{\eta |\Delta u(k-1)|^2}{\mu + |\Delta u(k-1)|^2}$ 关于变量 $|\Delta u(k-1)|^2$ 是单调增的,其最小值为 $\dfrac{\eta \varepsilon^2}{\mu + \varepsilon^2}$. 那么当 $0 < \eta \leqslant 1$ 和 $\mu > 0$ 时,一定存在常数 d_1,满足

$$0 \leqslant \left| \left(1 - \frac{\eta |\Delta u(k-1)|^2}{\mu + |\Delta u(k-1)|^2}\right) \right| \leqslant 1 - \frac{\eta \varepsilon^2}{\mu + \varepsilon^2} = d_1 < 1. \quad (4.12)$$

根据定理 3.1 中的结论 $|\phi_c(k)|\leqslant\bar{b}$ 可知，$|\phi_c(k-1)-\phi_c(k)|\leqslant2\bar{b}$. 利用式 (4.11) 和式 (4.12)，有如下不等式

$$|\tilde{\phi}_c(k)|\leqslant d_1|\tilde{\phi}_c(k-1)|+2\bar{b}\leqslant d_1^2|\tilde{\phi}_c(k-2)|+2d_1\bar{b}+2\bar{b}$$

$$\leqslant\cdots\leqslant d_1^{k-1}|\tilde{\phi}_c(1)|+\frac{2\bar{b}(1-d_1^{k-1})}{1-d_1}. \tag{4.13}$$

式 (4.13) 意味着 $\tilde{\phi}_c(k)$ 有界. 又因为 $\phi_c(k)$ 有界，故 $\hat{\phi}_c(k)$ 有界.

定义系统跟踪误差为

$$e(k+1)=y^*-y(k+1). \tag{4.14}$$

把 CFDL 数据模型 (4.2) 代入式 (4.14)，并对两边取绝对值，得

$$|e(k+1)|=|y^*-y(k+1)|=|y^*-y(k)-\phi_c(k)\Delta u(k)|$$

$$\leqslant\left|1-\frac{\rho\phi_c(k)\hat{\phi}_c(k)}{\lambda+|\hat{\phi}_c(k)|^2}\right||e(k)|. \tag{4.15}$$

由假设 4.2 和重置算法 (4.8) 可知，$\phi_c(k)\hat{\phi}_c(k)\geqslant0$.

令 $\lambda_{\min}=\dfrac{\bar{b}^2}{4}$. 利用不等式 $\alpha^2+\beta^2\geqslant2\alpha\beta$、假设 4.2 的条件 $\phi_c(k)>\varepsilon$、重置算法保证的条件 $\hat{\phi}_c(k)>\varepsilon$ 以及本定理第一步证明得到的 $\hat{\phi}_c(k)$ 的有界性可知，若选取 $\lambda>\lambda_{\min}$，则一定存在一个常数 $0<M_1<1$，使得下式成立

$$0<M_1\leqslant\frac{\phi_c(k)\hat{\phi}_c(k)}{\lambda+|\hat{\phi}_c(k)|^2}\leqslant\frac{\bar{b}\hat{\phi}_c(k)}{\lambda+|\hat{\phi}_c(k)|^2}\leqslant\frac{\bar{b}\hat{\phi}_c(k)}{2\sqrt{\lambda}\hat{\phi}_c(k)}<\frac{\bar{b}}{2\sqrt{\lambda_{\min}}}=1, \tag{4.16}$$

其中，$\bar{b}$ 是满足定理 3.1 结论 $|\phi_c(k)|\leqslant\bar{b}$ 的常数.

又根据式 (4.16)，以及 $0<\rho\leqslant1$ 和 $\lambda>\lambda_{\min}$，则一定存在一个常数 $d_2<1$，使得

$$\left|1-\frac{\rho\phi_c(k)\hat{\phi}_c(k)}{\lambda+|\hat{\phi}_c(k)|^2}\right|=1-\frac{\rho\phi_c(k)\hat{\phi}_c(k)}{\lambda+|\hat{\phi}_c(k)|^2}\leqslant1-\rho M_1=d_2<1. \tag{4.17}$$

结合式 (4.15) 和式 (4.17)，有

$$|e(k+1)|\leqslant d_2|e(k)|\leqslant d_2^2|e(k-1)|\leqslant\cdots\leqslant d_2^k|e(1)|. \tag{4.18}$$

式 (4.18) 意味着定理 4.1 的结论 (1) 成立.

由于 $y^*(k)$ 为常数，则输出跟踪误差 $e(k)$ 的收敛性意味着 $y(k)$ 有界.

利用不等式 $(\sqrt{\lambda})^2+|\hat{\phi}_c(k)|^2\geqslant2\sqrt{\lambda}\hat{\phi}_c(k)$ 及 $\lambda>\lambda_{\min}$，由式 (4.9) 可得如下方程

$$|\Delta u(k)|=\left|\frac{\rho\hat{\phi}_c(k)(y^*-y(k))}{\lambda+|\hat{\phi}_c(k)|^2}\right|\leqslant\left|\frac{\rho\hat{\phi}_c(k)}{\lambda+|\hat{\phi}_c(k)|^2}\right||e(k)|$$

$$\leqslant \left| \frac{\rho \hat{\phi}_c(k)}{2 \sqrt{\lambda} \hat{\phi}_c(k)} \right| |e(k)| \leqslant \left| \frac{\rho}{2 \sqrt{\lambda_{\min}}} \right| |e(k)| = M_2 |e(k)|, \tag{4.19}$$

其中，$M_2 = \rho / (2 \sqrt{\lambda_{\min}})$ 是一个有界常数.

利用式(4.18)和式(4.19)，有

$$
\begin{aligned}
|u(k)| &\leqslant |u(k) - u(k-1)| + |u(k-1)| \\
&\leqslant |u(k) - u(k-1)| + |u(k-1) - u(k-2)| + |u(k-2)| \\
&\leqslant |\Delta u(k)| + |\Delta u(k-1)| + \cdots + |\Delta u(2)| + |u(1)| \\
&\leqslant M_2 (|e(k)| + |e(k-1)| + \cdots + |e(2)|) + |u(1)| \\
&\leqslant M_2 (d_2^{k-1} |e(1)| + d_2^{k-2} |e(1)| + \cdots + d_2 |e(1)|) + |u(1)| \\
&< M_2 \frac{d_2}{1 - d_2} |e(1)| + |u(1)|,
\end{aligned}
\tag{4.20}
$$

因此，定理 4.1 的结论(2)成立. ∎

注 4.6　定理 4.1 证明了 MFAC 在处理未知非线性系统当期望跟踪信号是常值信号的输出调节问题的稳定性和单调收敛性。实际上，当 MFAC 方法在处理时变期望输出信号的跟踪问题时，也可以按照如下的方法给出其严谨的理论证明。首先建立增广系统

$$z(k+1) = f(y(k), \cdots, y(k-n_y), u(k), \cdots, u(k-n_u)) - y^*(k+1),$$

然后针对此增广系统应用 MFAC 方案，即可得到此增广系统的输出调节问题的稳定性和单调收敛性。增广系统的调节问题的收敛性和稳定性等价于原非线性系统(4.1)跟踪问题的收敛性和稳定性.

另外，定理 4.1 分析了当 $\sigma_k = 1$，即 $\Delta u(k) \neq 0$ 时，CFDL-MFAC 方案的稳定性. 当 $\sigma_k > 1$ 时，也可得到同样的结论. 具体分析过程为，当 $\sigma_k > 1$ 时，有 $\Delta u(k-j) = 0, j = 0, \cdots \sigma_k - 2, \Delta u(k-\sigma_k+1) \neq 0$. 因此根据控制算法(4.9)可得 $e(k) = e(k-1) = \cdots = e(k-\sigma_k+2) = 0$. 将动态线性化数据模型(3.7)和控制算法(4.9)代入式(4.14)，得

$$
\begin{aligned}
|e(k+1)| &= |y^* - y(k+1)| \\
&= |y^* - y(k-\sigma_k+1) - \phi_c(k)(u(k) - u(k-\sigma_k))| \\
&= |y^* - y(k-\sigma_k+1) - \phi_c(k)(u(k-\sigma_k+1) - u(k-\sigma_k))| \\
&= \left| \left(1 - \frac{\rho \phi_c(k) \hat{\phi}_c(k-\sigma_k)}{\lambda + |\hat{\phi}_c(k-\sigma_k)|^2} \right) e(k-\sigma_k+1) \right| \\
&\leqslant \left| 1 - \frac{\rho \phi_c(k) \hat{\phi}_c(k-\sigma_k)}{\lambda + |\hat{\phi}_c(k-\sigma_k)|^2} \right| |e(k-\sigma_k+1)|,
\end{aligned}
$$

上式意味着系统的跟踪误差渐近收敛到零.

注 4.7　未知参数 $\phi_c(k)$ 是一个慢时变参数,所以,不能用针对时不变参数的投影算法或最小二乘算法来估计.由定理 4.1 的证明过程可知,任何能保证估计参数有界的时变参数估计算法都可以用来估计系统的 PPD,如方差重置最小二乘算法,方差修正最小二乘算法,带有 Kalman 滤波的时变参数估计算法,改进的投影算法[23,24,126],带有时变遗忘因子的最小二乘算法[76,161]等.

引理 4.1　$\hat{\phi}_c(k)$ 与 $\phi_c(k)$ 同号(即 $\hat{\phi}_c(k)\phi_c(k)>0$)的充分条件是 $|\tilde{\phi}_c(k)|\leqslant|\phi_c(k)|$.

上述引理的证明是显然的.

引理 4.2　如果在除了有限多个 k 时刻以外,有 $\sup_k|\Delta\phi_c(k)|\leqslant\alpha|\phi_c(k)|$,$0<\alpha<1$ 成立,那么当 $|\Delta u(k-1)|\neq0$,且适当选取 η 和 μ 时,由参数估计算法

$$\hat{\phi}_c(k)=\hat{\phi}_c(k-1)+\frac{\eta\Delta u(k-1)}{\mu+|\Delta u(k-1)|^2}(\Delta y(k)-\hat{\phi}_c(k-1)\Delta u(k-1)),$$

得到的 $\hat{\phi}_c(k)$ 与 $\phi_c(k)$ 同号,即 $\hat{\phi}_c(k)\phi_c(k)>0$.

证明　由式(4.11)得

$$|\tilde{\phi}_c(k)|\leqslant\left|\left(1-\frac{\eta|\Delta u(k-1)|^2}{\mu+|\Delta u(k-1)|^2}\right)\right||\tilde{\phi}_c(k-1)|+|\phi_c(k-1)-\phi_c(k)|.$$

由于 $0<\eta<1$ 且 $\mu>0$,总可以找到一个常数 d 使得

$$0<1-\frac{\eta|\Delta u(k-1)|^2}{\mu+|\Delta u(k-1)|^2}\leqslant d<1,$$

上式意味着

$$|\tilde{\phi}_c(k)|\leqslant d|\tilde{\phi}_c(k-1)|+|\Delta\phi_c(k)|$$

$$\leqslant d^2|\tilde{\phi}_c(k-2)|+d|\Delta\phi_c(k-1)|+|\Delta\phi_c(k)|$$

$$\leqslant\cdots\leqslant d^{k-1}|\tilde{\phi}_c(1)|+\frac{\sup_k|\Delta\phi_c(k)|}{1-d}.$$

利用条件 $\sup_k|\Delta\phi_c(k)|\leqslant\alpha|\phi_c(k)|$,由上式可得

$$|\tilde{\phi}_c(k)|\leqslant d^{k-1}|\tilde{\phi}_c(1)|+\frac{\alpha|\phi_c(k)|}{1-d}.$$

则当 k 充分大且有 $\alpha\leqslant1-d$ 时,由引理 4.1 可得结论 $\hat{\phi}_c(k)\phi_c(k)>0$ 成立.■

定理 4.2　针对非线性系统(4.1),在假设 3.1,假设 3.2,假设 4.1 和引理 4.1 或引理 4.2 的条件满足的情况下,当 $y^*(k+1)=y^*=$ const 时,采用 CFDL-MFAC 方案(4.7)~(4.9),则存在一个正数 $\lambda_{\min}>0$,使得当 $\lambda>\lambda_{\min}$ 时,有

(1) 系统输出跟踪误差是单调收敛的,且 $\lim_{k\to\infty}|y^*-y(k+1)|=0$.

(2) 闭环系统是 BIBO 稳定的,即输出序列 $\{y(k)\}$ 和输入序列 $\{u(k)\}$ 是有界的.

证明　利用引理 4.1,引理 4.2,可立得定理的结论.

本节所提的 CFDL-MFAC 控制方案与基于模型的自适应控制之间的不同点主要体现在以下三个方面.

(1) 针对的被控对象不同. MFAC 方法的研究对象是一类未知非线性系统;而传统自适应控制方法的研究对象是时不变或慢时变系统,且要求系统的模型结构和阶数已知.

(2) 控制器的设计思路不同. MFAC 方法通过动态线性化技术将闭环系统在每一个工作点附近等价地转化为增量形式的时变线性化数据模型,此数据模型是虚拟存在的,仅应用于控制器设计,然后基于此虚拟的动态线性化数据模型,再采用一步向前自适应控制方法设计控制方案,其估计器和控制器的设计都不需要被控对象的模型结构信息;而传统自适应控制方法首先要建立受控系统的机理模型或者辨识模型,再根据确定等价原则,基于所获取的数学模型设计自适应控制器.

(3) 分析系统稳定性的方法不同. MFAC 方法采用的是基于 I/O 数据驱动的压缩映射的方法;而基于模型的自适应控制方法多采用关键技术引理或基于 Lyapunov 函数的方法.

进一步,与鲁棒自适应控制、神经网络自适应控制相比,MFAC 方法还具有自身的优势.

鲁棒自适应控制针对含有参数化不确定性或不确定性上界已知的系统,在有界扰动及未建模动态的影响下,通过设计鲁棒自适应控制器保证被控系统的输入和输出有界,这种控制器的设计依赖于受控系统标称模型的结构及精确性. MFAC 控制器的设计只依赖于等价时变线性化数据模型,没有显含或隐含地使用系统模型,也不包含系统的未建模动态,因此传统的未建模动态问题不会影响 MFAC 方案的控制效果. 基于这些认识,可以说 MFAC 方法应该具有比基于模型的控制方法更强的鲁棒性. 值得指出的是 MFAC 方法不仅简单实用,而且可以保证闭环系统的 BIBO 稳定性和输出跟踪误差的单调收敛性.

针对未知的非线性系统,神经网络已被成功应用于设计自适应控制器. 某些自适应神经网络控制器也可以保证系统的稳定性;但即使是直接利用神经元网络逼近控制器的数据驱动控制方法中,其神经元网络控制器的设计也需要已知受控系统的一些先验知识,如系统的阶数,并需要训练过程,且计算量较大. 相对而言,MFAC 方法则不需要任何关于非线性系统的先验知识,无需训练过程,计算量小.

4.2.3　仿真研究

通过如下三个不同的 SISO 离散时间非线性系统的数值仿真验证 CFDL-MFAC 方案的正确性和有效性. 值得指出的是,控制方案中没有用到系统的任何模型信息,包括系统结构的线性或非线性特征、系统阶数以及相对度等. 下面三个例子中给出的系统模型仅是为了产生系统的 I/O 数据,并不参与控制器的设计.

　　三个仿真数例中,受控系统的初始条件及采用的 CFDL-MFAC 控制方案均相同. 系统初始条件设置为 $u(1)=u(2)=0$;$y(1)=-1,y(2)=1$ 及 $\hat{\phi}_c(1)=2$;CFDL-MFAC 方案(4.7)~(4.9)中的步长因子选取为 $\rho=0.6,\eta=1$;ε 设置为 10^{-5}.

例 4.1　非线性系统

$$y(k+1)=\begin{cases} \dfrac{y(k)}{1+y^2(k)}+u^3(k), & k\leqslant500 \\[3mm] \dfrac{y(k)y(k-1)y(k-2)u(k-1)(y(k-2)-1)+a(k)u(k)}{1+y^2(k-1)+y^2(k-2)}, & k>500, \end{cases}$$

该非线性系统由两个子系统串联组成. 两个子系统均取自文献[162],在文献中,它们都是采用神经网络方法分别进行控制的. 值得指出的是,在文献[162]中原本没有时变参数 $a(k)=\text{round}(k/500)$. 显然,该被控系统的结构、参数和阶数都是时变的.

　　期望输出信号为

$$y^*(k+1)=\begin{cases} 0.5\times(-1)^{\text{round}(k/500)}, & k\leqslant300 \\ 0.5\sin(k\pi/100)+0.3\cos(k\pi/50), & 300<k\leqslant700 \\ 0.5\times(-1)^{\text{round}(k/500)}, & k>700. \end{cases}$$

　　仿真结果如图 4.1 所示. 可以看出,当权重因子选为 $\lambda=2$ 及 $\mu=1$ 时,利用 CFDL-MFAC 方案可以得到满意的控制效果. 而当权重因子选为 $\lambda=0.1$ 及 $\mu=1$ 时,其闭环反应将变得更快,但其超调也相应地变得更大. 其次,从仿真结果可以看出,即使是在系统参数和结构发生变化的时刻,其跟踪效果和 PPD 的估计值也未受影响. 另外,从图 4.1(c)可以看出,PPD 是一个慢时变的有界参数,其动力学行为与闭环系统工作点、控制输入信号以及系统本身的动力学等因素有关.

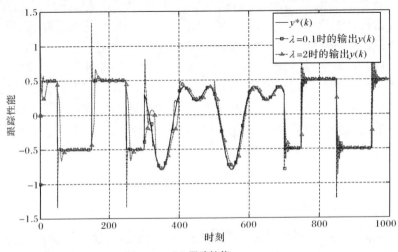

(a) 跟踪性能

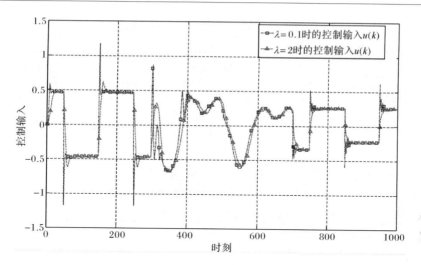

（b）控制输入

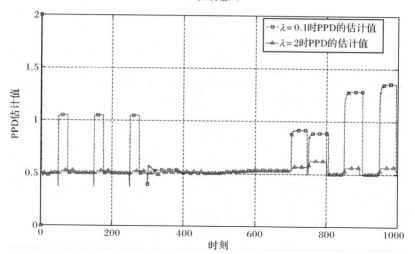

（c）PPD 估计值 $\hat{\phi}_c(k)$

图 4.1　例 4.1 的仿真结果

例 4.2　非线性系统

$$y(k+1)=\begin{cases}\dfrac{5y(k)y(k-1)}{1+y^2(k)+y^2(k-1)+y^2(k-2)}+u(k)+1.1u(k-1),\qquad k\leqslant 500\\[3mm]\dfrac{2.5y(k)y(k-1)}{1+y^2(k)+y^2(k-1)}+1.2u(k)+1.4u(k-1)\\[2mm]\quad+0.7\sin(0.5(y(k)+y(k-1)))\cos(0.5(y(k)+y(k-1))),\quad k>500.\end{cases}$$

该系统是由两个非线性子系统串联连接的,两个子系统分别选自文献[162]、

[163].值得指出的是,第一个子系统是非线性、非最小相位的,应用常规的神经网络方法控制效果不好[162];第二个子系统在原系统[163]的基础上加入了 $1.4u(k-1)$ 项,也是一个非最小相位的非线性系统.明显地,整个系统是一个结构、阶数均时变的非最小相位系统.

期望输出信号为

$$y^*(k+1)=\begin{cases}5\sin(k\pi/50)+2\cos(k\pi/100), & k\leqslant300\\ 5(-1)^{\mathrm{round}(k/100)}, & 300<k\leqslant700\\ 5\sin(k\pi/50)+2\cos(k\pi/100), & k>700.\end{cases}$$

采用 CFDL-MFAC 方案的仿真结果如图 4.2 所示.主要仿真结论类似于例 4.1.另外,在系统结构发生变化的时刻第 500 步时,系统跟踪曲线仅有一个小的尖刺,相应的控制输入和 PPD 估计值略有微小变化.

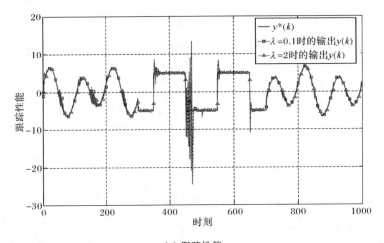

（a）跟踪性能

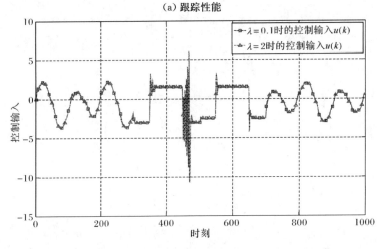

（b）控制输入

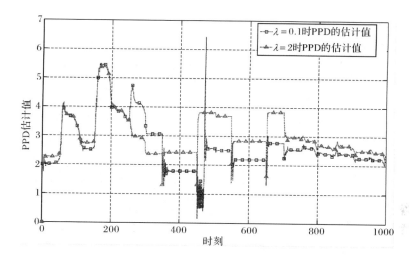

(c) PPD 的估计值 $\hat{\phi}_c(k)$

图 4.2　例 4.2 的仿真结果

例 4.3　线性系统

$$y(k+1)=1.5y(k)-0.7y(k-1)+0.1\times\begin{cases}u(k)+b(k)u(k-1), & 1\leqslant k\leqslant200\\u(k-2)+b(k)u(k-3), & 200<k\leqslant400\\u(k-4)+b(k)u(k-5), & 400<k\leqslant600\\u(k-6)+b(k)u(k-7), & 600<k\leqslant800\\u(k-8)+b(k)u(k-9), & 800<k\leqslant1000,\end{cases}$$

其中,$b(k)=0.1+0.1\text{round}(k/100)$ 是一个时变参数. 明显地,此系统是一个参数、时滞均时变的线性系统.

期望输出信号为

$$y^*(k+1)=0.5+0.5\times0.1^{\text{round}(k/200)}.$$

采用 CFDL-MFAC 方案的仿真结果如图 4.3 所示.

从图 4.3 的仿真结果可以看出,当权重因子选为 $\lambda=15$ 及 $\mu=1$ 时,应用 CFDL-MFAC 方案可以得到满意的控制效果;而当权重因子选为 $\lambda=2$ 及 $\mu=1$ 时,其闭环反应将变得更快,但其超调也相应地变得更大. 此数例仿真演示了 CFDL-MFAC 方案对时滞变化和参数变化的鲁棒性.

通过上述三个数值仿真的结果,可以看出 CFDL-MFAC 方案具有如下优点.

首先,对很大一类结构、参数、时滞、相位以及其他特性迥异的非线性被控对象,采用相同的 CFDL-MFAC 方案、相同的初值设置,都能得到良好的控制效果,这是传统的自适应控制很难做到的. 仿真也说明 CFDL-MFAC 方案对于受控系统的各种变化具有很强的自适应性和鲁棒性.

　　其次,闭环响应速度和超调量可通过选取适当的权重因子来折中.不同的 λ 取值,可以得到不同的系统动态. λ 越小,系统的响应速度越快,同时其超调量将会变得越大;相反地,系统响应速度变慢,超调量变小.但是,如果选取 $\lambda=0$,在多数情况下,闭环系统将产生振荡,甚至失稳.

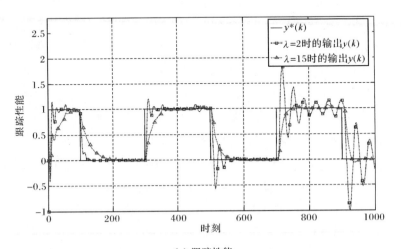

(a) 跟踪性能

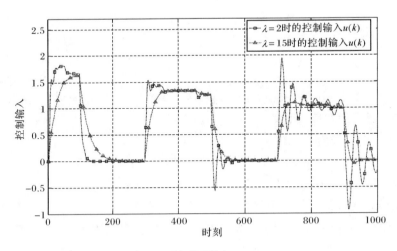

(b) 控制输入

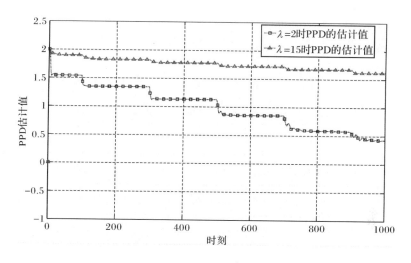

(c) PPD 的估计值 $\hat{\phi}_c(k)$

图 4.3　例 4.3 的仿真结果

再次, 系统的 PPD 参数的变化较为简单, 是一个慢时变的有界标量参数, 它与系统本身动力学特征、闭环系统工作点、控制输入信号等因素有关. 尽管系统本身结构、阶数、时滞、参数等时变, 但 PPD 参数的输出行为变化不明显。

最后, CFDL-MFAC 方案的结构简单, 仅有一个标量参数需要调整, 可调参数少, 计算量小, 易于实现.

4.3　基于偏格式动态线性化的无模型自适应控制

4.3.1　控制系统设计

第 3.2.2 节已经提到 CFDL 数据模型中 PPD $\phi_c(k)$ 行为在处理较为复杂的非线性系统的控制问题时可能会很复杂, 在这种情况下如果将 CFDL-MFAC 方案应用于实际系统中, 需要设计更为有效的时变参数估计算法来估计 PPD 的变化才可能获得较好的控制效果. 事实上, 当系统在 $k+1$ 时刻的输出变化量对 k 时刻一个固定长度滑动时间窗口内的某些输入变化量很敏感时, 如果在控制器设计中对这些敏感的因素不予以考虑, 就有可能导致闭环系统失稳. 基于以上考虑, 本节将从第 3.2.2 节的 PFDL 数据模型出发, 给出 PFDL-MFAC 控制系统方案设计及其稳定性分析. 该方法在控制器设计中将提供比 CFDL-MFAC 更多的可调自由度和更大的设计灵活度以解决上述问题.

　　由定理 3. 3 可知,当非线性系统(4. 1)满足假设 3. 3 和假设 3. 4,且 $\parallel \Delta \boldsymbol{U}_L(k) \parallel \neq 0$时,其 PFDL 数据模型可表示为

$$\Delta y(k+1) = \boldsymbol{\phi}_{p,L}^{\mathrm{T}}(k) \Delta \boldsymbol{U}_L(k), \tag{4.21}$$

其中,$\boldsymbol{\phi}_{p,L}(k) = [\phi_1(k), \cdots, \phi_L(k)]^{\mathrm{T}} \in \mathbf{R}^L$ 为未知但有界的 PG;$\Delta \boldsymbol{U}_L(k) = [\Delta u(k), \cdots, \Delta u(k-L+1)]^{\mathrm{T}}$;$L$ 是控制输入线性化长度常数.

1. 控制算法

考虑如下控制输入准则函数

$$J(u(k)) = |y^*(k+1) - y(k+1)|^2 + \lambda |u(k) - u(k-1)|^2, \tag{4.22}$$

其中,$\lambda > 0$ 是一个权重因子.

将式(4.21)代入准则函数(4.22)中,对 $u(k)$ 求导,并令其等于零,得

$$u(k) = u(k-1) + \frac{\rho_1 \phi_1(k)(y^*(k+1) - y(k))}{\lambda + |\phi_1(k)|^2} - \frac{\phi_1(k) \sum_{i=2}^{L} \rho_i \phi_i(k) \Delta u(k-i+1)}{\lambda + |\phi_1(k)|^2},$$

$$\tag{4.23}$$

其中,步长因子 $\rho_i \in (0,1]$,$(i=1,2,\cdots,L)$的引入是为了使控制算法设计具有更大的灵活性.

2. PG 估计算法

类似于第 4.2.1 小节的分析,提出如下关于 PG 的估计准则函数

$$J(\boldsymbol{\phi}_{p,L}(k)) = |y(k) - y(k-1) - \boldsymbol{\phi}_{p,L}^{\mathrm{T}}(k) \Delta \boldsymbol{U}_L(k-1)|^2 + \mu \parallel \boldsymbol{\phi}_{p,L}(k) - \hat{\boldsymbol{\phi}}_{p,L}(k-1) \parallel^2, \tag{4.24}$$

其中,$\mu > 0$ 是权重因子.

引理 4.3[131]　(矩阵求逆引理)$\boldsymbol{A}, \boldsymbol{B}, \boldsymbol{C}, \boldsymbol{D}$ 是适当维数的矩阵,如果 $\boldsymbol{A}, \boldsymbol{C}$ 和 $\boldsymbol{D}\boldsymbol{A}^{-1}\boldsymbol{B} + \boldsymbol{C}^{-1}$的逆存在,那么

$$[\boldsymbol{A} + \boldsymbol{B}\boldsymbol{C}\boldsymbol{D}]^{-1} = \boldsymbol{A}^{-1} - \boldsymbol{A}^{-1}\boldsymbol{B}[\boldsymbol{D}\boldsymbol{A}^{-1}\boldsymbol{B} + \boldsymbol{C}^{-1}]^{-1}\boldsymbol{D}\boldsymbol{A}^{-1}.$$

根据最优条件,对(4.24)关于 $\boldsymbol{\phi}_{p,L}(k)$ 求极值,并利用矩阵求逆引理,可得 PG 的估计算法为

$$\hat{\boldsymbol{\phi}}_{p,L}(k) = \hat{\boldsymbol{\phi}}_{p,L}(k-1) + \frac{\eta \Delta \boldsymbol{U}_L(k-1)(y(k) - y(k-1) - \hat{\boldsymbol{\phi}}_{p,L}^{\mathrm{T}}(k-1) \Delta \boldsymbol{U}_L(k-1))}{\mu + \parallel \Delta \boldsymbol{U}_L(k-1) \parallel^2},$$

$$\tag{4.25}$$

其中,步长因子 $\eta \in (0,2]$是为了使控制算法设计具有更大的灵活性;$\hat{\boldsymbol{\phi}}_{p,L}(k)$为未知 PG $\boldsymbol{\phi}_{p,L}(k)$的估计值.

相对于 CFDL-MFAC 中的纯量参数 PPD $\phi_c(k)$，PFDL 数据模型中的未知参数 $\boldsymbol{\phi}_{p,L}(k)$ 是一个 L 维的时变向量. 因此, 可以更容易地通过设计时变参数估计算法分散捕获系统的复杂动态行为. 事实上, 很多时变参数估计算法都可用来估计未知的参数向量 $\boldsymbol{\phi}_{p,L}(k)$, 如改进的投影算法[23,24,126], 带有时变遗忘因子的最小二乘算法[76,161] 等.

3. 控制方案

综合前面给出的 PG 估计算法(4.25)及控制算法(4.23), 可以给出 PFDL-MFAC 方案如下

$$
\hat{\boldsymbol{\phi}}_{p,L}(k)=\hat{\boldsymbol{\phi}}_{p,L}(k-1)+\frac{\eta\Delta\boldsymbol{U}_L(k-1)(y(k)-y(k-1)-\hat{\boldsymbol{\phi}}_{p,L}^{\mathrm{T}}(k-1)\Delta\boldsymbol{U}_L(k-1))}{\mu+\parallel\Delta\boldsymbol{U}_L(k-1)\parallel^2},
$$
$$
(4.26)
$$

$$
\hat{\boldsymbol{\phi}}_{p,L}(k)=\hat{\boldsymbol{\phi}}_{p,L}(1),\quad\text{如果} \parallel\hat{\boldsymbol{\phi}}_{p,L}(k)\parallel\leqslant\varepsilon \text{ 或 } \parallel\Delta\boldsymbol{U}_L(k-1)\parallel\leqslant\varepsilon \text{ 或}
$$
$$
\mathrm{sign}(\hat{\phi}_1(k))\neq\mathrm{sign}(\hat{\phi}_1(1)), \qquad (4.27)
$$

$$
u(k)=u(k-1)+\frac{\rho_1\hat{\phi}_1(k)(y^*(k+1)-y(k))}{\lambda+|\hat{\phi}_1(k)|^2}-\frac{\hat{\phi}_1(k)\sum\limits_{i=2}^{L}\rho_i\hat{\phi}_i(k)\Delta u(k-i+1)}{\lambda+|\hat{\phi}_1(k)|^2},
$$
$$
(4.28)
$$

其中, $\lambda>0, \mu>0, \eta\in(0,2], \rho_i\in(0,1], i=1,2,\cdots,L; \varepsilon$ 为一个小正数; $\hat{\boldsymbol{\phi}}_{p,L}(1)$ 为 $\hat{\boldsymbol{\phi}}_{p,L}(k)$ 的初始值. 式(4.27)是加入的重置算法, 目的是使控制方案中的 PG 估计算法具有更强的跟踪时变参数的能力.

注 4.8　PFDL-MFAC 方案中需要在线调整的是一个 L 维的向量, 即系统 PG 的估计值 $\hat{\boldsymbol{\phi}}_{p,L}(k)$, 并且控制输入线性化长度常数 L 可人为选择. 大量的仿真和实验表明, 在 n_y 和 n_u 未知的情况下, L 可设定为从 1 到 n_y+n_u 的估计值以内的任一整数. 从应用角度出发, 对于简单的系统, L 可以设为 1; 对于复杂的系统, L 可选择大一些的值. 当 $L=1$ 时, PFDL-MFAC 方案(4.26)~(4.28)变为4.2.1小节提出的 CFDL-MFAC 方案(4.7)~(4.9). 相比而言, 由于更多步长因子 ρ_1, $\rho_2,\cdots,\rho_L$ 的引入, PFDL-MFAC 方案具有更多的可调自由度以及更强的设计灵活性.

4.3.2　稳定性分析

为了严格证明稳定性, 进一步给出如下假设和引理.

假设 4.3　对于任意的 k 及 $\|\Delta U_L(k)\|\neq 0$，系统 PG$\boldsymbol{\phi}_{p,L}(k)$ 中的第一个元素的符号保持不变，即满足 $\phi_1(k)>\underline{\varepsilon}>0$，或 $\phi_1(k)<-\underline{\varepsilon}$.

不失一般性，本书只讨论 $\phi_1(k)>\underline{\varepsilon}$ 的情形.

引理 4.4[164]　令

$$\boldsymbol{A}=\begin{bmatrix} a_1 & a_2 & \cdots & a_{L-1} & a_L \\ 1 & 0 & \cdots & 0 & 0 \\ 0 & 1 & \cdots & 0 & 0 \\ \vdots & \vdots & \vdots & \vdots & \vdots \\ 0 & 0 & \cdots & 1 & 0 \end{bmatrix},$$

若 $\sum\limits_{i=1}^{L}|a_i|<1$，则 $s(\boldsymbol{A})<1$，其中，$s(\cdot)$ 为谱半径.

定理 4.3　针对非线性系统(4.1)，在假设 3.3、假设 3.4、假设 4.1、假设 4.3 满足的条件下，当 $y^*(k+1)=y^*=\text{const}$ 时，采用 PFDL-MFAC 方案(4.26)～(4.28)，则存在一个正数 $\lambda_{\min}$，使得当 $\lambda>\lambda_{\min}$ 时有

(1) 系统输出跟踪误差是渐近收敛的，且 $\lim\limits_{k\to\infty}|y^*-y(k+1)|=0$.

(2) 闭环系统是 BIBO 稳定的，即输出序列 $\{y(k)\}$ 和输入序列 $\{u(k)\}$ 是有界的.

证明　该定理的证明分为两步. 第一步证明 PG 估计值的有界性，第二步证明跟踪误差的收敛性和系统的 BIBO 稳定性.

(1) 第一步. 如果满足条件 $\|\hat{\boldsymbol{\phi}}_{p,L}(k)\|\leqslant\varepsilon$ 或 $\|\Delta U_L(k-1)\|\leqslant\varepsilon$ 或 $\text{sign}(\hat{\phi}_1(k))\neq\text{sign}(\hat{\phi}_1(1))$，则 $\hat{\boldsymbol{\phi}}_{p,L}(k)$ 明显是有界的.

在其他情形下，定义 $\tilde{\boldsymbol{\phi}}_{p,L}(k)=\hat{\boldsymbol{\phi}}_{p,L}(k)-\boldsymbol{\phi}_{p,L}(k)$ 为估计误差，在算法(4.26)两边同时减去 $\boldsymbol{\phi}_{p,L}(k)$，得

$$\tilde{\boldsymbol{\phi}}_{p,L}(k)=\left[\boldsymbol{I}-\frac{\eta\Delta U_L(k-1)\Delta U_L^{\mathrm{T}}(k-1)}{\mu+\|\Delta U_L(k-1)\|^2}\right]\tilde{\boldsymbol{\phi}}_{p,L}(k-1)+\boldsymbol{\phi}_{p,L}(k-1)-\boldsymbol{\phi}_{p,L}(k),$$

$$\tag{4.29}$$

其中，$\boldsymbol{I}$ 为相应维数的单位阵.

由定理 3.3 可知，$\|\boldsymbol{\phi}_{p,L}(k)\|$ 是有界的，假设其上界为 $\bar{b}$. 在式(4.29)两端取范数，得

$$\|\tilde{\boldsymbol{\phi}}_{p,L}(k)\|\leqslant\left\|\left[\boldsymbol{I}-\frac{\eta\Delta U_L(k-1)\Delta U_L^{\mathrm{T}}(k-1)}{\mu+\|\Delta U_L(k-1)\|^2}\right]\tilde{\boldsymbol{\phi}}_{p,L}(k-1)\right\|$$
$$+\|\boldsymbol{\phi}_{p,L}(k-1)-\boldsymbol{\phi}_{p,L}(k)\|$$

$$\leqslant \left\| \left(\boldsymbol{I} - \frac{\eta \Delta \boldsymbol{U}_L(k-1) \Delta \boldsymbol{U}_L^{\mathrm{T}}(k-1)}{\mu + \| \Delta \boldsymbol{U}_L(k-1) \|^2} \right) \tilde{\boldsymbol{\phi}}_{p,L}(k-1) \right\| + 2\bar{b}. \tag{4.30}$$

式(4.30)右端第一项取平方可得

$$\left\| \left(\boldsymbol{I} - \frac{\eta \Delta \boldsymbol{U}_L(k-1) \Delta \boldsymbol{U}_L^{\mathrm{T}}(k-1)}{\mu + \| \Delta \boldsymbol{U}_L(k-1) \|^2} \right) \tilde{\boldsymbol{\phi}}_{p,L}(k-1) \right\|^2$$

$$\leqslant \| \tilde{\boldsymbol{\phi}}_{p,L}(k-1) \|^2 + \left(-2 + \frac{\eta \| \Delta \boldsymbol{U}_L(k-1) \|^2}{\mu + \| \Delta \boldsymbol{U}_L(k-1) \|^2} \right)$$

$$\times \frac{\eta (\tilde{\boldsymbol{\phi}}_{p,L}^{\mathrm{T}}(k-1) \Delta \boldsymbol{U}_L(k-1))^2}{\mu + \| \Delta \boldsymbol{U}_L(k-1) \|^2}. \tag{4.31}$$

由于 $0 < \eta \leqslant 2$ 和 $\mu > 0$,则下面不等式成立

$$-2 + \frac{\eta \| \Delta \boldsymbol{U}_L(k-1) \|^2}{\mu + \| \Delta \boldsymbol{U}_L(k-1) \|^2} < 0. \tag{4.32}$$

结合式(4.31)和式(4.32),得

$$\left\| \left(\boldsymbol{I} - \frac{\eta \Delta \boldsymbol{U}_L(k-1) \Delta \boldsymbol{U}_L^{\mathrm{T}}(k-1)}{\mu + \| \Delta \boldsymbol{U}_L(k-1) \|^2} \right) \tilde{\boldsymbol{\phi}}_{p,L}(k-1) \right\|^2 < \| \tilde{\boldsymbol{\phi}}_{p,L}(k-1) \|^2, \tag{4.33}$$

这意味着存在常数 $0 < d_1 < 1$,使得下式成立

$$\left\| \left(\boldsymbol{I} - \frac{\eta \Delta \boldsymbol{U}_L(k-1) \Delta \boldsymbol{U}_L^{\mathrm{T}}(k-1)}{\mu + \| \Delta \boldsymbol{U}_L(k-1) \|^2} \right) \tilde{\boldsymbol{\phi}}_{p,L}(k-1) \right\| \leqslant d_1 \| \tilde{\boldsymbol{\phi}}_{p,L}(k-1) \|, \tag{4.34}$$

此处只需要说明 d_1 的存在性,而无需给出它的真实值.

将式(4.34)代入式(4.30),得

$$\| \tilde{\boldsymbol{\phi}}_{p,L}(k) \| \leqslant d_1 \| \tilde{\boldsymbol{\phi}}_{p,L}(k-1) \| + 2\bar{b}$$

$$\leqslant d_1^2 \| \tilde{\boldsymbol{\phi}}_{p,L}(k-2) \| + 2d_1\bar{b} + 2\bar{b}$$

$$\leqslant \cdots \leqslant d_1^{k-1} \| \tilde{\boldsymbol{\phi}}_{p,L}(1) \| + \frac{2\bar{b}(1 - d_1^{k-1})}{1 - d_1}, \tag{4.35}$$

式(4.35)意味着 $\tilde{\boldsymbol{\phi}}_{p,L}(k)$ 是有界的. 由于定理 3.3 已说明 $\boldsymbol{\phi}_{p,L}(k)$ 的有界性,故 $\hat{\boldsymbol{\phi}}_{p,L}(k)$ 也是有界的.

(2) 第二步. 由于 $\boldsymbol{\phi}_{p,L}(k)$ 和 $\hat{\boldsymbol{\phi}}_{p,L}(k)$ 都是有界的,因此存在有界常数 $M_2, M_3,$ M_4 以及 $\lambda_{\min} > 0$,使得,当 $\lambda > \lambda_{\min}$ 时,满足

$$\left| \frac{\hat{\phi}_1(k)}{\lambda + |\hat{\phi}_1(k)|^2} \right| \leqslant \left| \frac{\hat{\phi}_1(k)}{2\sqrt{\lambda} |\hat{\phi}_1(k)|} \right| < \frac{1}{2\sqrt{\lambda_{\min}}} \triangleq M_1 < \frac{0.5}{\bar{b}}, \tag{4.36}$$

$$0 < M_2 \leqslant \left| \frac{\hat{\phi}_1(k)\hat{\phi}_i(k)}{\lambda + |\hat{\phi}_1(k)|^2} \right| \leqslant \bar{b} \left| \frac{\hat{\phi}_1(k)}{2\sqrt{\lambda}|\hat{\phi}_1(k)|} \right| < \frac{\bar{b}}{2\sqrt{\lambda_{\min}}} < 0.5, \quad (4.37)$$

$$M_1 \|\boldsymbol{\phi}_{p,L}(k)\|_v \leqslant M_3 < 0.5, \quad (4.38)$$

$$M_2 + M_3 < 1, \quad (4.39)$$

$$\left[\sum_{i=2}^{L} \left| \frac{\hat{\phi}_1(k)\hat{\phi}_i(k)}{\lambda + |\hat{\phi}_1(k)|^2} \right| \right]^{\frac{1}{L-1}} \leqslant M_4. \quad (4.40)$$

选择 $\max\limits_{i=2,\cdots,L} \rho_i$ 使得

$$\sum_{i=2}^{L} \rho_i \left| \frac{\hat{\phi}_1(k)\hat{\phi}_i(k)}{\lambda + |\hat{\phi}_1(k)|^2} \right| \leqslant \left(\max\limits_{i=2,\cdots,L} \rho_i \right) \sum_{i=2}^{L} \left| \frac{\hat{\phi}_1(k)\hat{\phi}_i(k)}{\lambda + |\hat{\phi}_1(k)|^2} \right|$$

$$\leqslant \left(\max\limits_{i=2,\cdots,L} \rho_i \right) M_4^{L-1} \triangleq M_5 < 1. \quad (4.41)$$

定义跟踪误差为

$$e(k) = y^* - y(k). \quad (4.42)$$

令

$$\boldsymbol{A}(k) = \begin{bmatrix} -\dfrac{\rho_2 \hat{\phi}_1(k)\hat{\phi}_2(k)}{\lambda + |\hat{\phi}_1(k)|^2} & -\dfrac{\rho_3 \hat{\phi}_1(k)\hat{\phi}_3(k)}{\lambda + |\hat{\phi}_1(k)|^2} & \cdots & -\dfrac{\rho_L \hat{\phi}_1(k)\hat{\phi}_L(k)}{\lambda + |\hat{\phi}_1(k)|^2} & 0 \\ 1 & 0 & \cdots & 0 & 0 \\ 0 & 1 & \cdots & 0 & 0 \\ \vdots & \vdots & \vdots & \vdots & \vdots \\ 0 & 0 & \cdots & 1 & 0 \end{bmatrix}_{L \times L},$$

$$\Delta \boldsymbol{U}_L(k) = [\Delta u(k), \cdots, \Delta u(k-L+1)]^{\mathrm{T}},$$

$$\boldsymbol{C} = [1, 0, \cdots, 0]^{\mathrm{T}} \in \mathbf{R}^L.$$

则控制算法(4.28)可表示为

$$\Delta \boldsymbol{U}_L(k) = [\Delta u(k), \cdots, \Delta u(k-L+1)]^{\mathrm{T}}$$

$$= \boldsymbol{A}(k)[\Delta u(k-1), \cdots, \Delta u(k-L)]^{\mathrm{T}} + \frac{\rho_1 \hat{\phi}_1(k)}{\lambda + |\hat{\phi}_1(k)|^2} \boldsymbol{C} e(k)$$

$$= \boldsymbol{A}(k)\Delta \boldsymbol{U}_L(k-1) + \frac{\rho_1 \hat{\phi}_1(k)}{\lambda + |\hat{\phi}_1(k)|^2} \boldsymbol{C} e(k). \quad (4.43)$$

$\boldsymbol{A}(k)$ 的特征方程为

$$z^L + \frac{\rho_2 \hat{\phi}_1(k)\hat{\phi}_2(k)}{\lambda + |\hat{\phi}_1(k)|^2} z^{L-1} + \cdots + \frac{\rho_L \hat{\phi}_1(k)\hat{\phi}_L(k)}{\lambda + |\hat{\phi}_1(k)|^2} z = 0. \tag{4.44}$$

根据式(4.41)和引理 4.4,有 $|z| < 1$. 因此,如下不等式成立

$$|z|^{L-1} \leqslant \sum_{i=2}^{L} \rho_i \left| \frac{\hat{\phi}_1(k)\hat{\phi}_i(k)}{\lambda + |\hat{\phi}_1(k)|^2} \right| |z|^{L-i} \leqslant \sum_{i=2}^{L} \rho_i \left| \frac{\hat{\phi}_1(k)\hat{\phi}_i(k)}{\lambda + |\hat{\phi}_1(k)|^2} \right| \leqslant \left(\max_{i=2,\cdots,L} \rho_i \right) M_4^{L-1} < 1, \tag{4.45}$$

式(4.45)意味着 $|z| \leqslant \left(\max\limits_{i=2,\cdots,L} \rho_i \right)^{1/(L-1)} M_4 < 1$. 在此基础上,总存在一个任意小的
正数 ε_1 满足

$$\| \boldsymbol{A}(k) \|_v \leqslant s(\boldsymbol{A}(k)) + \varepsilon_1 \leqslant \left(\max_{i=2,\cdots,L} \rho_i \right)^{\frac{1}{L-1}} M_4 + \varepsilon_1 < 1, \tag{4.46}$$

其中, $\| \boldsymbol{A}(k) \|_v$ 为 $\boldsymbol{A}(k)$ 的相容矩阵范数.

令 $d_2 = \left(\max\limits_{i=2,\cdots,L} \rho_i \right)^{1/(L-1)} M_4 + \varepsilon_1$. 根据 $\boldsymbol{U}_L(k), k \leqslant 0$ 的定义有 $\| \Delta \boldsymbol{U}_L(0) \|_v = 0$,则对式(4.43)两边取范数,得

$$\begin{aligned} \| \Delta \boldsymbol{U}_L(k) \|_v &\leqslant \| \boldsymbol{A}(k) \|_v \| \Delta \boldsymbol{U}_L(k-1) \|_v + \rho_1 \left| \frac{\hat{\phi}_1(k)}{\lambda + |\hat{\phi}_1(k)|^2} \right| |e(k)| \\ &< d_2 \| \Delta \boldsymbol{U}(k-1) \|_v + \rho_1 M_1 |e(k)| \\ &\vdots \\ &= \rho_1 M_1 \sum_{i=1}^{k} d_2^{k-i} |e(i)|. \end{aligned} \tag{4.47}$$

把 PFDL 数据模型(4.21)和控制算法(4.43)代入式(4.42),有
$$e(k+1) = y^* - y(k+1) = y^* - y(k) - \boldsymbol{\phi}_{p,L}^{\mathrm{T}}(k) \Delta \boldsymbol{U}_L(k)$$

$$= e(k) - \boldsymbol{\phi}_{p,L}^{\mathrm{T}}(k) \left[\boldsymbol{A}(k) \Delta \boldsymbol{U}_L(k-1) + \rho_1 \frac{\hat{\phi}_1(k)}{\lambda + |\hat{\phi}_1(k)|^2} \boldsymbol{C} e(k) \right]$$

$$= \left[1 - \frac{\rho_1 \hat{\phi}_1(k) \phi_1(k)}{\lambda + |\hat{\phi}_1(k)|^2} \right] e(k) - \boldsymbol{\phi}_{p,L}^{\mathrm{T}}(k) \boldsymbol{A}(k) \Delta \boldsymbol{U}_L(k-1). \tag{4.48}$$

根据式(4.37),总可选择 $0 < \rho_1 \leqslant 1$,使得

$$\left| 1 - \frac{\rho_1 \hat{\phi}_1(k) \phi_1(k)}{\lambda + |\hat{\phi}_1(k)|^2} \right| = \left| 1 - \left| \frac{\rho_1 \hat{\phi}_1(k) \phi_1(k)}{\lambda + |\hat{\phi}_1(k)|^2} \right| \right| \leqslant 1 - \rho_1 M_2 < 1.$$

令 $d_3 = 1 - \rho_1 M_2$,再对式(4.48)两边取范数,得

$$|e(k+1)| \leqslant \left| \left[1 - \frac{\rho_1 \hat{\phi}_1(k)\phi_1(k)}{\lambda + |\hat{\phi}_1(k)|^2} \right] \right| |e(k)| + \|\boldsymbol{\phi}_{p,L}(k)\|_v \|\boldsymbol{A}(k)\|_v$$

$$\times \|\Delta \boldsymbol{U}_L(k-1)\|_v$$

$$< d_3 |e(k)| + d_2 \|\boldsymbol{\phi}_{p,L}(k)\|_v \|\Delta \boldsymbol{U}_L(k-1)\|_v$$

$$< \cdots < d_3^k |e(1)| + d_2 \sum_{i=1}^{k-1} d_3^{k-1-i} \|\boldsymbol{\phi}_{p,L}(i+1)\|_v \|\Delta \boldsymbol{U}_L(i)\|_v$$

$$< d_3^k |e(1)| + d_2 \sum_{i=1}^{k-1} d_3^{k-1-i} \|\boldsymbol{\phi}_{p,L}(i+1)\|_v \rho_1 M_1 \sum_{j=1}^{i} d_2^{i-j} |e(j)|.$$

$$(4.49)$$

令 $d_4 = \rho_1 M_3$，由式(4.38)和式(4.49)可得

$$|e(k+1)| < d_3^k |e(1)| + d_2 d_4 \sum_{i=1}^{k-1} d_3^{k-1-i} \sum_{j=1}^{i} d_2^{i-j} |e(j)|. \qquad (4.50)$$

记

$$g(k+1) = d_3^k |e(1)| + d_2 d_4 \sum_{i=1}^{k-1} d_3^{k-1-i} \sum_{j=1}^{i} d_2^{i-j} |e(j)|. \qquad (4.51)$$

不等式(4.50)可写为

$$|e(k+1)| < g(k+1), \quad \forall k = 1, 2, \cdots, \qquad (4.52)$$

其中，$g(2) = d_3 |e(1)|$。

显然，若 $g(k+1)$ 单调收敛到 0，则 $e(k+1)$ 亦收敛到 0。计算 $g(k+2)$ 可得

$$g(k+2)$$

$$= d_3^{k+1} |e(1)| + d_2 d_4 \sum_{i=1}^{k} d_3^{k-i} \sum_{j=1}^{i} d_2^{i-j} |e(j)|$$

$$= d_3 g(k+1) + d_4 d_2^k |e(1)| + \cdots + d_4 d_2^2 |e(k-1)| + d_4 d_2 |e(k)|$$

$$< d_3 g(k+1) + d_4 d_2^k |e(1)| + \cdots + d_4 d_2^2 |e(k-1)| + d_4 d_2 |g(k)|$$

$$= d_3 g(k+1) + h(k), \qquad (4.53)$$

其中，$h(k) \triangleq d_4 d_2^k |e(1)| + \cdots + d_4 d_2^2 |e(k-1)| + d_4 d_2 |g(k)|$。

根据式(4.39)可知，$d_3 = 1 - \rho_1 M_2 > \rho_1 (M_2 + M_3) - \rho_1 M_2 = \rho_1 M_3 = d_4$。故 $h(k)$ 应满足

$$h(k) < d_4 d_2^k |e(1)| + \cdots + d_4 d_2^2 |e(k-1)| + d_3 d_2 |g(k)|$$

$$< d_4 d_2^k |e(1)| + \cdots + d_4 d_2^2 |e(k-1)|$$

$$+ d_3 d_2 \left(d_3^{k-1} |e(1)| + d_2 d_4 \sum_{i=1}^{k-2} d_3^{k-2-i} \sum_{j=1}^{i} d_2^{i-j} |e(j)|. \right)$$

$$= d_2 \left(d_3^k |e(1)| + d_2 d_4 \sum_{i=1}^{k-1} d_3^{k-1-i} \sum_{j=1}^{i} d_2^{i-j} |e(j)| \right)$$

$$= d_2 g(k+1). \tag{4.54}$$

将式(4.54)代入式(4.53),得

$$g(k+2) < d_3 g(k+1) + h(k) < (d_3 + d_2) g(k+1). \tag{4.55}$$

选择 $0 < \rho_1 \leqslant 1, \cdots, 0 < \rho_L \leqslant 1$,使得 $0 < \max\limits_{i=2,\cdots,L} \{\rho_i\}^{1/(L-1)} M_4 < \rho_1 M_2 < 1$ 成立,则有

$$0 < 1 - \rho_1 M_2 + \max\limits_{i=2,\cdots,L} \{\rho_i\}^{\frac{1}{L-1}} M_4 < 1. \tag{4.56}$$

由于 ε_1 为一个任意小的正数,则如下不等式成立

$$d_3 + d_2 = 1 - \rho_1 M_2 + \max\limits_{i \in \{2,L\}} \{\rho_i\}^{\frac{1}{L-1}} M_4 + \varepsilon_1 < 1. \tag{4.57}$$

将式(4.57)代入式(4.55),得

$$\lim\limits_{k \to \infty} g(k+2) < \lim\limits_{k \to \infty} (d_3 + d_2) g(k+1) < \cdots < \lim\limits_{k \to \infty} (d_3 + d_2)^k g(2) = 0. \tag{4.58}$$

式(4.52)和式(4.58)意味着定理 4.3 的结论(1)成立.

由 y^* 和 $e(k)$ 的有界性,易知 $y(k)$ 也有界. 根据式(4.47),式(4.52)和式(4.58)可得

$$\begin{aligned}
\| \boldsymbol{U}_L(k) \|_v &\leqslant \sum_{i=1}^{k} \| \Delta \boldsymbol{U}_L(i) \|_v < \rho_1 M_1 \sum_{i=1}^{k} \sum_{j=1}^{i} d_2^{i-j} | e(j) | \\
&< \frac{\rho_1 M_1}{1 - d_2} (| e(1) | + \cdots + | e(k) |) \\
&< \frac{\rho_1 M_1}{1 - d_2} (e(1) + g(2) + \cdots + g(k)) \\
&< \frac{\rho_1 M_1}{1 - d_2} \left(e(1) + \frac{g(2)}{1 - d_2 - d_3} \right).
\end{aligned} \tag{4.59}$$

由式(4.59)可知定理 4.3 的结论(2)成立.

4.3.3　仿真研究

本小节通过三个不同的 SISO 离散时间非线性系统的数值仿真验证 PFDL-MFAC 方案的正确性和有效性. 值得指出的是,控制方案中没有用到受控系统的任何模型信息,包括系统结构、动力学方程、系统阶数以及相对度等。下面三个例子中给出的系统模型仅是为了产生闭环系统的 I/O 数据,并不参与控制器的设计.

三个仿真数例中,受控系统的初始条件及采用的 PFDL-MFAC 方案均相同.系统初始条件设置为 $u(1) = u(2) = \cdots = u(5) = 0$; $y(1) = y(2) = y(3) = 0$, $y(4) = 1, y(5) = y(6) = 0$. PFDL-MFAC 方案(4.26)~(4.28)中控制输入线性化长度常数、步长因子、权重因子和 PG 估计值的初值分别设定为 $L = 3$; $\rho_1 = \rho_2 = \rho_3 =$

$0.5; \eta = 0.5 \ \lambda = 0.01, \mu = 1; \hat{\boldsymbol{\phi}}_{p,L}(1) = [1,0,0]^{\mathrm{T}}. \varepsilon$ 设置为 10^{-5}.

例 4.4 非线性系统

$$y(k+1) = \begin{cases} 2.5y(k)y(k-1)/(1+y^2(k)+y^2(k-1)) \\ \quad +0.7\sin(0.5(y(k)+y(k-1))) \\ \quad +1.4u(k-1)+1.2u(k), & k \leqslant 200 \\ -0.1y(k)-0.2y(k-1)-0.3y(k-2)+0.1u(k) \\ \quad +0.02u(k-1)+0.03u(k-2), & k > 200, \end{cases}$$

其中,两个子系统分别是非最小相位的非线性系统和最小相位的线性系统. 显然,该系统的结构、阶数和相位都是时变的.

期望输出信号为 $y^*(k+1) = 5 \times (-1)^{\mathrm{round}(k/80)}$.

分别应用经典的 PID 方法和 PFDL-MFAC 方案进行仿真比较. 其中,PID 控制器为

$$u(k) = K_p \Big[e(k) + \sum_{j=0}^{k} e(j)/T_I + T_D(e(k) - e(k-1)) \Big].$$

用试凑法得到的 PID 最佳参数值分别为 $K_p = 0.15, T_I = 0.5, T_D = 0$.

仿真结果如图 4.4 所示. 可以看出,PFDL-MFAC 方案具有比 PID 方法更快的响应速度、更小的超调量和更短的调节时间. 而且 PFDL-MFAC 方案的参数比 PID 方法的参数少,整定方便,且结构简单,易于实现.

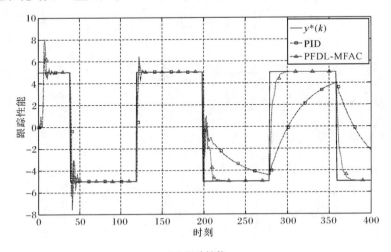

(a) 跟踪性能

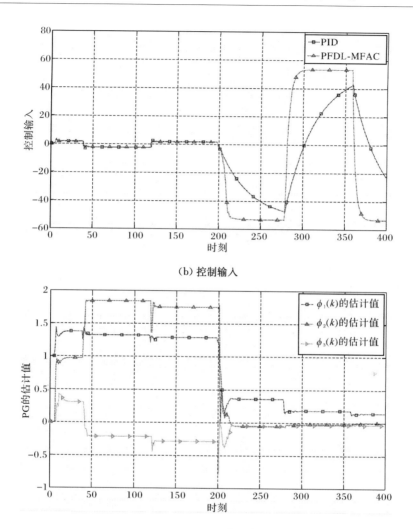

（b）控制输入

（c）PG 的估计值 $\hat{\boldsymbol{\phi}}_{p,L}(k)$

图 4.4　PFDL-MFAC 方与 PID 方法的仿真效果比较

例 4.5　非线性系统

$$y(k+1)=\frac{y(k)y(k-1)y(k-2)u(k-1)(y(k)-1)+(1+a(k))u(k)}{1+y^2(k)+y^2(k-1)+y^2(k-2)},$$

其中，$a(k)$ 是一个时变参数.

期望输出信号为

$$y^*(k+1)=0.5\times(-1)^{\text{round}(k/50)}.$$

　　图 4.5 给出了当 $a(k)=1$ 时的仿真结果.图 4.5(a)是跟踪效果,图 4.5(b)是相应的输入信号.采用带有动态反向传播的多层递归神经元网络来逼近此非线性系统,也能得到可以接受的控制效果,更多的仿真细节参见文献[165].

　　从仿真结果可以看出,应用 PFDL-MFAC 方案可以得到令人满意的控制效果,且明显好于应用神经网络控制的效果;同时,PFDL-MFAC 方案的计算负担小,且易于实现.

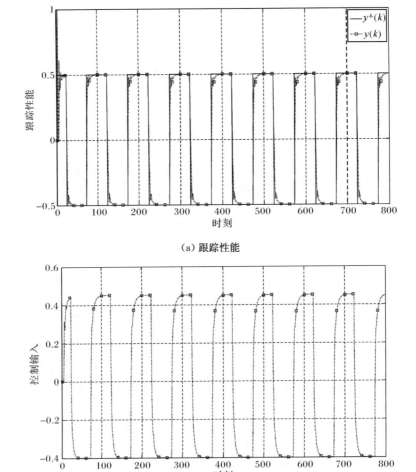

(a) 跟踪性能

(b) 控制输入

图 4.5　例 4.5 中当 $a(k)=1$ 时的仿真效果

当 $a(k) = \begin{cases} 0, & k \leqslant 100 \\ 1, & 100 < k \leqslant 300 \\ 2, & 300 < k \leqslant 500 \\ 3, & 500 < k \leqslant 800 \end{cases}$ 时,仿真结果见图 4.6. 从中可以看出,应用

PFDL-MFAC 方案仍能给出很好的控制效果,图中第 $100, 300, 500$ 步时输出的突变是由时变参数 $a(k)$ 引起的.

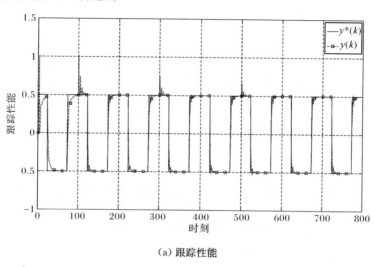

（a）跟踪性能

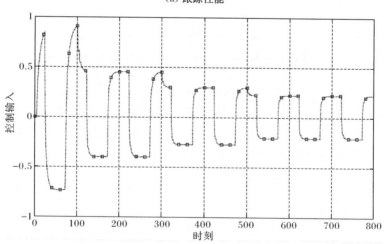

（b）控制输入

图 4.6　例 4.5 中当 $a(k)$ 时变的仿真效果

例 4.6　非线性系统

$$y(k+1)=\begin{cases}\dfrac{2.5y(k)y(k-1)}{1+y^2(k)+y^2(k-1)}+1.2u(k)+0.09u(k)u(k-1)+1.6u(k-2)\\ \quad +0.7\sin(0.5(y(k)+y(k-1)))\cos(0.5(y(k)+y(k-1))),\ k\leqslant 400\\ \dfrac{5y(k)y(k-1)}{1+y^2(k)+y^2(k-1)+y^2(k-2)}+u(k)+1.1u(k-1),\qquad k>400,\end{cases}$$

其中,两个子系统都是非最小相位的非线性系统. 显然该系统的结构和阶数都是时变的.

期望输出信号为

$$y^*(k+1)=5\sin(k\pi/50)+2\cos(k\pi/20).$$

对上述系统分别应用 CFDL-MFAC 方案(4.7)~(4.9)和 PFDL-MFAC 方案(4.26)~(4.28)进行仿真比较. CFDL-MFAC 方案中 PPD 估计值的初值 $\hat{\phi}_c(1)$ 设置为 1;步长因子和权重因子分别选取为 $\rho=0.5$, $\eta=0.5$ 和 $\lambda=0.01$, $\mu=1$; ε 设置为 10^{-5}.

从图 4.7 的仿真结果中可以看出:CFDL-MFAC 方案中 $\hat{\phi}_c(k)$ 的动态比较复杂,以至于投影估计算法不能较好地跟踪其真实值,因此控制效果较差. 而 PFDL-MFAC 方案中 $\hat{\phi}_{p,L}(k)$ 的动态相对简单,因此 PFDL-MFAC 方案的控制效果相对较好.

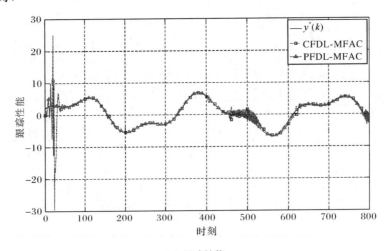

(a) 跟踪性能

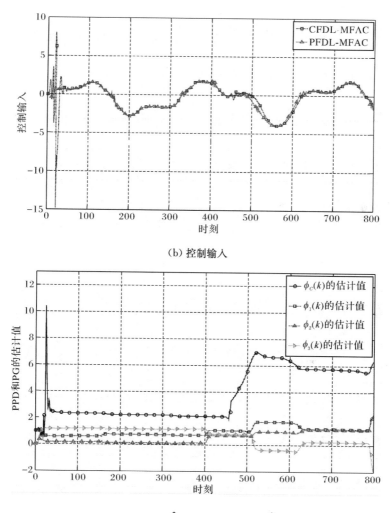

（b）控制输入

（c）PPD 的估计值 $\hat{\phi}_c(k)$ 和 PG 的估计值 $\hat{\boldsymbol{\phi}}_{p,L}(k)$

图 4.7　例 4.6 的仿真结果

　　通过上述仿真结果可以看出,对完全不同的未知非线性系统,甚至包括结构时变、参数时变、阶数时变等的非线性系统,应用相同的 PFDL-MFAC 方案,其至采用相同的初始值设置,都能得到很好的控制效果,而这是传统的自适应控制很难做到的. 另外,PFDL-MFAC 方案由于引入了更多的 PG 的分量参数来分担 CFDL-MFAC 方案中 PPD 参数的复杂行为,从而使得该方案在处理复杂非线性系统的控制问题时具有更好的控制效果.

4.4　基于全格式动态线性化的无模型自适应控制

4.4.1　控制系统设计

PFDL 模型本质上是仅考虑了系统在 $k+1$ 时刻的输出变化量 $\Delta y(k+1)$ 与 k 时刻的与控制输入相关的固定长度滑动时间窗口内的输入变化量之间的动态关系. 然而,系统在 $k+1$ 时刻的输出变化量 $\Delta y(k+1)$ 不仅与 k 时刻的与控制输入相关的固定长度滑动时间窗口内的输入变化量有关,而且它还可能与在 k 时刻的与系统输出相关的固定长度滑动时间窗口内的某些输出变化量有关. 如果在控制器设计中对这些敏感的变化量不予以考虑,可能导致控制系统出现问题,甚至失稳. 综合以上考虑,本节将从第 3.2.3 节的 FFDL 数据模型出发,给出 FFDL-MFAC 方案设计. 相对而言,该方法在控制器设计中将提供比 PFDL-MFAC 方案更多的可调自由度和更大的设计灵活度.

由定理 3.4 可知,当非线性系统(4.1)满足假设 3.5 和假设 3.6,且 $\|\Delta \boldsymbol{H}_{L_y,L_u}(k)\| \neq 0$ 时,其 FFDL 数据模型可表示为

$$\Delta y(k+1) = \boldsymbol{\phi}_{f,L_y,L_u}^{\mathrm{T}}(k) \Delta \boldsymbol{H}_{L_y,L_u}(k), \qquad (4.60)$$

其中,$\boldsymbol{\phi}_{f,L_y,L_u}(k) = [\phi_1(k),\cdots,\phi_{L_y}(k),\phi_{L_y+1}(k),\cdots,\phi_{L_y+L_u}(k)]^{\mathrm{T}} \in \mathbf{R}^{L_y+L_u}$ 为未知但有界的伪梯度;$\Delta \boldsymbol{H}_{L_y,L_u}(k) = [\Delta y(k),\cdots,\Delta y(k-L_y+1),\Delta u(k),\cdots,\Delta u(k-L_u+1)]^{\mathrm{T}}$;$L_y$ 和 L_u 是系统的伪阶数.

1. 控制算法

控制输入准则函数选为

$$J(u(k)) = |y^*(k+1) - y(k+1)|^2 + \lambda |u(k) - u(k-1)|^2, \qquad (4.61)$$

其中,$\lambda > 0$ 是权重因子.

将式(4.60)代入准则函数(4.61)中,对 $u(k)$ 求导,并令其等于零,得

$$u(k) = u(k-1) + \frac{\rho_{L_y+1} \phi_{L_y+1}(k)(y^*(k+1) - y(k))}{\lambda + |\phi_{L_y+1}(k)|^2}$$

$$- \frac{\phi_{L_y+1}(k) \sum_{i=1}^{L_y} \rho_i \phi_i(k) \Delta y(k-i+1)}{\lambda + |\phi_{L_y+1}(k)|^2}$$

$$- \frac{\phi_{L_y+1}(k) \sum_{i=L_y+2}^{L_y+L_u} \rho_i \phi_i(k) \Delta u(k-L_y-i+1)}{\lambda + |\phi_{L_y+1}(k)|^2}, \qquad (4.62)$$

其中,加入步长因子 $\rho_i \in (0,1]$, $i=1,2,\cdots,L_y+L_u$,是为了使控制算法设计具有更大的灵活性.

2. PG 估计算法

PG 向量的估计准则函数为

$$J(\boldsymbol{\phi}_{f,L_y,L_u}(k)) = |y(k)-y(k-1)-\boldsymbol{\phi}_{f,L_y,L_u}^{\mathrm{T}}(k)\Delta\boldsymbol{H}_{L_y,L_u}(k-1)|^2$$

$$+\mu\parallel\boldsymbol{\phi}_{f,L_y,L_u}(k)-\boldsymbol{\phi}_{f,L_y,L_u}(k-1)\parallel^2, \tag{4.63}$$

其中,$\mu>0$ 是权重因子.

根据最优条件,对式(4.63)关于 $\boldsymbol{\phi}_{f,L_y,L_u}(k)$ 求极值,并利用矩阵求逆引理,可得 PG 的估计算法为

$$\hat{\boldsymbol{\phi}}_{f,L_y,L_u}(k)=\hat{\boldsymbol{\phi}}_{f,L_y,L_u}(k-1)$$

$$+\frac{\eta\Delta\boldsymbol{H}_{L_y,L_u}(k-1)(y(k)-y(k-1)-\hat{\boldsymbol{\phi}}_{f,L_y,L_u}^{\mathrm{T}}(k-1)\Delta\boldsymbol{H}_{L_y,L_u}(k-1))}{\mu+\parallel\Delta\boldsymbol{H}_{L_y,L_u}(k-1)\parallel^2},$$

$$\tag{4.64}$$

其中,加入步长因子 $\eta\in(0,2]$ 是为了使控制算法设计具有更大的灵活性;$\hat{\boldsymbol{\phi}}_{f,L_y,L_u}(k)$ 为 $\boldsymbol{\phi}_{f,L_y,L_u}(k)$ 的估计值.

3. 控制方案

综合前面所得到的 PG 估计算法(4.64)及控制算法(4.62),给出 FFDL-MFAC 方案如下

$$\hat{\boldsymbol{\phi}}_{f,L_y,L_u}(k)=\hat{\boldsymbol{\phi}}_{f,L_y,L_u}(k-1)$$

$$+\frac{\eta\Delta\boldsymbol{H}_{L_y,L_u}(k-1)(y(k)-y(k-1)-\hat{\boldsymbol{\phi}}_{f,L_y,L_u}^{\mathrm{T}}(k-1)\Delta\boldsymbol{H}_{L_y,L_u}(k-1))}{\mu+\parallel\Delta\boldsymbol{H}_{L_y,L_u}(k-1)\parallel^2},$$

$$\tag{4.65}$$

$$\hat{\boldsymbol{\phi}}_{f,L_y,L_u}(k)=\hat{\boldsymbol{\phi}}_{f,L_y,L_u}(1),\text{如果}\parallel\hat{\boldsymbol{\phi}}_{f,L_y,L_u}(k)\parallel\leqslant\varepsilon\text{ 或}\parallel\Delta\boldsymbol{H}_{L_y,L_u}(k-1)\parallel\leqslant\varepsilon\text{ 或}$$

$$\text{sign}(\hat{\phi}_{L_y+1}(k))\neq\text{sign}(\hat{\phi}_{L_y+1}(1)), \tag{4.66}$$

$$u(k)=u(k-1)+\frac{\rho_{L_y+1}\hat{\phi}_{L_y+1}(k)(y^*(k+1)-y(k))}{\lambda+|\hat{\phi}_{L_y+1}(k)|^2}$$

$$- \frac{\hat{\phi}_{L_y+1}(k) \sum_{i=1}^{L_y} \rho_i \hat{\phi}_i(k) \Delta y(k-i+1)}{\lambda + |\hat{\phi}_{L_y+1}(k)|^2}$$

$$- \frac{\hat{\phi}_{L_y+1}(k) \sum_{i=L_y+2}^{L_y+L_u} \rho_i \hat{\phi}_i(k) \Delta u(k-L_y-i+1)}{\lambda + |\hat{\phi}_{L_y+1}(k)|^2}, \tag{4.67}$$

其中,$\lambda > 0, \mu > 0, \eta \in (0,2], \rho_i \in (0,1], i = 1,2,\cdots,L_y+L_u$；$\varepsilon$ 为一个小正数；$\hat{\phi}_{f,L_y,L_u}(1)$ 为 $\hat{\phi}_{f,L_y,L_u}(k)$ 的初始值.

注 4.9　FFDL-MFAC 方案中需要在线调整的是一个 L_y+L_u 维的向量,即系统 PG 的估计值 $\hat{\phi}_{f,L_y,L_u}(k)$,但伪阶数 L_y 和 L_u 的大小可人为选择. 当 $L_y=0$ 且 $L_u=L$ 时,FFDL-MFAC 方案(4.65)~(4.67)将变为 PFDL-MFAC 方案(4.26)~(4.28)；而当 $L_y=0$ 且 $L_u=1$ 时,FFDL-MFAC 方案将退化为 CFDL-MFAC 方案(4.7)~(4.9). 由于更多步长因子 $\rho_1,\rho_2,\cdots,\rho_{L_y+L_u}$ 的引入,FFDL-MFAC 方案在三种 MFAC 方案中具有最多可调自由度以及最强的设计灵活性.

注 4.10　当受控系统是线性时不变且其数学模型结构已知时,如果选择 $\lambda=0$ 及 $L_y=n_y, L_u=n_u$,则上述的 FFDL-MFAC 方案就变成经典的自适应控制[76]. 对于未知受控系统,L_y 和 L_u 应分别选取为 n_y 和 n_u 的近似值,或尽可能的小,以便得到计算量较小的简单控制器. 文献[166]中提出的方案是 FFDL-MFAC 方案在 $L_y=1, L_u=1$ 时的特例. 通过适当选取伪阶数,本节给出的控制方案可实现经典自适应控制系统的降阶设计,且不涉及系统未建模动态问题.

注 4.11　数据模型(4.60)是一个线性时变系统. 众所周知,线性时变系统自适应控制的稳定性分析是一个非常具有挑战性的研究课题. 已有的少量研究结果只能处理一些特殊类型的系统,且需要时变系数的变化率满足很强的假设条件. 因此,FFDL-MFAC 方案的稳定性分析问题是留待未来解决的一个公开问题.

4.4.2　仿真研究

本小节通过三个不同的 SISO 离散时间非线性系统的数值仿真来验证 FFDL-MFAC 方案的正确性和有效性.

以下两个仿真数例中,受控系统采用相同的 FFDL-MFAC 方案(4.65)~(4.67),相同的初始条件 $u(1)=u(2)=\cdots=u(4)=0, u(5)=0.5$；$y(1)=y(2)=y(3)=0, y(4)=1, y(5)=0.2, y(6)=0$. FFDL-MFAC 方案的伪阶数选取为 $L_y=1, L_u=2$；步长因子和权重因子分别选取为 $\rho_1=\rho_2=\rho_3=0.7, \eta=0.2$ 和 $\lambda=7, \mu=1$；ε 设置为 10^{-5}.

例 4.7　非线性系统

$$y(k+1)=\frac{-0.9y(k)+(a(k)+1)u(k)}{1+y^2(k)},$$

其中,$a(k)=4\times \text{round}(k/100)+\sin(k/100)$ 是一个时变参数. 该系统取自文献 [167],在那里系统不包含时变参数 $a(k)$,并且采用神经元网络方法进行控制.

期望输出信号为

$$y^*(k+1)=\begin{cases}0.4^{\text{round}(k/50)}, & k\leqslant 490 \\ 0.1+0.1\times(-1)^{\text{round}(k/50)}, & k>490.\end{cases}$$

PG 估计值的初值设置为 $\hat{\boldsymbol{\phi}}_{f,L_y,L_u}(1)=\begin{bmatrix}-2 & 0.5 & 0.9\end{bmatrix}^{\mathrm{T}}$. 仿真结果如图 4.8 所示. 显然,采用 FFDL-MFAC 方案可以得到令人满意的控制效果,图 4.8(a) 中的尖刺信号变化是由于参数 $a(k)$ 的突变引起的. 从控制系统输出信号的跟踪效果上看,其控制效果优于采用神经元网络方法的控制效果,具体可参见文献 [167].

例 4.8　非线性系统

$$y(k+1)=1.6y(k)-0.63y(k-1)+u'(k)-0.5u'(k-1),$$

其中

$$u'(k)=\begin{cases}0, & |u(k)|\leqslant 2 \\ u(k)-0.2\times\text{sign}(u(k)), & |u(k)|>2,\end{cases}$$

其中,$\text{sign}(\cdot)$ 为通常意义下的符号函数. 该系统取自文献 [167],在那里是采用神经元网络方法进行控制的.

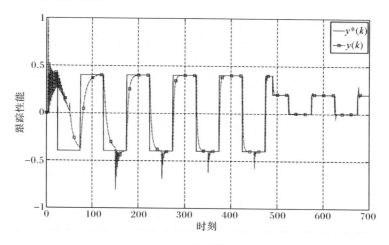

(a) 跟踪性能

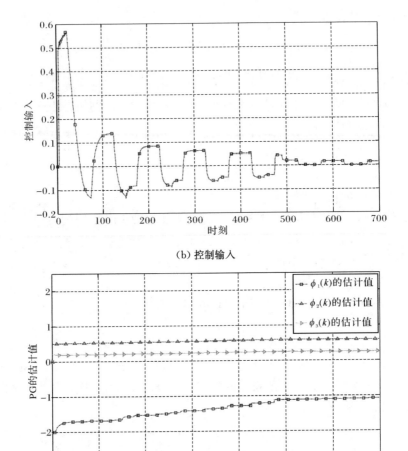

（b）控制输入

（c）PG 的估计值 $\hat{\boldsymbol{\phi}}_{f,L_y,L_u}(k)$

图 4.8　例 4.7 的仿真结果

期望输出信号为

$$y^*(k+1)=\begin{cases}5^{\text{round}(k/50)}, & k\leqslant490\\3.5+0.5^{\text{round}(k/100)}, & k>490.\end{cases}$$

FFDL-MFAC 方案中 PG 估计值的初值设置为 $\hat{\boldsymbol{\phi}}_{f,L_y,L_u}(1)=[2,0.5,0.2]^{\text{T}}$，其他设定与例 4.7 相同. 仿真结果如图 4.9 所示。与例 4.7 类似，采用 FFDL-MFAC 方案还可以得到令人满意的控制效果，略有些超调。从控制效果上看，其跟踪精度优于神经元网络算法的控制效果，具体参见文献[167]。

例 4.9　线性系统

$$y(k+1)=\begin{cases}0.55y(k)+0.46y(k-1)+0.07y(k-2)\\\quad+0.1u(k)+0.02u(k-1)+0.03u(k-2),\quad k\leqslant400\\-0.1y(k)-0.2y(k-1)-0.3y(k-2)\\\quad+0.1u(k)+0.02u(k-1)+0.03u(k-2),\quad k>400,\end{cases}$$

该系统取自文献[168]，在那里是采用神经元网络方法进行控制的. 明显地，第一个线性子系统是开环不稳定的系统，且整个系统的结构是时变的.

期望输出信号为

$$y^*(k+1)=2\sin(k/50)+\cos(k/20).$$

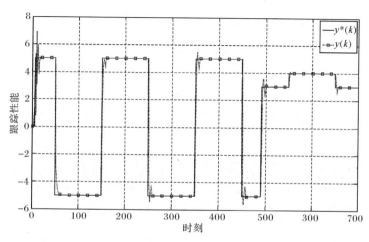

（a）跟踪性能

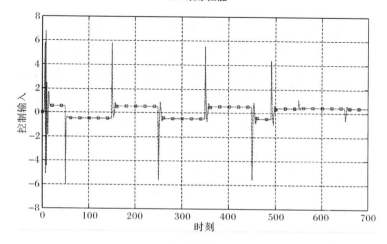

（b）控制输入

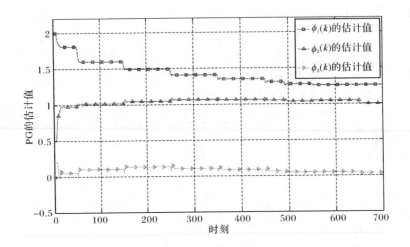

(c) PG 的估计值 $\hat{\boldsymbol{\phi}}_{f,L_y,L_u}(k)$

图 4.9　例 4.8 的仿真结果

　　PG 估计值的初值设定为 $\hat{\boldsymbol{\phi}}_{f,L_y,L_u}(1)=[2,0.5,0]^{\mathrm{T}}$，权重因子为 $\lambda=0.001$，其他设定与例 4.7 相同. 仿真结果见图 4.10. 从仿真结果可以看出，采用 FFDL-MFAC 方案可以得到令人满意的控制效果，在 400 步时的振荡是由于系统结构变化所引起。控制效果优于采用神经元网络方法的控制效果[168].

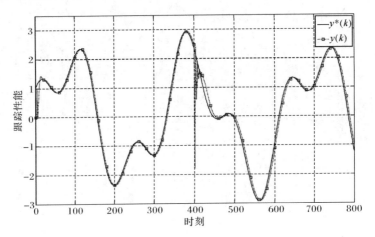

(a) 跟踪性能

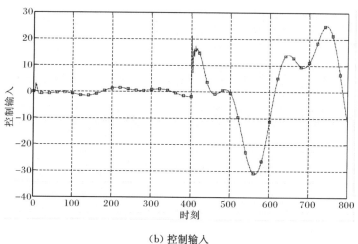

（b）控制输入

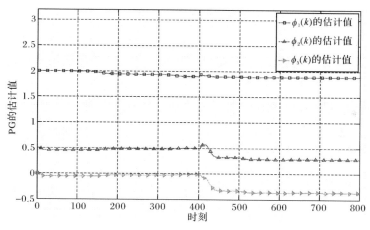

（c）PG 的估计值 $\hat{\boldsymbol{\phi}}_{f,L_y,L_u}(k)$

图 4.10　例 4.9 的仿真结果

　　通过上述仿真结果可以看出，对于动力学模型的非线性完全不同的未知非线性系统，应用相同的 FFDL-MFAC 方案，甚至采用相同的初始值设置，都能得到很好的控制效果. 另外，从 PG 的行为上看，它是一个慢时变的时变参数，且对系统的结构、阶数、参数的时变性不敏感。

4.5　小　　结

　　根据第 3 章提出的动态线性化方法，本章针对 SISO 离散时间非线性系统提出了三种 MFAC 方案，分别为 CFDL-MFAC，PFDL-MFAC 和 FFDL-MFAC. 所提出的 MFAC 方法的设计均仅利用被控系统的在线 I/O 数据,无需系统的模型信息,是数据驱动的无模型自适应控制方法.进一步,MFAC 方案中的控制器是简单的增量形式,在线调整参数很少,因此是一种低成本的控制器.其次,MFAC 方法的突出特点是具有极强的鲁棒性,可统一处理结构时变、参数时变和阶数时变的非线性系统的控制问题,传统的鲁棒性问题不存在.最后,前两种方案的 BIBO 稳定和误差单调收敛的理论性分析方法与传统的基于 Lyapunov 分析方法也是不同的,采用的是基于压缩映射方法,得到的是单调收敛性结论.大量的数值仿真验证所提方案的有效性.

　　值得指出的是,对于离散时间非线性系统(4.1),有三种可能的 MFAC 方案.CFDL-MFAC 方案针对的是简单的 SISO 离散时间非线性系统,它具有最简单的控制器形式,并且仅有一个一维的 PPD 参数需要在线调整.PFDL-MFAC 方案是 CFDL-MFAC 方案的扩展形式,而它又可以认为是 FFDL-MFAC 方案的特例.因此,FFDL-MFAC 方案具有最一般的形式.后两种方案分别需要对一个 L 维和 (L_y+L_u) 维的参数向量 PG 进行在线更新,且其具体数值可设计.相比于 CFDL-MFAC 方案,PFDL-MFAC 和 FFDL-MFAC 方案具有更多的可调自由度和更大的设计灵活度,这是由于后两者分别考虑了系统在 k 时刻以前一个固定长度滑动时间窗口内的所有输入变化量可能引起的系统输出的变化,以及在 k 时刻以前一个固定长度滑动时间窗口内的所有由输入和输出变化量引起的系统输出的变化.针对一个具体的受控对象,为了权衡计算负担和控制系统设计的简捷性,应恰当地选取 MFAC 方案.控制器选取的最终准则应该基于实际控制系统的控制效果和所能承受的计算代价.

第 5 章　MIMO 离散时间非线性系统的
无模型自适应控制

5.1　引　　言

　　大多数实际的工业过程本质上都是 MIMO 非线性系统. 对于这类系统来说，由于系统的输入和输出变量之间存在耦合，其控制问题尤为复杂[69]. 目前，已存在的 MIMO 系统的自适应控制方法主要有：模型参考自适应控制[76,170,171,172]，自适应反步控制（backstepping control）[173,174] 和自适应动态面控制（dynamic surface control）[175,176]. 无论是 MIMO 线性系统还是 MIMO 非线性系统的自适应控制，它们都需要精确已知受控系统的数学模型，尤其是输入输出之间准确的耦合关系. 然而，实际的 MIMO 系统的动力学行为比 SISO 系统更为复杂，其准确的数学模型更难获取. 进一步，当存在不确定性和扰动时，基于 Lyapunov 分析设计手段的非线性系统自适应控制很难实现某些非线性环节的精确对消，因此，基于模型的 MIMO 非线性系统自适应控制方法在实际应用中很难实现其期望的控制品质.

　　值得指出的是，模糊控制和神经网络控制等控制方法虽然不依赖受控系统的精确模型信息进行控制器设计，但也存在模糊规则库难以建立和更新、神经网络训练困难和计算量大等缺点[158,177].

　　本章针对一类未知的 MIMO 离散时间非线性非仿射系统，利用第 3 章提出的动态线性化方法，基于在受控系统当前工作点处的等价数据模型，以及数据模型中伪雅可比矩阵（pseudo Jacobian matrix，PJM）的基于输入输出数据的在线估计，设计出相应的自适应控制方案，并分析闭环系统的稳定性[23,26,178-180]. 所提出的控制方案有如下特点：控制器的设计仅需要系统的 I/O 数据，不包含系统模型的任何信息。在一定的假设条件下可保障系统的闭环稳定性和收敛性，能实现解耦控制。控制系统易于设计、计算量小，容易现场实现.

　　本章结构安排如下：针对一类未知的 MIMO 离散时间非线性非仿射系统，5.2 节和 5.3 节分别给出基于紧格式动态线性化的无模型自适应控制（CFDL-MFAC）方案和基于偏格式的动态线性化的无模型自适应控制（PFDL-MFAC）方案，闭环系统的稳定性分析，以及数值仿真验证结果；5.4 节给出基于全格式动态线性化的无模型自适应控制（FFDL-MFAC）方案及数值仿真结果；5.5 节是本章的结论.

5.2 基于紧格式动态线性化的无模型自适应控制

5.2.1 控制系统设计

考虑如下 MIMO 非线性离散时间系统

$$\boldsymbol{y}(k+1)=\boldsymbol{f}(\boldsymbol{y}(k),\cdots,\boldsymbol{y}(k-n_y),\boldsymbol{u}(k),\cdots,\boldsymbol{u}(k-n_u)), \qquad (5.1)$$

其中，$\boldsymbol{u}(k)\in\mathbf{R}^m,\boldsymbol{y}(k)\in\mathbf{R}^m$ 分别是 k 时刻的系统输入和系统输出；n_y,n_u 是两个未知的整数；$\boldsymbol{f}(\cdots)=(f_1(\cdots),\cdots,f_m(\cdots))^{\mathrm{T}}\in\prod_{n_u+n_y+2}\mathbf{R}^m\mapsto\mathbf{R}^m$ 是未知的非线性函数.

由定理 3.5 可知，当非线性系统(5.1)满足假设 3.7 和假设 3.8 时，且对所有 k 有 $\|\Delta\boldsymbol{u}(k)\|\neq0$，则非线性系统(5.1)可等价的表示为 CFDL 数据模型

$$\Delta\boldsymbol{y}(k+1)=\boldsymbol{\Phi}_c(k)\Delta\boldsymbol{u}(k), \qquad (5.2)$$

其中，

$$\boldsymbol{\Phi}_c(k)=\begin{bmatrix}\phi_{11}(k)&\phi_{12}(k)&\cdots&\phi_{1m}(k)\\\phi_{21}(k)&\phi_{22}(k)&\cdots&\phi_{2m}(k)\\\vdots&\vdots&\vdots&\vdots\\\phi_{m1}(k)&\phi_{m2}(k)&\cdots&\phi_{mm}(k)\end{bmatrix}\in\mathbf{R}^{m\times m}$$

为系统的 PJM.

为了后面稳定性分析的严谨性，作如下假设.

假设 5.1　系统的 PJM $\boldsymbol{\Phi}_c(k)$ 是满足如下条件的对角占优矩阵，即满足 $|\phi_{ij}(k)|\leqslant b_1,b_2\leqslant|\phi_{ii}(k)|\leqslant\alpha b_2,\alpha\geqslant1,b_2>b_1(2\alpha+1)(m-1),i=1,\cdots,m,j=1,\cdots,m,i\neq j$，且 $\boldsymbol{\Phi}_c(k)$ 中所有元素的符号对任何时刻 k 保持不变.

注 5.1　假设 5.1 是关于闭环数据输入输出关系的假设，当系统模型已知时，它与文献[181]中的假设类似. 对于 SISO 非线性离散时间系统来说，假设 5.1 与假设 4.2 相同. 对于 MIMO 非线性系统，由于对象模型未知，仅知道系统到当前时刻为止之前的 I/O 数据，系统输入输出数据关系的对角占优条件可能是描述系统各变量之间耦合的唯一可行的选择. 关于 $\boldsymbol{\Phi}_c(k)$ 中元素符号的假设问题，它与很多基于模型的控制方法中的相关假设类似. 对大多数自适应控制方法，控制增益是符号已知的常数是一个比较合理的假设. 严格来说，如果数据量足够丰富，假设 5.1 是可验证的. 因此，这是一种合理的假设.

1. 控制算法

考虑如下控制输入准则函数

$$J(\boldsymbol{u}(k)) = \| \boldsymbol{y}^*(k+1) - \boldsymbol{y}(k+1) \|^2$$
$$+ \lambda \| \boldsymbol{u}(k) - \boldsymbol{u}(k-1) \|^2, \tag{5.3}$$

其中,$\lambda > 0$ 是权重因子,用于惩罚控制输入量过大的变化;$\boldsymbol{y}^*(k+1)$ 为期望的输出信号.

将式(5.2)代入准则函数(5.3)中,对 $\boldsymbol{u}(k)$ 求导,并令其等于零,得

$$\boldsymbol{u}(k) = \boldsymbol{u}(k-1) + (\lambda \boldsymbol{I} + \boldsymbol{\Phi}_c^{\mathrm{T}}(k) \boldsymbol{\Phi}_c(k))^{-1} \boldsymbol{\Phi}_c^{\mathrm{T}}(k) (\boldsymbol{y}^*(k+1) - \boldsymbol{y}(k)).$$
$$\tag{5.4}$$

由于控制算法(5.4)中包含矩阵求逆运算,当系统输入输出维数很大时,求逆运算非常耗时,不利于实际应用. 为此,类似于第4.2节的思想,可将 SISO 情况下的控制算法(4.4)自然地推广到 MIMO 的情况,得到如下简化后的控制算法

$$\boldsymbol{u}(k) = \boldsymbol{u}(k-1) + \frac{\rho \boldsymbol{\Phi}_c^{\mathrm{T}}(k) (\boldsymbol{y}^*(k+1) - \boldsymbol{y}(k))}{\lambda + \| \boldsymbol{\Phi}_c(k) \|^2}, \tag{5.5}$$

其中,步长因子 $\rho \in (0,1]$ 的加入可使控制算法更具一般性,且将在稳定性和收敛性分析中用到.

2. PJM 估计算法

类似于 SISO 离散时间非线性系统的 CFDL-MFAC 方案的参数估计算法的推导过程,利用 MIMO 系统的 CFDL 数据模型(5.2),给出如下参数估计准则函数

$$J(\boldsymbol{\Phi}_c(k)) = \| \Delta \boldsymbol{y}(k) - \boldsymbol{\Phi}_c(k) \Delta \boldsymbol{u}(k-1) \|^2 + \mu \| \boldsymbol{\Phi}_c(k) - \hat{\boldsymbol{\Phi}}_c(k-1) \|^2,$$
$$\tag{5.6}$$

其中,$\mu > 0$ 是权重因子,用于惩罚 PJM 估计值的过大变化.

极小化准则函数(5.6),可得改进投影算法如下

$$\hat{\boldsymbol{\Phi}}_c(k) = \hat{\boldsymbol{\Phi}}_c(k-1) + (\Delta \boldsymbol{y}(k) - \hat{\boldsymbol{\Phi}}_c(k-1) \Delta \boldsymbol{u}(k-1)) \Delta \boldsymbol{u}^{\mathrm{T}}(k-1)$$
$$\times (\mu \boldsymbol{I} + \Delta \boldsymbol{u}(k-1) \Delta \boldsymbol{u}^{\mathrm{T}}(k-1))^{-1}. \tag{5.7}$$

由于 PJM 估计算法(5.7)中包含一个矩阵求逆运算,当系统输入输出维数很大时,求逆运算非常耗时,不利于实际应用. 为此,可将 SISO 情况下的 PPD 估计算法(4.6)自然地推广到 MIMO 的情况,得到不含矩阵求逆运算的 PJM 的估计算法如下

$$\hat{\boldsymbol{\Phi}}_c(k) = \hat{\boldsymbol{\Phi}}_c(k-1)$$
$$+ \frac{\eta (\Delta \boldsymbol{y}(k) - \hat{\boldsymbol{\Phi}}_c(k-1) \Delta \boldsymbol{u}(k-1)) \Delta \boldsymbol{u}^{\mathrm{T}}(k-1)}{\mu + \| \Delta \boldsymbol{u}(k-1) \|^2}, \tag{5.8}$$

其中，$\eta \in (0,2]$ 是步长因子；$\hat{\boldsymbol{\Phi}}_c(k) = \begin{bmatrix} \hat{\phi}_{11}(k) & \hat{\phi}_{12}(k) & \cdots & \hat{\phi}_{1m}(k) \\ \hat{\phi}_{21}(k) & \hat{\phi}_{22}(k) & \cdots & \hat{\phi}_{2m}(k) \\ \vdots & \vdots & \vdots & \vdots \\ \hat{\phi}_{m1}(k) & \hat{\phi}_{m2}(k) & \cdots & \hat{\phi}_{mn}(k) \end{bmatrix} \in \mathbf{R}^{m \times m}$ 是

PJM $\boldsymbol{\Phi}_c(k)$ 的估计值.

3. 系统控制方案

综合参数估计算法(5.8)和控制算法(5.5)，可以得到针对离散时间 MIMO 非线性系统的 CFDL-MFAC 方案如下

$$\hat{\boldsymbol{\Phi}}_c(k) = \hat{\boldsymbol{\Phi}}_c(k-1) + \frac{\eta(\Delta \boldsymbol{y}(k) - \hat{\boldsymbol{\Phi}}_c(k-1)\Delta \boldsymbol{u}(k-1))\Delta \boldsymbol{u}^{\mathrm{T}}(k-1)}{\mu + \parallel \Delta \boldsymbol{u}(k-1) \parallel^2}, \quad (5.9)$$

$\hat{\phi}_{ii}(k) = \hat{\phi}_{ii}(1)$，如果 $|\hat{\phi}_{ii}(k)| < b_2$ 或 $|\hat{\phi}_{ii}(k)| > \alpha b_2$ 或

$$\mathrm{sign}(\hat{\phi}_{ii}(k)) \neq \mathrm{sign}(\hat{\phi}_{ii}(1)), i = 1, \cdots, m, \quad (5.10)$$

$\hat{\phi}_{ij}(k) = \hat{\phi}_{ij}(1)$，如果 $|\hat{\phi}_{ij}(k)| > b_1$ 或

$$\mathrm{sign}(\hat{\phi}_{ij}(k)) \neq \mathrm{sign}(\hat{\phi}_{ij}(1)), i, j = 1, \cdots, m, i \neq j, \quad (5.11)$$

$$\boldsymbol{u}(k) = \boldsymbol{u}(k-1) + \frac{\rho \hat{\boldsymbol{\Phi}}_c^{\mathrm{T}}(k)(\boldsymbol{y}^*(k+1) - \boldsymbol{y}(k))}{\lambda + \parallel \hat{\boldsymbol{\Phi}}_c(k) \parallel^2}, \quad (5.12)$$

其中，$\hat{\phi}_{ij}(1)$ 是 $\hat{\phi}_{ij}(k)$ 的初值，$i = 1, \cdots, m, j = 1, \cdots, m; \lambda > 0, \mu > 0; \eta \in (0,2], \rho \in (0,1]$.

注 5.2　可给出与注 4.1～注 4.5 类似的注释.

注 5.3　当 $\boldsymbol{u}(k) \in \mathbf{R}^m, y(k) \in \mathbf{R}$，系统(5.1)变为如下的离散时间 MISO 非线性系统

$$y(k+1) = f(y(k), \cdots, y(k-n_y), \boldsymbol{u}(k), \cdots, \boldsymbol{u}(k-n_u)), \quad (5.13)$$

其中，$f(\cdots) \in \underset{n_y+1}{\Pi} \mathbf{R} \times \underset{n_u+1}{\Pi} \mathbf{R}^m \longmapsto \mathbf{R}$ 是未知的非线性函数.

类似地，利用 MISO 离散时间非线性系统的 CFDL 数据模型 $y(k+1) = y(k) + \boldsymbol{\phi}_c^{\mathrm{T}}(k)\Delta \boldsymbol{u}(k)$，可以给出系统(5.13)的 CFDL-MFAC 方案如下

$$\hat{\boldsymbol{\phi}}_c(k) = \hat{\boldsymbol{\phi}}_c(k-1) + \frac{\eta \Delta \boldsymbol{u}(k-1)(\Delta y(k) - \hat{\boldsymbol{\phi}}_c^{\mathrm{T}}(k-1)\Delta \boldsymbol{u}(k-1))}{\mu + \parallel \Delta \boldsymbol{u}(k-1) \parallel^2}, \quad (5.14)$$

$\hat{\phi}_i(k) = \hat{\phi}_i(1)$，如果 $|\hat{\phi}_i(k)| < b_2$ 或

$$\mathrm{sign}(\hat{\phi}_i(k)) \neq \mathrm{sign}(\hat{\phi}_i(1)), i = 1, \cdots, m, \quad (5.15)$$

$$u(k) - u(k-1) + \frac{\rho \hat{\boldsymbol{\phi}}_c(k)(y^*(k+1) - y(k))}{\lambda + \|\hat{\boldsymbol{\phi}}_c(k)\|^2}, \tag{5.16}$$

其中,$\hat{\boldsymbol{\phi}}_c(k) = [\hat{\phi}_1(k), \hat{\phi}_2(k), \cdots, \hat{\phi}_m(k)]^T \in \mathbf{R}^m$ 是系统(5.13)的 CFDL 数据模型 PG $\boldsymbol{\phi}_c(k)$ 的估计值;$\hat{\phi}_i(1)$ 是 $\hat{\phi}_i(k)$ 的初值,$i = 1, \cdots, m; \lambda > 0, \mu > 0; \eta \in (0, 2]$, $\rho \in (0, 1]$.

显然方案(5.14)~(5.16)是 MIMO 离散时间非线性系统的 CFDL-MFAC 方案(5.9)~(5.12)的特例.

5.2.2　稳定性分析

在稳定性分析中需要用到如下引理.

引理 5.1[182]　令 $\boldsymbol{A} = (\alpha_{ij}) \in C^{n \times n}$, 定义 Gerschgorin 圆盘如下 $D_i = \left\{ z \mid |z - \alpha_{ii}| \leqslant \sum_{j=1, j \neq i}^{n} |\alpha_{ij}| \right\}, z \in C, 1 \leqslant i \leqslant n$,则矩阵 $\boldsymbol{A}$ 的所有特征根 $z_1, z_2, \cdots z_n$ 都满足 $z_i \in D_A = \bigcup_{i=1}^{n} D_i$.

定理 5.1　对于非线性系统(5.1),在假设 3.7,假设 3.8 和假设 5.1 满足的条件下,CFDL-MFAC 方案(5.9)~(5.12)具有如下性质:当 $y^*(k+1) = y^* = \mathrm{const}$ 时,存在一个正数 $\lambda_{\min} > 0$,使得当 $\lambda \geqslant \lambda_{\min}$ 时有

(1) 系统跟踪误差序列是收敛的,且 $\lim_{k \to \infty} \| y(k+1) - y^* \|_v = 0$,其中 $\| \cdot \|_v$ 是($\cdot$)的相容范数.

(2) 闭环系统是 BIBO 稳定的,即输出序列 $\{y(k)\}$ 和输入序列 $\{u(k)\}$ 是有界的.

证明　分两步完成定理证明:第一步证明 PJM 估计值的有界性;第二步证明 MFAC 系统的跟踪误差收敛性和 BIBO 稳定性.

(1) 第一步. 令 $\hat{\boldsymbol{\phi}}_c(k) = [\hat{\boldsymbol{\phi}}_1^T(k), \cdots, \hat{\boldsymbol{\phi}}_m^T(k)]^T, \hat{\boldsymbol{\phi}}_i(k) = [\hat{\phi}_{i1}(k), \cdots, \hat{\phi}_{im}(k)], i = 1, \cdots, m$. 参数估计算法(5.9)可重写为

$$\hat{\boldsymbol{\phi}}_i(k) = \hat{\boldsymbol{\phi}}_i(k-1) + \frac{\eta(\Delta y_i(k) - \hat{\boldsymbol{\phi}}_i(k-1)\Delta u(k-1))\Delta u^T(k-1)}{\mu + \|\Delta u(k-1)\|^2}, \tag{5.17}$$

其中,$\Delta y_i(k) = \boldsymbol{\phi}_i(k-1)\Delta u(k-1), i = 1, \cdots, m$.

令 $\tilde{\boldsymbol{\phi}}_i(k) = \hat{\boldsymbol{\phi}}_i(k) - \boldsymbol{\phi}_i(k)$,并将式(5.17)两端同时减去 $\boldsymbol{\phi}_i(k)$,得

$$\tilde{\boldsymbol{\phi}}_i(k) = \tilde{\boldsymbol{\phi}}_i(k-1) + \boldsymbol{\phi}_i(k-1) - \boldsymbol{\phi}_i(k) - \frac{\eta \tilde{\boldsymbol{\phi}}_i(k-1)\Delta u(k-1)\Delta u^T(k-1)}{\mu + \|\Delta u(k-1)\|^2}.$$

$$\tag{5.18}$$

由定理 3.4 可知 $\|\boldsymbol{\Phi}_c(k)\|$ 有上界,即存在一个正常数 $\bar{b}$,使得 $\|\boldsymbol{\Phi}_c(k)\|\leqslant\bar{b}$,因此有 $\|\boldsymbol{\phi}_i(k-1)-\boldsymbol{\phi}_i(k)\|\leqslant 2\bar{b}$. 式(5.18)两边取范数,得

$$\|\tilde{\boldsymbol{\phi}}_i(k)\|\leqslant\left\|\tilde{\boldsymbol{\phi}}_i(k-1)\left(\boldsymbol{I}-\frac{\eta\Delta\boldsymbol{u}(k-1)\Delta\boldsymbol{u}^{\mathrm{T}}(k-1)}{\mu+\|\Delta\boldsymbol{u}(k-1)\|^2}\right)\right\|+\|\boldsymbol{\phi}_i(k-1)-\boldsymbol{\phi}_i(k)\|$$

$$\leqslant\left\|\tilde{\boldsymbol{\phi}}_i(k-1)\left(\boldsymbol{I}-\frac{\eta\Delta\boldsymbol{u}(k-1)\Delta\boldsymbol{u}^{\mathrm{T}}(k-1)}{\mu+\|\Delta\boldsymbol{u}(k-1)\|^2}\right)\right\|+2\bar{b}. \tag{5.19}$$

对式(5.19)右端第一项取平方,有

$$\left\|\tilde{\boldsymbol{\phi}}_i(k-1)\left(\boldsymbol{I}-\frac{\eta\Delta\boldsymbol{u}(k-1)\Delta\boldsymbol{u}^{\mathrm{T}}(k-1)}{\mu+\|\Delta\boldsymbol{u}(k-1)\|^2}\right)\right\|^2$$

$$=\|\tilde{\boldsymbol{\phi}}_i(k-1)\|^2+\left(-2+\frac{\eta\|\Delta\boldsymbol{u}(k-1)\|^2}{\mu+\|\Delta\boldsymbol{u}(k-1)\|^2}\right)\frac{\eta\|\tilde{\boldsymbol{\phi}}_i(k-1)\Delta\boldsymbol{u}(k-1)\|^2}{\mu+\|\Delta\boldsymbol{u}(k-1)\|^2}. \tag{5.20}$$

对于 $0<\eta\leqslant 2$ 和 $\mu>0$,下式成立

$$-2+\frac{\eta\|\Delta\boldsymbol{u}(k-1)\|^2}{\mu+\|\Delta\boldsymbol{u}(k-1)\|^2}<0. \tag{5.21}$$

不等式(5.20)和式(5.21)意味着存在 $0<d_1<1$,使得下式成立

$$\left\|\tilde{\boldsymbol{\phi}}_i(k-1)\left(\boldsymbol{I}-\frac{\eta\Delta\boldsymbol{u}(k-1)\Delta\boldsymbol{u}^{\mathrm{T}}(k-1)}{\mu+\|\Delta\boldsymbol{u}(k-1)\|^2}\right)\right\|\leqslant d_1\|\tilde{\boldsymbol{\phi}}_i(k-1)\|. \tag{5.22}$$

需要注意的是,此处只利用了 d_1 的存在性,并不需要给出其真实值.

把式(5.22)代入式(5.19),得

$$\|\tilde{\boldsymbol{\phi}}_i(k)\|\leqslant d_1\|\tilde{\boldsymbol{\phi}}_i(k-1)\|+2b\leqslant d_1^2\|\tilde{\boldsymbol{\phi}}_i(k-2)\|+2d_1b+2b$$

$$\leqslant\cdots\leqslant d_1^{k-1}\|\tilde{\boldsymbol{\phi}}_i(1)\|+\frac{2b(1-d_1^{k-1})}{1-d_1}. \tag{5.23}$$

不等式(5.23)意味着 $\tilde{\boldsymbol{\phi}}_i(k)$ 是有界的. 由定理 3.4 可知 $\boldsymbol{\phi}_i(k)$ 有界,因此 $\hat{\boldsymbol{\phi}}_i(k)$ 和 $\hat{\boldsymbol{\Phi}}_c(k)$ 都是有界的.

(2) 第二步. 定义系统输出误差为

$$e(k)=\boldsymbol{y}^*-\boldsymbol{y}(k). \tag{5.24}$$

把 CFDL 数据模型(5.2)和控制算法(5.12)代入式(5.24),得

$$e(k+1)=e(k)-\boldsymbol{\Phi}_c(k)\Delta\boldsymbol{u}(k)=\left[\boldsymbol{I}-\frac{\rho\boldsymbol{\Phi}_c(k)\hat{\boldsymbol{\Phi}}_c^{\mathrm{T}}(k)}{\lambda+\|\hat{\boldsymbol{\Phi}}_c(k)\|^2}\right]e(k). \tag{5.25}$$

由引理 5.1 得

$$D_j=\left\{z\left|\left|z-\left|1-\frac{\rho\sum\limits_{i=1}^m\phi_{ji}(k)\hat{\phi}_{ji}(k)}{\lambda+\|\hat{\boldsymbol{\Phi}}_c(k)\|^2}\right|\right|\leqslant\sum\limits_{l=1,l\neq j}^m\left|\frac{\rho\sum\limits_{i=1}^m\phi_{ji}(k)\hat{\phi}_{li}(k)}{\lambda+\|\hat{\boldsymbol{\Phi}}_c(k)\|^2}\right|\right\},$$

$$\tag{5.26}$$

其中, z 是矩阵 $\boldsymbol{I}-\rho\boldsymbol{\Phi}_c(k)\hat{\boldsymbol{\Phi}}_c^{\mathrm{T}}(k)/(\lambda+\|\hat{\boldsymbol{\Phi}}_c(k)\|^2)$ 的特征根, D_j, $j=1,\cdots,m$, 是 Gerschgorin 圆盘.

利用三角不等式, 式(5.26)可重写为

$$D_j\left\{z\ \middle|\ |z|\leqslant\left|1-\frac{\rho\sum\limits_{i=1}^m\phi_{ji}(k)\hat{\phi}_{ji}(k)}{\lambda+\|\hat{\boldsymbol{\Phi}}_c(k)\|^2}\right|+\sum_{l=1,l\neq j}^m\left|\frac{\rho\sum\limits_{i=1}^m\phi_{ji}(k)\hat{\phi}_{li}(k)}{\lambda+\|\hat{\boldsymbol{\Phi}}_c(k)\|^2}\right|\right\}. \quad (5.27)$$

由重置算法(5.10)和(5.11)知, $b_2\leqslant|\hat{\phi}_{ii}(k)|\leqslant\alpha b_2$ 和 $|\hat{\phi}_{ij}(k)|\leqslant b_1$, $i=1,\cdots,m$, $j=1,\cdots,m$, $i\neq j$. 由假设 5.1, 有 $b_2\leqslant|\phi_{ii}(k)|\leqslant\alpha b_2$ 和 $|\phi_{ij}(k)|\leqslant b_1$, $i=1,\cdots,m$, $j=1,\cdots,m$, $i\neq j$.

因此, 下面两个不等式成立

$$1-\frac{\rho\sum\limits_{i=1}^m|\phi_{ji}(k)||\hat{\phi}_{ji}(k)|}{\lambda+\|\hat{\boldsymbol{\Phi}}_c(k)\|^2}\leqslant 1-\frac{\rho|\phi_{jj}(k)||\hat{\phi}_{jj}(k)|}{\lambda+\|\hat{\boldsymbol{\Phi}}_c(k)\|^2}\leqslant 1-\frac{\rho b_2^2}{\lambda+\|\hat{\boldsymbol{\Phi}}_c(k)\|^2},$$

$$(5.28)$$

和

$$\sum_{l=1,l\neq j}^m\left|\frac{\rho\sum\limits_{i=1}^m\phi_{ji}(k)\hat{\phi}_{li}(k)}{\lambda+\|\hat{\boldsymbol{\Phi}}_c(k)\|^2}\right|\leqslant\rho\sum_{l=1,l\neq j}^m\frac{\sum\limits_{i=1}^m|\phi_{ji}(k)||\hat{\phi}_{li}(k)|}{\lambda+\|\hat{\boldsymbol{\Phi}}_c(k)\|^2}$$

$$=\rho\frac{\sum\limits_{l=1,l\neq j}^m|\phi_{jj}(k)||\hat{\phi}_{lj}(k)|}{\lambda+\|\hat{\boldsymbol{\Phi}}_c(k)\|^2}+\rho\sum_{l=1,l\neq j}^m\frac{\sum\limits_{i=1,i\neq j}^m|\phi_{ji}(k)||\hat{\phi}_{li}(k)|}{\lambda+\|\hat{\boldsymbol{\Phi}}_c(k)\|^2}$$

$$=\rho\frac{\sum\limits_{l=1,l\neq j}^m|\phi_{jj}(k)||\hat{\phi}_{lj}(k)|}{\lambda+\|\hat{\boldsymbol{\Phi}}_c(k)\|^2}+\rho\frac{\sum\limits_{l=1,l\neq j}^m|\phi_{jl}(k)||\hat{\phi}_{ll}(k)|}{\lambda+\|\hat{\boldsymbol{\Phi}}_c(k)\|^2}$$

$$+\rho\sum_{l=1,l\neq j}^m\frac{\sum\limits_{i=1,i\neq j,l}^m|\phi_{ji}(k)||\hat{\phi}_{li}(k)|}{\lambda+\|\hat{\boldsymbol{\Phi}}_c(k)\|^2}$$

$$\leqslant\rho\frac{2\alpha b_1 b_2(m-1)+b_1^2(m-1)(m-2)}{\lambda+\|\hat{\boldsymbol{\Phi}}_c(k)\|^2}. \quad (5.29)$$

由假设 5.1, 可知 $b_2>b_1(2\alpha+1)(m-1)$.

将不等式(5.28)和式(5.29)相加, 得

$$1-\frac{\rho\sum\limits_{i=1}^m|\phi_{ji}(k)||\hat{\phi}_{ji}(k)|}{\lambda+\|\hat{\boldsymbol{\Phi}}_c(k)\|^2}+\sum_{h=1,h\neq j}^m\left|\frac{\rho\sum\limits_{i=1}^m\phi_{ji}(k)\hat{\phi}_{hi}(k)}{\lambda+\|\hat{\boldsymbol{\Phi}}_c(k)\|^2}\right|$$

$$\leqslant 1-\rho\frac{b_2^2-2\alpha b_1 b_2(m-1)-b_1^2(m-1)(m-2)}{\lambda+\|\hat{\boldsymbol{\Phi}}_c(k)\|^2}$$

$$= 1 - \rho \frac{b_2(b_2 - 2\alpha b_1(m-1)) - b_1^2(m-1)(m-2)}{\lambda + \|\hat{\boldsymbol{\Phi}}_c(k)\|^2}$$

$$< 1 - \rho \frac{b_2 b_1(m-1) - b_1^2(m-1)(m-2)}{\lambda + \|\hat{\boldsymbol{\Phi}}_c(k)\|^2}$$

$$< 1 - \rho \frac{b_2 b_1(m-1) - b_1^2(m-1)(m-1)}{\lambda + \|\hat{\boldsymbol{\Phi}}_c(k)\|^2}$$

$$= 1 - \rho \frac{b_1(m-1)(b_2 - b_1(m-1))}{\lambda + \|\hat{\boldsymbol{\Phi}}_c(k)\|^2}$$

$$< 1 - \rho \frac{2\alpha b_1^2 (m-1)^2}{\lambda + \|\hat{\boldsymbol{\Phi}}_c(k)\|^2}. \tag{5.30}$$

利用重置算法(5.11)和假设 5.1,可得 $\phi_{ji}(k)\hat{\phi}_{ji}(k) > 0, i = 1, \cdots, m, j = 1, \cdots,$ m. 因此存在一个 $\lambda_{\min} > 0$,使得当 $\lambda > \lambda_{\min}$时,下式成立

$$\frac{\sum\limits_{i=1}^{m} \phi_{ji}(k)\hat{\phi}_{ji}(k)}{\lambda + \|\hat{\boldsymbol{\Phi}}_c(k)\|^2} = \frac{\sum\limits_{i=1}^{m} |\phi_{ji}(k)||\hat{\phi}_{ji}(k)|}{\lambda + \|\hat{\boldsymbol{\Phi}}_c(k)\|^2}$$

$$\leqslant \frac{\alpha^2 b_2^2 + b_1^2(m-1)}{\lambda + \|\hat{\boldsymbol{\Phi}}_c(k)\|^2} < \frac{\alpha^2 b_2^2 + b_1^2(m-1)}{\lambda_{\min} + \|\hat{\boldsymbol{\Phi}}_c(k)\|^2} < 1. \tag{5.31}$$

因此,总可以选择 $0 < \rho \leqslant 1$ 和 $\lambda > \lambda_{\min}$,使得

$$\left| 1 - \frac{\rho \sum\limits_{i=1}^{m} \phi_{ji}(k)\hat{\phi}_{ji}(k)}{\lambda + \|\hat{\boldsymbol{\Phi}}_c(k)\|^2} \right| = 1 - \frac{\rho \sum\limits_{i=1}^{m} |\phi_{ji}(k)||\hat{\phi}_{ji}(k)|}{\lambda + \|\hat{\boldsymbol{\Phi}}_c(k)\|^2}. \tag{5.32}$$

对于任意 $\lambda > \lambda_{\min}$,下式显然成立

$$0 < M_1 \leqslant \frac{2\alpha b_1^2 (m-1)^2}{\lambda + \|\hat{\boldsymbol{\Phi}}_c(k)\|^2} < \frac{b_2^2}{\lambda + \|\hat{\boldsymbol{\Phi}}_c(k)\|^2}$$

$$\leqslant \frac{\alpha^2 b_2^2 + b_1^2(m-1)}{\lambda + \|\hat{\boldsymbol{\Phi}}_c(k)\|^2} < \frac{\alpha^2 b_2^2 + b_1^2(m-1)}{\lambda_{\min} + \|\hat{\boldsymbol{\Phi}}_c(k)\|^2} < 1. \tag{5.33}$$

由式(5.30),式(5.32)和式(5.33),可知

$$\left| 1 - \frac{\rho \sum\limits_{i=1}^{m} \phi_{ji}(k)\hat{\phi}_{ji}(k)}{\lambda + \|\hat{\boldsymbol{\Phi}}_c(k)\|^2} \right| + \sum\limits_{l=1, l \neq j}^{m} \left| \frac{\rho \sum\limits_{i=1}^{m} \phi_{ji}(k)\hat{\phi}_{li}(k)}{\lambda + \|\hat{\boldsymbol{\Phi}}_c(k)\|^2} \right| < 1 - \rho M_1 < 1. \tag{5.34}$$

由式(5.27)和式(5.34),可知

$$s\left(I - \frac{\rho \boldsymbol{\Phi}_c(k)\hat{\boldsymbol{\Phi}}_c^{\mathrm{T}}(k)}{\lambda + \|\hat{\boldsymbol{\Phi}}_c(k)\|^2} \right) < 1 - \rho M_1, \tag{5.35}$$

其中,$s(\boldsymbol{A})$是矩阵 $\boldsymbol{A}$ 的谱半径,即 $s(\boldsymbol{A}) = \max\limits_{i \in \{1,2,\cdots,m\}} |z_i|$. $z_i, i = 1, 2, \cdots, m$ 是矩阵 $\boldsymbol{A}$ 的特征值.

由矩阵谱半径的结论可知[183],存在一个任意小的正数 ε_1,使得

$$\left\| I - \frac{\rho \boldsymbol{\Phi}_c(k) \, \hat{\boldsymbol{\Phi}}_c^{\mathrm{T}}(k)}{\lambda + \| \, \hat{\boldsymbol{\Phi}}_c(k) \, \|^2} \right\|_v < s\left(I - \frac{\rho \boldsymbol{\Phi}_c(k) \, \hat{\boldsymbol{\Phi}}_c^{\mathrm{T}}(k)}{\lambda + \| \, \hat{\boldsymbol{\Phi}}_c(k) \, \|^2} \right) + \varepsilon_1 \leqslant 1 - \rho M_1 + \varepsilon_1 < 1.$$

(5.36)

其中, $\| \boldsymbol{A} \|_v$ 是矩阵 $\boldsymbol{A}$ 的相容范数.

令 $d_2 = 1 - \rho M_1 + \varepsilon_1$, 并在式(5.25)两边取范数, 得

$$\| \boldsymbol{e}(k+1) \|_v \leqslant \left\| I - \frac{\rho \boldsymbol{\Phi}_c(k) \, \hat{\boldsymbol{\Phi}}_c^{\mathrm{T}}(k)}{\lambda + \| \, \hat{\boldsymbol{\Phi}}_c(k) \, \|^2} \right\|_v \| \boldsymbol{e}(k) \|_v$$

$$\leqslant d_2 \| \boldsymbol{e}(k) \|_v \leqslant \cdots \leqslant d_2^k \| \boldsymbol{e}(1) \|_v.$$

(5.37)

由式(5.37)可得定理 5.1 的结论(1).

又由于 $\boldsymbol{y}^*$ 是给定的常向量, 且 $\boldsymbol{e}(k)$ 有界, 因此可得输出 $\boldsymbol{y}(k)$ 的有界性.

由于 $\hat{\boldsymbol{\Phi}}_c(k)$ 是有界的, 那么总可以找到一个正数 M_2, 使得下式成立

$$\left\| \frac{\rho \hat{\boldsymbol{\Phi}}_c^{\mathrm{T}}(k)}{\lambda + \| \, \hat{\boldsymbol{\Phi}}_c(k) \, \|^2} \right\|_v \leqslant M_2.$$

(5.38)

利用式(5.12), 式(5.37)和式(5.38)可推得

$$\| \boldsymbol{u}(k) \|_v \leqslant \| \boldsymbol{u}(k) - \boldsymbol{u}(k-1) \|_v + \| \boldsymbol{u}(k-1) \|_v$$

$$\leqslant \| \boldsymbol{u}(k) - \boldsymbol{u}(k-1) \|_v + \| \boldsymbol{u}(k-1) - \boldsymbol{u}(k-2) \|_v + \| \boldsymbol{u}(k-2) \|_v$$

$$\leqslant \| \Delta \boldsymbol{u}(k) \|_v + \| \Delta \boldsymbol{u}(k-1) \|_v + \cdots + \| \Delta \boldsymbol{u}(1) \|_v + \| \boldsymbol{u}(0) \|_v$$

$$\leqslant M_2(\| \boldsymbol{e}(k) \| + \| \boldsymbol{e}(k-1) \| + \cdots$$

$$+ \| \boldsymbol{e}(2) \| + \| \boldsymbol{e}(1) \|) + \| \boldsymbol{u}(0) \|_v$$

$$\leqslant M_2(d_2^{k-1} \| \boldsymbol{e}(1) \| + d_2^{k-2} \| \boldsymbol{e}(1) \| + \cdots$$

$$+ d_2 \| \boldsymbol{e}(1) \| + \| \boldsymbol{e}(1) \|) + \| \boldsymbol{u}(0) \|_v$$

$$< M_2 \frac{1}{1-d_2} \| \boldsymbol{e}(1) \| + \| \boldsymbol{u}(0) \|_v.$$

(5.39)

因此, 定理 5.1 的结论(2)也成立. ■

注 5.4　值得指出的是, 当系统没有输入耦合时, 有 $b_1 = 0$. 此时, 误差动态方程(5.25)可重写为

$$\boldsymbol{e}(k+1) = \begin{bmatrix} 1 - \dfrac{\rho \phi_{11}(k) \hat{\phi}_{11}(k)}{\lambda + \| \, \hat{\boldsymbol{\Phi}}_c(k) \, \|^2} & & & \\ & 1 - \dfrac{\rho \phi_{22}(k) \hat{\phi}_{22}(k)}{\lambda + \| \, \hat{\boldsymbol{\Phi}}_c(k) \, \|^2} & & \\ & & \ddots & \\ & & & 1 - \dfrac{\rho \phi_{mm}(k) \hat{\phi}_{mm}(k)}{\lambda + \| \, \hat{\boldsymbol{\Phi}}_c(k) \, \|^2} \end{bmatrix} \boldsymbol{e}(k).$$

(5.40)

利用假设 5.1 和重置算法(5.10),可知 PJM 的分量和 PJM 的估计值均有界. 因此,存在一个 $\lambda_{min} > 0$,使得当 $\lambda > \lambda_{min}$ 时,下式成立

$$0 < M_1 \leqslant \frac{\rho \phi_{ii}(k) \hat{\phi}_{ii}(k)}{\lambda + \| \hat{\boldsymbol{\Phi}}_c(k) \|^2} < 1, \quad i = 1, 2, \cdots, m,$$

再由式(5.40)可直接得到误差收敛的结论.

注 5.5　对于如式(5.13)的 MISO 离散时间非线性系统,可给出如下假设和推论.

假设 5.1′　PG $\boldsymbol{\phi}_c(k)$ 中元素的符号保持不变.

推论 5.1　对于非线性系统(5.13),在假设 3.7′,假设 3.8′和假设 5.1′满足的条件下,CFDL-MFAC 方案(5.14)~(5.16)具有如下性质:当 $y^*(k+1) = \text{const}$ 时,存在一个正数 $\lambda_{min} > 0$,使得当 $\lambda \geqslant \lambda_{min}$ 时有

(1) 输出跟踪误差是收敛的,即 $\lim\limits_{k \to \infty} |y(k+1) - y^*| = 0$,

(2) 闭环系统是 BIBO 稳定的,即输出序列 $\{y(k)\}$ 和输入序列 $\{u(k)\}$ 是有界的.

5.2.3　仿真研究

本小节通过两个数值仿真分别验证 MISO 系统的 CFDL-MFAC 方案 (5.14)~(5.16)和 MIMO 系统的 CFDL-MFAC 方案(5.9)~(5.12)的正确性和有效性.数例中给出的数学模型仅用于产生系统的 I/O 数据,并不参与控制器的设计.

例 5.1　MISO 离散时间非线性系统

$$y(k+1) = \frac{5y(k) + 2u_1(k) - 3u_2^2(k) + 2u_1^2(k)}{5 + u_1(k) + 5u_2(k)}. \tag{5.41}$$

该系统是一个 2 输入 1 输出的非线性系统.

期望轨迹如下

$$y^*(k+1) = (-1)^{\text{round}(k/100)}. \tag{5.42}$$

系统的初始条件为 $u(1) = u(2) = [1,1]^T, y(1) = 1, y(2) = 0.5, \varepsilon = 10^{-5}$;CFDL-MFAC 方案的参数设定为 $\eta = \rho = 1, \lambda = 3, \mu = 1, \hat{\boldsymbol{\phi}}_c(1) = [0.5, -0.2]^T$.

仿真结果见图 5.1.图 5.1(a),(b),(c)分别给出系统的跟踪性能,控制输入 $\boldsymbol{u}_1$、$\boldsymbol{u}_2$ 和 PG 估计值曲线.图 5.1(c)验证出定理假设的合理性.仿真结果表明 CFDL-MFAC 方案具有良好的控制效果,且其计算量和实现难度都小于其他的基于模型的自适应控制方法,以及基于神经网络的自适应控制方法.

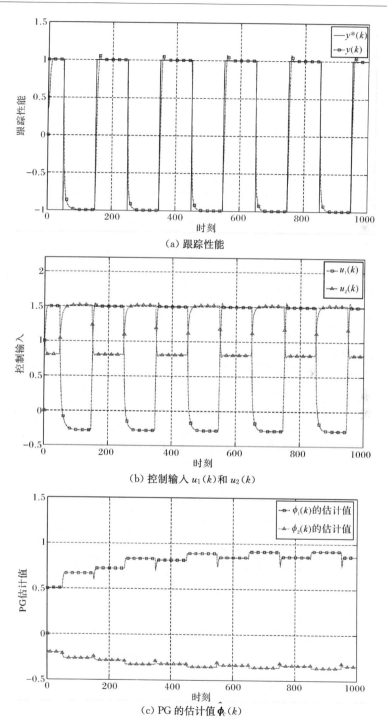

(a) 跟踪性能

(b) 控制输入 $u_1(k)$ 和 $u_2(k)$

(c) PG 的估计值 $\hat{\boldsymbol{\phi}}_c(k)$

图 5.1　MISO 离散时间非线性系统(5.41)应用 CFDL-MFAC 的仿真结果

例 5.2　MIMO 离散时间非线性系统

$$
\begin{cases}
x_{11}(k+1) = \dfrac{x_{11}^2(k)}{1+x_{11}^2(k)} + 0.3x_{12}(k), \\[3mm]
x_{12}(k+1) = \dfrac{x_{11}^2(k)}{1+x_{12}^2(k)+x_{21}^2(k)+x_{22}^2(k)} + a(k)u_1(k), \\[3mm]
x_{21}(k+1) = \dfrac{x_{21}^2(k)}{1+x_{21}^2(k)} + 0.2x_{22}(k), \\[3mm]
x_{22}(k+1) = \dfrac{x_{21}^2(k)}{1+x_{11}^2(k)+x_{12}^2(k)+x_{22}^2(k)} + b(k)u_2(k), \\[3mm]
y_1(k+1) = x_{11}(k+1), \\[2mm]
y_2(k+1) = x_{21}(k+1),
\end{cases} \tag{5.43}
$$

其中,$a(k)=1+0.1\sin(2\pi k/1500)$,$b(k)=1+0.1\cos(2\pi k/1500)$ 是两个时变参数. 当 $a(k)=1$,$b(k)=1$ 时,系统(5.43)与文献[184]中的系统相同. 该系统是一个 2 输入 2 输出的非线性系统. 由模型的具体结构可以看出,该系统是一个时变的耦合非线性系统.

期望轨迹如下

$$
\begin{cases}
y_1^*(k) = 0.5 + 0.25\cos(0.25\pi k/100) + 0.25\sin(0.5\pi k/100), \\[2mm]
y_2^*(k) = 0.5 + 0.25\sin(0.25\pi k/100) + 0.25\sin(0.5\pi k/100).
\end{cases} \tag{5.44}
$$

系统的初始条件为 $x_{1,1}(j)=x_{2,1}(j)=0.5$,$x_{1,2}(j)=x_{2,2}(j)=0$,$j=1,2$,$\boldsymbol{u}(1)=\boldsymbol{u}(2)=[0,0]^{\mathrm{T}}$. 控制器参数初始值为 $\hat{\boldsymbol{\Phi}}_c(1)=\hat{\boldsymbol{\Phi}}_c(2)=\begin{bmatrix}0.5 & 0 \\ 0 & 0.5\end{bmatrix}^{\mathrm{T}}$; $\eta=\rho=1$,$\mu=1$,$\lambda=0.5$.

仿真结果见图 5.2. 图 5.2(a),(b),(c)和(d)分别给出系统输出 y_1 和 y_2 的跟踪性能、控制输入以及 PJM 估计值的曲线. 仿真结果表明,尽管该离散时间 MIMO 非线性系统含有未知时变参数和未知的输入耦合,CDFL-MFAC 方案仍然能保证闭环系统具有良好的输出跟踪性能,其控制效果甚至好于应用神经元网络的控制方法,见文献[184]. 值得指出的是,尽管该系统是一个时变的耦合非线性系统,但从图 5.2(d)中可以看出,它的 PJM 的估计值的变化确实非常慢,几乎是一条直线,从这一点上看,定理 5.1 的假设是合理的。另外,从图5.2(a),(b)中可以看出,针对 MIMO 非线性系统的 MFAC 方案具有非常强的解耦能力.

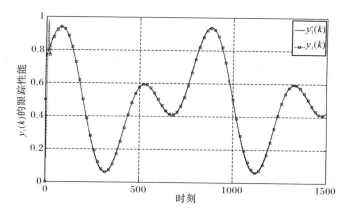

(a) $y_1(k)$ 的跟踪性能

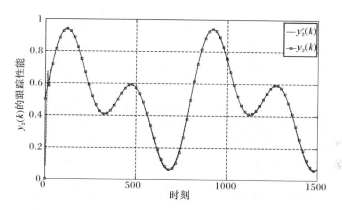

(b) $y_2(k)$ 的跟踪性能

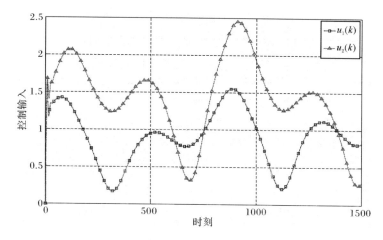

(c) 控制输入 $u_1(k)$ 和 $u_2(k)$

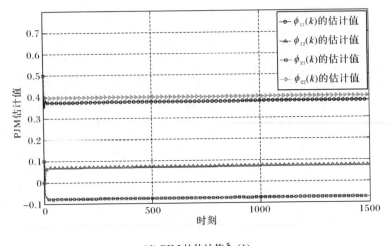

(d) PJM 的估计值 $\hat{\boldsymbol{\Phi}}_c(k)$

图 5.2　对 MIMO 离散时间非线性系统(5.43)应用 CFDL-MFAC 的仿真结果

5.3　基于偏格式动态线性化的无模型自适应控制

5.3.1　控制系统设计

由定理 3.6 可知,当 MIMO 非线性系统(5.1)满足假设 3.9 和假设 3.10,且对所有 k 有 $\|\Delta \overline{\boldsymbol{U}}_L(k)\| \neq 0$ 成立时,其等价 PFDL 数据模型可表示为

$$\Delta y(k+1) = \boldsymbol{\Phi}_{p,L}(k)\Delta \overline{\boldsymbol{U}}_L(k),\tag{5.45}$$

其中,$\boldsymbol{\Phi}_{p,L}(k)=[\boldsymbol{\Phi}_1(k),\cdots,\boldsymbol{\Phi}_L(k)]\in \mathbf{R}^{m\times mL}$ 为系统的伪分块雅可比矩阵(pseudo partitioned Jacobian matrix,PPJM)

$$\boldsymbol{\Phi}_i(k)=\begin{bmatrix} \phi_{11i}(k) & \phi_{12i}(k) & \cdots & \phi_{1mi}(k) \\ \phi_{21i}(k) & \phi_{22i}(k) & \cdots & \phi_{2mi}(k) \\ \vdots & \vdots & \vdots & \vdots \\ \phi_{m1i}(k) & \phi_{m2i}(k) & \cdots & \phi_{mmi}(k) \end{bmatrix}\in \mathbf{R}^{m\times m},\quad i=1,\cdots,L,$$

为相应的子方阵,$\Delta \overline{\boldsymbol{U}}_L(k)=[\Delta \boldsymbol{u}^{\mathrm{T}}(k),\cdots,\Delta \boldsymbol{u}^{\mathrm{T}}(k-L+1)]^{\mathrm{T}}$.

假设 5.2　系统的 PPJM $\boldsymbol{\Phi}_{p,L}(k)$ 中的第一个子块 $\boldsymbol{\Phi}_1(k)$ 是满足如下条件的对角占优矩阵,即满足 $|\phi_{ij1}(k)| \leqslant b_1, b_2 \leqslant |\phi_{ii1}(k)| \leqslant \alpha b_2, \alpha \geqslant 1, b_2 > b_1(2\alpha+1)(m-1), i=1,\cdots,m, j=1,\cdots,m, i\neq j$,并且 $\boldsymbol{\Phi}_1(k)$ 中所有元素的符号保持不变.

注 5.6　与注 5.1 类似.

1. 控制算法

考虑如下控制输入准则函数

$$J(\boldsymbol{u}(k)) = \parallel \boldsymbol{y}^*(k+1) - \boldsymbol{y}(k+1) \parallel^2 + \lambda \parallel \boldsymbol{u}(k) - \boldsymbol{u}(k-1) \parallel^2, \quad (5.46)$$

其中, $\lambda > 0$ 是一个权重因子.

将式(5.45)代入准则函数(5.46)中, 对 $u(k)$ 求导, 并令其等于零, 得

$$\begin{aligned} \boldsymbol{u}(k) = {} & \boldsymbol{u}(k-1) \\ & + (\lambda \boldsymbol{I} + \boldsymbol{\Phi}_1^{\mathrm{T}}(k)\,\boldsymbol{\Phi}_1(k))^{-1}\,\boldsymbol{\Phi}_1^{\mathrm{T}}(k) \\ & \times \Big((\boldsymbol{y}^*(k+1) - \boldsymbol{y}(k)) - \sum_{i=2}^{L} \boldsymbol{\Phi}_i(k)\Delta\boldsymbol{u}(k-i+1) \Big). \end{aligned} \quad (5.47)$$

类似 5.2 节的讨论, 可进一步给出不含矩阵求逆运算的控制算法如下

$$\boldsymbol{u}(k) = \boldsymbol{u}(k-1) + \frac{\boldsymbol{\Phi}_1^{\mathrm{T}}(k)\Big(\rho_1(\boldsymbol{y}^*(k+1) - \boldsymbol{y}(k)) - \sum_{i=2}^{L}\rho_i\,\boldsymbol{\Phi}_i(k)\Delta\boldsymbol{u}(k-i+1)\Big)}{\lambda + \parallel \boldsymbol{\Phi}_1(k) \parallel^2}.$$

$$(5.48)$$

其中, $\rho_i \in (0,1], i = 1, 2, \cdots, L$ 是加入的步长因子.

2. PPJM 估计算法

估计准则函数为

$$J(\boldsymbol{\Phi}_{p,L}(k)) = \parallel \Delta\boldsymbol{y}(k) - \boldsymbol{\Phi}_{p,L}(k)\Delta\overline{\boldsymbol{U}}_L(k-1) \parallel^2 + \mu \parallel \boldsymbol{\Phi}_{p,L}(k) - \hat{\boldsymbol{\Phi}}_{p,L}(k-1) \parallel^2,$$

$$(5.49)$$

其中, $\mu > 0$ 是权重因子.

极小化指标函数(5.49), 可得 PPJM 的估计算法

$$\begin{aligned} \hat{\boldsymbol{\Phi}}_{p,L}(k) = {} & \hat{\boldsymbol{\Phi}}_{p,L}(k-1) \\ & + (\Delta\boldsymbol{y}(k) - \hat{\boldsymbol{\Phi}}_{p,L}(k-1)\Delta\overline{\boldsymbol{U}}_L(k-1))\Delta\overline{\boldsymbol{U}}_L^{\mathrm{T}}(k-1) \\ & \times (\mu\boldsymbol{I} + \Delta\overline{\boldsymbol{U}}_L(k-1)\Delta\overline{\boldsymbol{U}}_L^{\mathrm{T}}(k-1))^{-1}, \end{aligned} \quad (5.50)$$

类似 5.2 节的讨论, 可进一步给出不含矩阵求逆运算的 PPJM 的估计算法如下

$$\hat{\boldsymbol{\Phi}}_{p,L}(k) = \hat{\boldsymbol{\Phi}}_{p,L}(k-1) + \frac{\eta(\Delta\boldsymbol{y}(k) - \hat{\boldsymbol{\Phi}}_{p,L}(k-1)\Delta\overline{\boldsymbol{U}}_L(k-1))\Delta\overline{\boldsymbol{U}}_L^{\mathrm{T}}(k-1)}{\mu + \parallel \Delta\overline{\boldsymbol{U}}_L(k-1) \parallel^2},$$

$$(5.51)$$

其中, $\eta \in (0,2]$ 是加入的步长因子; $\hat{\boldsymbol{\Phi}}_{p,L}(k) = [\hat{\boldsymbol{\Phi}}_1(k), \hat{\boldsymbol{\Phi}}_2(k), \cdots, \hat{\boldsymbol{\Phi}}_L(k)] \in \boldsymbol{R}^{m \times mL}$ 是 PPJM $\boldsymbol{\Phi}_{p,L}(k)$ 的估计值

$$\hat{\boldsymbol{\Phi}}_i(k) = \begin{bmatrix} \hat{\phi}_{11i}(k) & \hat{\phi}_{12i}(k) & \cdots & \hat{\phi}_{1mi}(k) \\ \hat{\phi}_{21i}(k) & \hat{\phi}_{22i}(k) & \cdots & \hat{\phi}_{2mi}(k) \\ \vdots & \vdots & \vdots & \vdots \\ \hat{\phi}_{m1i}(k) & \hat{\phi}_{m2i}(k) & \cdots & \hat{\phi}_{mmi}(k) \end{bmatrix} \in \mathbf{R}^{m\times m}, \quad i=1,\cdots,L.$$

是对应的子方阵.

3. 系统控制方案

综合 PPJM 估计算法(5.51)及控制算法(5.48),可以得到针对离散时间 MIMO 非线性系统的 PFDL-MFAC 方案如下

$$\hat{\boldsymbol{\Phi}}_{p,L}(k) = \hat{\boldsymbol{\Phi}}_{p,L}(k-1) + \frac{\eta(\Delta\boldsymbol{y}(k)-\hat{\boldsymbol{\Phi}}_{p,L}(k-1)\Delta\overline{\boldsymbol{U}}_L(k-1))\Delta\overline{\boldsymbol{U}}_L^{\mathrm{T}}(k-1)}{\mu + \parallel \Delta\overline{\boldsymbol{U}}_L(k-1) \parallel^2},$$
$$(5.52)$$

$$\hat{\phi}_{ii1}(k) = \hat{\phi}_{ii1}(1), \text{如果} |\hat{\phi}_{ii1}(k)| < b_2 \text{ 或 } |\hat{\phi}_{ii1}(k)| > \alpha b_2 \text{ 或}$$
$$\mathrm{sign}(\hat{\phi}_{ii1}(k)) \neq \mathrm{sign}(\hat{\phi}_{ii1}(1)), i=1,\cdots,m \qquad (5.53)$$

$$\hat{\phi}_{ij1}(k) = \hat{\phi}_{ij1}(1), \text{如果} |\hat{\phi}_{ij1}(k)| > b_1 \text{ 或}$$
$$\mathrm{sign}(\hat{\phi}_{ij1}(k)) \neq \mathrm{sign}(\hat{\phi}_{ij1}(1)), i,j=1,\cdots,m, i\neq j \qquad (5.54)$$

$$\boldsymbol{u}(k) = \boldsymbol{u}(k-1) + \frac{\hat{\boldsymbol{\Phi}}_1^{\mathrm{T}}(k)\left(\rho_1(\boldsymbol{y}^*(k+1)-\boldsymbol{y}(k))-\sum_{i=2}^{L}\rho_i\hat{\boldsymbol{\Phi}}_i(k)\Delta\boldsymbol{u}(k-i+1)\right)}{\lambda + \parallel \hat{\boldsymbol{\Phi}}_1(k) \parallel^2},$$
$$(5.55)$$

其中,$\hat{\phi}_{ij1}(1)$ 是 $\hat{\phi}_{ij1}(k)$ 的初值,$i=1,\cdots,m, j=1,\cdots,m$;$\rho_1,\rho_2,\cdots,\rho_L \in (0,1]$,$\eta\in(0,2], \lambda>0, \mu>0$.

注 5.7 对离散时间 MISO 非线性系统(5.13),利用 PFDL 数据模型 $y(k+1)=y(k)+\hat{\boldsymbol{\phi}}_{p,L}^{\mathrm{T}}(k)\Delta\overline{\boldsymbol{U}}_L(k)$,也可给出其 PFDL-MFAC 方案如下

$$\hat{\boldsymbol{\phi}}_{p,L}(k) = \hat{\boldsymbol{\phi}}_{p,L}(k-1) + \frac{\eta(\Delta y(k)-\hat{\boldsymbol{\phi}}_{p,L}^{\mathrm{T}}(k-1)\Delta\overline{\boldsymbol{U}}_L(k-1))\Delta\overline{\boldsymbol{U}}_L(k-1)}{\mu + \parallel \Delta\overline{\boldsymbol{U}}_L(k-1) \parallel^2},$$
$$(5.56)$$

$$\hat{\phi}_{i1}(k) = \hat{\phi}_{i1}(1), \text{如果} |\hat{\phi}_{i1}(k)| < b_2 \text{ 或}$$
$$\mathrm{sign}(\hat{\phi}_{i1}(k)) \neq \mathrm{sign}(\hat{\phi}_{i1}(1)), \quad i=1,\cdots,m, \qquad (5.57)$$

$$\boldsymbol{u}(k) = \boldsymbol{u}(k-1) + \frac{\hat{\boldsymbol{\phi}}_1(k)\left(\rho_1(y^*(k+1)-y(k))-\sum_{i=2}^{L}\rho_i\hat{\boldsymbol{\phi}}_i^{\mathrm{T}}(k)\Delta\boldsymbol{u}(k-i+1)\right)}{\lambda + \parallel \hat{\boldsymbol{\phi}}_1(k) \parallel^2}.$$
$$(5.58)$$

其中，$\hat{\bar{\boldsymbol{\phi}}}_{p,L}(k)=[\hat{\bar{\boldsymbol{\phi}}}_1^{\mathrm{T}}(k),\cdots,\hat{\bar{\boldsymbol{\phi}}}_L^{\mathrm{T}}(k)]^{\mathrm{T}}\in\mathbf{R}^{mL}$ 是系统 (5.13) 的 PFDL 数据模型 (3.43) 中伪分块梯度 (pseudo partitioned gradient，PPG) $\bar{\boldsymbol{\phi}}_{p,L}(k)$ 的估计值，$\hat{\bar{\boldsymbol{\phi}}}_i(k)=[\hat{\bar{\phi}}_{1i}(k),\hat{\bar{\phi}}_{2i}(k),\cdots,\hat{\bar{\phi}}_{mi}(k)]^{\mathrm{T}},i=1,\cdots,L$ 是相应梯度分量的估计值；$\hat{\bar{\boldsymbol{\phi}}}_{p,L}(1)$ 是 $\hat{\bar{\boldsymbol{\phi}}}_{p,L}(k)$ 的初值；$\rho_1,\rho_2,\cdots,\rho_L,\eta\in(0,1],\lambda>0,\mu>0$.

5.3.2　稳定性分析

定理 5.2　对于非线性系统 (5.1)，在假设 3.9，假设 3.10 和假设 5.2 满足的条件下，PFDL-MFAC 方案 (5.51)~(5.55) 具有如下性质：当 $\boldsymbol{y}^*(k+1)=\boldsymbol{y}^*=$ const 时，存在一个正数 $\lambda_{\min}>0$，使得当 $\lambda\geqslant\lambda_{\min}$ 时有

(1) 系统的跟踪误差是收敛的，且 $\lim\limits_{k\to\infty}\|\boldsymbol{y}(k+1)-\boldsymbol{y}^*\|_v=0$，$\|(\cdot)\|_v$ 是 $(\cdot)$ 的相容范数.

(2) 闭环系统是 BIBO 稳定的，即输出序列 $\{\boldsymbol{y}(k)\}$ 和输入序列 $\{\boldsymbol{u}(k)\}$ 是有界的.

证明　$\hat{\boldsymbol{\Phi}}_{p,L}(k)$ 的有界性证明与定理 5.1 证明中第一步类似，在此省略.

在 $\hat{\boldsymbol{\Phi}}_{p,L}(k)$ 有界的基础上，下面证明系统输出误差收敛和 BIBO 稳定.

定义输出误差如下

$$e(k)=\boldsymbol{y}^*-\boldsymbol{y}(k). \tag{5.59}$$

令

$$\boldsymbol{A}_1(k)=\begin{bmatrix} -\dfrac{\rho_2\,\hat{\boldsymbol{\Phi}}_1^{\mathrm{T}}(k)\,\hat{\boldsymbol{\Phi}}_2(k)}{\lambda+\|\hat{\boldsymbol{\Phi}}_1(k)\|^2} & \cdots & -\dfrac{\rho_L\,\hat{\boldsymbol{\Phi}}_1^{\mathrm{T}}(k)\,\hat{\boldsymbol{\Phi}}_L(k)}{\lambda+\|\hat{\boldsymbol{\Phi}}_1(k)\|^2} & \boldsymbol{0} \\ \boldsymbol{I} & \cdots & \boldsymbol{0} & \boldsymbol{0} \\ \vdots & \ddots & \vdots & \vdots \\ \boldsymbol{0} & \cdots & \boldsymbol{I} & \boldsymbol{0} \end{bmatrix}_{mL\times mL},$$

$$\boldsymbol{C}_1(k)=\begin{bmatrix} \dfrac{\hat{\boldsymbol{\Phi}}_1(k)}{\lambda+\|\hat{\boldsymbol{\Phi}}_1(k)\|^2} & \boldsymbol{0} \\ \boldsymbol{0} & \boldsymbol{0} \end{bmatrix}_{mL\times mL}^{\mathrm{T}},$$

$$\boldsymbol{E}(k)=\begin{bmatrix} e(k) \\ \boldsymbol{0}_{mL-m} \end{bmatrix}\in\mathbf{R}^{mL}.$$

则控制算法 (5.55) 可重写为

$$\Delta\bar{\boldsymbol{U}}_L(k)=\boldsymbol{A}_1(k)\Delta\bar{\boldsymbol{U}}_L(k-1)+\rho_1\,\boldsymbol{C}_1(k)\boldsymbol{E}(k). \tag{5.60}$$

将 PFDL 数据模型 (5.45) 和式 (5.60) 代入式 (5.59)，得

$$e(k+1)=\boldsymbol{y}^*-\boldsymbol{y}(k)-(\boldsymbol{y}(k+1)-\boldsymbol{y}(k))$$

$$=e(k)-\boldsymbol{\Phi}_{p,L}(k)\Delta\overline{\boldsymbol{U}}_L(k)$$

$$=\left[\boldsymbol{I}-\frac{\rho_1\,\boldsymbol{\Phi}_1(k)\hat{\boldsymbol{\Phi}}_1^{\mathrm{T}}(k)}{\lambda+\parallel\hat{\boldsymbol{\Phi}}_1(k)\parallel^2}\right]e(k)-\boldsymbol{\Phi}_{p,L}(k)\boldsymbol{A}_1(k)\Delta\overline{\boldsymbol{U}}_L(k-1).\qquad(5.61)$$

令

$$\boldsymbol{A}_2(k)=\begin{bmatrix}\boldsymbol{I}-\dfrac{\rho_1\,\boldsymbol{\Phi}_1(k)\hat{\boldsymbol{\Phi}}_1^{\mathrm{T}}(k)}{\lambda+\parallel\hat{\boldsymbol{\Phi}}_1(k)\parallel^2} & \boldsymbol{0}\\[2mm] \boldsymbol{0} & \boldsymbol{0}\end{bmatrix}_{mL\times mL},$$

$$\boldsymbol{C}_2(k)=\begin{bmatrix}\boldsymbol{\Phi}_{p,L}(k)\\[1mm]\boldsymbol{0}\end{bmatrix}_{mL\times mL},$$

式(5.61)可重写为

$$\boldsymbol{E}(k+1)=\boldsymbol{E}(k)-\boldsymbol{C}_2(k)\Delta\overline{\boldsymbol{U}}_L(k)$$

$$=\boldsymbol{A}_2(k)\boldsymbol{E}(k)-\boldsymbol{C}_2(k)\boldsymbol{A}_1(k)\Delta\overline{\boldsymbol{U}}_L(k-1).\qquad(5.62)$$

由$\boldsymbol{\Phi}_{p,L}(k)$和$\hat{\boldsymbol{\Phi}}_{p,L}(k)$的有界性可知,存在$M_1,M_3,M_4$和$\lambda_{\min}>0$,使得以下不等式在$\lambda>\lambda_{\min}$时成立

$$0<M_1\leqslant\frac{2\alpha b_1^2\,(m-1)^2}{\lambda+\parallel\hat{\boldsymbol{\Phi}}_1(k)\parallel^2}<\frac{\alpha^2 b_2^2+b_1^2\,(m-1)^2}{\lambda_{\min}+\parallel\hat{\boldsymbol{\Phi}}_1(k)\parallel^2}<1,\qquad(5.63)$$

$$s(\boldsymbol{A}_1(k))\leqslant1,\qquad(5.64)$$

$$\parallel\boldsymbol{C}_1(k)\parallel_v\leqslant M_3<1,\qquad(5.65)$$

$$\parallel\boldsymbol{C}_2(k)\parallel_v\leqslant M_4,\qquad(5.66)$$

$$M_1+M_3M_4<1,\qquad(5.67)$$

$$s(\boldsymbol{A}_2(k))<1-\rho_1 M_1<1,\qquad(5.68)$$

其中,$s(\boldsymbol{A})$是矩阵$\boldsymbol{A}$的谱半径;$\parallel\boldsymbol{A}\parallel_v$是矩阵$\boldsymbol{A}$的相容范数.

值得指出的是,式(5.63),式(5.64)和式(5.68)可以由类似式(5.26)~式(5.36)的分析流程得到.

$\boldsymbol{A}_1(k)$的特征方程如下

$$z^m\det\left(z^{L-1}I+\sum_{i=2}^{L}z^{L-i}\frac{\rho_i\,\hat{\boldsymbol{\Phi}}_1^{\mathrm{T}}(k)\,\hat{\boldsymbol{\Phi}}_i(k)}{\lambda+\parallel\hat{\boldsymbol{\Phi}}_1(k)\parallel^2}\right)=0.\qquad(5.69)$$

注意到$\det\left(z^{L-1}I+\sum_{i=2}^{L}z^{L-i}\dfrac{\rho_i\,\hat{\boldsymbol{\Phi}}_1^{\mathrm{T}}(k)\,\hat{\boldsymbol{\Phi}}_i(k)}{\lambda+\parallel\hat{\boldsymbol{\Phi}}_1(k)\parallel^2}\right)$是关于$z$的$(mL-m)$阶的首1多项式,可以重写为如下形式

$$z^{(L-1)m}+\frac{\chi(z)}{\lambda+\parallel\hat{\boldsymbol{\Phi}}_1(k)\parallel^2}\max_{i=2,\cdots,L}\rho_i,$$

其中,$\chi(z)$是一个关于z的$(mL-m-1)$阶的多项式.

因为$\boldsymbol{\Phi}_{p,L}(k)$和$\hat{\boldsymbol{\Phi}}_{p,L}(k)$有界,且$s(\boldsymbol{A}_1(k))\leqslant1$,则存在正数$M_2$,使得下式成立

$$\frac{|\chi(z_i)|}{\lambda+\parallel\hat{\boldsymbol{\Phi}}_1(k)\parallel^2}\leqslant M_2,\qquad\forall z_1,\cdots,z_{mL},\qquad(5.70)$$

其中, z_i 是矩阵 $\boldsymbol{A}_1(k)$ 的特征值, $i=1,2,\cdots,mL$.

选择 $\max\limits_{i=2,\cdots,L}\rho_i$ 使得下式对任意 z_i, $i=1,2,\cdots,mL$ 成立

$$|z_i|^{(L-1)m} \leqslant \max_{i=2,\cdots,L}\rho_i M_2 < 1. \tag{5.71}$$

由式(5.71)可知

$$s(\boldsymbol{A}_1(k)) \leqslant (\max_{i=2,\cdots,L}\rho_i M_2)^{\frac{1}{(L-1)m}} < 1. \tag{5.72}$$

对给定的矩阵 $\boldsymbol{A}$, 由矩阵谱半径的结论可知, 存在一个任意小的常数 ε, 使得下式成立

$$\|\boldsymbol{A}\|_v < s(\boldsymbol{A}) + \varepsilon. \tag{5.73}$$

由式(5.68), 式(5.72)和式(5.73), 得

$$\|\boldsymbol{A}_1(k)\|_v < s(\boldsymbol{A}_1(k)) + \varepsilon \leqslant (\max_{i=2,\cdots,L}\rho_i M_2)^{\frac{1}{(L-1)m}} + \varepsilon < 1, \tag{5.74}$$

和

$$\|\boldsymbol{A}_2(k)\|_v < s(\boldsymbol{A}_2(k)) + \varepsilon \leqslant 1 - \rho_1 M_1 + \varepsilon < 1. \tag{5.75}$$

令

$$d_1 = (\max_{i=2,\cdots,L}\rho_i M_2)^{\frac{1}{(L-1)m}} + \varepsilon, \tag{5.76}$$

$$d_2 = 1 - \rho_1 M_1 + \varepsilon. \tag{5.77}$$

在式(5.60)两边取范数, 并根据 $\overline{\boldsymbol{U}}_L(0)$ 的初值设定 $\|\Delta\overline{\boldsymbol{U}}_L(0)\|_v=0$, 得

$$\begin{aligned}
\|\Delta\overline{\boldsymbol{U}}_L(k)\|_v &= \|\boldsymbol{A}_1(k)\|_v \|\Delta\overline{\boldsymbol{U}}_L(k-1)\|_v + \rho_1\|\boldsymbol{C}_1(k)\|_v\|\boldsymbol{E}(k)\|_v \\
&< d_1\|\Delta\overline{\boldsymbol{U}}_L(k-1)\|_v + \rho_1 M_3\|\boldsymbol{E}(k)\|_v \\
&< \cdots < \rho_1 M_3\sum_{i=1}^{k}d_1^{k-i}\|\boldsymbol{E}(i)\|_v.
\end{aligned} \tag{5.78}$$

在式(5.62)两边取范数, 得

$$\begin{aligned}
\|\boldsymbol{E}(k+1)\|_v &= \|\boldsymbol{A}_2(k)\|_v\|\boldsymbol{E}(k)\|_v + \|\boldsymbol{C}_2(k)\|_v\|\boldsymbol{A}_1(k)\|_v\|\Delta\overline{\boldsymbol{U}}_L(k-1)\|_v \\
&< d_2\|\boldsymbol{E}(k)\|_v + d_1 M_4\|\Delta\overline{\boldsymbol{U}}_L(k-1)\|_v \\
&< \cdots < d_2^k\|\boldsymbol{E}(1)\|_v + M_4\sum_{j=2}^{k-1}d_2^{k-1-j}d_1\|\Delta\overline{\boldsymbol{U}}_L(j)\|_v.
\end{aligned} \tag{5.79}$$

令 $d_3 = \rho_1 M_3 M_4$, 并把式(5.78)代入式(5.79), 得

$$\begin{aligned}
\|\boldsymbol{E}(k+1)\|_v &< d_2^k\|\boldsymbol{E}(1)\|_v + M_4\sum_{j=1}^{k-1}d_2^{k-1-j}d_1\|\Delta\overline{\boldsymbol{U}}_L(j)\|_v \\
&< d_2^k\|\boldsymbol{E}(1)\|_v + M_4\sum_{j=1}^{k-1}d_2^{k-1-j}d_1\left(\rho_1 M_3\sum_{i=1}^{j}d_1^{j-i}\|\boldsymbol{E}(i)\|_v\right) \\
&= d_2^k\|\boldsymbol{E}(1)\|_v + d_1 d_3\sum_{j=1}^{k-1}d_2^{k-1-j}\left(\sum_{i=1}^{j}d_1^{j-i}\|\boldsymbol{E}(i)\|_v\right) \\
&= g(k+1),
\end{aligned} \tag{5.80}$$

其中，$g(k+1)=d_2^k\parallel\boldsymbol{E}(1)\parallel_v+d_1d_3\sum_{j=1}^{k-1}d_2^{k-1-j}\big(\sum_{i=1}^{j}d_1^{i-1}\parallel\boldsymbol{E}(i)\parallel_v\big).$

显然，若 $g(k+1)$ 收敛到 0，则 $\parallel\boldsymbol{E}(k+1)\parallel_v$ 也收敛到 0.

计算 $g(k+2)$，得

$$g(k+2)=d_2^{k+1}\parallel\boldsymbol{E}(1)\parallel_v+d_1d_3\sum_{j=1}^{k}d_2^{k-i}\big(\sum_{i=1}^{j}d_1^{j-i}\parallel\boldsymbol{E}(i)\parallel_v\big)$$
$$=d_2g(k+1)+d_3d_1^k\parallel\boldsymbol{E}(1)\parallel_v+d_3d_1^{k-1}\parallel\boldsymbol{E}(2)\parallel_v+\cdots+$$
$$d_3d_1\parallel\boldsymbol{E}(k)\parallel_v$$
$$<d_2g(k+1)+d_3d_1^k\parallel\boldsymbol{E}(1)\parallel_v+d_3d_1^{k-1}\parallel\boldsymbol{E}(2)\parallel_v+\cdots+d_3d_1g(k)$$
$$=d_2g(k+1)+h(k),\tag{5.81}$$

其中，$h(k)=d_3d_1^k\parallel\boldsymbol{E}(1)\parallel_v+d_3d_1^{k-1}\parallel\boldsymbol{E}(2)\parallel_v+\cdots+d_3d_1g(k).$

利用式(5.67)可得

$$d_2=1-\rho_1M_1+\varepsilon>\rho_1(M_1+M_3M_4)-\rho_1M_1+\varepsilon=\rho_1M_3M_4+\varepsilon>d_3.$$

$h(k)$ 可重写为

$$h(k)<d_3d_1^k\parallel\boldsymbol{E}(1)\parallel_v+d_3d_1^{k-1}\parallel\boldsymbol{E}(2)\parallel_v+\cdots+d_3d_1^2\parallel\boldsymbol{E}(k-1)\parallel_v+d_2d_1g(k)$$
$$<d_3d_1^k\parallel\boldsymbol{E}(1)\parallel_v+d_3d_1^{k-1}\parallel\boldsymbol{E}(2)\parallel_v+\cdots+d_3d_1^2\parallel\boldsymbol{E}(k-1)\parallel_v$$
$$+d_2d_1\big(d_2^{k-1}\parallel\boldsymbol{E}(1)\parallel_v+d_1d_3\sum_{j=1}^{k-2}d_2^{k-2-j}\big(\sum_{i=1}^{j}d_1^{j-i}\parallel\boldsymbol{E}(i)\parallel_v\big)\big)$$
$$<d_1\big(d_2^k\parallel\boldsymbol{E}(1)\parallel_v+d_1d_3\sum_{j=1}^{k-1}d_2^{k-1-j}\big(\sum_{i=1}^{j}d_1^{j-i}\parallel\boldsymbol{E}(i)\parallel_v\big)\big)$$
$$=d_1g(k+1).\tag{5.82}$$

把式(5.82)代入式(5.81)，得

$$g(k+2)=d_2g(k+1)+h(k)<(d_2+d_1)g(k+1).\tag{5.83}$$

选择 $0<\rho_1\leqslant1,\cdots,0<\rho_L\leqslant1$，使得

$$0<\{\max_{i=2,\cdots,L}\rho_iM_2\}^{\frac{1}{(L-1)m}}<\rho_1M_1<1$$

和

$$0<1-\rho_1M_1+\{\max_{i=2,\cdots,L}\rho_iM_2\}^{\frac{1}{(L-1)m}}<1\tag{5.84}$$

成立.

因为 ε 是任意小的正常数，因此，下式成立

$$d_2+d_1=1-\rho_1M_1+\varepsilon+\{\max_{i=2,\cdots,L}\rho_iM_2\}^{\frac{1}{(L-1)m}}+\varepsilon<1.\tag{5.85}$$

把式(5.85)代入式(5.83)，得

$$\lim_{k\to\infty}g(k+2)<\lim_{k\to\infty}(d_2+d_1)g(k+1)<\cdots<\lim_{k\to\infty}(d_2+d_1)^{k-1}g(2)=0,$$
$$\tag{5.86}$$

其中，$g(2) = d_2 \| \boldsymbol{E}(1) \|$.

由式(5.80)和式(5.86)可得定理 5.2 的结论(1).

又由于 $\boldsymbol{y}^*$ 是给定的常向量，且 $\boldsymbol{e}(k)$ 有界，因此可得输出 $\boldsymbol{y}(k)$ 的有界性. 最后，利用式(5.78)、式(5.80)和式(5.86)，有

$$\| \overline{\boldsymbol{U}}_L(k) \|_v \leqslant \sum_{i=1}^{k} \| \Delta \overline{\boldsymbol{U}}_L(i) \|_v \leqslant \rho_1 M_3 \sum_{i=1}^{k} \sum_{j=1}^{i} d_1^{i-j} \| \boldsymbol{E}(j) \|_v$$

$$< \frac{\rho_1 M_3}{1-d_1} (\| \boldsymbol{E}(1) \|_v + \cdots + \| \boldsymbol{E}(k) \|_v)$$

$$< \frac{\rho_1 M_3}{1-d_1} (\| \boldsymbol{E}(1) \|_v + g(2) + \cdots + g(k))$$

$$< \frac{\rho_1 M_3}{1-d_1} \left(\| \boldsymbol{E}(1) \|_v + \frac{g(2)}{1-d_1-d_2} \right). \tag{5.87}$$

因此，定理 5.2 的结论(2)也成立. ■

注 5.8　对于如式(5.13)的离散时间 MISO 非线性系统，可给出如下假设和推论.

假设 5.2′　PPG $\widehat{\boldsymbol{\phi}}_{p,L}(k)$ 的第一个子块 $\widehat{\boldsymbol{\phi}}_1^{\mathrm{T}}(k)$ 中元素的符号保持不变.

推论 5.2　对于非线性系统(5.13)，在假设 3.9′，假设 3.10′ 和假设 5.2′ 满足的条件下，PFDL-MFAC 方案(5.56)～(5.58)具有如下性质：当 $y^*(k+1) = \mathrm{const}$ 时，存在一个正数 $\lambda_{\min} > 0$，使得当 $\lambda \geqslant \lambda_{\min}$ 时有

(1) 系统的跟踪误差是收敛的，即有 $\lim\limits_{k \to \infty} | y(k+1) - y^* | = 0$.

(2) 闭环系统是 BIBO 稳定的，即输出序列 $\{y(k)\}$ 和输入序列 $\{u(k)\}$ 是有界的.

5.3.3　仿真研究

通过两个数值仿真分别验证 MISO 系统的 PFDL-MFAC 方案(5.56)～(5.58)，和 MIMO 系统的 PFDL-MFAC 方案(5.51)～(5.55)的正确性和有效性. 以下数例中给出的数学模型仅用于产生系统的 I/O 数据，并不参与控制器的设计.

例 5.3　MISO 离散时间非线性系统

$$y(k+1) = y(k)u_1^2(k) + a(k)u_2(k) - b(k)u_1(k-1)y^2(k-1) + u_2^2(k-1),$$
$$\tag{5.88}$$

其中，$a(k) = \mathrm{round}(k/50)$ 是一个快时变参数；$b(k) = \sin(k/100)$ 是一个慢时变参数.

期望轨迹如下

$$y^*(k+1) = 0.5\,(-1)^{\text{round}(k/100)}. \qquad (5.89)$$

系统的初值为 $\boldsymbol{u}(1)=[0.1,0.2]^{\mathrm{T}}, y(1)=0.1, y(2)=1, \varepsilon=10^{-5}, M=50$；控制器初始

参数为 $L=3, \eta=\rho_1=\rho_2=\rho_3=1, \lambda=22, \mu=1, \hat{\boldsymbol{\phi}}_{p,L}(1)=[-0.5,1,-0.5,0,0,0]^{\mathrm{T}}$.

　　仿真结果见图 5.3. 图 5.3(a), (b) 和 (c) 分别给出系统的跟踪性能、控制输入 u_1、u_2 和 PPG 估计值的曲线. 仿真结果表明控制方案具有良好的控制效果. 图 5.3(a) 的尖刺是由快时变参数引起.

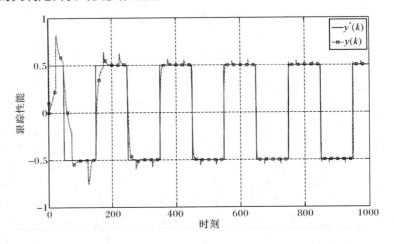

(a) 跟踪性能

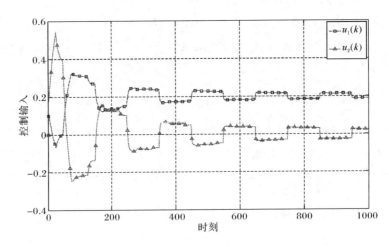

(b) 控制输入 $u_1(k)$ 和 $u_2(k)$

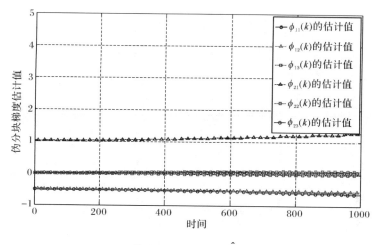

(c) 伪分块梯度的估计值 $\hat{\boldsymbol{\Phi}}_{p,L}(k)$

图 5.3　MISO 离散时间非线性系统(5.88)应用 PFDL-MFAC 的仿真结果

例 5.4　离散时间 MIMO 非最小相位非线性系统

$$
\begin{cases}
y_1(k+1) = \dfrac{2.5y_1(k)y_1(k-1)+0.09u_1(k)u_1(k-1)}{1+y_1^2(k)+y_1^2(k-1)} \\
\qquad\quad +1.2u_1(k)+1.6u_1(k-2)+0.09u_1(k)u_2(k-1)+0.5u_2(k) \\
\qquad\quad +0.7\sin(0.5(y_1(k)+y_1(k-1)))\cos(0.5(y_1(k)+y_1(k-1))), \\
y_2(k+1) = \dfrac{5y_2(k)y_2(k-1)}{1+y_1^2(k)+y_1^2(k-1)+y_1^2(k-2)}+u_2(k)+1.1u_2(k-1) \\
\qquad\quad +1.4u_2(k)+0.5u_1(k),
\end{cases}
$$

$$(5.90)$$

该系统是一个 2 输入 2 输出的非线性系统。从式(5.88)可以看出,它也是一个耦合的非线性系统。

期望轨迹如下

$$
\begin{cases}
y_1^*(k+1) = 5\sin(\pi/50)+2\cos(\pi/20), \\
y_2^*(k+1) = 2\sin(\pi/50)+5\cos(\pi/20).
\end{cases}
$$

$$(5.91)$$

为了比较控制效果,对此系统分别应用 PFDL-MFAC 方案(5.51)~(5.55),和 CFDL-MFAC 方案(5.9)~(5.12)进行仿真比较. 系统的初始条件为 $y_1(1)=y_1(3)=0,y_1(2)=1,y_2(1)=y_2(3)=0,y_2(2)=1,u_1(1)=u_1(2)=1,u_2(1)=1,u_2(2)=0$. 控制器的参数都设定为 $\eta=\rho=\rho_1=\rho_2=\rho_3=0.5,\mu=1,\lambda=0.01$. 两方案中 PJM 和 PPJM 估计值的初值分别为 $\hat{\boldsymbol{\Phi}}_c(1)=\hat{\boldsymbol{\Phi}}_c(2)=\begin{bmatrix} 0.5 & 0 \\ 0 & 0.5 \end{bmatrix}$, $\hat{\boldsymbol{\Phi}}_{p,L}(1)=$

$$\hat{\boldsymbol{\Phi}}_{p,L}(2)=\begin{bmatrix}0.5 & 0 & 0 & 0 & 0 & 0\\ 0 & 0 & 0 & 0.5 & 0 & 0\end{bmatrix}^{\mathrm{T}}.$$

仿真结果见图 5.4. 图 5.4(a),(b),(c)和(d)分别给出应用两种控制方案的系统输出 y_1 和 y_2 的跟踪性能,控制输入 u_1 和 u_2 的曲线.

从仿真结果可以看出,对于含有未知时变参数和未知耦合的离散时间 MIMO 非线性系统,两种方案都能保证闭环系统具有良好的输出跟踪性能和解耦能力,但 PFDL-MFAC 方案的控制效果略优于 CFDL-MFAC 方案.

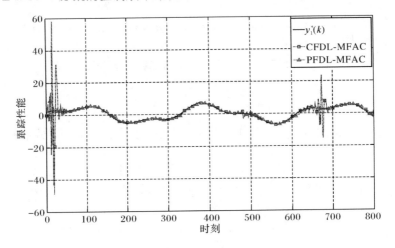

(a) $y_1(k)$ 的跟踪性能

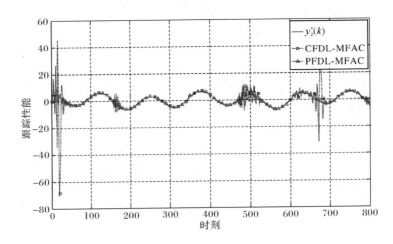

(b) $y_2(k)$ 的跟踪性能

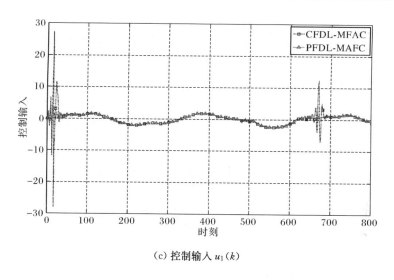

(c) 控制输入 $u_1(k)$

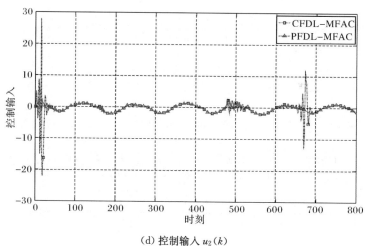

(d) 控制输入 $u_2(k)$

图 5.4　离散时间 MIMO 非线性系统(5.90)分别应用 CFDL-MFAC 方案
和 PFDL-MFAC 方案的仿真比较

5.4　基于全格式动态线性化的无模型自适应控制

5.4.1　控制系统设计

由定理 3.7 可知,当 MIMO 非线性系统(5.1)满足假设 3.11 和假设 3.12,且对所有 k 有 $\parallel \Delta \overline{\boldsymbol{H}}_{L_y,L_u}(k) \parallel \neq 0$ 成立时,其 FFDL 数据模型可表示为

$$\Delta \boldsymbol{y}(k+1) = \boldsymbol{\Phi}_{f,L_y,L_u}(k)\Delta \overline{\boldsymbol{H}}_{L_y,L_u}(k), \tag{5.92}$$

其中，$\boldsymbol{\Phi}_{f,L_y,L_u}(k) = [\boldsymbol{\Phi}_1(k) \quad \cdots \quad \boldsymbol{\Phi}_{L_y+L_u}(k)] \in \mathbf{R}^{m \times (mL_y+mL_u)}$ 为系统的 PPJM

$$\boldsymbol{\Phi}_i(k) = \begin{bmatrix} \phi_{11i}(k) & \phi_{12i}(k) & \cdots & \phi_{1mi}(k) \\ \phi_{21i}(k) & \phi_{22i}(k) & \cdots & \phi_{2mi}(k) \\ \vdots & \vdots & \vdots & \vdots \\ \phi_{m1i}(k) & \phi_{m2i}(k) & \cdots & \phi_{mmi}(k) \end{bmatrix} \in \mathbf{R}^{m \times m}, \quad i=1,\cdots,L_y+L_u,$$

为相应的子方阵；

$$\Delta \overline{\boldsymbol{H}}_{L_y,L_u}(k) = [\Delta \boldsymbol{y}^{\mathrm{T}}(k),\cdots,\Delta \boldsymbol{y}^{\mathrm{T}}(k-L_y+1),\Delta \boldsymbol{u}^{\mathrm{T}}(k),\cdots,\Delta \boldsymbol{u}^{\mathrm{T}}(k-L_u+1)]^{\mathrm{T}}.$$

1. 控制算法

考虑如下控制输入准则函数

$$J(\boldsymbol{u}(k)) = \| \boldsymbol{y}^*(k+1) - \boldsymbol{y}(k+1) \|^2 + \lambda \| \boldsymbol{u}(k) - \boldsymbol{u}(k-1) \|^2, \tag{5.93}$$

其中，$\lambda > 0$ 是一个权重因子.

将式 (5.92) 代入准则函数 (5.93) 中，对 $\boldsymbol{u}(k)$ 求导，并令其等于零，得

$$\boldsymbol{u}(k) = \boldsymbol{u}(k-1) + (\lambda \boldsymbol{I} + \boldsymbol{\Phi}_{L_y+1}^{\mathrm{T}}(k)\boldsymbol{\Phi}_{L_y+1}(k))^{-1}\boldsymbol{\Phi}_{L_y+1}^{\mathrm{T}}(k)$$

$$\times \left((\boldsymbol{y}^*(k+1) - \boldsymbol{y}(k)) - \sum_{i=1}^{L_y} \hat{\boldsymbol{\Phi}}_i(k)\Delta \boldsymbol{y}(k-i+1) \right.$$

$$\left. - \sum_{i=L_y+2}^{L_y+L_u} \hat{\boldsymbol{\Phi}}_i(k)\Delta \boldsymbol{u}(k-i+1) \right). \tag{5.94}$$

类似 5.2 节的讨论，可进一步给出不含矩阵求逆运算的控制算法如下

$$\boldsymbol{u}(k) = \boldsymbol{u}(k-1) + \frac{\boldsymbol{\Phi}_{L_y+1}^{\mathrm{T}}(k)(\rho_{L_y+1}(\boldsymbol{y}^*(k+1) - \boldsymbol{y}(k)))}{\lambda + \| \hat{\boldsymbol{\Phi}}_{L_y+1}(k) \|^2}$$

$$- \frac{\boldsymbol{\Phi}_{L_y+1}^{\mathrm{T}}(k)\left(\sum\limits_{i=1}^{L_y} \rho_i \boldsymbol{\Phi}_i(k)\Delta \boldsymbol{y}(k-i+1) + \sum\limits_{i=L_y+2}^{L_y+L_u} \rho_i \boldsymbol{\Phi}_i(k)\Delta \boldsymbol{u}(k-i+1) \right)}{\lambda + \| \boldsymbol{\Phi}_{L_y+1}(k) \|^2},$$

$$\tag{5.95}$$

其中，$\rho_i \in (0,1]$，$i=1,2,\cdots,L_y+L_u$，是加入的步长因子.

2. PPJM 估计算法

估计准则函数为

$$J(\boldsymbol{\Phi}_{f,L_y,L_u}(k)) = \| \Delta \boldsymbol{y}(k) - \boldsymbol{\Phi}_{f,L_y,L_u}(k)\Delta \overline{\boldsymbol{H}}_{L_y,L_u}(k-1) \|^2$$

$$+ \mu \| \boldsymbol{\Phi}_{f,L_y,L_u}(k) - \hat{\boldsymbol{\Phi}}_{f,L_y,L_u}(k-1) \|^2, \tag{5.96}$$

其中, $\mu>0$ 是权重因子.

极小化指标函数(5.96), 可得 PPJM 的估计算法为

$$\hat{\boldsymbol{\Phi}}_{f,L_y,L_u}(k)=\hat{\boldsymbol{\Phi}}_{f,L_y,L_u}(k-1)+(\Delta\boldsymbol{y}(k)-\hat{\boldsymbol{\Phi}}_{f,L_y,L_u}(k-1)\Delta\overline{\boldsymbol{H}}_{L_y,L_u}(k-1))$$
$$\times\Delta\overline{\boldsymbol{H}}_{L_y,L_u}^{\mathrm{T}}(k-1)(\mu+\Delta\overline{\boldsymbol{H}}_{L_y,L_u}(k-1)\Delta\overline{\boldsymbol{H}}_{L_y,L_u}^{\mathrm{T}}(k-1))^{-1},$$
(5.97)

类似 5.2 节的讨论, 可进一步给出不含矩阵求逆运算的 PPJM 的估计算法如下

$$\hat{\boldsymbol{\Phi}}_{f,L_y,L_u}(k)=\hat{\boldsymbol{\Phi}}_{f,L_y,L_u}(k-1)$$
$$+\frac{\eta(\Delta\boldsymbol{y}(k)-\hat{\boldsymbol{\Phi}}_{f,L_y,L_u}(k-1)\Delta\overline{\boldsymbol{H}}_{L_y,L_u}(k-1))\Delta\overline{\boldsymbol{H}}_{L_y,L_u}^{\mathrm{T}}(k-1)}{\mu+\parallel\Delta\overline{\boldsymbol{H}}_{L_y,L_u}(k-1)\parallel^2},$$
(5.98)

其中, $\eta\in(0,2]$ 是加入的步长因子; $\hat{\boldsymbol{\Phi}}_{f,L_y,L_u}(k)=[\hat{\boldsymbol{\Phi}}_1(k),\hat{\boldsymbol{\Phi}}_2(k),\cdots,\hat{\boldsymbol{\Phi}}_{L_y+L_u}(k)]\in\mathbf{R}^{m\times m(L_y+L_u)}$ 是 PPJM $\boldsymbol{\Phi}_{f,L_y+L_u}(k)$ 的估计值

$$\hat{\boldsymbol{\Phi}}_i(k)=\begin{bmatrix}\hat{\phi}_{11i}(k) & \hat{\phi}_{12i}(k) & \cdots & \hat{\phi}_{1mi}(k)\\ \hat{\phi}_{21i}(k) & \hat{\phi}_{22i}(k) & \cdots & \hat{\phi}_{2mi}(k)\\ \vdots & \vdots & \vdots & \vdots\\ \hat{\phi}_{m1i}(k) & \hat{\phi}_{m2i}(k) & \cdots & \hat{\phi}_{mmi}(k)\end{bmatrix}\in\mathbf{R}^{m\times m},\quad i=1,\cdots,L_y+L_u,$$

为相应子矩阵的估计值.

3. 系统控制方案

综合 PPJM 估计算法(5.98)及控制算法(5.95), 可以得到针对离散时间 MIMO 非线性系统的 FFDL-MFAC 方案如下

$$\hat{\boldsymbol{\Phi}}_{f,L_y,L_u}(k)=\hat{\boldsymbol{\Phi}}_{f,L_y,L_u}(k-1)$$
$$+\frac{\eta(\Delta\boldsymbol{y}(k)-\hat{\boldsymbol{\Phi}}_{f,L_y,L_u}(k-1)\Delta\overline{\boldsymbol{H}}_{L_y,L_u}(k-1))\Delta\overline{\boldsymbol{H}}_{L_y,L_u}^{\mathrm{T}}(k-1)}{\mu+\parallel\Delta\overline{\boldsymbol{H}}_{L_y,L_u}(k-1)\parallel^2},$$
(5.99)

$\hat{\phi}_{ii(L_y+1)}(k)=\hat{\phi}_{ii(L_y+1)}(1)$, 如果 $|\hat{\phi}_{ii(L_y+1)}(k)|<b_2$ 或 $|\hat{\phi}_{ii(L_y+1)}(k)|>\alpha b_2$ 或

$\mathrm{sign}(\hat{\phi}_{ii(L_y+1)}(k))\neq\mathrm{sign}(\hat{\phi}_{ii(L_y+1)}(1)),i=1,\cdots,m,$ (5.100)

$\hat{\phi}_{ij(L_y+1)}(k)=\hat{\phi}_{ij(L_y+1)}(1)$, 如果 $|\hat{\phi}_{ij(L_y+1)}(k)|>b_1$ 或

$$\text{sign}(\hat{\phi}_{ij(L_y+1)}(k)) \neq \text{sign}(\hat{\phi}_{ij(L_y+1)}(1)), i,j=1,\cdots,m, i \neq j, \quad (5.101)$$

$$\boldsymbol{u}(k) = \boldsymbol{u}(k-1) + \frac{\hat{\boldsymbol{\Phi}}_{L_y+1}^{\mathrm{T}}(k)(\rho_{L_y+1}(\boldsymbol{y}^*(k+1) - \boldsymbol{y}(k)))}{\lambda + \|\hat{\boldsymbol{\Phi}}_{L_y+1}(k)\|^2}$$

$$- \frac{\hat{\boldsymbol{\Phi}}_{L_y+1}^{\mathrm{T}}(k)\left(\sum_{i=1}^{L_y}\rho_i\hat{\boldsymbol{\Phi}}_i(k)\Delta\boldsymbol{y}(k-i+1) + \sum_{i=L_y+2}^{L_y+L_u}\rho_i\hat{\boldsymbol{\Phi}}_i(k)\Delta\boldsymbol{u}(k-i+1)\right)}{\lambda + \|\hat{\boldsymbol{\Phi}}_{L_y+1}(k)\|^2}.$$

$$(5.102)$$

其中,$\hat{\phi}_{ij1}(1)$是$\hat{\phi}_{ij1}(k)$的初值,$i=1,\cdots,m,j=1,\cdots,m$;$\rho_1,\rho_2,\cdots,\rho_{L_y+L_u}\in(0,1]$;$\eta\in(0,2]$;$\lambda>0,\mu>0$.

注5.9　对于 MISO 非线性离散时间系统(5.13),也可相应地给出其 FFDL-MFAC 方案如下

$$\hat{\bar{\boldsymbol{\phi}}}_{f,L_y,L_u}(k) = \hat{\bar{\boldsymbol{\phi}}}_{f,L_y,L_u}(k-1)$$

$$+ \frac{\eta(\Delta y(k) - \hat{\bar{\boldsymbol{\phi}}}_{f,L_y,L_u}^{\mathrm{T}}(k-1)\Delta\breve{\boldsymbol{H}}_{L_y,L_u}(k-1))\Delta\breve{\boldsymbol{H}}_{L_y,L_u}(k-1)}{\mu + \|\Delta\breve{\boldsymbol{H}}_{L_y,L_u}(k-1)\|^2},$$

$$(5.103)$$

$$\hat{\phi}_{i(L_y+1)}(k) = \hat{\phi}_{i(L_y+1)}(1), \text{如果}|\hat{\phi}_{i(L_y+1)}(k)|<b_2 \text{ 或}$$

$$\text{sign}(\hat{\phi}_{i(L_y+1)}(k)) \neq \text{sign}(\hat{\phi}_{i(L_y+1)}(1)), i=1,\cdots,m, \quad (5.104)$$

$$\boldsymbol{u}(k) = \boldsymbol{u}(k-1) + \frac{\rho_{L_y+1}\hat{\bar{\boldsymbol{\phi}}}_{L_y+1}(k)(y^*(k+1)-y(k))}{\lambda + \|\hat{\bar{\boldsymbol{\phi}}}_{L_y+1}(k)\|^2}$$

$$- \frac{\hat{\bar{\boldsymbol{\phi}}}_{L_y+1}(k)\sum_{i=1}^{L_y}\rho_i\hat{\phi}_i(k)\Delta y(k-i+1)}{\lambda + \|\hat{\bar{\boldsymbol{\phi}}}_{L_y+1}(k)\|^2}$$

$$- \frac{\hat{\bar{\boldsymbol{\phi}}}_{L_y+1}(k)\sum_{i=L_y+2}^{L_y+L_u}\rho_i\hat{\bar{\boldsymbol{\phi}}}_i(k)\Delta u(k-L_y-i+1)}{\lambda + \|\hat{\bar{\boldsymbol{\phi}}}_{L_y+1}(k)\|^2}, \quad (5.105)$$

其中,$\hat{\bar{\boldsymbol{\phi}}}_{f,L_y,L_u}(k) = [\hat{\phi}_1,\cdots,\hat{\phi}_{L_y},\hat{\bar{\boldsymbol{\phi}}}_{L_y+1}^{\mathrm{T}}(k),\cdots,\hat{\bar{\boldsymbol{\phi}}}_{L_y+L_u}^{\mathrm{T}}(k)]^{\mathrm{T}}\in\mathbf{R}^{L_y+mL_u}$ 是 FFDL 数据模型(3.50)中 PPG $\bar{\boldsymbol{\phi}}_{f,L_y,L_u}(k)$的估计值,$\hat{\bar{\boldsymbol{\phi}}}_i(k) = [\hat{\bar{\phi}}_{1i}(k),\hat{\bar{\phi}}_{2i}(k),\cdots,\hat{\bar{\phi}}_{mi}(k)]^{\mathrm{T}},i=$

$L_y+1,\cdots,L_y+L_u$；$\hat{\boldsymbol{\phi}}_{f,L_y,L_u}(1)$ 是 $\hat{\boldsymbol{\phi}}_{f,L_y,L_u}(k)$ 的初值；$\rho_1,\rho_2,\cdots,\rho_{L_y+L_u}\in(0,1]$，$\eta\in(0,2]$，$\lambda>0$，$\mu>0$.

值得指出的是，FFDL-MFAC 方案的稳定性分析本质上是 MIMO 时变线性系统自适应控制的稳定性问题，因此，此方案的稳定性证明仍然是一个具有挑战性的研究课题.

5.4.2　仿真研究

本小节通过如下两个仿真数例分别验证 MISO 系统的 FFDL-MFAC 方案 (5.103)~(5.105)，和 MIMO 系统的 FFDL-MFAC 方案 (5.99)~(5.102) 的正确性和有效性. 给出的数学模型仅用于产生系统的 I/O 数据，不参与控制器的设计.

例 5.5　考虑与例 5.3 相同的 MISO 非线性系统 (5.88)、期望轨迹 (5.89) 和系统初始条件. FFDL-MFAC 方案 (5.103)~(5.105) 的参数设定为 $L_y=1$，$L_u=1$，$\eta=\rho_1=\rho_2=1$，$\lambda=22$，$\mu=1$ 以及 $\hat{\boldsymbol{\phi}}_{f,L_y,L_u}(1)=[1,-0.5,1]^{\mathrm{T}}$.

仿真结果见图 5.5. 图 5.5(a)、(b) 和 (c) 分别给出系统的跟踪性能，控制输入 u_1 和 u_2 以及 PPG 估计值的曲线. 从仿真结果可以看出 FFDL-MFAC 方案具有良好的控制效果.

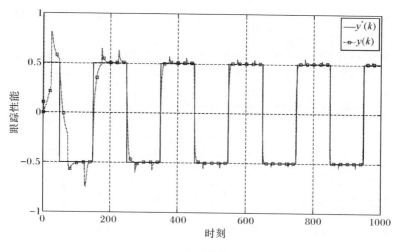

(a) 跟踪性能

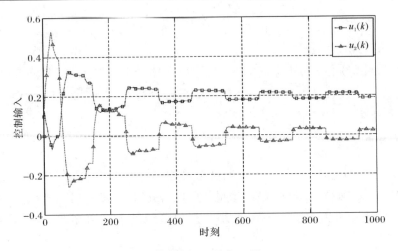

(b) 控制输入 $u_1(k)$ 和 $u_2(k)$

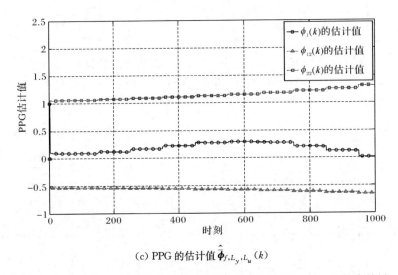

(c) PPG 的估计值 $\hat{\boldsymbol{\Phi}}_{f,L_y,L_u}(k)$

图 5.5　MISO 离散时间非线性系统(5.88)应用 FFDL-MFAC 的仿真结果

例 5.6　考虑与例 5.4 相同的 MIMO 非线性系统(5.90)、期望轨迹(5.91)和系统初始条件.

控制方案(5.99)～(5.102)的参数设为 $L_y=1$, $L_u=3$；$\eta=0.1$，$\rho_1=\rho_2=\rho_3=\rho_4=0.5$；$\mu=1$，$\lambda=1$；$\hat{\boldsymbol{\Phi}}_{f,L_y,L_u}(1)=\hat{\boldsymbol{\Phi}}_{f,L_y,L_u}(2)=\begin{bmatrix} 0 & 0 & 0.1 & 0 & 0 & 0 & 0 & 0 & 0 \\ 0 & 0 & 0 & 0.1 & 0 & 0 & 0 & 0 & 0 \end{bmatrix}^{\mathrm{T}}$.

仿真结果见图 5.6. 图 5.6(a) 和 (b) 分别给出两个子系统输出的跟踪性能曲线. 从仿真结果可以看出,对于含有未知时变参数和未知耦合的 MIMO 离散时间非线性系统,FFDL-MFAC 方案能保证闭环系统具有良好的输出跟踪性能.

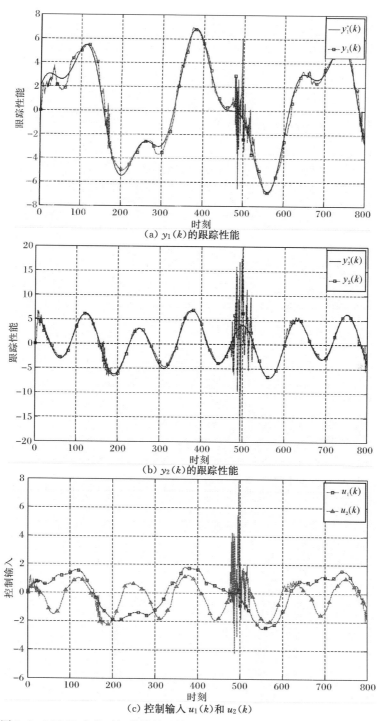

(a) $y_1(k)$ 的跟踪性能

(b) $y_2(k)$ 的跟踪性能

(c) 控制输入 $u_1(k)$ 和 $u_2(k)$

图 5.6　MIMO 离散时间非线性系统(5.90)应用 FFDL-MFAC 的仿真结果

5.5　小　　结

　　本章基于第 3 章提出的动态线性化方法,将未知的 SISO 离散时间非线性系统的 MFAC 的相应结果推广到离散时间 MIMO 非线性系统中,给出了一系列的离散时间 MIMO 非线性系统的 MFAC 方案,包括 CFDL-MFAC 方案、PFDL-MFAC 方案和 FFDL-MFAC 方案,同时也给出了 MISO 情况下的相应结果.

　　MIMO 非线性系统的 MFAC 方案,摆脱了控制器设计对受控系统数学模型的依赖,仅用被控对象的在线 I/O 数据设计控制器.控制器中只有很少的参数需要在线更新,设计难度远低于传统的自适应控制.理论分析表明,在一些较弱的假设条件下,MIMO 非线性系统的 MFAC 方案可以保证闭环系统的 BIBO 稳定性和误差收敛性.数值仿真也验证和演示了该方法的有效性.

　　需要强调的是,MIMO 非线性系统的 MFAC 方案可以适用于一类非常广泛的 MIMO 非线性系统的自适应控制问题,且能实现 MIMO 非线性系统的解耦.

第6章 无模型自适应预测控制

6.1 引　言

　　预测控制是 20 世纪 70 年代后期从工业实践中发展起来的,是目前除 PID 控制之外在实际系统控制中应用最广的控制方法,也是到目前为止国内外控制理论界几个经久不衰的研究问题之一. 无论线性系统还是非线性系统的预测控制其基本原理都是一样的,即基于模型的预测、在线滚动优化和反馈校正. 具体地说,预测控制的基本思想是利用模型预测被控对象在预测时域内的输出,然后根据滚动优化原理,通过最小化滑动窗口内的指标函数计算得到一个控制输入序列,并将该序列的第一个控制输入信号用于被控对象,最后应用误差信息反馈校正以实现系统跟踪期望的输出轨迹. 代表性的预测控制方法有:基于脉冲响应的模型预测启发控制(model predictive heuristic control,MPHC)[185]、基于阶跃响应模型的动态矩阵控制(dynamic matrix control,DMC)[186] 和基于系统参数模型的广义预测控制(generalized predictive control,GPC)[187]. 目前,预测控制方法在很多领域取得了成功的应用,如石油、化工、电力、交通等[147,188]. 虽然预测控制方法具有控制效果好和鲁棒性强等优点,但仍要求受控系统模型或其结构已知,模型精确度也直接影响控制效果. 现有的关于预测控制的理论研究多是针对线性系统[128,129,185,189-194] 提出的,对于非线性系统预测控制方法[147,195-197] 的研究还有很多的工作需要进一步深入.

　　对未知非线性系统,研究综合利用预测控制和无模型自适应控制(model free adaptive control,MFAC)各自优点的无模型自适应预测控制(model free adaptive predictive control,MFAPC). 也就是说,研究仅利用闭环系统 I/O 数据的非线性系统的预测控制方法,实现对某些无法获取较精确数学模型的系统的控制,无论是在理论上还是在实际应用中都具有重大的意义.

　　本章将针对一类未知的离散时间 SISO 非线性非仿射系统,利用第 3 章提出的三种动态线性化方法,给出相应的仅利用受控系统输入输出数据,且计算负担小的 MFAPC 方案[23,24,29,198]. 需指出的是,利用等价的动态线性化数据模型方法,结合不同预测控制设计思想,可以给出不同的预测控制方法,如无模型自适应函数预测控制方法[30,31]、无模型自适应预测 PI 控制方法[199,200] 等. 为节省篇幅,本章仅介绍离散时间 SISO 非线性系统的无模型自适应预测控制方法. MISO,MIMO

非线性系统的相应的结果可类似地给出.

　　本章结构安排如下：6.2 节给出了基于紧格式动态线性化的无模型自适应预测控制（compact form dynamic linearization based MFAPC，CFDL-MFAPC）方案，包括其控制方案设计、收敛性分析及仿真研究；6.3 节和 6.4 节分别给出了基于偏格式动态线性化的无模型自适应预测控制（partial form dynamic linearization based MFAPC，PFDL-MFAPC）和基于全格式动态线性化的无模型自适应预测控制（full form dynamic linearization based MFAPC，FFDL-MFAPC）方案，并辅以仿真研究结果；6.5 节为本章的结论.

6.2　基于紧格式动态线性化的无模型自适应预测控制

6.2.1　控制系统设计

　　考虑如下离散时间 SISO 非线性系统

$$y(k+1)=f(y(k),y(k-1),\cdots,y(k-n_y),u(k),u(k-1),\cdots,u(k-n_u)),\quad (6.1)$$

其中，$u(k)\in\mathbf{R}$，$y(k)\in\mathbf{R}$ 分别表示 k 时刻系统的输入和输出；n_y,n_u 是未知的正整数；$f(\cdots):\mathbf{R}^{n_u+n_y+2}\longmapsto\mathbf{R}$ 是未知的非线性函数.

　　由于系统（6.1）中的非线性函数 $f(\cdots)$ 是未知的，无法直接预测系统的输出序列. 然而，由定理 3.1 可知，离散时间 SISO 非线性系统（6.1）在一定的假设条件下，可转化成如下等价的 CFDL 数据模型

$$\Delta y(k+1)=\phi_c(k)\Delta u(k),$$

其中，$\phi_c(k)\in\mathbf{R}$ 为系统的伪偏导数（pseudo partial perivative，PPD）.

　　基于上述增量形式的数据模型，可给出如下形式的一步向前输出预测方程

$$y(k+1)=y(k)+\phi_c(k)\Delta u(k).\quad (6.2)$$

基于式（6.2），可以进一步给出 N 步向前预测方程如下

$$\begin{cases}y(k+1)=y(k)+\phi_c(k)\Delta u(k),\\y(k+2)=y(k+1)+\phi_c(k+1)\Delta u(k+1)\\\qquad\qquad=y(k)+\phi_c(k)\Delta u(k)+\phi_c(k+1)\Delta u(k+1),\\\qquad\vdots\\y(k+N)=y(k+N-1)+\phi_c(k+N-1)\Delta u(k+N-1)\\\qquad\qquad=y(k+N-2)+\phi_c(k+N-2)\Delta u(k+N-2)\\\qquad\qquad\quad+\phi_c(k+N-1)\Delta u(k+N-1),\\\qquad\vdots\\\qquad\qquad=y(k)+\phi_c(k)\Delta u(k)+\cdots\\\qquad\qquad\quad+\phi_c(k+N-1)\Delta u(k+N-1).\end{cases}\quad (6.3)$$

令

$$
\begin{cases}
\boldsymbol{Y}_N(k+1) = [y(k+1),\cdots,y(k+N)]^\mathrm{T}, \\
\Delta\boldsymbol{U}_N(k) = [\Delta u(k),\cdots,\Delta u(k+N-1)]^\mathrm{T}, \\
\boldsymbol{E}(k) = [1,1,\cdots,1]^\mathrm{T}, \\
\boldsymbol{A}(k) = \begin{bmatrix}
\phi_c(k) & 0 & 0 & 0 & 0 & 0 \\
\phi_c(k) & \phi_c(k+1) & 0 & 0 & & \\
\vdots & \vdots & \ddots & \vdots & & \vdots \\
\phi_c(k) & \cdots & & \phi_c(k+N_u-1) & & \\
\vdots & & & \vdots & \ddots & 0 \\
\phi_c(k) & \phi_c(k+1) & \cdots & \phi_c(k+N_u-1) & \cdots & \phi_c(k+N-1)
\end{bmatrix}_{N\times N},
\end{cases}
$$

其中,$\boldsymbol{Y}_N(k+1)$ 是系统输出的 N 步向前预报向量;$\Delta\boldsymbol{U}_N(k)$ 是控制输入增量向量.

式(6.3)可以简写为

$$\boldsymbol{Y}_N(k+1) = \boldsymbol{E}(k)y(k) + \boldsymbol{A}(k)\Delta\boldsymbol{U}_N(k). \tag{6.4}$$

如果 $\Delta u(k+j-1)=0, j>N_u$,则预测方程(6.4)变为

$$\boldsymbol{Y}_N(k+1) = \boldsymbol{E}(k)y(k) + \boldsymbol{A}_1(k)\Delta\boldsymbol{U}_{N_u}(k), \tag{6.5}$$

其中,N_u 是控制时域常数

$$
\boldsymbol{A}_1(k) = \begin{bmatrix}
\phi_c(k) & 0 & 0 & 0 \\
\phi_c(k) & \phi_c(k+1) & 0 & 0 \\
\vdots & \vdots & \ddots & \vdots \\
\phi_c(k) & \phi_c(k+1) & \cdots & \phi_c(k+N_u-1) \\
\vdots & \vdots & \cdots & \vdots \\
\phi_c(k) & \phi_c(k+1) & \cdots & \phi_c(k+N_u-1)
\end{bmatrix}_{N\times N_u},
$$

$$\Delta\boldsymbol{U}_{N_u}(k) = [\Delta u(k),\cdots,\Delta u(k+N_u-1)]^\mathrm{T}.$$

1. 控制算法

考虑如下控制输入准则函数

$$J = \sum_{i=1}^{N}(y(k+i)-y^*(k+i))^2 + \lambda\sum_{j=0}^{N_u-1}\Delta u^2(k+j), \tag{6.6}$$

其中,$\lambda>0$ 是权重因子;$y^*(k+i)$ 是系统在 $k+i$ 时刻的期望输出,$i=1,\cdots,N$.

令 $\boldsymbol{Y}_N^*(k+1)=[y^*(k+1),\cdots,y^*(k+N)]^\mathrm{T}$,则性能指标(6.6)可改写为

$$
\begin{aligned}
J = &[\boldsymbol{Y}_N^*(k+1)-\boldsymbol{Y}_N(k+1)]^\mathrm{T}[\boldsymbol{Y}_N^*(k+1)-\boldsymbol{Y}_N(k+1)] \\
&+ \lambda\Delta\boldsymbol{U}_{N_u}^\mathrm{T}(k)\Delta\boldsymbol{U}_{N_u}(k).
\end{aligned} \tag{6.7}
$$

将式(6.5)代入式(6.7),运用优化条件 $\dfrac{\partial J}{\partial\boldsymbol{U}_{N_u}(k)}=0$,可得如下控制律

$$\Delta\boldsymbol{U}_{N_u}(k) = [\boldsymbol{A}_1^\mathrm{T}(k)\boldsymbol{A}_1(k)+\lambda\boldsymbol{I}]^{-1}\boldsymbol{A}_1^\mathrm{T}(k)[\boldsymbol{Y}_N^*(k+1)-\boldsymbol{E}(k)y(k)]. \tag{6.8}$$

因此,当前时刻的控制输入为

$$u(k) = u(k-1) + \boldsymbol{g}^{\mathrm{T}} \Delta \boldsymbol{U}_{N_u}(k),\qquad(6.9)$$

其中,$\boldsymbol{g} = [1, 0, \cdots, 0]^{\mathrm{T}}$.

当 $N_u = 1$ 时,式(6.9)变为

$$u(k) = u(k-1) + \frac{1}{\phi_c^2(k) + \lambda/N} \frac{1}{N} \Big[\phi_c(k) \sum_{i=1}^{N} (y^*(k+i) - y(k)) \Big].\ (6.10)$$

注6.1　在第 4 章的注 4.2 中曾指出,λ 是一个重要的参数,它的适当选取可以保证被控系统的稳定性,并能获得较好的输出性能. 与 MAFC 算法(4.4)相比,无模型预测控制算法(6.10)对权重 λ 的选取更加不敏感,它相当于将无模型自适应控制算法中的 λ 放大 N 倍,使之在一种"粗调"方式下进行. 另外,由于式(6.10)是 MAFC 算法的一种"平均形式",因此受控系统会具有更加平稳的过渡过程.

2. 伪偏导数估计算法和预报算法

式(6.9)中的 $\boldsymbol{A}_1(k)$ 包含未知的系统 PPD $\phi_c(k), \phi_c(k+1), \cdots, \phi_c(k+N_u-1)$,因此需要考虑它们的估计算法和预报算法. 理论上,任何时变参数估计算法都可以用于 $\phi_c(k)$ 的估计,本节仍采用改进的投影算法来估计 $\phi_c(k)$

$$\hat{\phi}_c(k) = \hat{\phi}_c(k-1) + \frac{\eta \Delta u(k-1)}{\mu + \Delta u(k-1)^2} [\Delta y(k) - \hat{\phi}_c(k-1) \Delta u(k-1)],$$

$$(6.11)$$

其中,$\mu > 0$ 是权重因子,$0 < \eta \leqslant 1$ 是步长因子.

注意到 $\boldsymbol{A}_1(k)$ 中的 $\phi_c(k+1), \cdots, \phi_c(k+N_u-1)$ 不能直接由 k 时刻的 I/O 数据计算得到,因此 $\phi_c(k+1), \cdots, \phi_c(k+N_u-1)$ 需要根据已有的估计值序列 $\hat{\phi}_c(1), \cdots,$ $\hat{\phi}_c(k)$ 进行预测.

现有多种预测方法可以实现 PPD 的预测,如 Aström 预测方法[131]、自校正方法[201] 和多层递阶预报方法[78,79] 等. 文献[78,79]中的仿真结果表明多层递阶预报方法在预测动态时变参数时具有更好的预测误差. 因此,此处采用多层递阶预报方法来预报未知参数 $\phi_c(k+1), \cdots, \phi_c(k+N_u-1)$. 为简单起见,下面仅给出应用二层预报算法的具体步骤.

设在 k 时刻,通过算法(6.11)已得到 PPD 的一系列估计值 $\hat{\phi}_c(1), \cdots, \hat{\phi}_c(k)$. 利用这些估计值,建立估计序列所满足的自回归(auto-regressive, AR)模型

$$\hat{\phi}_c(k+1) = \theta_1(k) \hat{\phi}_c(k) + \theta_2(k) \hat{\phi}_c(k-1) + \cdots + \theta_{n_p}(k) \hat{\phi}_c(k-n_p+1),$$

$$(6.12)$$

其中,$\theta_i, i = 1, \cdots, n_p$ 是系数,n_p 是适当的阶数,根据文献[78,79],其值通常取 2～7.

根据式(6.12),预测算法如下

$$\hat{\phi}_c(k+j) = \theta_1(k)\hat{\phi}_c(k+j-1) + \theta_2(k)\hat{\phi}_c(k+j-2) + \cdots + \theta_{n_p}(k)\hat{\phi}_c(k+j-n_p),$$
(6.13)

其中,$j=1,\cdots,N_u-1$.

定义 $\boldsymbol{\theta}(k)=[\theta_1(k),\cdots,\theta_{n_p}(k)]^T$,它可由下式确定

$$\boldsymbol{\theta}(k) = \boldsymbol{\theta}(k-1) + \frac{\hat{\boldsymbol{\varphi}}(k-1)}{\delta + \parallel \hat{\boldsymbol{\varphi}}(k-1) \parallel^2}[\hat{\phi}_c(k) - \hat{\boldsymbol{\varphi}}^T(k-1)\boldsymbol{\theta}(k-1)], \quad (6.14)$$

其中,$\hat{\boldsymbol{\varphi}}(k-1)=[\hat{\phi}_c(k-1),\cdots,\hat{\phi}_c(k-n_p)]^T$,$\delta$ 是一个正数,可取为 $\delta\in(0,1]$.

3. 控制方案

综合控制算法(6.9),参数估计算法(6.11)和参数预报算法(6.13)、(6.14),可以给出 CFDL-MFAPC 方案如下

$$\hat{\phi}_c(k) = \hat{\phi}_c(k-1) + \frac{\eta\Delta u(k-1)}{\mu + \Delta u(k-1)^2}[\Delta y(k) - \hat{\phi}_c(k-1)\Delta u(k-1)],$$
(6.15)

$$\hat{\phi}_c(k)=\hat{\phi}_c(1),如果 |\hat{\phi}_c(k)| \leqslant\varepsilon 或 |\Delta u(k-1)| \leqslant\varepsilon 或$$
$$\mathrm{sign}(\hat{\phi}_c(k))\neq\mathrm{sign}(\hat{\phi}_c(1)), \quad (6.16)$$

$$\boldsymbol{\theta}(k) = \boldsymbol{\theta}(k-1) + \frac{\hat{\boldsymbol{\varphi}}(k-1)}{\delta + \parallel \hat{\boldsymbol{\varphi}}(k-1) \parallel^2}[\hat{\phi}_c(k) - \hat{\boldsymbol{\varphi}}^T(k-1)\boldsymbol{\theta}(k-1)], \quad (6.17)$$

$$\boldsymbol{\theta}(k) = \boldsymbol{\theta}(1), \quad 如果 \parallel \boldsymbol{\theta}(k) \parallel \geqslant M, \quad (6.18)$$

$$\hat{\phi}_c(k+j) = \theta_1(k)\hat{\phi}_c(k+j-1) + \theta_2(k)\hat{\phi}_c(k+j-2) + \cdots$$
$$+ \theta_{n_p}(k)\hat{\phi}_c(k+j-n_p), \quad j=1,2,\cdots,N_u-1, \quad (6.19)$$

$$\hat{\phi}_c(k+j)=\hat{\phi}_c(1),如果 |\hat{\phi}_c(k+j)| \leqslant\varepsilon 或$$
$$\mathrm{sign}(\hat{\phi}_c(k+j))\neq\mathrm{sign}(\hat{\phi}_c(1)), \quad j=1,2,\cdots,N_u-1, \quad (6.20)$$

$$\Delta\boldsymbol{U}_{N_u}(k) = [\hat{\boldsymbol{A}}_1^T(k)\hat{\boldsymbol{A}}_1(k) + \lambda\boldsymbol{I}]^{-1}\hat{\boldsymbol{A}}_1^T(k)[\boldsymbol{Y}_N^*(k+1) - \boldsymbol{E}(k)y(k)], \quad (6.21)$$
$$u(k) = u(k-1) + \boldsymbol{g}^T\Delta\boldsymbol{U}_{N_u}(k), \quad (6.22)$$

其中,ε 和 M 是正常数;$\hat{\boldsymbol{A}}_1(k)$ 和 $\hat{\phi}(k+j)$ 分别是 $\boldsymbol{A}_1(k)$ 和 $\phi(k+j)$ 的估计值,$j=1,\cdots,(N_u-1)$;$\lambda>0,\mu>0,\eta\in(0,1],\delta\in(0,1]$.

注 6.2　式(6.16)的引入是为了使 PPD 估计算法(6.15)具有更强的对时变参数的跟踪能力.式(6.18)的引入是为了保证预测值 $\hat{\boldsymbol{A}}_1(k)$ 有界.式(6.20)是为了

保证预测参数的符号不变.

注 6.3 此种控制方案需在线调整的参数个数为 N_u 个,与受控系统的模型和阶数无关,仅用受控系统的 I/O 数据设计,这与传统的预测控制有本质的不同.

此外,控制时域 N_u 的选取要满足 $N_u \leqslant N$. 对于简单的系统,N_u 可以取 1;对于复杂的系统,为了获得满意的过渡过程和跟踪性能,N_u 应该取大一些,但计算量会增大.

PPD 估计值的初值选取:一般应该选取 $\hat{\phi}_c(1) > 0$,因为对许多实际的工业系统来说,其伪偏导数值均大于零,如温度控制系统,压力控制系统等(详见注 4.6).

预测步长 N 应当选取足够大,以包含受控系统的动态特性. 对于时滞系统来说,至少要大于受控系统的时滞步数. 实际应用中,对时滞未知的系统,N 一般可以设为 4~10.

理论上讲,λ 越大,系统响应越慢,超调越小,响应越平稳;反之亦然. 它是一个很重要的参数,它的选取可改变闭环系统的动态.

预测阶数 n_p 的选取可参照文献[78,79],选为 2~7. 本书取 n_p 为 3.

6.2.2 稳定性分析

本小节讨论 CFDL-MFAPC 方案(6.15)~(6.22)的稳定性及收敛性.

定理 6.1 针对满足假设 3.1、假设 3.2 和假设 4.1 的离散时间非线性系统(6.1),当 $y^*(k+1) = y^* = \text{const}$ 时,采用 CFDL-MFAPC 方案(6.15)~(6.22),总存在一个正数 $\lambda_{\min} > 0$,使得当 $\lambda > \lambda_{\min}$ 时,有

(1) 系统的跟踪误差是收敛的,且 $\lim\limits_{k \to \infty} |y^* - y(k+1)| = 0$.

(2) 输出和输入序列 $\{y(k)\}$ 和 $\{u(k)\}$ 是有界序列.

证明 首先证明由估计算法和预报算法所给出的 PPD 参数估计值序列 $\hat{\phi}_c(k)$ 和 $\hat{\phi}_c(k+1), \cdots, \hat{\phi}_c(k+N_u-1)$ 是有界的.

当 $|\hat{\phi}_c(k)| \leqslant \varepsilon$ 或 $|\Delta u(k-1)| \leqslant \varepsilon$ 或 $\text{sign}(\hat{\phi}_c(k)) \neq \text{sign}(\hat{\phi}_c(1))$ 时,$\hat{\phi}_c(k)$ 显然有界.

其他情况下,定义 $\tilde{\phi}_c(k) = \hat{\phi}_c(k) - \phi_c(k)$ 为参数估计误差,在参数估计算法(6.15)两端同时减去 $\phi_c(k)$,结合式(6.2),可得

$$\tilde{\phi}_c(k) = \tilde{\phi}_c(k-1) - \Delta\phi_c(k) + \frac{\eta\Delta u(k-1)}{\mu + \Delta u(k-1)^2}[\Delta y(k) - \hat{\phi}_c(k-1)\Delta u(k-1)]$$

$$= \left\{1 - \frac{\eta\Delta u(k-1)^2}{\mu + \Delta u(k-1)^2}\right\}\tilde{\phi}_c(k-1) - \Delta\phi_c(k). \tag{6.23}$$

根据定理 3.1 中的结论 $|\phi_c(k)| \leqslant \bar{b}$,可知 $|\phi_c(k-1) - \phi_c(k)| \leqslant 2\bar{b}$. 在式(6.23)

两边取绝对值,得

$$|\tilde{\phi}_c(k)| \leqslant \left|1 - \frac{\eta \Delta u(k-1)^2}{\mu + \Delta u(k-1)^2}\right| |\tilde{\phi}_c(k-1)| + |\Delta \phi_c(k)|$$

$$\leqslant \left|1 - \frac{\eta \Delta u(k-1)^2}{\mu + \Delta u(k-1)^2}\right| |\tilde{\phi}_c(k-1)| + 2\bar{b}. \tag{6.24}$$

由于 $\mu > 0$ 和 $\eta \in (0,1]$,所以存在常数 d_1,使得下式成立

$$0 < 1 - \frac{\eta \Delta u(k-1)^2}{\mu + \Delta u(k-1)^2} \leqslant d_1 < 1. \tag{6.25}$$

利用式(6.24)和式(6.25),有

$$|\tilde{\phi}_c(k)| \leqslant d_1 |\tilde{\phi}_c(k-1)| + 2\bar{b} \leqslant d_1^2 |\tilde{\phi}_c(k-2)| + 2d_1\bar{b} + 2\bar{b}$$

$$\leqslant \cdots \leqslant d_1^{k-1} |\tilde{\phi}_c(1)| + \frac{2\bar{b}}{1-d_1}. \tag{6.26}$$

式(6.26)意味着 $\tilde{\phi}_c(k)$ 有界. 又因为 $\phi_c(k)$ 有界,故 $\hat{\phi}_c(k)$ 有界. 又由式(6.17)~式(6.20)可得 $\hat{\phi}_c(k+j)$ $(j=1,\cdots,(N_u-1))$ 有界.

下面证明跟踪误差序列的收敛性和系统的 BIBO 稳定性.

定义系统跟踪误差为 $e(k+1) = y^* - y(k+1)$,将式(6.2)代入跟踪误差方程中,并利用式(6.21)和式(6.22),整理得

$$e(k+1) = y^* - y(k+1) = y^* - y(k) - \phi_c(k)\Delta u(k)$$

$$= (1 - \phi_c(k)[\boldsymbol{g}^{\mathrm{T}}(\hat{\boldsymbol{A}}_1^{\mathrm{T}}(k)\hat{\boldsymbol{A}}_1(k) + \lambda \boldsymbol{I})^{-1}\hat{\boldsymbol{A}}_1^{\mathrm{T}}(k)\boldsymbol{E}(k)])(y^* - y(k)). \tag{6.27}$$

式(6.27)两端取绝对值,得

$$|e(k+1)| \leqslant |1 - \phi_c(k)[\boldsymbol{g}^{\mathrm{T}}(\hat{\boldsymbol{A}}_1^{\mathrm{T}}(k)\hat{\boldsymbol{A}}_1(k) + \lambda \boldsymbol{I})^{-1}\hat{\boldsymbol{A}}_1^{\mathrm{T}}(k)\boldsymbol{E}(k)]| |e(k)|. \tag{6.28}$$

令 $\boldsymbol{P} = (\hat{\boldsymbol{A}}_1^{\mathrm{T}}(k)\hat{\boldsymbol{A}}_1(k) + \lambda \boldsymbol{I})$. 因为 $\hat{\boldsymbol{A}}_1^{\mathrm{T}}(k)\hat{\boldsymbol{A}}_1(k)$ 是一个半正定矩阵,若 $\lambda > 0$,有 $\boldsymbol{P}$ 和 $\boldsymbol{P}^{-1}$ 是正定矩阵.

因为

$$\boldsymbol{P}^{-1} = \frac{\boldsymbol{P}^*}{\det(\boldsymbol{P})},$$

其中,$\boldsymbol{P}^* = \begin{bmatrix} P_{11} & \cdots & P_{N_u 1} \\ \vdots & \ddots & \vdots \\ P_{1N_u} & \cdots & P_{N_u N_u} \end{bmatrix}$ 是矩阵 $\boldsymbol{P}$ 的伴随矩阵,P_{ij} 是 $\boldsymbol{P}$ 的代数余子式,有下式成立

$$\boldsymbol{g}^{\mathrm{T}}\ (\hat{\boldsymbol{A}}_1^{\mathrm{T}}(k)\ \hat{\boldsymbol{A}}_1(k)+\lambda \boldsymbol{I})^{-1}\ \hat{\boldsymbol{A}}_1^{\mathrm{T}}(k)\boldsymbol{E}(k)$$

$$=\boldsymbol{g}^{\mathrm{T}}\boldsymbol{P}^{-1}\hat{\boldsymbol{A}}_1^{\mathrm{T}}(k)\boldsymbol{E}(k)$$

$$=\boldsymbol{g}^{\mathrm{T}}\frac{\boldsymbol{P}^*}{\det(\boldsymbol{P})}\hat{\boldsymbol{A}}_1^{\mathrm{T}}(k)\boldsymbol{E}(k)$$

$$=\frac{N\hat{\phi}_c(k)P_{11}}{\det(\boldsymbol{P})}+\frac{(N-1)\hat{\phi}_c(k+1)P_{21}}{\det(\boldsymbol{P})}+\cdots+\frac{(N-N_u+1)\hat{\phi}_c(k+N_u-1)P_{N_u1}}{\det(\boldsymbol{P})}.$$

$$\tag{6.29}$$

因为 $\hat{\phi}_c(k)$ 在任意时刻 k 均有界,所以式(6.29)是有界的,且其上界是一个与 k 无关的常数.

因为 $\boldsymbol{P}$ 是一个正定矩阵,$\det(\boldsymbol{P})>0$ 是 λ 的首项系数为 1 的 N_u 阶多项式,$P_{11}>0$ 是 λ 的首项系数为 1 的 (N_u-1) 阶多项式,而其余的 $P_{i1}(i=2,3,\cdots,N_u)$ 是 λ 的首项系数为 1 的 (N_u-2) 阶多项式. 故存在 $\lambda_{\min}>0$ 使得当 $\lambda\geqslant\lambda_{\min}$ 时,式(6.29) 的符号与 $\dfrac{P_{11}}{\det(\boldsymbol{P})}$ 相同. 进而,存在正常数 d_2 使得

$$0<1-\phi_c(k)\big[\boldsymbol{g}^{\mathrm{T}}\ (\hat{\boldsymbol{A}}_1^{\mathrm{T}}(k)\ \hat{\boldsymbol{A}}_1(k)+\lambda \boldsymbol{I})^{-1}\ \hat{\boldsymbol{A}}_1^{\mathrm{T}}(k)\boldsymbol{E}(k)\big]\leqslant d_2<1. \tag{6.30}$$

由式(6.28)和式(6.30),知

$$|e(k+1)|\leqslant d_2|e(k)|\leqslant\cdots\leqslant d_2^k|e(1)|, \tag{6.31}$$

故有 $\lim\limits_{k\to\infty}|e(k+1)|=0$.

因为 $y^*(k)$ 是一个有界常数,所以序列 $\{y(k)\}$ 是有界的.

利用式(6.22)和式(6.21),得

$$|\Delta u(k)|\leqslant|\boldsymbol{g}^{\mathrm{T}}\ (\hat{\boldsymbol{A}}_1^{\mathrm{T}}(k)\ \hat{\boldsymbol{A}}_1(k)+\lambda \boldsymbol{I})^{-1}\ \hat{\boldsymbol{A}}_1^{\mathrm{T}}(k)\boldsymbol{E}(k)||e(k)|$$

$$\leqslant\chi|e(k)|, \tag{6.32}$$

其中,χ 是一个有界常数.

因此有

$$|u(k)|\leqslant|\Delta u(k)|+|\Delta u(k-1)|+\cdots+|\Delta u(2)|+|u(1)|$$

$$\leqslant\chi(|e(k)|+|e(k-1)|+\cdots+|e(2)|)+|u(1)|$$

$$\leqslant\chi(d_2^{k-1}|e(1)|+\cdots+d_2|e(1)|)+|u(1)|$$

$$\leqslant\chi\frac{d_2|e(1)|}{1-d_2}+|u(1)|, \tag{6.33}$$

式(6.33)意味着序列 $\{u(k)\}$ 的有界性.

6.2.3 仿真研究

通过两个仿真数例验证 CFDL-MFAPC 方案(6.15)～(6.22)的正确性和有效性,以及其相对于 PID 算法和 CFDL-MFAC 方案(4.7)～(4.9)的优越性. 在以

下两个仿真数例中,受控系统的初始条件及采用的控制方案均相同. CFDL-MFAPC 方案的参数设置为 $\varepsilon = 10^{-5}, \delta = 1, \eta = 1, M = 10, \hat{\phi}_c(1) = 1, \hat{\phi}_c(2) = 0.5,$ $\hat{\phi}_c(3) = 1, \hat{\phi}_c(4) = 0.3, \hat{\phi}_c(5) = 2, \boldsymbol{\theta}(4) = [0.3, 0.2, 0.4]^T$;CFDL-MFAC 方案的参数设置为 $\varepsilon = 10^{-5}, \hat{\phi}_c(1) = 0.5, \eta = 1, \rho = 0.25.$

例 6.1　SISO 离散时间非线性系统

$$y(k+1) = \begin{cases} \dfrac{2.5y(k)y(k-1)}{1+y(k)^2+y(k-1)^2} + 0.7\sin(0.5(y(k)+y(k-1))) \\ \quad \times \cos(0.5(y(k)+y(k-1))) + 1.2u(k) + 1.4u(k-1), \\ \hfill 1 \leqslant k \leqslant 500 \\ -0.1y(k) - 0.2y(k-1) - 0.3y(k-3) + 0.1u(k) \\ \quad + 0.02u(k-1) + 0.03u(k-2), \hfill 500 < k \leqslant 1000. \end{cases}$$

$$(6.34)$$

系统(6.34)由一个非最小相位非线性系统与一个非最小相位线性系统组成,其结构和阶数均时变.

为说明所提出方案的有效性及优越性,分别应用离散型的经典 PID 算法、CFDL-MFAC 方案和 CFDL-MFAPC 方案进行仿真. 经典 PID 算法的计算公式如下

$$u(k) = K_P \Big[e(k) + \frac{1}{T_I} \sum_{j=0}^{k} e(j) + T_D(e(k) - e(k-1)) \Big],$$

其中,$e(k) = y^*(k) - y(k)$ 是输出误差,K_P, T_I, T_D 是控制器参数.

期望轨迹如下

$$y^*(k+1) = 5 \times (-1)^{\text{round}(k/200)}.$$

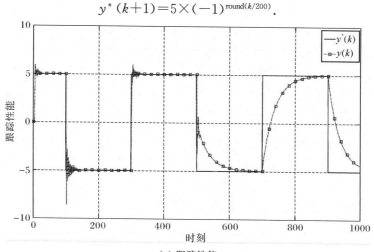

(a) 跟踪性能

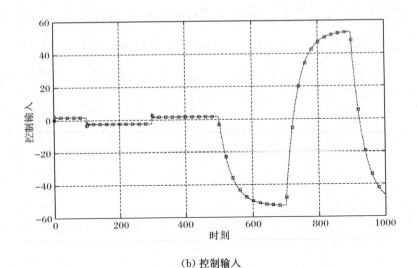

(b) 控制输入

图 6.1　例 6.1 应用 PID 控制的仿真结果

考虑到振荡和第二个子系统的过渡过程,分别调整三种控制方法的参数使其具有最好的控制效果. 图 6.1 是 PID 控制算法当参数选为 $K_P = 0.1, T_I = 0.33,$ $T_D = 1$ 时的仿真结果. 图 6.2 给出 CFDL-MFAC 方案在参数为 $\lambda = 0.01$ 和 $\mu = 2$ 时的仿真结果. 图 6.3 给出 CFDL-MFAPC 方案在参数为 $N = 5, N_u = 1, \lambda = 0.01,$ $\mu = 2$ 时的仿真结果.

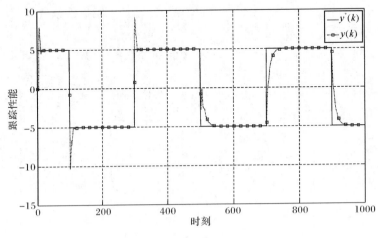

(a) 跟踪性能

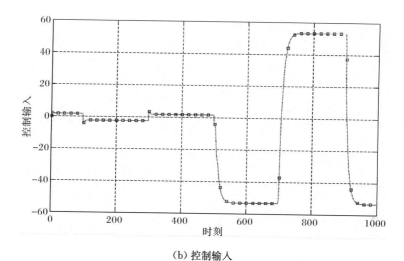

（b）控制输入

图 6.2　例 6.1 应用 CFDL-MFAC 的仿真结果

　　从以上仿真结果可以看出，CFDL-MFAPC 方法的有效性及优越性. 图 6.3 明确显示出设定值变化时预测在控制方案中的作用. 需要指出的是，PID 算法的参数调整非常不方便，而且其控制效果对 PID 算法的参数变化非常敏感，微小的变化可能使系统失稳. 而 CFDL-MFAC 方法和 CFDL-MFAPC 方法的参数调整相比PID 算法来说，则更简单和方便，且它们的控制效果对控制器参数的变化也有一定的鲁棒性.

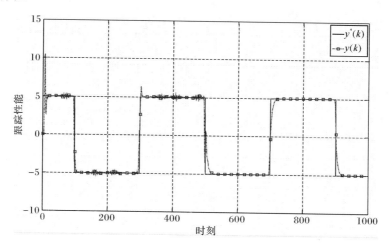

（a）跟踪性能

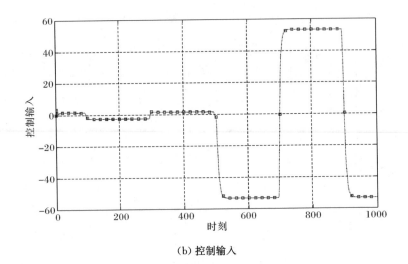

（b）控制输入

图 6.3　例 6.1 应用 CFDL-MFAPC 的仿真结果

例 6.2　离散时间 SISO 非线性系统

$$y(k+1) = \begin{cases} \dfrac{y(k)y(k-1)y(k-2)u(k-1)(y(k)-1)+u(k)}{1+y\,(k)^2+y\,(k-1)^2+y\,(k-2)^2}, \\ \qquad\qquad\qquad\qquad\qquad 1 \leqslant k \leqslant 500 \\ -0.1y(k)-0.2y(k-1)-0.3y(k-3)+0.1u(k) \\ +0.02u(k-1)+0.03u(k-2), \quad 500 < k \leqslant 1000, \end{cases}$$

$$(6.35)$$

其中,两个子系统分别取自文献[165,168],在那里它们分别应用不同的神经网络方法来进行控制. 显然,此系统也是一个结构和阶数均时变的非最小相位非线性系统.

应用 CFDL-MFAPC 方案,并将参数设为 $N=5, N_u=1, \lambda=0.5, \mu=1$ 时,其仿真结果见图 6.4. 从图 6.4 的仿真结果可以看出,其控制效果优于文献[165,168]中神经网络方法的控制效果. 与应用神经网络控制方法相比,应用本节方法没有超调,过渡过程更平稳.

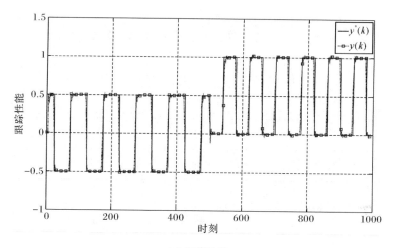

（a）跟踪性能

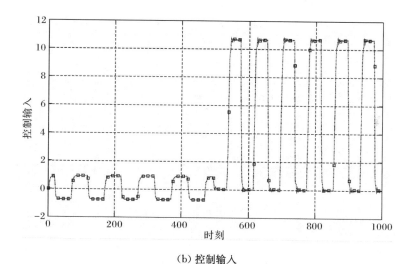

（b）控制输入

图 6.4 例 6.2 应用 CFDL-MFAPC 的仿真结果

6.3 基于偏格式动态线性化的无模型自适应预测控制

6.3.1 控制系统设计

基于 3.2.2 小节的结论,离散时间 SISO 非线性系统(6.1)在一定的假设条件下,可以转化成如下的等价的 PFDL 数据模型

$$\Delta y(k+1) = \boldsymbol{\phi}_{p,L}^{\mathrm{T}}(k)\Delta \boldsymbol{U}_L(k).$$

基于上述的等价的增量形式数据模型,很容易给出如下形式的一步向前输出预测方程

$$y(k+1) = y(k) + \boldsymbol{\phi}_{p,L}^{\mathrm{T}}(k)\Delta \boldsymbol{U}_L(k), \tag{6.36}$$

其中,$\boldsymbol{\phi}_{p,L}(k) = [\phi_1(k), \cdots, \phi_L(k)]^{\mathrm{T}}$, $\Delta \boldsymbol{U}_L(k) = [\Delta u(k), \cdots, \Delta u(k-L+1)]^{\mathrm{T}}$.

令 $\boldsymbol{A} = \begin{bmatrix} 0 & & & \\ 1 & 0 & & \\ & \ddots & \ddots & \\ & & 1 & 0 \end{bmatrix}_{L \times L}$, $\boldsymbol{B} = \begin{bmatrix} 1 \\ 0 \\ \vdots \\ 0 \end{bmatrix}_{L \times 1}$, 则式(6.36)可改写为

$$y(k+1) = y(k) + \boldsymbol{\phi}_{p,L}^{\mathrm{T}}(k)\Delta \boldsymbol{U}_L(k) = y(k) + \boldsymbol{\phi}_{p,L}^{\mathrm{T}}(k)\boldsymbol{A}\Delta \boldsymbol{U}_L(k-1) + \boldsymbol{\phi}_{p,L}^{\mathrm{T}}(k)\boldsymbol{B}\Delta u(k).$$
$$\tag{6.37}$$

类似地可以给出向前 N 步预测方程

$$y(k+2) = y(k+1) + \boldsymbol{\phi}_{p,L}^{\mathrm{T}}(k+1)\Delta \boldsymbol{U}_L(k+1)$$
$$= y(k) + \boldsymbol{\phi}_{p,L}^{\mathrm{T}}(k)\boldsymbol{A}\Delta \boldsymbol{U}_L(k-1) + \boldsymbol{\phi}_{p,L}^{\mathrm{T}}(k)\boldsymbol{B}\Delta u(k) + \boldsymbol{\phi}_{p,L}^{\mathrm{T}}(k+1)\boldsymbol{A}^2 \Delta \boldsymbol{U}_L(k-1)$$
$$+ \boldsymbol{\phi}_{p,L}^{\mathrm{T}}(k+1)\boldsymbol{A}\boldsymbol{B}\Delta u(k) + \boldsymbol{\phi}_{p,L}^{\mathrm{T}}(k+1)\boldsymbol{B}\Delta u(k+1),$$
$$\vdots$$

$$y(k+N_u) = y(k) + \sum_{i=0}^{N_u-1} \boldsymbol{\phi}_{p,L}^{\mathrm{T}}(k+i)\boldsymbol{A}^{i+1}\Delta \boldsymbol{U}_L(k-1) + \sum_{i=0}^{N_u-1} \boldsymbol{\phi}_{p,L}^{\mathrm{T}}(k+i)\boldsymbol{A}^i \boldsymbol{B}\Delta u(k)$$

$$+ \sum_{i=1}^{N_u-1} \boldsymbol{\phi}_{p,L}^{\mathrm{T}}(k+i)\boldsymbol{A}^{i-1}\boldsymbol{B}\Delta u(k+1) + \sum_{i=2}^{N_u-1} \boldsymbol{\phi}_{p,L}^{\mathrm{T}}(k+i)\boldsymbol{A}^{i-2}\boldsymbol{B}\Delta u(k+2)$$

$$+ \cdots + \boldsymbol{\phi}_{p,L}^{\mathrm{T}}(k+N_u-1)\boldsymbol{B}\Delta u(k+N_u-1),$$
$$\vdots$$

$$y(k+N) = y(k) + \sum_{i=0}^{N-1} \boldsymbol{\phi}_{p,L}^{\mathrm{T}}(k+i)\boldsymbol{A}^{i+1}\Delta \boldsymbol{U}_L(k-1) + \sum_{i=0}^{N-1} \boldsymbol{\phi}_{p,L}^{\mathrm{T}}(k+i)\boldsymbol{A}^i \boldsymbol{B}\Delta u(k)$$

$$+ \sum_{i=1}^{N-1} \boldsymbol{\phi}_{p,L}^{\mathrm{T}}(k+i)\boldsymbol{A}^{i-1}\boldsymbol{B}\Delta u(k+1) + \sum_{i=2}^{N-1} \boldsymbol{\phi}_{p,L}^{\mathrm{T}}(k+i)\boldsymbol{A}^{i-2}\boldsymbol{B}\Delta u(k+2)$$

$$+ \cdots + \sum_{i=N_u-1}^{N-1} \boldsymbol{\phi}_{p,L}^{\mathrm{T}}(k+i)\boldsymbol{A}^{i-N_u+1}\boldsymbol{B}\Delta u(k+N_u-1). \tag{6.38}$$

定义 $\tilde{\boldsymbol{Y}}_N(k+1) = [y(k+1), \cdots, y(k+N)]^{\mathrm{T}}$,
$$\boldsymbol{E} = [1, 1, \cdots, 1]^{\mathrm{T}},$$

$$\widetilde{\boldsymbol{\Psi}}(k) = \begin{bmatrix} \boldsymbol{\phi}_{p,L}^{\mathrm{T}}(k)\boldsymbol{B} & & & \\ \sum_{i=0}^{1} \boldsymbol{\phi}_{p}^{\mathrm{T}}(k+i)\boldsymbol{A}^{i}\boldsymbol{B} & \boldsymbol{\phi}_{p,L}^{\mathrm{T}}(k+1)\boldsymbol{B} & & \\ \vdots & \vdots & \vdots & \vdots \\ \sum_{i=0}^{N_u-1} \boldsymbol{\phi}_{p}^{\mathrm{T}}(k+i)\boldsymbol{A}^{i}\boldsymbol{B} & \sum_{i=1}^{N_u-1} \boldsymbol{\phi}_{p,L}^{\mathrm{T}}(k+i)\boldsymbol{A}^{i-1}\boldsymbol{B} & \cdots & \boldsymbol{\phi}_{p,L}^{\mathrm{T}}(k+N_u-1)\boldsymbol{B} \\ \vdots & \vdots & \vdots & \vdots \\ \sum_{i=0}^{N-1} \boldsymbol{\phi}_{p,L}^{\mathrm{T}}(k+i)\boldsymbol{A}^{i}\boldsymbol{B} & \sum_{i=1}^{N-1} \boldsymbol{\phi}_{p,L}^{\mathrm{T}}(k+i)\boldsymbol{A}^{i-1}\boldsymbol{B} & \cdots & \sum_{i=N_u-1}^{N-1} \boldsymbol{\phi}_{p,L}^{\mathrm{T}}(k+N_u)\boldsymbol{A}^{i-N_u+1}\boldsymbol{B} \end{bmatrix}_{N\times N_u},$$

$$\overline{\boldsymbol{\Psi}}(k) = \begin{bmatrix} \boldsymbol{\phi}_{p}^{\mathrm{T}}(k)\boldsymbol{A} \\ \sum_{i=0}^{1} \boldsymbol{\phi}_{p}^{\mathrm{T}}(k+i)\boldsymbol{A}^{i} \\ \vdots \\ \sum_{i=0}^{N_u-1} \boldsymbol{\phi}_{p}^{\mathrm{T}}(k+i)\boldsymbol{A}^{i+1} \\ \vdots \\ \sum_{i=0}^{N-1} \boldsymbol{\phi}_{p}^{\mathrm{T}}(k+i)\boldsymbol{A}^{i+1} \end{bmatrix}_{N\times L},$$

$$\Delta\widetilde{\boldsymbol{U}}_{N_u}(k) = \left[\Delta u(k), \cdots, \Delta u(k+N_u-1)\right]^{\mathrm{T}}.$$

预测方程可以简写为如下形式的矩阵表述形式

$$\widetilde{\boldsymbol{Y}}_{N}(k+1) = \boldsymbol{E}y(k) + \widetilde{\boldsymbol{\Psi}}(k)\Delta\widetilde{\boldsymbol{U}}_{N_u}(k) + \overline{\boldsymbol{\Psi}}(k)\Delta\boldsymbol{U}_{L}(k-1). \qquad (6.39)$$

1. 控制算法

本小节仍基于控制输入准则函数 (6.7) 来设计预测控制方案. 令 $\widetilde{\boldsymbol{Y}}_{N}^{*}(k+1) = \left[y^{*}(k+1), \cdots, y^{*}(k+N)\right]^{\mathrm{T}}$, 将式 (6.39) 代入式 (6.7), 对 $\widetilde{\boldsymbol{U}}_{L}(k)$ 求导, 并令其等于 0, 得

$$\Delta\widetilde{\boldsymbol{U}}_{N_u}(k) = \left(\widetilde{\boldsymbol{\Psi}}^{\mathrm{T}}(k)\widetilde{\boldsymbol{\Psi}}(k) + \lambda\boldsymbol{I}\right)^{-1}\widetilde{\boldsymbol{\Psi}}^{\mathrm{T}}(k)\left(\widetilde{\boldsymbol{Y}}_{N}^{*}(k+1) - \boldsymbol{E}y(k) - \overline{\boldsymbol{\Psi}}(k)\Delta\boldsymbol{U}_{L}(k-1)\right).$$

$$(6.40)$$

因此, 当前时刻的控制输入为

$$u(k) = u(k-1) + \boldsymbol{g}^{\mathrm{T}}\Delta\widetilde{\boldsymbol{U}}_{N_u}(k), \qquad (6.41)$$

其中, $\boldsymbol{g} = [1, 0, \cdots, 0]^{\mathrm{T}}$.

在控制算法 (6.40) 中的 $\widetilde{\boldsymbol{\Psi}}(k)$ 和 $\overline{\boldsymbol{\Psi}}(k)$ 包含未知元素 $\boldsymbol{\phi}_{p,L}(k+i)$, $i=0, \cdots, N-1$, 下面将给出其估计算法和预测算法.

2. 伪梯度向量的估计算法和预报算法

由 PFDL 模型(6.36)可知

$$\Delta y(k+1) = \Delta U_L^{\mathrm{T}}(k)\boldsymbol{\phi}_{p,L}(k). \tag{6.42}$$

一般来说,任何的时变参数估计算法均可以用来估计 $\boldsymbol{\phi}_{p,L}(k)$. 本小节以带有时变遗忘因子的最小二乘法为例来给出其估计算法

$$\hat{\boldsymbol{\phi}}_{p,L}(k) = \hat{\boldsymbol{\phi}}_{p,L}(k-1) + \frac{\boldsymbol{P}_1(k-2)\Delta U_L(k-1)}{\alpha(k-1) + \Delta U_L^{\mathrm{T}}(k-1)\boldsymbol{P}_1(k-2)\Delta U_L(k-1)}$$

$$\times \left[\Delta y(k) - \Delta U_L^{\mathrm{T}}(k-1)\hat{\boldsymbol{\phi}}_{p,L}(k-1)\right],$$

$$\boldsymbol{P}_1(k-1) = \frac{1}{\alpha(k-1)}\left[\boldsymbol{P}_1(k-2) - \frac{\boldsymbol{P}_1(k-2)\Delta U_L(k-1)\Delta U_L^{\mathrm{T}}(k-1)\boldsymbol{P}_1(k-2)}{\alpha(k-1) + \Delta U_L^{\mathrm{T}}(k-1)\boldsymbol{P}_1(k-2)\Delta U_L(k-1)}\right],$$

$$\alpha(k) = \alpha_0\alpha(k-1) + (1-\alpha_0), \tag{6.43}$$

其中,$\hat{\boldsymbol{\phi}}_{p,L}(k)$ 是 $\boldsymbol{\phi}_{p,L}(k)$ 的估计值. $\boldsymbol{P}_1(-1) > 0, \alpha(0) = 0.95, \alpha_0 = 0.99$.

注 6.4　只有当过程总是充分激励时,参数估计算法(6.43)才能给出正确的参数估计,然而对于自适应控制来说,由于激励一般只来自于设定点的变化,一段长时间内如果没有其他的激励,上述的参数估计算法可能忘记参数的真正的值,一旦外界不确定性被激励出来,估计器的缠绕(wind-up)就有可能引起过程输出的喷发(burst). 因此,可采取对 $\boldsymbol{P}(k-1)$ 的重置措施,即当 trace($\boldsymbol{P}(k-1)$)大于或等于某一常数 M 时,重设 $\boldsymbol{P}(k-1) = \boldsymbol{P}(-1)$,此种措施与常迹算法起着类似的作用[98]. 同样的措施也可用在下面算法(6.46)中.

算法(6.43)只能给出 $\boldsymbol{\phi}_{p,L}(k)$ 的估计值 $\hat{\boldsymbol{\phi}}_{p,L}(k)$,但在算法(6.41)中的 $\widetilde{\boldsymbol{\Psi}}(k)$ 和 $\overline{\boldsymbol{\Psi}}(k)$ 还包含 $\hat{\boldsymbol{\phi}}_{p,L}(k+1), \cdots, \hat{\boldsymbol{\phi}}_{p,L}(k+N_u-1)$. 因此为了实现控制算法(6.41),还必须利用某种预报算法,基于在 k 时刻已知的 $\hat{\boldsymbol{\phi}}_{p,L}(1), \hat{\boldsymbol{\phi}}_{p,L}(2), \cdots, \hat{\boldsymbol{\phi}}_{p,L}(k)$,来预报 $\boldsymbol{\phi}_{p,L}(k+1), \cdots, \boldsymbol{\phi}_{p,L}(k+N_u-1)$ 的估计值.

预报算法采用与 6.2.1 节中相同的多层递阶预报算法,利用 $\boldsymbol{\phi}_{p,L}(1), \boldsymbol{\phi}_{p,L}(2), \cdots,$ $\boldsymbol{\phi}_{p,L}(k)$ 已得到的估计值 $\hat{\boldsymbol{\phi}}_{p,L}(1), \hat{\boldsymbol{\phi}}_{p,L}(2), \cdots, \hat{\boldsymbol{\phi}}_{p,L}(k)$ 来预报.

建立 $\hat{\boldsymbol{\phi}}_{p,L}(1), \cdots, \hat{\boldsymbol{\phi}}_{p,L}(k)$ 估计序列的 AR 模型

$$\hat{\boldsymbol{\phi}}_{p,L}(k) = \boldsymbol{\Gamma}_1^{\mathrm{T}}(k)\hat{\boldsymbol{\phi}}_{p,L}(k-1) + \boldsymbol{\Gamma}_2^{\mathrm{T}}(k)\hat{\boldsymbol{\phi}}_{p,L}(k-2) + \cdots + \boldsymbol{\Gamma}_{n_p}^{\mathrm{T}}(k)\hat{\boldsymbol{\phi}}_{p,L}(k-n_p),$$

$$\tag{6.44}$$

其中,$\boldsymbol{\Gamma}_i^{\mathrm{T}}(k), i=1,\cdots,n_p$ 是时变参数矩阵,n_p 是适当的阶数.

令 $\boldsymbol{\Lambda}^{\mathrm{T}}(k) = [\boldsymbol{\Gamma}_1^{\mathrm{T}}(k), \cdots, \boldsymbol{\Gamma}_{n_p}^{\mathrm{T}}(k)]$ 和 $\hat{\boldsymbol{\zeta}}(k-1) = [\hat{\boldsymbol{\phi}}_{p,L}^{\mathrm{T}}(k-1), \cdots, \hat{\boldsymbol{\phi}}_{p,L}^{\mathrm{T}}(k-n_p)]^{\mathrm{T}}$,则式(6.44)可以简写为

$$\hat{\boldsymbol{\phi}}_{p,L}^{\mathrm{T}}(k)=\hat{\boldsymbol{\zeta}}^{\mathrm{T}}(k-1)\boldsymbol{\Lambda}(k),\tag{6.45}$$

其中

$$\boldsymbol{\Lambda}(k)=\boldsymbol{\Lambda}(k-1)+\frac{\boldsymbol{P}_2(k-2)\hat{\boldsymbol{\zeta}}(k-1)}{\beta(k-1)+\hat{\boldsymbol{\zeta}}^{\mathrm{T}}(k-1)\boldsymbol{P}_2(k-2)\hat{\boldsymbol{\zeta}}(k-1)}$$

$$\times[\hat{\boldsymbol{\phi}}_{p,L}^{\mathrm{T}}(k)-\hat{\boldsymbol{\zeta}}^{\mathrm{T}}(k-1)\boldsymbol{\Lambda}(k-1)],$$

$$\boldsymbol{P}_2(k-1)=\frac{1}{\beta(k-1)}\left[\boldsymbol{P}_2(k-2)-\frac{\boldsymbol{P}_2(k-2)\hat{\boldsymbol{\zeta}}(k-1)\hat{\boldsymbol{\zeta}}^{\mathrm{T}}(k-1)\boldsymbol{P}_2(k-2)}{\beta(k-1)+\hat{\boldsymbol{\zeta}}^{\mathrm{T}}(k-1)\boldsymbol{P}_2(k-2)\hat{\boldsymbol{\zeta}}(k-1)}\right],$$

$$\beta(k)=\beta_0\beta(k-1)+(1-\beta_0),\tag{6.46}$$

$$\boldsymbol{P}_2(-1)>0;\beta(0)=0.95;\beta_0=0.99.$$

根据式(6.44)，可以给出如下的预报算法

$$\hat{\boldsymbol{\phi}}_{p,L}(k+i)=\boldsymbol{\Gamma}_1^{\mathrm{T}}(k)\hat{\boldsymbol{\phi}}_{p,L}(k+i-1)+\boldsymbol{\Gamma}_2^{\mathrm{T}}(k)\hat{\boldsymbol{\phi}}_{p,L}(k+i-2)+\cdots+\boldsymbol{\Gamma}_{n_p}^{\mathrm{T}}(k)\hat{\boldsymbol{\phi}}_{p,L}(k+i-n_p),$$

$$i=1,\cdots,N-1.\tag{6.47}$$

3. 控制方案

综合控制算法(6.40)～(6.41)、参数估计算法(6.43)和参数预报算法(6.45)～(6.47)，PFDL-MFAPC 方案如下

$$\hat{\boldsymbol{\phi}}_{p,L}(k)=\hat{\boldsymbol{\phi}}_{p,L}(k-1)+\frac{\boldsymbol{P}_1(k-2)\Delta\boldsymbol{U}_L(k-1)}{\alpha(k-1)+\Delta\boldsymbol{U}_L^{\mathrm{T}}(k-1)\boldsymbol{P}_1(k-2)\Delta\boldsymbol{U}_L(k-1)}$$

$$\times[\Delta y(k)-\Delta\boldsymbol{U}_L^{\mathrm{T}}(k-1)\hat{\boldsymbol{\phi}}_{p,L}(k-1)],$$

$$\boldsymbol{P}_1(k-1)=\frac{1}{\alpha(k-1)}\left[\boldsymbol{P}_1(k-2)-\frac{\boldsymbol{P}_1(k-2)\Delta\boldsymbol{U}_L(k-1)\Delta\boldsymbol{U}_L^{\mathrm{T}}(k-1)\boldsymbol{P}_1(k-2)}{\alpha(k-1)+\Delta\boldsymbol{U}_L^{\mathrm{T}}(k-1)\boldsymbol{P}_1(k-2)\Delta\boldsymbol{U}_L(k-1)}\right],$$

$$\alpha(k)=\alpha_0\alpha(k-1)+(1-\alpha_0),\tag{6.48}$$

$$\boldsymbol{\Lambda}(k)=\boldsymbol{\Lambda}(k-1)+\frac{\boldsymbol{P}_2(k-2)\hat{\boldsymbol{\zeta}}(k-1)}{\beta(k-1)+\hat{\boldsymbol{\zeta}}^{\mathrm{T}}(k-1)\boldsymbol{P}_2(k-2)\hat{\boldsymbol{\zeta}}(k-1)}$$

$$\times[\hat{\boldsymbol{\phi}}_{p,L}^{\mathrm{T}}(k)-\hat{\boldsymbol{\zeta}}^{\mathrm{T}}(k-1)\boldsymbol{\Lambda}(k-1)],$$

$$\boldsymbol{P}_2(k-1)=\frac{1}{\beta(k-1)}\left[\boldsymbol{P}_2(k-2)-\frac{\boldsymbol{P}_2(k-2)\hat{\boldsymbol{\zeta}}(k-1)\hat{\boldsymbol{\zeta}}^{\mathrm{T}}(k-1)\boldsymbol{P}_2(k-2)}{\beta(k-1)+\hat{\boldsymbol{\zeta}}^{\mathrm{T}}(k-1)\boldsymbol{P}_2(k-2)\hat{\boldsymbol{\zeta}}(k-1)}\right],$$

$$\beta(k)=\beta_0\beta(k-1)+(1-\beta_0),\tag{6.49}$$

$$\hat{\boldsymbol{\phi}}_{p,L}(k+i)=\boldsymbol{\Gamma}_1(k)\hat{\boldsymbol{\phi}}_{p,L}(k+i-1)+\boldsymbol{\Gamma}_2(k)\hat{\boldsymbol{\phi}}_{p,L}(k+i-2)+\cdots+\boldsymbol{\Gamma}_{n_p}(k)\hat{\boldsymbol{\phi}}_{p,L}(k+i-n_p),$$

$$i=1,\cdots,N-1,\tag{6.50}$$

$$\Delta\widetilde{\boldsymbol{U}}_{N_u}(k)=(\widetilde{\boldsymbol{\Psi}}^{\mathrm{T}}(k)\widetilde{\boldsymbol{\Psi}}(k)+\lambda\boldsymbol{I})^{-1}\widetilde{\boldsymbol{\Psi}}^{\mathrm{T}}(k)(\widetilde{\boldsymbol{Y}}_N^*(k+1)-\boldsymbol{E}y(k)-\overline{\boldsymbol{\Psi}}(k)\Delta\boldsymbol{U}_L(k-1)),$$

$$\tag{6.51}$$

$$u(k) = u(k-1) + \boldsymbol{g}^{\mathrm{T}} \Delta \tilde{\boldsymbol{U}}_{N_u}(k), \tag{6.52}$$

其中,$\boldsymbol{P}_1(-1)>0;\alpha(0)=0.95;\alpha_0=0.99;\boldsymbol{P}_2(-1)>0;\beta(0)=0.95;\beta_0=0.99,\lambda>0.$

注 6.5　控制方案中的其他参数选取与注 6.3 类似,此处略.

6.3.2　仿真研究

仿真研究的目的是验证本节给出的 PFDL-MFAPC 方案(6.48)～(6.52)相对于经典 PID 算法、PFDL-MFAC 方案(4.26)～(4.28)和神经网络自适应控制方法在处理结构变化、阶数变化、相位变化、线性或非线性、开环稳定或开环不稳定系统的自适应控制问题时的有效性和优越性.

下面的两个模型仅用于 I/O 数据的产生,不用于控制器的设计. 在以下两个仿真数例中,受控系统的初始条件及采用的控制方案均相同. PFDL-MFAPC 方案中的参数设定为 $L=5, N=5, N_u=10, \lambda=1, \alpha(0)=0.95, \alpha_0=0.99$,PG 估计值的初始值设为 $\hat{\boldsymbol{\phi}}_{p,L}(1)=[0.5,0.1,0.2,0,0.3]^{\mathrm{T}}, \hat{\boldsymbol{\phi}}_{p,L}(2)=[0.3,0.2,0,0.4,0.1]^{\mathrm{T}}, \hat{\boldsymbol{\phi}}_{p,L}(3)=[0.6,0,0.1,0.3,0.2]^{\mathrm{T}}, \hat{\boldsymbol{\phi}}_{p,L}(4)=[0.2,0.1,0.2,0.9,0]^{\mathrm{T}}.$ $\boldsymbol{\Lambda}(k)$ 中所有元素的初始值均被设为 $(0,1)$ 间的随机数,初始方差设为 $\boldsymbol{P}_1(-1)=10\boldsymbol{I}$,和 $\boldsymbol{P}_2(-1)=100\boldsymbol{I}.$ PFDL-MFAC 方案的参数设置为 $L=5, \hat{\boldsymbol{\phi}}_{p,L}(1)=[0.5,0,0,0,0]^{\mathrm{T}}, \eta=0.5, \rho=1.$

例 6.3　离散时间非线性系统

$$y(k+1) = \begin{cases} \dfrac{2.5y(k)y(k-1)}{1+y(k)^2+y(k-1)^2} + 0.7\sin(0.5(y(k)+y(k-1))) \\ \qquad \times \cos(0.5(y(k)+y(k-1)))+1.2u(k)+1.4u(k-1), \\ \qquad\qquad\qquad\qquad\qquad 1 \leqslant k \leqslant 250 \\[6pt] \dfrac{2.5y(k)y(k-1)}{1+y(k)^2+y(k-1)^2} + 0.7\sin(0.5(y(k)+y(k-1))) \\ \qquad \times \cos(0.5(y(k)+y(k-1)))+1.2u(k-2)+1.4u(k-3), \\ \qquad\qquad\qquad\qquad\qquad 250 < k \leqslant 500 \\[6pt] \dfrac{5y(k)y(k-1)}{1+y(k)^2+y(k-1)^2+y(k-2)^2} + u(k)+1.1u(k-1), \\ \qquad\qquad\qquad\qquad\qquad 500 < k \leqslant 750 \\[6pt] -0.1y(k)-0.2y(k-1)-0.3y(k-2)+0.1u(k-2) \\ \qquad +0.02u(k-3)+0.03u(k-4), \qquad 750 < k \leqslant 1000. \end{cases}$$

$$\tag{6.53}$$

系统(6.53)是由四个子系统串联而成,它是结构、阶数、相位和时滞均变化的非线性系统.显然这几个子系统的动态行为差异性很大,而且前三个子系统由于它们本身的非线性和非最小相位性,使得即使针对单独的子系统分别应用常规的神经网络控制方法也不能很好的控制[162].

期望轨迹如下

$$y^*(k+1) = 5 \times (-1)^{\mathrm{round}(k/80)}.$$

图 6.5 是应用 PID 算法的仿真结果.仿真中,考虑到第二个子系统的振荡和最后一个子系统的瞬态过渡过程之间的折中,其中 PID 参数已经过仔细调整. PID 参数最后取为 $K_P = 0.1, T_I = 1, T_D = 1$.

图 6.6 是应用 PFDL-MFAC 方法控制方案的仿真结果,其权重因子选为 $\lambda = 5, \mu = 10$.

图 6.7 是应用 PFDL-MFAPC 方法控制方案的仿真结果,其权重因子选为 $\lambda = 5, \mu = 10$.

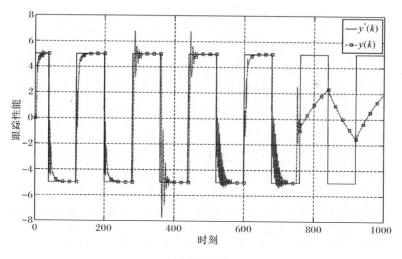

(a) 跟踪性能

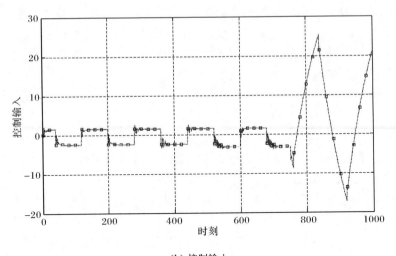

（b）控制输入

图 6.5　例 6.3 应用 PID 的仿真结果

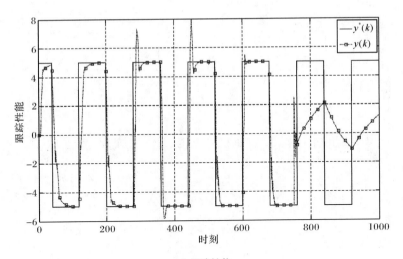

（a）跟踪性能

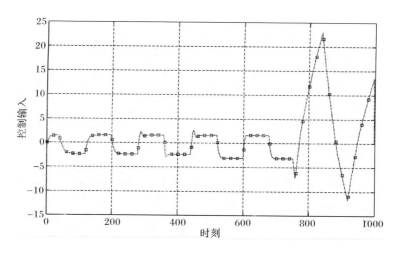

（b）控制输入

图 6.6 例 6.3 应用 PFDL-MFAC 的仿真结果

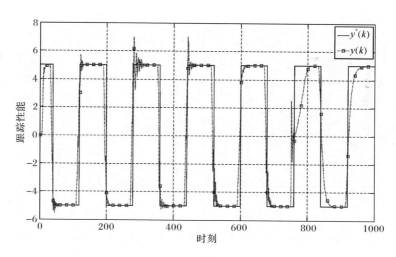

（a）跟踪性能

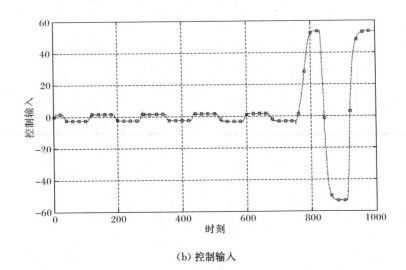

（b）控制输入

图 6.7　例 6.3 应用 PFDL-MFAPC 的仿真结果

从以上仿真结果可以看出,本节提出的 PFDL-MFAPC 方案其控制效果最好,尤其是针对第四个子系统的瞬态过渡过程. 其次,从图 6.7 中可以明显看出 PFDL-MFAPC 方案的预测的作用. 此外,PID 三个参数的调整相当困难,且控制效果对参数的调整非常敏感,不小心的调整会使系统失稳,而 PFDL-MFAC 方法和 PFDL-MFAPC 方法的参数调整相比 PID 来说,则更简单和方便,且它们的控制效果对控制器参数的变化也有一定的鲁棒性.

例 6.4　离散时间非线性系统

$$y(k+1)=\begin{cases} \dfrac{y(k)\,y(k-1)\,y(k-2)\,u(k-1)\,(y(k)-1)+u(k)}{1+y\,(k)^2+y\,(k-1)^2+y\,(k-2)^2}, & 1\leqslant k\leqslant 400 \\[2mm] \dfrac{y(k)}{1+y\,(k)^2}+u(k)^3, & 400<k\leqslant 600 \\[2mm] \begin{aligned}&0.55y(k)-0.46y(k-1)-0.07y(k-2)+0.1u(k)\\&+0.02u(k-1)+0.03u(k-2),\end{aligned} & 600<k\leqslant 800 \\[2mm] \begin{aligned}&-0.1y(k)-0.2y(k-1)-0.3y(k-3)+0.1u(k-2)\\&+0.02u(k-3)+0.03u(k-4),\end{aligned} & 800<k\leqslant 1200, \end{cases}$$

$$(6.54)$$

此系统由四个子系统串联组成. 第一、二个子系统分别取自文献[162]和文献[165],第三、四子系统取自文献[168],它们在上述文献中是分别单独采用神经网络控制方法进行控制,详细的仿真结果请参见原文. 显然,系统(6.54)的结构、阶数、时滞和开环稳定性均发生变化,其中第二个子系统对控制输入是非线性的,第三个子系统是开环不稳定系统.

期望跟踪轨迹如下

$$y^*(k+1)=\begin{cases} 0.5\times(-1)^{\text{round}(k/50)}, & 1\leqslant k\leqslant 600 \\ 2\sin\left(\dfrac{k}{50}\right)+\cos\left(\dfrac{k}{20}\right), & 600<k\leqslant 1000 \\ 0.5\times(-1)^{\text{round}(k/50)}, & 1000<k\leqslant 1200. \end{cases} \quad (6.55)$$

图 6.8 给出 PFDL-MFAPC 方法的控制效果,从图中可以看出超调很小,且过渡过程相对平稳,控制效果分别略好于分别应用神经网络控制方法的控制效果.在 400 步、600 步和 800 步出现的振荡是由于系统结构变化引起的.

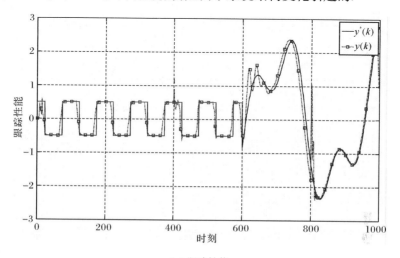

(a) 跟踪性能

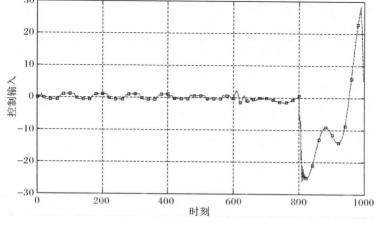

(b) 控制输入

图 6.8 例 6.4 应用 PFDL-MFAPC 的仿真结果

6.4　基于全格式动态线性化的无模型自适应预测控制

6.4.1　控制系统设计

基于第 3.2.3 节的结论, 离散时间 SISO 非线性系统(6.1)在一定的假设条件下, 可以转化成如下的等价的 FFDL 数据模型

$$\Delta y(k+1) = \boldsymbol{\phi}_{f,L_y+L_u}^{\mathrm{T}}(k)\Delta \boldsymbol{H}_{L_y,L_u}(k).$$

基于上述的等价的增量形式数据模型, 很容易给出如下形式的一步向前输出预测方程

$$y(k+1) = y(k) + \boldsymbol{\phi}_{f,L_y+L_u}^{\mathrm{T}}(k)\Delta \boldsymbol{H}_{L_y,L_u}(k), \tag{6.56}$$

其中, $\Delta \boldsymbol{H}_{L_y,L_u}(k) = [\Delta y(k),\cdots,\Delta y(k-L_y+1),\Delta u(k),\cdots,\Delta u(k-L_u+1)]^{\mathrm{T}}$; PG $\boldsymbol{\phi}_{f,L_y,L_u}(k) = [\phi_1(k),\cdots,\phi_{L_y}(k),\phi_{L_y+1}(k),\cdots,\phi_{L_y+L_u}(k)]^{\mathrm{T}}$; 整数 $L_y,L_u(0 \leqslant L_y \leqslant n_y, 1 \leqslant L_u \leqslant n_u)$ 称为伪阶数.

由于系统(6.56)是时变的, 因此 PG $\boldsymbol{\phi}_{f,L_y+L_u}(k)$ 在预测视野内保持不变的假设很难成立, 故无法应用 Diophantine 方程技术. 下面应用与前两节相似的方法来进行预测.

令

$$\boldsymbol{A} = \begin{bmatrix} 0 & & & \\ 1 & 0 & & \\ & \ddots & \ddots & \\ & & 1 & 0 \end{bmatrix}_{L_u \times L_u}, \quad \boldsymbol{B} = \begin{bmatrix} 1 \\ 0 \\ \vdots \\ 0 \end{bmatrix}_{L_u \times 1},$$

$$\boldsymbol{C} = \begin{bmatrix} 0 & & & \\ 1 & 0 & & \\ & \ddots & \ddots & \\ & & 1 & 0 \end{bmatrix}_{L_y \times L_y}, \quad \boldsymbol{D} = \begin{bmatrix} 1 \\ 0 \\ \vdots \\ 0 \end{bmatrix}_{L_y \times 1},$$

$$\Delta \boldsymbol{Y}_{L_y}(k) = [\Delta y(k),\cdots,\Delta y(k-L_y+1)]^{\mathrm{T}} \in \mathbf{R}^{L_y},$$

$$\Delta \boldsymbol{U}_{L_u}(k) = [\Delta u(k),\cdots,\Delta u(k-L_u+1)]^{\mathrm{T}} \in \mathbf{R}^{L_u},$$

$$\boldsymbol{\phi}_{fy}(k) = [\phi_1(k),\cdots,\phi_{L_y}(k)]^{\mathrm{T}},$$

$$\boldsymbol{\phi}_{fu}(k) = [\phi_{L_y+1}(k),\cdots,\phi_{L_y+L_u}(k)]^{\mathrm{T}}.$$

式(6.56)可改写为

$$\Delta y(k+1) = \boldsymbol{\phi}_{fy}^{\mathrm{T}}(k)\Delta \boldsymbol{Y}_{L_y}(k) + \boldsymbol{\phi}_{fu}^{\mathrm{T}}(k)\boldsymbol{A}\Delta \boldsymbol{U}_{L_u}(k-1)$$
$$+ \boldsymbol{\phi}_{fu}^{\mathrm{T}}(k)\boldsymbol{B}\Delta u(k). \tag{6.57}$$

类似地, N 步向前预测方程可以写为

$$
\begin{aligned}
\Delta y(k+2) =\ & \boldsymbol{\phi}_{fy}^{\mathrm{T}}(k+1)\Delta\boldsymbol{Y}_{L_y}(k+1)+\boldsymbol{\phi}_{fu}^{\mathrm{T}}(k+1)\boldsymbol{A}\Delta\boldsymbol{U}_{L_u}(k) \\
& +\boldsymbol{\phi}_{fu}^{\mathrm{T}}(k+1)\boldsymbol{B}\Delta u(k+1) \\
=\ & \boldsymbol{\phi}_{fy}^{\mathrm{T}}(k+1)\boldsymbol{C}\Delta\boldsymbol{Y}_{L_y}(k)+\boldsymbol{\phi}_{fy}^{\mathrm{T}}(k+1)\boldsymbol{D}\Delta y(k+1) \\
& +\boldsymbol{\phi}_{fu}^{\mathrm{T}}(k+1)\boldsymbol{A}^2\Delta\boldsymbol{U}_{L_u}(k-1)+\boldsymbol{\phi}_{fu}^{\mathrm{T}}(k+1)\boldsymbol{A}\boldsymbol{B}\Delta u(k) \\
& +\boldsymbol{\phi}_{fu}^{\mathrm{T}}(k+1)\boldsymbol{B}\Delta u(k+1), \\
\Delta y(k+3) =\ & \boldsymbol{\phi}_{fy}^{\mathrm{T}}(k+2)\Delta\boldsymbol{Y}_{L_y}(k+2)+\boldsymbol{\phi}_{fu}^{\mathrm{T}}(k+2)\boldsymbol{A}\Delta\boldsymbol{U}_{L_u}(k+1) \\
& +\boldsymbol{\phi}_{fu}^{\mathrm{T}}(k+2)\boldsymbol{B}\Delta u(k+2) \\
=\ & \boldsymbol{\phi}_{fy}^{\mathrm{T}}(k+2)\boldsymbol{C}^2\Delta\boldsymbol{Y}_{L_y}(k)+\boldsymbol{\phi}_{fy}^{\mathrm{T}}(k+2)\boldsymbol{C}\boldsymbol{D}\Delta y(k+1) \\
& +\boldsymbol{\phi}_{fy}^{\mathrm{T}}(k+2)\boldsymbol{D}\Delta y(k+2) \\
& +\boldsymbol{\phi}_{fu}^{\mathrm{T}}(k+2)\boldsymbol{A}^3\Delta\boldsymbol{U}_{L_u}(k-1)+\boldsymbol{\phi}_{fu}^{\mathrm{T}}(k+2)\boldsymbol{A}^2\boldsymbol{B}\Delta u(k) \\
& +\boldsymbol{\phi}_{fu}^{\mathrm{T}}(k+2)\boldsymbol{A}\boldsymbol{B}\Delta u(k+1)+\boldsymbol{\phi}_{fu}^{\mathrm{T}}(k+2)\boldsymbol{B}\Delta u(k+2), \\
\vdots\ & \\
\Delta y(k+N) =\ & \boldsymbol{\phi}_{fy}^{\mathrm{T}}(k+N-1)\boldsymbol{C}^{N-1}\Delta\boldsymbol{Y}_{L_y}(k)+\boldsymbol{\phi}_{fu}^{\mathrm{T}}(k+N-1)\boldsymbol{A}^N\Delta\boldsymbol{U}_{L_u}(k-1) \\
& +\boldsymbol{\phi}_{fy}^{\mathrm{T}}(k+N-1)\boldsymbol{C}^{N-2}\boldsymbol{D}\Delta y(k+1)+\cdots \\
& +\boldsymbol{\phi}_{fy}^{\mathrm{T}}(k+N-1)\boldsymbol{D}\Delta y(k+N-1) \\
& +\boldsymbol{\phi}_{fu}^{\mathrm{T}}(k+N-1)\boldsymbol{A}^{N-1}\boldsymbol{B}\Delta u(k)+\boldsymbol{\phi}_{fu}^{\mathrm{T}}(k+N-1)\boldsymbol{A}^{N-2}\boldsymbol{B}\Delta u(k+1) \\
& +\boldsymbol{\phi}_{fu}^{\mathrm{T}}(k+N-1)\boldsymbol{A}^{N-N_u}\boldsymbol{B}\Delta u(k+N_u-1).
\end{aligned}
$$

$$\text{(6.58)}$$

令

$$
\begin{aligned}
\Delta\tilde{\boldsymbol{Y}}_N(k+1) =\ & \tilde{\boldsymbol{Y}}_N(k+1)-\tilde{\boldsymbol{Y}}_N(k), \\
\tilde{\boldsymbol{Y}}_N(k+1) =\ & [y(k+1),\cdots,y(k+N)]^{\mathrm{T}}, \\
\boldsymbol{E} =\ & [1,1,\cdots,1]^{\mathrm{T}}, \\
\Delta\tilde{\boldsymbol{U}}_{N_u}(k) =\ & [\Delta u(k),\cdots,\Delta u(k+N_u-1)]^{\mathrm{T}}, \\
\boldsymbol{\Psi}_1(k) =\ & \begin{bmatrix} \boldsymbol{\phi}_{fy}^{\mathrm{T}}(k) \\ \vdots \\ \boldsymbol{\phi}_{fy}^{\mathrm{T}}(k+N-1)\boldsymbol{C}^{N-1} \end{bmatrix}_{N\times L_y}, \\
\boldsymbol{\Psi}_2(k) =\ & \begin{bmatrix} \boldsymbol{\phi}_{fu}^{\mathrm{T}}(k)\boldsymbol{A} \\ \vdots \\ \boldsymbol{\phi}_{fu}^{\mathrm{T}}(k+N-1)\boldsymbol{A}^N \end{bmatrix}_{N\times L_u},
\end{aligned}
$$

$$\boldsymbol{\Psi}_3(k)=\begin{bmatrix} 0 & & \cdots & & 0 \\ \boldsymbol{\phi}_{fy}^{\mathrm{T}}(k+1)\boldsymbol{D} & 0 & & \cdots & 0 \\ \boldsymbol{\phi}_{fy}^{\mathrm{T}}(k+2)\boldsymbol{CD} & \boldsymbol{\phi}_{fy}^{\mathrm{T}}(k+2)\boldsymbol{D} & 0 & \cdots & 0 \\ \vdots & \vdots & \ddots & \ddots & \vdots \\ \boldsymbol{\phi}_{fy}^{\mathrm{T}}(k+N-1)\boldsymbol{C}^{N-2}\boldsymbol{D} & \boldsymbol{\phi}_{fy}^{\mathrm{T}}(k+N-1)\boldsymbol{C}^{N-3}\boldsymbol{D} & & \boldsymbol{\phi}_{fy}^{\mathrm{T}}(k+N-1)\boldsymbol{D} & 0 \end{bmatrix}_{N\times N},$$

$$\boldsymbol{\Psi}_4(k)=\begin{bmatrix} \boldsymbol{\phi}_{fu}^{\mathrm{T}}(k)\boldsymbol{B} & & \\ \boldsymbol{\phi}_{fu}^{\mathrm{T}}(k+1)\boldsymbol{AB} & \boldsymbol{\phi}_{fu}^{\mathrm{T}}(k+1)\boldsymbol{B} & \\ \vdots & & \ddots \\ \boldsymbol{\phi}_{fu}^{\mathrm{T}}(k+N_u-1)\boldsymbol{A}^{N_u-1}\boldsymbol{B} & & \boldsymbol{\phi}_{fu}^{\mathrm{T}}(k+N_u-1)\boldsymbol{B} \\ \vdots & & \vdots \\ \boldsymbol{\phi}_{fu}^{\mathrm{T}}(k+N-1)\boldsymbol{A}^{N-1}\boldsymbol{B} & & \boldsymbol{\phi}_{fu}^{\mathrm{T}}(k+1)\boldsymbol{A}^{N-N_u}\boldsymbol{B} \end{bmatrix}_{N\times N_u},$$

则预测方程可以简写为

$$\Delta\tilde{\boldsymbol{Y}}_N(k+1)=\boldsymbol{\Psi}_1(k)\Delta\boldsymbol{Y}_{L_y}(k)+\boldsymbol{\Psi}_2(k)\Delta\boldsymbol{U}_{L_u}(k-1)$$
$$+\boldsymbol{\Psi}_3(k)\Delta\tilde{\boldsymbol{Y}}_N(k+1)+\boldsymbol{\Psi}_4(k)\Delta\tilde{\boldsymbol{U}}_{N_u}(k), \tag{6.59}$$

即

$$\tilde{\boldsymbol{Y}}_N(k+1)=\tilde{\boldsymbol{Y}}_N(k)+(\boldsymbol{I}-\boldsymbol{\Psi}_3(k))^{-1}(\boldsymbol{\Psi}_1(k)\Delta\boldsymbol{Y}_{L_y}(k)$$
$$+\boldsymbol{\Psi}_2(k)\Delta\boldsymbol{U}_{L_u}(k-1)+\boldsymbol{\Psi}_4(k)\Delta\tilde{\boldsymbol{U}}_{N_u}(k)). \tag{6.60}$$

本节仍然基于控制输入准则函数(6.7)来设计预测控制方案. 将式(6.60)代入式(6.7), 对 $\tilde{\boldsymbol{U}}_{N_u}(k)$ 求导, 并令其等于 0, 得

$$\Delta\tilde{\boldsymbol{U}}_{N_u}(k)=[((\boldsymbol{I}-\boldsymbol{\Psi}_3(k))^{-1}\boldsymbol{\Psi}_4(k))^{\mathrm{T}}((\boldsymbol{I}-\boldsymbol{\Psi}_3(k))^{-1}\boldsymbol{\Psi}_4(k))+\lambda\boldsymbol{I}]^{-1}$$
$$((\boldsymbol{I}-\boldsymbol{\Psi}_3(k))^{-1}\boldsymbol{\Psi}_4(k))^{\mathrm{T}}$$
$$\times\{\tilde{\boldsymbol{Y}}_N^*(k+1)-\tilde{\boldsymbol{Y}}_N(k)-(\boldsymbol{I}-\boldsymbol{\Psi}_3(k))^{-1}(\boldsymbol{\Psi}_1(k)\Delta\boldsymbol{Y}_{L_y}(k)$$
$$+\boldsymbol{\Psi}_2(k)\Delta\boldsymbol{U}_{L_u}(k-1))\}. \tag{6.61}$$

因此, 当前时刻的控制输入为

$$u(k)=u(k-1)+\boldsymbol{g}^{\mathrm{T}}\Delta\tilde{\boldsymbol{U}}_{N_u}(k), \tag{6.62}$$

其中, $\boldsymbol{g}=[1,0,\cdots,0]^{\mathrm{T}}$.

$\boldsymbol{\Psi}_1(k)$, $\boldsymbol{\Psi}_2(k)$, $\boldsymbol{\Psi}_3(k)$ 和 $\boldsymbol{\Psi}_4(k)$ 中的 PG $\boldsymbol{\phi}_{fy}(k)$ 和 $\boldsymbol{\phi}_{fu}(k)$, 即 $\boldsymbol{\phi}_{f,L_y,L_u}(k)$, 可以由投影算法(6.63)估计得到

$$\hat{\boldsymbol{\phi}}_{f,L_y,L_u}(k)=\hat{\boldsymbol{\phi}}_{f,L_y,L_u}(k-1)+\frac{\eta\Delta\boldsymbol{H}_{L_y,L_u}(k-1)}{\mu+\parallel\Delta\boldsymbol{H}_{L_y,L_u}(k-1)\parallel^2}$$
$$\times(\Delta y(k)-\hat{\boldsymbol{\phi}}_{f,L_y,L_u}^{\mathrm{T}}(k-1)\Delta\boldsymbol{H}_{L_y,L_u}(k-1)), \tag{6.63}$$

其中,$\hat{\boldsymbol{\phi}}_{f,L_y,L_u}(k)$ 是 $\boldsymbol{\phi}_{f,L_y,L_u}(k)$ 的估计值;$\mu>0,\eta\in(0,1]$.

此外,$\boldsymbol{\Psi}_1(k),\boldsymbol{\Psi}_2(k),\boldsymbol{\Psi}_3(k)$ 和 $\boldsymbol{\Psi}_4(k)$ 中的 PG $\boldsymbol{\phi}_{fy}(k+i)$ 和 $\boldsymbol{\phi}_{fu}(k+i)$,即 $\boldsymbol{\phi}_{f,L_y,L_u}(k+i),i=1,\cdots,N-1$ 未知,仍然采用多层递阶预测方法进行预测.

定义

$$\boldsymbol{\Lambda}(k)=[\boldsymbol{\Gamma}_1(k),\cdots,\boldsymbol{\Gamma}_{n_p}(k)]^{\mathrm{T}},$$

$$\hat{\boldsymbol{\zeta}}(k)=[\hat{\boldsymbol{\phi}}_{f,L_y,L_u}^{\mathrm{T}}(k-1),\cdots,\hat{\boldsymbol{\phi}}_{f,L_y,L_u}^{\mathrm{T}}(k-n_p)]^{\mathrm{T}}.$$

建立如下估计值序列的 AR 模型

$$\hat{\boldsymbol{\phi}}_{f,L_y,L_u}(k)=\boldsymbol{\Lambda}(k)\hat{\boldsymbol{\zeta}}(k). \tag{6.64}$$

根据式(6.64),$\hat{\boldsymbol{\phi}}_{f,L_y,L_u}(k+i),i=1,\cdots,N-1$ 的预测算法如下

$$\hat{\boldsymbol{\phi}}_{f,L_y,L_u}(k+i)=\boldsymbol{\Gamma}_1(k)\hat{\boldsymbol{\phi}}_{f,L_y,L_u}(k+i-1)+\boldsymbol{\Gamma}_2(k)\hat{\boldsymbol{\phi}}_{f,L_y,L_u}(k+i-2)$$

$$+\cdots+\boldsymbol{\Gamma}_{np}(k)\hat{\boldsymbol{\phi}}_{f,L_y,L_u}(k+i-n_p), \tag{6.65}$$

其中,未知矩阵 $\boldsymbol{\Lambda}(k)=[\boldsymbol{\Gamma}_1(k),\cdots,\boldsymbol{\Gamma}_{n_p}(k)]^{\mathrm{T}}$ 可以由如下带有遗忘因子的最小二乘算法确定

$$\boldsymbol{\Lambda}(k)=\boldsymbol{\Lambda}(k-1)+\frac{\boldsymbol{P}(k-2)\hat{\boldsymbol{\zeta}}(k-1)}{\alpha(k-1)+\hat{\boldsymbol{\zeta}}^{\mathrm{T}}(k-1)\boldsymbol{P}(k-2)\hat{\boldsymbol{\zeta}}(k-1)}$$

$$\times[\hat{\boldsymbol{\phi}}_{f,L_y,L_u}^{\mathrm{T}}(k)-\hat{\boldsymbol{\zeta}}^{\mathrm{T}}(k-1)\boldsymbol{\Lambda}(k-1)],$$

$$\boldsymbol{P}(k-1)=\frac{1}{\alpha(k-1)}\left[\boldsymbol{P}(k-2)-\frac{\boldsymbol{P}(k-2)\hat{\boldsymbol{\zeta}}(k-1)\hat{\boldsymbol{\zeta}}^{\mathrm{T}}(k-1)\boldsymbol{P}(k-2)}{\alpha(k-1)+\hat{\boldsymbol{\zeta}}^{\mathrm{T}}(k-1)\boldsymbol{P}(k-2)\hat{\boldsymbol{\zeta}}(k-1)}\right],$$

$$\alpha(k)=\alpha_0\alpha(k-1)+(1-\alpha_0), \tag{6.66}$$

其中,$\boldsymbol{P}(-1)>0;\alpha(0)=0.95;\alpha_0=0.99$.

综合控制算法(6.61)、算法(6.62)、参数估计算法(6.63)和参数预测算法(6.65)、算法(6.66),可得 FFDL-MFAPC 方案如下

$$\hat{\boldsymbol{\phi}}_{f,L_y,L_u}(k)=\hat{\boldsymbol{\phi}}_{f,L_y,L_u}(k-1)+\frac{\eta\Delta\boldsymbol{H}_{L_y,L_u}(k-1)}{\mu+\|\Delta\boldsymbol{H}_{L_y,L_u}(k-1)\|^2}$$

$$\times(\Delta y(k)-\hat{\boldsymbol{\phi}}_{f,L_y,L_u}^{\mathrm{T}}(k-1)\Delta\boldsymbol{H}_{L_y,L_u}(k-1)), \tag{6.67}$$

$\hat{\boldsymbol{\phi}}_{f,L_y,L_u}(k)=\hat{\boldsymbol{\phi}}_{f,L_y,L_u}(1)$,如果 $|\hat{\phi}_{L_y+1}(k)|\leqslant\varepsilon$ 或

$$\mathrm{sign}(\hat{\phi}_{L_y+1}(k))\neq\mathrm{sign}(\hat{\phi}_{L_y+1}(1)), \tag{6.68}$$

$$\boldsymbol{\Lambda}(k)=\boldsymbol{\Lambda}(k-1)+\frac{\boldsymbol{P}(k-2)\hat{\boldsymbol{\zeta}}(k-1)}{\alpha(k-1)+\hat{\boldsymbol{\zeta}}^{\mathrm{T}}(k-1)\boldsymbol{P}(k-2)\hat{\boldsymbol{\zeta}}(k-1)}$$

$$\times[\hat{\boldsymbol{\phi}}_{f,L_y,L_u}^{\mathrm{T}}(k)-\hat{\boldsymbol{\zeta}}^{\mathrm{T}}(k-1)\boldsymbol{\Lambda}(k-1)],$$

$$P(k-1) = \frac{1}{\alpha(k-1)} \left[P(k-2) - \frac{P(k-2)\hat{\zeta}(k-1)\hat{\zeta}^{\mathrm{T}}(k-1)P(k-2)}{\alpha(k-1) + \hat{\zeta}^{\mathrm{T}}(k-1)P(k-2)\hat{\zeta}(k-1)} \right],$$

$$\alpha(k) = \alpha_0 \alpha(k-1) + (1-\alpha_0), \tag{6.69}$$

$$\hat{\phi}_{f,L_y,L_u}(k+i) = \Gamma_1(k)\hat{\phi}_{f,L_y,L_u}(k+i-1) + \Gamma_2(k)\hat{\phi}_{f,L_y,L_u}(k+i-2) + \cdots$$

$$+ \Gamma_{n_p}(k)\hat{\phi}_{f,L_y,L_u}(k+i-n_p), \quad i = 1, \cdots, N-1 \tag{6.70}$$

$$\hat{\phi}_{f,L_y,L_u}(k+j) = \hat{\phi}_{f,L_y,L_u}(1), \text{如果} |\hat{\phi}_{L_y+1}(k)| \leqslant \varepsilon \text{ 或}$$

$$\mathrm{sign}(\hat{\phi}_{L_y+1}(k)) \neq \mathrm{sign}(\hat{\phi}_{L_y+1}(1)), j = 1, \cdots, N-1, \tag{6.71}$$

$$\Delta \tilde{U}_{N_u}(k) = \left[((I-\Psi_3(k))^{-1}\Psi_4(k))^{\mathrm{T}} ((I-\Psi_3(k))^{-1}\Psi_4(k)) + \lambda I \right]^{-1}$$

$$\times ((I-\Psi_3(k))^{-1}\Psi_4(k))^{\mathrm{T}}$$

$$\times \{ \tilde{Y}_N^*(k+1) - \tilde{Y}_N(k) - (I-\Psi_3(k))^{-1}(\Psi_1(k)\Delta Y_{L_y}(k)$$

$$+ \Psi_2(k)\Delta U_{L_u}(k-1)) \}, \tag{6.72}$$

$$u(k) = u(k-1) + g^{\mathrm{T}} \Delta \tilde{U}_{N_u}(k) \tag{6.73}$$

其中, ε 是正常数; $P(-1) > 0$; $\alpha(0) = 0.95$; $\alpha_0 = 0.99$; $\lambda > 0$; $\mu > 0$; $\eta \in (0,1]$.

注 6.6　控制方案中的其他参数选取与注 6.3 类似, 此处略.

注 6.7　当受控系统是线性 ARIMA 模型

$$A(q^{-1})\Delta y(k) = B(q^{-1})\Delta u(k-1), \tag{6.74}$$

且模型结构已知时, 取 $L_y = n_y$, $L_u = n_u$, 不用预报算法(因为此时的向量已经时不变), 上述算法就变成标准的 GPC 算法.

注 6.8　当受控系统的时变参数的变化规律已知时, 其预报如果采用已知的规律, 上述方法就变成文献[202]中的算法.

6.4.2　仿真研究

本小节给出一个例子, 用以说明提出的 FFDL-MFAPC 方案(6.67)~(6.73)对于具有时变参数的非线性系统的有效性. 此外, 将仿真结果与 FFDL-MFAC 方案(4.65)~(4.67)作比较, 用以说明预测在 FFDL-MFAPC 中的作用.

例 6.5　离散时间非线性系统

$$y(k+1) = \frac{-0.9y(k) + (a(k)+10)u(k)}{1+y(k)^2}, \tag{6.75}$$

其中, $a(k) = 4\mathrm{round}\left(\frac{k}{100}\right) + \sin\left(\frac{k}{100}\right)$ 是时变的, 使得系统的动态具有更加快速的明显变化.

FFDL-MFAPC 方案中的参数设定为 $L_y=1, L_u=1, N=5, N_u=1, \lambda=7$, PG 的初始值设为 $\hat{\boldsymbol{\phi}}_{f,L_y,L_u}(1)=[-1,10]^{\mathrm{T}}, \boldsymbol{\Lambda}$ 的初始值被设为 $(0,1)$ 间的随机数. 图 6.9 和图 6.10 分别给出了应用 FFDL-MFAC 方案和 FFDL-MFAPC 方案的控制效果.

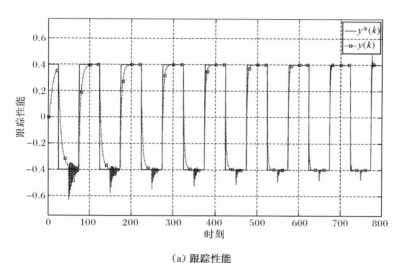

（a）跟踪性能

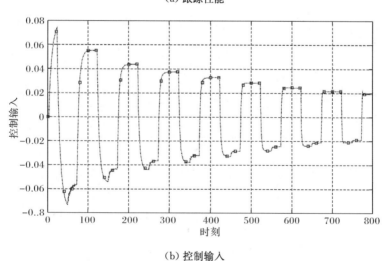

（b）控制输入

图 6.9　例 6.5 应用 FFDL-MFAC 方案的仿真结果

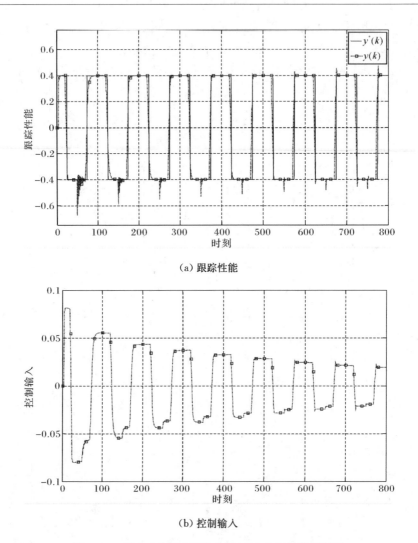

（a）跟踪性能

（b）控制输入

图 6.10　例 6.5 应用 FFDL-MFAPC 方案的仿真结果

　　比较图 6.9 和图 6.10 可以看出,采用 FFDL-MFAPC 方案,系统的上升时间减小,由于模型参数变化引起的毛刺也受到抑制,预测使得系统得到更好的控制效果.

6.5　小　　结

　　预测控制是实际工业过程控制中仅次于 PID 技术的常用方法,它的理论和应用研究对实际工业过程控制具有重要的意义.众多周知,线性时不变系统的预测控制的理论和方法已经比较成熟, 而非线性系统的预测控制还有许多的工作需要深入研究. MFAPC 是一种数据驱动的非线性系统白适应预测控制方法, 其控制系统设计不需要受控系统的物理机理模型, 仅用闭环系统的 I/O 数据来设计. 因此, 与已有的基于模型的自适应预测控制方法相比, 它具有更强的鲁棒性和更广泛的可应用性. 相对于前面第 4 章的 MFAC 来说, 由于未来输出和输入信息的引入, 使得该种控制方案具有更好的控制效果.

第7章　无模型自适应迭代学习控制

7.1　引　　言

　　工程实际中,很多系统都是在有限时间区间上重复执行相同的控制任务,如执行焊接、喷涂、装配、搬运等重复任务的工业机器人,半导体晶片生产过程,工业过程中的批处理过程,均热炉温度控制等.当控制任务重复时,系统也会表现出相同的行为.事实上,这种重复性可以被用于改善控制系统的控制品质.然而,时间域上的控制方法,如 PID 方法、自适应控制、最优控制、预测控制等,不具有从过去重复操作中学习的能力,因此对有限时间区间上重复运行的系统,不管运行多少次,其控制误差也是重复的,没有任何改进.相反,针对重复过程的迭代学习控制(iterative learning control, ILC)方法在构造当前控制算法时,可利用记忆装置存储的过去重复过程的控制输入和跟踪误差信息来设计和修正当前的控制输入,目的是提高系统当前循环过程的误差精度.

　　自 1984 年,Arimoto 等[58]针对机器人系统重复运行的特点,模拟人类学习技能的过程,提出迭代学习控制的概念以来,ILC 一直是控制理论与控制工程界研究的热点领域之一.文献[66,203,204]详细综述了最新的 ILC 研究和应用的进展,专著[59,62]则更全面、系统地介绍了 ILC 的近期研究成果.随着 ILC 理论的不断发展和完善,ILC 方法在实际控制工程中也得到了广泛的应用[59,66,67,205-208].

　　ILC 的设计和收敛性分析是人们一直关注的理论问题.迄今为止,ILC 典型的收敛性分析方法主要包括三种:压缩映射方法,组合能量函数方法和模最优方法.目前,很多 ILC 方法都是基于压缩映射和不动点原理设计控制输入的线性迭代学习算法,要求被控系统满足全局 Lipschitz 连续条件和相同初始条件,得到 λ 范数意义下的跟踪误差的逐点收敛性.这种方法不需要利用模型信息,在此意义上可称之为数据驱动或无模型的控制方法.但其局限性在于系统的输出误差沿迭代轴上的过渡过程有时会变得非常坏,从而影响 ILC 方法在实际中的应用.基于组合能量函数的 ILC 方法,在 ILC 设计中引入了系统状态的动态信息,放宽了全局 Lipschitz 连续条件,在局部 Lipschitz 连续和相同初始条件下,利用 Lyapunov 分析方法得到输出误差沿迭代轴的渐近收敛性,但此种方法利用了系统的动力学信息.基于模最优的 ILC 方法是针对已知的线性模型,给出明确的优化指标,通过最小化优化指标设计 ILC 控制律,最终得到输出误差的单调收敛性.后两种方法与第一种方法相比,所设计的 ILC 方法能够克服过渡过程有时变坏的问题,但不足之处在于需要已知受控系统精确的数学模型信息,从而失去了处理未知非线性系统的能力.

此外,实际工业过程通常是由若干个生产设备(或过程)按照工艺有机连接而成,工业过程的复杂程度随着生产设备的数量的增加而快速提高,其动态特性也会随生产条件变化而变化,同时易受原料成分、运行工况、设备状态等多种不确定因素的干扰,很难对上述工业过程进行精确建模,即使建立了模型,也可能因为结构太复杂、阶数过高、非线性程度太强,而无法应用.

本章结合无模型自适应控制(model free adaptive control,MFAC)与 ILC 各自的特点,利用其中本质的相似关系,提出了一类新的基于最优性能指标的无模型自适应迭代学习控制(model free adaptive iterative learning control,MFAILC)的设计和分析方法[179,209-212]. 该方法可适用于一大类重复运行的未知非线性非仿射系统的控制问题,且能够保证系统输出误差沿迭代轴的单调收敛. 该方法是一种数据驱动的无模型控制方法,其基本思想如下:首先,沿迭代轴方向引入伪偏导数(pseudo partial derivative,PPD)的概念,给出迭代域的基于输入输出增量形式的紧格式动态线性化(compact form dynamic linearization,CFDL)数据模型. 然后,基于动态线性化数据模型,给出相应的 MFAILC 的设计方法. 理论分析和仿真研究均表明,在初始条件沿迭代轴随机变化的情况下,MFAILC 仍可以保证受控系统输出沿迭代轴的单调收敛. 该类方法很容易推广到 MIMO 情况,以下仅就 SISO 非线性系统给出相应的结果.

本章结构安排如下:7.2 节提出基于紧格式动态线性化的无模型自适应迭代学习控制(CFDL based MFAILC,CFDL-MFAILC)方法,包括迭代域的紧格式动态线性化方法、控制系统设计、收敛性分析及仿真研究;7.3 节给出本章研究的结论.

7.2　基于紧格式动态线性化的无模型自适应迭代学习控制

7.2.1　迭代域的紧格式动态线性化方法

有限时间区间上重复运行的离散时间 SISO 非线性系统如下
$$y(k+1,i) = f(y(k,i),\cdots,y(k-n_y,i),u(k,i),\cdots,u(k-n_u,i)), \quad (7.1)$$
其中,$u(k,i)$ 和 $y(k,i)$ 分别是第 i 次迭代第 k 个采样时刻的输入和输出信号,$k\in\{0,1,\cdots,T\}$,$i=1,2,\cdots$;n_y 和 n_u 是两个未知的正整数;$f(\cdots)$ 是未知非线性标量函数.

在给出迭代域的紧格式动态线性化方法之前,先给出系统(7.1)的两个假设.

假设 7.1　$f(\cdots)$关于第(n_y+2)个变量的偏导数是连续的.

假设 7.2　系统(7.1)沿迭代轴方向满足广义 Lipschitz 条件,即 $\forall k \in \{0, 1, \cdots T\}$和$\forall i=1,2,\cdots,$若$|\Delta u(k,i)|\neq 0$,则下式成立

$$|\Delta y(k+1,i)| \leqslant b|\Delta u(k,i)|, \tag{7.2}$$

其中,$\Delta y(k+1,i)=y(k+1,i)-y(k+1,i-1)$;$\Delta u(k,i)=u(k,i)-u(k,i-1)$;$b>0$ 是一个常数.

对许多实际控制系统,上述两个假设是合理的.假设 7.1 是控制系统设计中对一般非线性系统的一种典型约束条件.假设 7.2 是对由控制输入沿迭代轴方向变化引起的系统输出变化率上界的一种限制.从能量角度来看,有界的输入能量变化应产生有界的输出能量变化.很多实际系统都满足这种假设,如伺服控制系统、温度控制系统、压力控制系统、液位控制系统等.

定理 7.1　对于满足假设 7.1 和假设 7.2 的非线性系统(7.1),当$|\Delta u(k,i)|\neq 0$ 时,一定存在一个被称为伪偏导数(pseudo partial derivative, PPD)的迭代相关的时变参数$\phi_c(k,i)$,使得系统(7.1)可转化为如下形式的迭代轴上的 CFDL 数据模型

$$\Delta y(k+1,i) = \phi_c(k,i)\Delta u(k,i), \quad \forall k \in \{0,1,\cdots,T\}, i=1,2,\cdots, \tag{7.3}$$

且$\phi_c(k,i)$有界.

证明　根据系统(7.1)及$\Delta y(k+1,i)$的定义,可得

$$\begin{aligned}
\Delta y(k+1,i) =& f(y(k,i),y(k-1,i),\cdots,y(k-n_y,i),u(k,i),u(k-1,i),\cdots,\\
& u(k-n_u,i)) - f(y(k,i-1),y(k-1,i-1),\cdots,y(k-n_y,i-1),\\
& u(k,i-1),u(k-1,i-1),\cdots,u(k-n_u,i-1))\\
=& f(y(k,i),y(k-1,i),\cdots,y(k-n_y,i),u(k,i),\\
& u(k-1,i),\cdots,u(k-n_u,i))\\
& -f(y(k,i),y(k-1,i),\cdots,y(k-n_y,i),\\
& u(k,i-1),u(k-1,i),\cdots,u(k-n_u,i))\\
& +f(y(k,i),y(k-1,i),\cdots,y(k-n_y,i),\\
& u(k,i-1),u(k-1,i),\cdots,u(k-n_u,i))\\
& -f(y(k,i-1),y(k-1,i-1),\cdots,y(k-n_y,i-1),\\
& u(k,i-1),u(k-1,i-1),\cdots,u(k-n_u,i-1)),
\end{aligned} \tag{7.4}$$

记

$$\begin{aligned}
\xi(k,i) =& f(y(k,i),\cdots,y(k-n_y,i),u(k,i-1),u(k-1,i),\cdots,u(k-n_u,i))\\
& -f(y(k,i-1),\cdots,y(k-n_y,i-1),u(k,i-1),\\
& u(k-1,i-1),\cdots,u(k-n_u,i-1)),
\end{aligned} \tag{7.5}$$

由假设 7.1 和微分中值定理,等式(7.4)可写为

$$\Delta y(k+1,i) = \frac{\partial f^*}{\partial u(k,i)}(u(k,i)-u(k,i-1)) + \xi(k,i), \qquad (7.6)$$

其中，$\frac{\partial f^*}{\partial u(k,i)}$ 表示 $f(\cdots)$ 对于 (n_y+2) 个变量的偏导数在 $[y(k,i),\cdots,y(k-n_y,$
$i),u(k,i),u(k-1,i),\cdots,u(k-n_u,i)]^{\mathrm{T}}$ 和 $[y(k,i),\cdots,y(k-n_y,i),u(k,i-1),$
$u(k-1,i),\cdots,u(k-n_u,i)]^{\mathrm{T}}$ 两点之间某一点处的值.

对每次迭代 i 的每个固定时刻 k，考虑如下以 $\eta(k,i)$ 为变量的方程

$$\xi(k,i) = \eta(k,i)\Delta u(k,i). \qquad (7.7)$$

由于 $|\Delta u(k,i)|\neq 0$，方程 (7.7) 一定存在唯一解 $\eta^*(k,i)$.

令

$$\phi_c(k,i)=\frac{\partial f^*}{\partial u(k,i)}+\eta^*(k,i),$$

方程 (7.6) 可重写为

$$\Delta y(k+1,i)=\phi_c(k,i)\Delta u(k,i),$$

根据假设 7.2，立即可得 $\phi_c(k,i)$ 有界.　■

注 7.1　由以上证明可以看出，$\phi_c(k,i)$ 与当前第 i 次迭代和前次第 $i-1$ 次迭代到时刻 k 为止的系统输入输出信号有关. 因此，$\phi_c(k,i)$ 本质上是个迭代相关的时变参数. 另一方面，$\phi_c(k,i)$ 可认为是某种意义下的一种微分信号，且对任意迭代过程 i 的任意时刻 k 均有界. 实际系统中，如果 $\Delta u(k,i)$ 的值不是很大的话，$\phi_c(k,i)$ 则可看成一个迭代慢变的时变参数，因此可设计沿迭代轴方向的参数估计器对其进行估计，给出原系统的自适应迭代学习控制方案.

7.2.2　控制系统设计

1. 学习控制算法

给定期望轨迹 $y_d(k)$，$k\in\{0,1,\cdots T\}$，控制目标是寻找合适的控制输入 $u(k,i)$，使得跟踪误差 $e(k+1,i)=y_d(k+1)-y(k+1,i)$ 在迭代次数 i 趋于无穷时收敛为零.

将 CFDL 数据模型 (7.3) 改写为

$$y(k+1,i) = y(k+1,i-1) + \phi_c(k,i)\Delta u(k,i). \qquad (7.8)$$

考虑控制输入准则函数如下

$$J(u(k,i)) = |e(k+1,i)|^2 + \lambda|u(k,i)-u(k,i-1)|^2, \qquad (7.9)$$

其中，$\lambda>0$ 是权重因子，用来限制不同迭代次数之间的控制输入量的变化.

根据式 (7.8) 和 $e(k+1,i)$ 的定义，$J(u(k,i))$ 可改写为

$$J(u(k,i))=|\,y_d(k+1)-y(k+1,i-1)-\phi_c(k,i)(u(k,i)$$
$$-u(k,i-1))\,|^2+\lambda|u(k,i)-u(k,i-1)|^2$$

$$= \mid e(k+1,i-1) - \phi_c(k,i)(u(k,i)-u(k,i-1)) \mid^2$$
$$+ \lambda \mid u(k,i) - u(k,i-1) \mid^2. \tag{7.10}$$

根据优化条件 $\dfrac{1}{2}\dfrac{\partial J}{\partial u(k,i)}=0$,可得

$$u(k,i) = u(k,i-1) + \frac{\rho \phi_c(k,i)}{\lambda + \mid \phi_c(k,i) \mid^2} e(k+1,i-1), \tag{7.11}$$

其中,$\rho \in (0,1]$是步长因子,它的加入是为了使算法(7.11)更具一般性.

2. 参数的迭代更新算法

因为 $\phi_c(k,i)$ 未知,控制算法(7.11)不能直接应用,为此设计如下参数估计准则函数

$$J(\phi_c(k,i)) = \mid \Delta y(k+1,i-1) - \phi_c(k,i)\Delta u(k,i-1) \mid^2$$
$$+ \mu \mid \phi_c(k,i) - \hat{\phi}_c(k,i-1) \mid^2, \tag{7.12}$$

其中,$\mu>0$ 是一个权重因子.

根据优化条件 $\dfrac{1}{2}\dfrac{\partial J}{\partial \hat{\phi}_c(k,i)}=0$,可得参数的迭代更新算法如下

$$\hat{\phi}_c(k,i) = \hat{\phi}_c(k,i-1) + \frac{\eta \Delta u(k,i-1)}{\mu + \mid \Delta u(k,i-1) \mid^2}$$
$$\times (\Delta y(k+1,i-1) - \hat{\phi}_c(k,i-1)\Delta u(k,i-1)), \tag{7.13}$$

其中,$\eta \in (0,1]$是步长因子,它的加入可使算法(7.13)更具一般性;$\hat{\phi}_c(k,i)$是$\phi_c(k,i)$的估计值.

基于估计算法(7.13),学习控制算法(7.11)变为

$$u(k,i) = u(k,i-1) + \frac{\rho \hat{\phi}_c(k,i)}{\lambda + \mid \hat{\phi}_c(k,i) \mid^2} e(k+1,i-1). \tag{7.14}$$

为使参数估计算法(7.13)具有更强的跟踪能力,设计如下重置算法.

$$\hat{\phi}_c(k,i) = \hat{\phi}_c(k,1),如果 \mid \hat{\phi}_c(k,i) \mid \leqslant \varepsilon 或 \mid \Delta u(k,i-1) \mid \leqslant \varepsilon 或$$
$$\text{sign}(\hat{\phi}_c(k,i)) \neq \text{sign}(\hat{\phi}_c(k,1)), \tag{7.15}$$

其中,ε 是一个小的正数;$\hat{\phi}_c(k,1)$是初始迭代时 $\hat{\phi}_c(k,i)$的取值.

3. CFDL-MFAILC 方案

由学习控制算法(7.14)、参数迭代更新算法(7.13)和参数重置算法(7.15)一起组成了受控系统(7.1)的 CFDL-MFAILC 方案.

注 7.2　该方法仅利用受控系统的 I/O 数据进行控制器设计,是一种数据驱动的控制方法.值得指出的是,控制方案中的 PPD $\hat{\phi}_c(k,i)$ 可通过参数迭代更新算

法(7.13)和重置算法(7.15)利用 I/O 数据迭代计算,进而调节控制算法(7.14)中的学习增益,这与传统的固定学习增益的 ILC 方法有着本质的区别.

7.2.3　收敛性分析

为了讨论的严谨性,给出如下假设.

假设 7.3　$\forall k \in \{0,1,\cdots T\}$ 和 $\forall i=1,2,\cdots$,系统 PPD 的符号保持不变,即 $\phi_c(k,i) > \varepsilon > 0$ (或者 $\phi_c(k,i) < -\varepsilon < 0$),其中 ε 是一个小正数.

不失一般性,本书假设 $\phi_c(k,i) > \varepsilon > 0$.

注 7.3　假设 7.3 的物理意义很明显,即控制输入沿迭代方向增加时,相应的系统输出应该是不减的. 该假设也可看成非线性系统的一种"拟线性系统"特征. 很多实际系统均满足此条假设,如温度控制系统、压力控制系统等.

定理 7.2　针对非线性系统(7.1),在假设 7.1~假设 7.3 满足的条件下,采用 CFDL-MFAILC 方案(7.13)~(7.15),则一定存在 $\lambda_{\min} > 0$,使得当 $\lambda > \lambda_{\min}$ 时,有

(1) $\forall k \in \{0,1,\cdots T\}$ 和 $\forall i=1,2,\cdots$,PPD 估计值 $\hat{\phi}_c(k,i)$ 有界.

(2) $\forall k \in \{0,1,\cdots T\}$,当迭代次数 i 趋于无穷时,跟踪误差逐点单调收敛为零,即 $\lim\limits_{i\to\infty}|e(k+1,i)|=0$.

(3) $\forall k \in \{0,1,\cdots T\}$ 和 $\forall i=1,2,\cdots$,系统的输入 $\{u(k,i)\}$ 和输出 $\{y(k,i)\}$ 均有界.

证明　证明过程包括三部分. 首先给出 $\hat{\phi}_c(k,i)$ 的有界性,其次证明跟踪误差的逐点单调收敛性能;最后证明系统的 BIBO 稳定性.

(1) 步骤 1.

若 $|\hat{\phi}_c(k,i)| \leqslant \varepsilon$ 或 $|\Delta u(k,i-1)| \leqslant \varepsilon$ 或 $\mathrm{sign}(\hat{\phi}_c(k,i)) \neq \mathrm{sign}(\hat{\phi}_c(k,1))$,则 $\hat{\phi}_c(k,i)$ 显然有界.

其他情形下,定义参数估计误差为

$$\tilde{\phi}_c(k,i) = \hat{\phi}_c(k,i) - \phi_c(k,i),$$

等式(7.13)两边同时减去 $\phi_c(k,i)$,可得

$$\tilde{\phi}_c(k,i) = \tilde{\phi}_c(k,i-1) - (\phi_c(k,i) - \phi_c(k,i-1))$$
$$+ \frac{\eta \Delta u(k,i-1)}{\mu + |\Delta u(k,i-1)|^2} \times (\Delta y(k,i-1) - \hat{\phi}_c(k,i-1)\Delta u(k,i-1)).$$

$$(7.16)$$

令

$$\Delta \phi_c(k,i) = \phi_c(k,i) - \phi_c(k,i-1),$$

把 CFDL 数据模型(7.3)代入式(7.16),得

$$\tilde{\phi}_c(k,i) = \tilde{\phi}_c(k,i-1) - \Delta \phi_c(k,i)$$

$$+ \frac{\eta \Delta u(k, i-1)}{\mu + |\Delta u(k, i-1)|^2} \times (\phi_c(k, i-1) \Delta u(k, i-1)$$

$$- \hat{\phi}_c(k, i-1) \Delta u(k, i-1))$$

$$= \tilde{\phi}_c(k, i-1) - \frac{\eta |\Delta u(k, i-1)|^2}{\mu + |\Delta u(k, i-1)|^2} \tilde{\phi}_c(k, i-1) - \Delta \phi_c(k, i)$$

$$= \left(1 - \frac{\eta |\Delta u(k, i-1)|^2}{\mu + |\Delta u(k, i-1)|^2}\right) \tilde{\phi}_c(k, i-1) - \Delta \phi_c(k, i). \tag{7.17}$$

注意到,当取 $0 < \eta \leqslant 1$ 和 $\mu > 0$ 时,$\dfrac{\eta |\Delta u(k, i-1)|^2}{\mu + |\Delta u(k, i-1)|^2}$ 关于 $|\Delta u(k, i-1)|^2$ 是

单调增加的,其最小值是 $\dfrac{\eta \varepsilon^2}{\mu + \varepsilon^2}$. 因此,存在正常数 d_1 使得下式成立

$$0 < \left| \left(1 - \frac{\eta |\Delta u(k, i-1)|^2}{\mu + |\Delta u(k, i-1)|^2}\right) \right| \leqslant 1 - \frac{\eta \varepsilon^2}{\mu + \varepsilon^2} = d_1 < 1. \tag{7.18}$$

根据定理 7.1 中的结论可知 $|\phi_c(k, i)|$ 有上界 $\bar{b}$. 这意味着 $|\phi_c(k, i) - \phi_c(k, i-1)| \leqslant 2\bar{b}$. 对式 (7.17) 两边取绝对值并利用式 (7.18),得

$$|\tilde{\phi}_c(k, i)| = \left| 1 - \frac{\eta |\Delta u(k, i-1)|^2}{\mu + |\Delta u(k, i-1)|^2} \right| |\tilde{\phi}_c(k, i-1)| + |\Delta \phi_c(k, i)|$$

$$\leqslant d_1 |\tilde{\phi}_c(k, i-1)| + 2\bar{b}$$

$$\vdots$$

$$\leqslant d_1^{i-1} |\tilde{\phi}_c(k, 1)| + \frac{2\bar{b}}{1 - d_1}, \tag{7.19}$$

因此,$\tilde{\phi}_c(k, i)$ 是有界的. 又因为 $|\phi_c(k, i)| \leqslant \bar{b}$,故 $\forall k \in \{0, 1, \cdots, T\}$ 和 $\forall i = 1, 2, \cdots, \hat{\phi}_c(k, i)$ 有界.

(2) 步骤 2.

利用 CFDL 模型 (7.3),跟踪误差可重写为

$$e(k+1, i) = y_d(k+1) - y(k+1, i) = y_d(k+1) - y(k+1, i-1)$$

$$- \phi_c(k, i) \Delta u(k, i)$$

$$= e(k+1, i-1) - \phi_c(k, i) \Delta u(k, i). \tag{7.20}$$

将控制算法 (7.14) 代入式 (7.20),得

$$e(k+1, i) = \left(1 - \phi_c(k, i) \frac{\rho \hat{\phi}_c(k, i)}{\lambda + |\hat{\phi}_c(k, i)|^2}\right) e(k+1, i-1). \tag{7.21}$$

令 $\lambda_{\min} = \dfrac{\bar{b}^2}{4}$. 根据不等式 $\alpha^2 + \beta^2 \geqslant 2\alpha\beta$,并取 $\lambda > \lambda_{\min}$,一定存在一个常数

$M_1(0<M_1<1)$ 使下式成立

$$0<M_1 \leqslant \frac{\phi_c(k,i)\hat{\phi}_c(k,i)}{\lambda+|\hat{\phi}_c(k,i)|^2} \leqslant \frac{\bar{b}\hat{\phi}_c(k,i)}{\lambda+|\hat{\phi}_c(k,i)|^2} \leqslant \frac{\bar{b}\hat{\phi}_c(k,i)}{2\sqrt{\lambda}\hat{\phi}_c(k,i)} < \frac{\bar{b}}{2\sqrt{\lambda_{\min}}} = 1.$$

(7.22)

根据式(7.22)以及 $\rho\in(0,1]$ 和 $\lambda>\lambda_{\min}$,则一定存在一个正常数 $d_2(d_2<1)$,使得

$$\left|1-\frac{\rho\phi_c(k,i)\hat{\phi}_c(k,i)}{\lambda+|\hat{\phi}_c(k,i)|^2}\right| = 1-\frac{\rho\phi_c(k,i)\hat{\phi}_c(k,i)}{\lambda+|\hat{\phi}_c(k,i)|^2} \leqslant 1-\rho M_1 \triangleq d_2 < 1. \quad (7.23)$$

对式(7.21)两边取绝对值,利用式(7.23)可得

$$|e(k+1,i)| = \left|1-\frac{\rho\phi_c(k,i)\hat{\phi}_c(k,i)}{\lambda+|\hat{\phi}_c(k,i)|^2}\right||e(k+1,i-1)|$$

$$\leqslant d_2|e(k+1,i-1)| \leqslant \cdots \leqslant d_2^{i-1}|e(k+1,1)|. \quad (7.24)$$

式(7.24)意味着 $e(k+1,i)$ 在迭代次数 i 趋于无穷时单调收敛为零.

(3) 步骤 3.

因为 $y_d(k)$ 是常数,所以 $e(k,i)$ 收敛意味着 $y(k,i)$ 有界.

根据学习控制算法(7.14),有

$$\Delta u(k,i) = \frac{\rho\hat{\phi}_c(k,i)}{\lambda+|\hat{\phi}_c(k,i)|^2}e(k+1,i-1). \quad (7.25)$$

利用 $(\sqrt{\lambda})^2+|\hat{\phi}_c(k,i)|^2 \geqslant 2\sqrt{\lambda}\hat{\phi}_c(k,i)$ 及 $\lambda>\lambda_{\min}$,由式(7.25)可以导出

$$|\Delta u(k,i)| = \left|\frac{\rho\hat{\phi}_c(k,i)e(k+1,i-1)}{\lambda+|\hat{\phi}_c(k,i)|^2}\right|$$

$$\leqslant \left|\frac{\rho\hat{\phi}_c(k,i)}{2\sqrt{\lambda}\hat{\phi}_c(k,i)}\right||e(k+1,i-1)|$$

$$\leqslant \left|\frac{\rho}{2\sqrt{\lambda_{\min}}}\right||e(k+1,i-1)|$$

$$= M_2|e(k+1,i-1)|, \quad (7.26)$$

其中,M_2 是一个有界常数.

利用式(7.24)和式(7.26)有

$$|u(k,i)| = |u(k,i)-u(k,1)+u(k,1)| \leqslant |u(k,i)-u(k,1)|+|u(k,1)|$$

$$= | u(k,i) - u(k,i-1) + u(k,i-1) \cdots - u(k,2)$$
$$+ u(k,2) - u(k,1) | + | u(k,1) |$$
$$\leqslant | \Delta u(k,i) | + | \Delta u(k,i-1) | + \cdots + | \Delta u(k,2) | + | u(k,1) |$$
$$\leqslant M_2 | e(k+1,i-1) | + M_2 | e(k+1,i-2) | + \cdots$$
$$+ M_2 | e(k+1,1) | + | u(k,1) |$$
$$\leqslant M_2 \frac{1}{1-d_2} | e(k+1,1) | + | u(k,1) |. \tag{7.27}$$

式(7.27)意味着控制输入 $u(k,i)$ 对于所有 $k \in \{0,1,\cdots T\}$ 和 $\forall i=1,2,\cdots$ 均有界. ∎

从以上证明可以看出,CFDL-MFAILC 方案可处理满足广义 Lipschitz 条件的一大类非线性非仿射重复运行的非线性系统的控制问题,不需要知道受控系统的数学模型,仅用受控系统的 I/O 数据进行控制器的设计. 该方法可实现整个有限时间区间上跟踪误差沿迭代轴的逐点单调收敛,而且不需要满足初始点严格重复的限制条件. 换言之,本章所提出的 CFDL-MFAILC 方法既保留了针对已知受控系统精确线性时不变系统模型的最优 ILC 的单调收敛性优点,同时又保留了原来的 ILC 本身能处理重复运行的未知非线性系统的控制问题的能力,更为重要的是它还保留了 ILC 本质上属于数据驱动无模型控制方法这一突出特点.

7.2.4　仿真研究

本小节通过一个离散时间非线性系统的数值仿真验证 CFDL-MFAILC 方案的正确性和有效性. 值得指出的是,控制方案中没有用到系统模型的任何信息,包括线性或非线性的系统结构、系统阶次以及相对度等信息. 这里给出系统的模型仅是为了产生系统的 I/O 数据,并不参与系统控制器的设计.

例 7.1　离散时间非线性系统

$$y(k+1) = \begin{cases} \dfrac{y(k)}{1+y(k)^2} + u(k)^3, & 0 \leqslant k \leqslant 50 \\[3mm] \dfrac{y(k)y(k-1)y(k-2)u(k-1)(y(k-2)-1) + a(k)u(k)}{1+y(k-1)^2 + y(k-2)^2}, \\[3mm] & 50 \leqslant k \leqslant 100, \end{cases} \tag{7.28}$$

其中,$a(k)=1+\text{round}(k/50)$ 是时变参数;$k=\{0,1,\cdots,100\}$.

该系统是结构、阶数、参数均时变的非线性非仿射系统.

期望跟踪轨线如下

$$y_d(k+1) = \begin{cases} 0.5 \times (-1)^{\text{round}(k/10)}, & 0 \leqslant k \leqslant 30 \\ 0.5\sin(k\pi/10) + 0.3\cos(k\pi/10), & 30 < k \leqslant 70 \\ 0.5 \times (-1)^{\text{round}(k/10)}, & 70 < k \leqslant 100. \end{cases} \tag{7.29}$$

控制方案(7.13)~(7.15)的参数选为 $\rho=1,\lambda=1,\eta=1,\mu=1$. 第 1 次迭代的控制输入在所有时刻均设为 0,即 $u(k,1)=0,\forall k\in\{0,1,\cdots,100\}$. 初始状态 $y(0,i)$ 在区间 $[-0.05,0.05]$ 上随机变化的.

图 7.1 给出 100 次迭代过程中的初始值 $y(0,i)$,图 7.2 给出每次迭代的最大学习误差 $e_{\max}(i)=\max\limits_{k\in\{1,\cdots,100\}}|e(k,i)|$ 随迭代次数的轮廓曲线. 算法的有效性可以从图 7.1 和图 7.2 看出:尽管初始值沿迭代轴是随机变化的,跟踪误差仍沿迭代轴收敛.

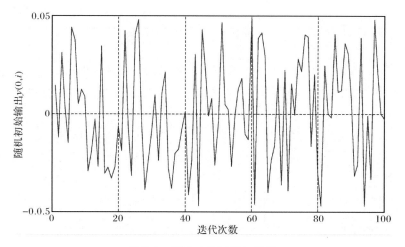

图 7.1　例 7.1 的随机初始值

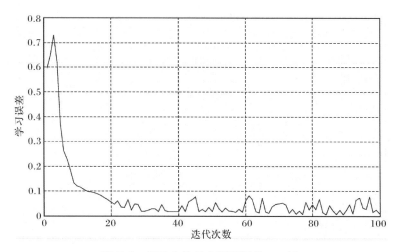

图 7.2　例 7.1 的最大跟踪误差 $e_{\max}(i)$

7.3　小　　结

本章基于 MFAC 与 ILC 方法在控制器结构、收敛性分析等方面本质上的相似性,提出了 CFDL-MFAILC 方法.与基于压缩映射的 ILC 方法可以保证迭代误差沿迭代轴的渐近收敛性相比,MFAILC 方案可以保证迭代误差沿迭代轴的单调收敛性;与基于优化的模最优 ILC 方法需要精确线性系统的机理模型相比,MFAILC 方案的设计和分析无需利用被控对象的机理模型.此外,在初始状态值沿迭代轴变化时,MFAILC 仍可理论保障其单调收敛性,仿真研究也验证了所提出 MFAILC 方法的有效性.

值得指出的是,利用与 7.2 节类似的推导方式,可以很容易得到基于偏格式动态线性化的无模型自适应迭代学习控制(partial form dynamic linearization based model free adaptive iterative learning control,PFDL-MFAILC)方法和基于全格式动态线性化的无模型自适应迭代学习控制(full form dynamic linearization based model free adaptive iterative learning control,FFDL-MFAILC)方法,感兴趣的读者可自行给出.

第8章 复杂互联系统的无模型自适应控制及控制器模块化设计

8.1 引 言

随着计算机和通信技术的发展,实际工程系统的规模越来越大,结构越来越复杂,复杂程度也越来越高,如化工、冶金、机械、电力和交通运输系统等.复杂系统大多是由若干个子系统相互连接而成,由于连接结构可能很复杂、空间分布可能很广、并且可能存在各种时变参数和噪声干扰等不确定因素,其整体的精确机理模型往往很难获取,因而应用基于模型的控制方法难以在这些复杂工程系统中得到令人满意的控制效果.然而,得益于现代信息技术,生产过程中产生的数据得以收集并存储.因此,如何有效地利用这些实时数据实现复杂工程系统的高品质控制,已经成为目前国内外控制理论与控制工程界研究人员亟须解决的实际问题.

复杂系统的传统控制方法主要有集中控制和分散控制两种.由于系统信息和计算能力的匮乏,大系统通常不能做到集中控制.大系统的空间分布特性以及复杂连接结构促使工程师们开始研究分散控制方法.因此,分散决策,分散计算和分级控制成为一种趋势[213-215].

对于分散控制方法来说,需要针对每个子系统设计相应的局部控制器.然而,当复杂系统的子系统模型未知或系统分布复杂时,很难设计出有效的控制器[216-219].因此,寻找不依赖于被控系统模型的控制方法成为新的研究方向[123,125].值得指出的是,大部分互联系统是由基本的子系统以串联、并联和反馈等形式连接而成的.如何针对这类互联系统设计满足期望性能的控制器是当前研究的热点问题之一[219,220].而当系统耦合性很强,无法由基本的子系统以串联、并联和反馈等形式连接而成时,其控制问题更具挑战性.本章针对前述四种连接形式的互联系统,分别提出了无模型自适应控制设计方案.此外,无模型自适应控制方法与其他控制方法各具优势.因此,设计优势互补的模块化控制器,使无模型自适应控制方法与其他控制方法能够协同工作,充分发挥各自的优点,也是本章研究的主要内容之一.

本章结构安排如下:8.2节研究了串联系统、并联系统、反馈系统和复杂互联系统的数据驱动MFAC算法,并通过仿真验证所提算法的有效性;8.3节探讨了不同控制方法间的优势互补工作机制,提出了两种模块化的控制器设计方案,并通过仿真验证所提方案的有效性;8.4节给出了本章结论.

8.2　复杂互联系统的无模型自适应控制

当一个系统由几个子系统以某种结构连接组成时,可被视为一个新的增广系统.由于MFAC是一种数据驱动的控制方法,即控制器设计不依赖于被控对象的数学模型,因此,MFAC可以将此增广系统当成一个新的未知被控对象加以控制.从这个角度看,MFAC是一种集中估计集中控制的方法.然而,该方案由于没有利用系统已知的连接结构,可能导致系统控制性能无法进一步提高.因此,本节针对互联系统给出了一系列的分散估计集中控制型MFAC方法,并通过仿真验证了这些方法的正确性和有效性.

8.2.1　串联系统的无模型自适应控制

当复杂系统由两个子系统以串联形式连接时,可以设计分散估计整体控制型的MFAC方案来改善整个系统的控制性能.基本思路是,首先给出子系统的动态线性化数据模型,并利用子系统的I/O数据在线估计各子系统的伪梯度(pseudo gradient,PG),再根据子系统的串联连接关系推导出整个系统的动态线性化模型,进而基于整个系统的动态线性化数据模型设计MFAC方案.

如图8.1所示,考虑由如下两个SISO离散时间非线性子系统串联组成系统

$$P_1 : y_1(k+1) = f_1(y_1(k), \cdots, y_1(k-n_{y_1}), u_1(k), \cdots u_1(k-n_{u_1})), \quad (8.1)$$

$$P_2 : y_2(k+1) = f_2(y_2(k), \cdots, y_2(k-n_{y_2}), u_2(k), \cdots u_2(k-n_{u_2})), \quad (8.2)$$

其中,$y_i(k) \in \mathbf{R}, u_i(k) \in \mathbf{R}$ 分别表示第 i 个子系统在第 k 时刻的输出和输入信号;n_{y_i}, n_{u_i} 是未知的正整数;$f_i(\cdots)$ 为描述第 i 个子系统的未知非线性函数,$i=1,2$.

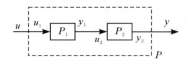

图8.1　串联系统方框图

根据第3章的分析可知,上述两个SISO离散时间非线性系统均可以等价的转化为三种形式的动态线性化数据模型之一,即CFDL数据模型,PFDL数据模型和FFDL数据模型.为了表述方便,本节以PFDL数据模型为例来推导分散估计整体控制型的MFAC方案.

根据定理3.3可知,上述两个非线性子系统 P_1 和 P_2 的动态线性化数据模型(PFDL)可分别表示为

$$P_1: \quad \Delta y_1(k+1) = \boldsymbol{\phi}_{1,p,L_1}^{\mathrm{T}}(k)\Delta \boldsymbol{U}_{1,L_1}(k),$$

$$P_2: \quad \Delta y_2(k+1) = \boldsymbol{\phi}_{2,p,L_2}^{\mathrm{T}}(k)\Delta \boldsymbol{U}_{2,L_2}(k),$$

其中,$\Delta \boldsymbol{U}_{i,L_i}(k) = [\Delta u_i(k),\cdots,\Delta u_i(k-L_i+1)]^{\mathrm{T}} \in \mathbf{R}^{L_i}$;$L_i$ 是第 i 个子系统的控制输入线性化长度常数;$\boldsymbol{\phi}_{i,p,L_i}(k) = [\phi_{i1}(k),\cdots,\phi_{iL_i}(k)]^{\mathrm{T}} \in \mathbf{R}^{L_i}$ 是第 i 个子系统未知的 PG,$i=1,2$.

根据两个子系统的串联关系,有 $u=u_1$,$u_2=y_1$,$y=y_2$. 因此,串联系统的 PFDL 数据模型可以写成以下形式

$$\Delta y(k+1) = \boldsymbol{\phi}_{2,p,L_2}^{\mathrm{T}}(k)\Delta \boldsymbol{U}_{2,L_2}(k) = \boldsymbol{\phi}_{2,p,L_2}^{\mathrm{T}}(k)\begin{bmatrix} \Delta y_1(k) \\ \vdots \\ \Delta y_1(k-L_2+1) \end{bmatrix}$$

$$= \boldsymbol{\phi}_{2,p,L_2}^{\mathrm{T}}(k)\begin{bmatrix} \boldsymbol{\phi}_{1,p,L_1}^{\mathrm{T}}(k-1)\Delta \boldsymbol{U}_{1,L_1}(k-1) \\ \vdots \\ \boldsymbol{\phi}_{1,p,L_1}^{\mathrm{T}}(k-L_2)\Delta \boldsymbol{U}_{1,L_1}(k-L_2) \end{bmatrix}$$

$$= \boldsymbol{\phi}_{2,p,L_2}^{\mathrm{T}}(k)\begin{bmatrix} \phi_{11}(k-1)\Delta u(k-1)+\cdots+\phi_{1L_1}(k-L_1)\Delta u(k-L_1) \\ \vdots \\ \phi_{11}(k-L_2)\Delta u(k-L_2)+\cdots+\phi_{1L_1}(k-L_1-L_2+1) \\ \times \Delta u(k-L_1-L_2+1) \end{bmatrix}$$

$$= \phi_{21}(k)(\phi_{11}(k-1)\Delta u(k-1)+\cdots+\phi_{1L_1}(k-L_1)\Delta u(k-L_1))$$
$$+ \phi_{22}(k)(\phi_{11}(k-2)\Delta u(k-2)+\cdots+\phi_{1L_1}(k-L_1-1)\Delta u(k-L_1-1))$$
$$+ \cdots$$
$$+ \phi_{2L_2}(k)(\phi_{11}(k-L_2)\Delta u(k-L_2)+\cdots$$
$$+ \phi_{1L_1}(k-L_1-L_2+1)\Delta u(k-L_1-L_2+1)). \tag{8.3}$$

定义两个 L_1+L_2-1 维的向量如下

$$\Delta \boldsymbol{U}_S(k-1) = [\Delta u(k-1),\cdots,\Delta u(k-L_1-L_2+1)]^{\mathrm{T}},$$

$$\boldsymbol{\phi}_S(k) = [\phi_1(k),\cdots,\phi_{L_1+L_2-1}(k)]^{\mathrm{T}},$$

其中,$\phi_i(k) = \begin{cases} \sum\limits_{j=1}^{i} \phi_{1(i-j+1)}(k-j)\phi_{2j}(k), & 1 \leqslant i \leqslant L_1 \\ \sum\limits_{j=i-L_1+1}^{L_2} \phi_{1(i-j+1)}(k-j)\phi_{2j}(k), & L_1 < i \leqslant L_1+L_2-1. \end{cases}$

则串联系统的 PFDL 数据模型可表述为

$$\Delta y(k+1) = \boldsymbol{\phi}_S^{\mathrm{T}}(k)\Delta \boldsymbol{U}_S(k-1), \tag{8.4}$$

其中,$\boldsymbol{\phi}_S(k)$ 是串联系统的 PG.

注 8.1　当系统由 N 个子系统串联组成时,利用类似的推导,根据各子系统的 PFDL 数据模型可以推导出串联系统的 PFDL 数据模型,此处省略.

利用串联系统的 PFDL 数据模型(8.4),可给出串联系统的 PFDL-MFAC 算法如下

$$u(k) = u(k-1) + \frac{\rho \hat{\phi}_1(k+1)}{\lambda + |\hat{\phi}_1(k+1)|^2}(y^*(k+2) - y(k)$$
$$- \hat{\boldsymbol{\phi}}_S^{\mathrm{T}}(k)\Delta \boldsymbol{U}_S(k-1) - \sum_{i=2}^{L_1+L_2-1} \hat{\phi}_i(k+1)\Delta u(k-i+1)), \quad (8.5)$$

其中, $\rho \in (0,1]$ 是额外加入的步长因子; $\lambda > 0$ 是权重因子; $\hat{\boldsymbol{\phi}}_S(k)$ 和 $\hat{\phi}_i(k+1)$, $i = 2, \cdots, L_1+L_2-1$ 分别为 $\boldsymbol{\phi}_S(k)$ 和 $\phi_i(k+1)$, $i = 2, \cdots, L_1+L_2-1$, 在 k 时刻的估计值和预测值.

每个子系统在当前时刻的 PG 估计值可采用第 4 章提出的估计算法(4.26)和重置算法(4.27)得到. 由于式(8.5)中的 $\hat{\phi}_i(k+1)$, $i = 1, \cdots, L_1+L_2-1$, 在当前采样时刻 k 时未知,因此方程(8.5)是一个非因果的表达式,这意味着它不能直接应用到实际当中. 在这种情况下,需要利用预测算法去估计 $k+1$ 采样时刻的 $\hat{\phi}_i(k+1)$. 实际上,任何关于时变参数的预测算法都可以应用到这里,比如文献[79]中提及的多层递归预报方法.

基于估计算法(4.26)、重置算法(4.27)、文献[78,79]中的预报算法及控制算法(8.5),就可实现两个系统串联组成的大系统的 MFAC.

注 8.2　值得指出的是,对于由两个子系统组成的串联系统,也可将其视为一个整体,直接建立串联系统的 PFDL 数据模型,并利用系统的输入数据和输出数据估计系统的 PG,进而设计 MFAC 方案. 然而,由于这种整体估计、整体控制型的控制方案未充分利用系统已知的串联结构信息,有可能导致 PG 的估计不甚准确,进而影响其控制效果. 相比较而言,应用本节给出的分散估计、整体设计的控制方案由于利用了系统已知的串联结构信息,可得到更准确的 PG 的估计值,使其具有更好的控制效果.

注 8.3　特殊地,如果 $L_1 = L_2 = 1$,串联系统的 PFDL 数据模型(8.4)可简化为 $\Delta y(k+1) = \phi_{21}(k)\phi_{11}(k-1)\Delta u(k-1)$,相应的控制算法如下

$$u(k) = u(k-1) + \frac{\rho \hat{\phi}_{21}(k+1)\hat{\phi}_{11}(k)(y^*(k+2) - y(k) - \hat{\phi}_{21}(k)\hat{\phi}_{11}(k-1)\Delta u(k-1))}{\lambda + |\hat{\phi}_{21}(k+1)\hat{\phi}_{11}(k)|^2}.$$

$$(8.6)$$

对于 N 个子系统串联而成的系统,其 MFAC 方案类似于对两个子系统串联

的情况,此处省略.

8.2.2　并联系统的无模型自适应控制

当复杂系统中各子系统是以并联形式连接时,可以给出分散估计整体控制型的 MFAC 方案以改善整个系统的控制性能. 基本思路是,首先给出各子系统的动态线性化数据模型,并利用子系统的 I/O 数据在线估计各子系统的 PG,再根据子系统的并联连接关系给出整个系统的动态线性化数据模型,进而给出整个系统的 MFAC 方案.

如图 8.2 所示,考虑由两个 SISO 离散时间非线性子系统(8.1)和系统(8.2)并联组成系统.

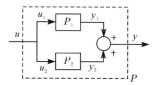

图 8.2　并联系统的方框图

根据两个子系统的并联关系,有 $u = u_1 = u_2$, $y = y_1 + y_2$. 因此,并联系统的 PFDL 数据模型可以表示为

$$\Delta y(k+1) = \Delta y_1(k+1) + \Delta y_2(k+1)$$
$$= \boldsymbol{\phi}_{1,p,L_1}^{\mathrm{T}}(k)\Delta \boldsymbol{U}_{1,L_1}(k) + \boldsymbol{\phi}_{2,p,L_2}^{\mathrm{T}}(k)\Delta \boldsymbol{U}_{2,L_2}(k). \qquad (8.7)$$

不失一般性,假设 $L_1 \leqslant L_2 = L$,并定义两个 L 维的向量如下

$$\Delta \boldsymbol{U}_P(k) = [\Delta u(k), \cdots, \Delta u(k-L+1)]^{\mathrm{T}},$$
$$\boldsymbol{\phi}_P(k) = [\phi_1(k), \cdots, \phi_L(k)]^{\mathrm{T}},$$

其中,

$$\phi_i(k) = \begin{cases} \phi_{1i}(k) + \phi_{2i}(k), & 1 \leqslant i \leqslant L_1 \\ \phi_{2i}(k), & L_1 < i \leqslant L_2. \end{cases}$$

则并联系统的 PFDL 数据模型可表述为

$$\Delta y(k+1) = \boldsymbol{\phi}_P^{\mathrm{T}}(k)\Delta \boldsymbol{U}_P(k), \qquad (8.8)$$

其中,$\boldsymbol{\phi}_P(k)$ 为并联系统的伪梯度.

注 8.4　当系统由 N 个子系统并联组成时,利用类似的推导,根据各子系统的 PFDL 数据模型可以推导出并联系统的 PFDL 数据模型,此处省略.

利用并联系统的 PFDL 数据模型(8.8),可给出并联系统的 PFDL-MFAC 算法如下

$$u(k) = u(k-1) + \frac{\rho\hat{\phi}_1(k)}{\lambda + |\hat{\phi}_1(k)|^2}\left(y^*(k+1) - y(k) - \sum_{i=2}^{L}\hat{\phi}_i(k)\Delta u(k-i+1)\right),$$

$$(8.9)$$

其中,$\rho \in (0,1]$是额外加入的步长因子;$\lambda > 0$是权重因子;$\hat{\phi}_i(k)$为$\phi_i(k)$在k时刻的估计值,$i=1,\cdots,L$.

　　每个子系统在当前时刻的 PG 估计值可采用第 4 章提出的估计算法(4.26)和重置算法(4.27)得到. 因此,综合估计算法(4.26)、重置算法(4.27)和控制算法(8.9),就可得到两个系统并联组成的大系统的 MFAC 方案.

　　注 8.5　特殊地,如果$L_1 = L_2 = 1$,非线性系统的 PFDL 数据模型可以简化为 CFDL 数据模型 $\Delta y(k+1) = (\phi_{11}(k) + \phi_{21}(k))\Delta u(k)$,相应的控制算法变为

$$u(k) = u(k-1) + \frac{\rho(\hat{\phi}_{11}(k) + \hat{\phi}_{21}(k))}{\lambda + |\hat{\phi}_{11}(k) + \hat{\phi}_{21}(k)|^2}(y^*(k+1) - y(k)). \quad (8.10)$$

　　对于N个子系统并联而成的系统,其 MFAC 方案可类似于对两个子系统串联的情况进行设计,此处省略.

8.2.3　反馈连接系统的无模型自适应控制

　　当复杂系统中各子系统是以反馈形式连接时,可以给出分散估计整体控制型的 MFAC 方案来改善整个系统的控制性能. 其基本思路是,首先给出各子系统的动态线性化数据模型,并利用各子系统的 I/O 数据在线估计各子系统的 PG,再根据子系统的反馈连接关系给出整个系统的动态线性化数据模型,进而给出整个系统的 MFAC 方案.

　　如图 8.3 所示,考虑由两个 SISO 离散时间非线性子系统(8.1)和系统(8.2)组成反馈连接系统.

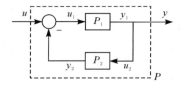

图 8.3　反馈连接系统的方框图

　　根据两个子系统的反馈连接关系,有$u_1 = u - y_2$,$y = y_1$,$u_2 = y_1$.因此,整个系统的 PFDL 数据模型可以表示为

$$\Delta y(k+1) = \boldsymbol{\phi}_{1,p,L_1}^{\mathrm{T}}(k) \begin{bmatrix} \Delta u_1(k) \\ \vdots \\ \Delta u_1(k-L_1+1) \end{bmatrix}$$

$$= \boldsymbol{\phi}_{1,p,L_1}^{\mathrm{T}}(k) \left(\begin{bmatrix} \Delta u(k) \\ \vdots \\ \Delta u(k-L_1+1) \end{bmatrix} - \begin{bmatrix} \Delta y_2(k) \\ \vdots \\ \Delta y_2(k-L_1+1) \end{bmatrix} \right)$$

$$= \boldsymbol{\phi}_{1,p,L_1}^{\mathrm{T}}(k) \left(\begin{bmatrix} \Delta u(k) \\ \vdots \\ \Delta u(k-L_1+1) \end{bmatrix} - \begin{bmatrix} \boldsymbol{\phi}_{2,p,L_2}^{\mathrm{T}}(k-1) \begin{bmatrix} \Delta y(k-1) \\ \vdots \\ \Delta y(k-L_2) \end{bmatrix} \\ \vdots \\ \boldsymbol{\phi}_{2,p,L_2}^{\mathrm{T}}(k-L_1) \begin{bmatrix} \Delta y(k-L_1) \\ \vdots \\ \Delta y(k-L_1-L_2+1) \end{bmatrix} \end{bmatrix} \right).$$

$$(8.11)$$

定义两个 $L_1+L_1+L_2-1$ 维的向量如下

$$\Delta \boldsymbol{H}_F(k) = \left[\Delta \boldsymbol{U}_{L_1}^{\mathrm{T}}(k), \Delta \boldsymbol{Y}_{L_1+L_2-1}^{\mathrm{T}}(k-1) \right]^{\mathrm{T}},$$

$$\boldsymbol{\phi}_F(k) = \left[\phi_1(k), \cdots, \phi_{L_1+L_1+L_2-1}(k) \right]^{\mathrm{T}} = \left[\boldsymbol{\phi}_U^{\mathrm{T}}(k), \boldsymbol{\phi}_Y^{\mathrm{T}}(k) \right]^{\mathrm{T}},$$

其中,

$$\Delta \boldsymbol{U}_{L_1}(k) = \left[\Delta u_1(k), \cdots, \Delta u_1(k-L_1+1) \right]^{\mathrm{T}},$$

$$\Delta \boldsymbol{Y}_{L_1+L_2-1}(k-1) = \left[\Delta y(k-1), \cdots, \Delta y(k-L_1-L_2+1) \right]^{\mathrm{T}},$$

$$\boldsymbol{\phi}_U^{\mathrm{T}}(k) = \boldsymbol{\phi}_{1,p,L_1}^{\mathrm{T}}(k),$$

$$\boldsymbol{\phi}_Y^{\mathrm{T}}(k) = -\boldsymbol{\phi}_{1,p,L_1}^{\mathrm{T}}(k)$$

$$\times \begin{bmatrix} \phi_{21}(k-1) & \phi_{22}(k-2) & \cdots & \phi_{2L_2}(k-L_2) \\ \phi_{21}(k-2) & \phi_2(k-3) & \cdots & \phi_{2L_2}(k-L_2-1) \\ & & & \\ & & \ddots & \\ & \phi_{21}(k-L_1) & \cdots & \phi_{2L_2}(k-L_1-L_2+1) \end{bmatrix}.$$

则反馈连接系统的 PFDL 数据模型可表述为

$$\Delta y(k+1) = \boldsymbol{\phi}_F^{\mathrm{T}}(k) \Delta \boldsymbol{H}_F(k), \qquad (8.12)$$

利用反馈连接系统的 PFDL 数据模型 (8.12),可给出反馈连接系统的 PFDL-MFAC 算法如下

$$u(k)=u(k-1)+\frac{\rho\hat{\phi}_1(k)}{\lambda+\hat{\phi}_1(k)^2}(y^*(k+1)-y(k))$$

$$-\sum_{i=2}^{L_1}\hat{\phi}_i(k)\Delta u(k-i+1)-\sum_{i=L_1+1}^{L_1+L_2-1}\hat{\phi}_i(k)\Delta y(k-i+L_1)),$$

$$(8.13)$$

每个子系统的 PG 估计值可采用第 4 章提出的估计算法(4.26)和重置算法(4.27)得到. 因此,综合估计算法(4.26)、重置算法(4.27)和控制算法(8.13),就可得到两个系统组成的反馈连接系统的 MFAC 方案.

注 8.6　特殊地,如果 $L_1=L_2=1$,PFDL 数据模型可以简化为

$$\Delta y(k+1)=\phi_{11}(k)\Delta u(k)-\phi_{11}(k)\phi_{21}(k-1)\Delta y(k-1),$$

相应的控制算法如下

$$u(k)=u(k-1)+\frac{\rho\hat{\phi}_{11}(k)}{\lambda+\hat{\phi}_{11}(k)^2}(y^*(k+1)-y(k)$$

$$-\hat{\phi}_{11}(k)\hat{\phi}_{21}(k-1)\Delta y(k-1)).\qquad(8.14)$$

8.2.4　复杂连接系统的无模型自适应控制

当系统耦合性很强,无法由基本的子系统以串联、并联和反馈等形式连接而成时,其控制问题更具挑战性. 在复杂互联系统的各子系统之间的互联影响可测的条件下,分别针对各子系统建立其带有可测影响的动态线性化模型和设计 MFAC 方案,实现整个系统的分散估计和分散控制.

考虑由 N 个子系统组成的复杂互联系统,其中第 i 个子系统表述如下

$$y_i(k+1)=f_i(y_i(k),\cdots,y_i(k-n_{y_i}),u_i(k),\cdots,u_i(k-n_{u_i}),z_{1i}(k),\cdots,$$

$$z_{1i}(k-n_{z_{1i}}),\cdots,z_{ji}(k),\cdots,z_{ji}(k-n_{z_{ji}})\cdots,z_{Ni}(k),\cdots,z_{Ni}(k-n_{z_{Ni}})),$$

$$i,j=1,2,\cdots N,i\neq j,\quad(8.15)$$

其中,$u_i(k),y_i(k)\in\mathbf{R}$ 分别表示第 i 个子系统在采样时刻 k 时的输入与输出;$z_{ji}(k)\in\mathbf{R},j\neq i$ 表示第 j 个子系统对第 i 个子系统的可测互联影响;$f_i(\cdots)$ 为描述第 i 个子系统的未知非线性函数;$n_{y_i},n_{u_i},n_{z_j}\in\mathbf{Z}^+$ 是未知的正整数.

在各子系统的互联影响可测的条件下,复杂连接系统可被分解为如图 8.4 所示的 N 个独立的子系统,图中的子系统 P_i 可以看成一个 MISO 的非线性系统,其输入变量为控制信号 $u_i(k)$ 和其他 $N-1$ 个可测互联影响 z_{ji}.

定义第 i 个子系统的增广控制输入为

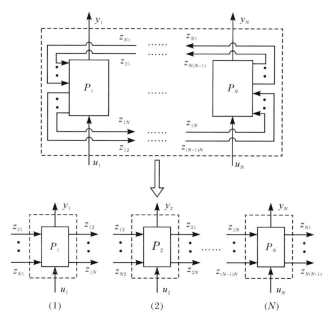

图 8.4　互联系统的分解

$$u_i(k) = \left[u_i(k), z_{1i}(k), \cdots, z_{ji}(k), \cdots, z_{Ni}(k)\right]^{\mathrm{T}}, \quad i \neq j, i, j = 1, \cdots, N.$$

(8.16)

根据推论 3.1,当子系统(8.15)满足假设 3.7′,假设 3.8′时,其 CFDL 数据模型可表述为

$$y_i(k+1) = y_i(k) + \boldsymbol{\phi}_{c,i}^{\mathrm{T}}(k)\Delta \boldsymbol{u}_i(k),$$

(8.17)

其中,$\boldsymbol{\phi}_{c,i}(k) = \left[\phi_i(k), \varphi_{1i}(k), \cdots, \varphi_{ji}(k), \cdots, \varphi_{Ni}(k)\right]^{\mathrm{T}}, i \neq j, i, j = 1\cdots N$,是第 i 个子系统的 PG,$\phi_i(k)$ 是 $f_i(\cdots)$ 关于控制输入 $u_i(k)$ 的 PPD;$\varphi_{ji}(k)$ 是 $f_i(\cdots)$ 对可测互联影响 $z_{ji}(k)$ 的 PPD;$\Delta \boldsymbol{u}_i(k) = \boldsymbol{u}_i(k) - \boldsymbol{u}_i(k-1)$.

上述表述方法的本质是将一个具有强耦合的 MIMO 非线性系统转化成 N 个相互之间已经解耦的 MISO 系统,因此要求其互联影响可测. 针对 N 个 MISO 子非线性系统建立其 CFDL 数据模型,然后基于非耦合的 N 个 CFDL 数据模型,设计 MFAC 控制方案,进而实现复杂互联系统的分散估计分散设计的构想.

应用类似于式(5.14)~式(5.16)的推导,可给出第 i 个子系统的 MFAC 控制算法

$$u_i(k) = u_i(k-1) + \frac{\rho \hat{\phi}_i(k)\left(y_i^*(k+1) - y_i(k) - \sum_{j=1, j\neq i}^{N} \hat{\varphi}_{ji}(k)\Delta z_{ji}(k)\right)}{\lambda_i + \hat{\phi}_i^2(k)},$$

(8.18)

和梯度估计算法

$$\hat{\boldsymbol{\phi}}_{c,i}(k) = \hat{\boldsymbol{\phi}}_{c,i}(k-1) + \frac{\eta \Delta \boldsymbol{u}_i(k-1)(y_i(k) - y_i(k-1) - \hat{\boldsymbol{\phi}}_{c,i}^{\mathrm{T}}(k-1)\Delta \boldsymbol{u}_i(k-1))}{\mu + \| \Delta \boldsymbol{u}_i(k-1) \|^2},$$

(8.19)

$$\hat{\phi}_i(k) = \hat{\phi}_i(1), \quad \text{如果} |\hat{\phi}_i(k)| < \varepsilon \text{ 或}$$

$$\text{sign}(\hat{\phi}_i(k)) \neq \text{sign}(\hat{\phi}_i(1)),$$

(8.20)

其中,式(8.20)是参数重置算法. $\lambda > 0, \mu > 0, \rho \in (0,1], \eta \in (0,2], \varepsilon$ 是正数.

8.2.5 仿真研究

下面通过对非线性串联系统、并联系统、反馈连接系统和复杂互联系统的数值仿真来验证分散估计整体控制的 MFAC 方案,以及分散估计分散控制的 MFAC 方案的正确性和有效性. 以下例子中给出的数学模型仅用于产生系统的 I/O 数据,并不参与控制器的设计.

1. 串联、并联和反馈连接系统的 MFAC

例 8.1　考虑如下两个非线性系统组成的串联、并联和反馈连接而成的系统

$$P_1 : y_1(k+1) = 0.5 y_1(k)/(1 + y_1^2(k)) + 1.2 u_1^2(k) + 0.4 u_1^2(k-1),$$

$$P_2 : y_2(k+1) = 0.1 u_2^2(k)/(1 + 0.25 y_2^2(k)),$$

期望轨迹如下

$$y^*(k) = 1.$$

针对串联系统、并联系统和反馈连接系统三种情形,分别应用将互联系统视为一个增广未知系统设计的 CFDL-MFAC 方案(4.7)~(4.9)和分散估计整体控制 MFAC 方案进行仿真比较研究,其中分散估计整体控制 MFAC 方案均采用投影算法(4.7)和重置算法(4.8)估计各子系统的 PPD,而控制算法则分别采用式(8.6)、式(8.10)和式(8.14). 串联系统、并联系统和反馈连接系统的 CFDL-MFAC 方案中权重因子分别设为 $0.8, 5, 0.25$;其他参数均设置为 $\hat{\phi}_c(0) = 1, \eta = 1,$ $\mu = 1, \rho = 1$;分散估计整体控制 MFAC 方案的权重因子分别设为 $0.8, 5, 0.25$,其他参数均设置为 $\hat{\phi}_{11}(0) = \hat{\phi}_{21}(0) = 1, \eta_1 = \eta_2 = 1, \mu_1 = \mu_2 = 1, \rho = 1$.

三种情形的仿真比较效果分别如图 8.5~图 8.7 所示. 从仿真结果可以看出,两种控制方案的控制效果均可接受. 但与 CFDL-MFAC 方案的控制效果相比,分散估计整体控制的 MFAC 方案通过分散估计各子系统的 PPD,有效地利用了复杂系统的连接信息,调节时间更短、控制效果更好,而且控制输入信号更加平缓.

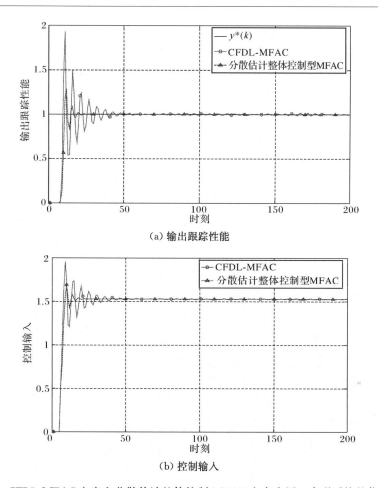

（a）输出跟踪性能

（b）控制输入

图 8.5　CFDL-MFAC 方案和分散估计整体控制 MFAC 方案应用于串联系统的仿真比较

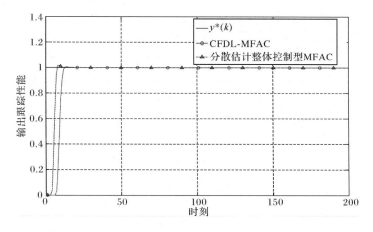

（a）输出跟踪性能

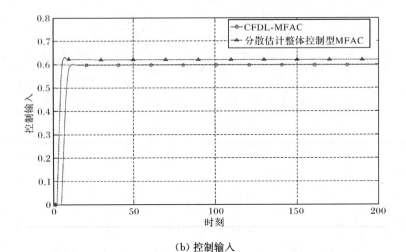

（b）控制输入

图 8.6　CFDL-MFAC 方案和分散估计整体控制 MFAC 方案应用于并联系统的仿真比较

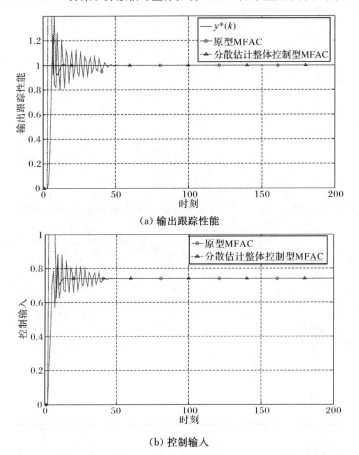

（a）输出跟踪性能

（b）控制输入

图 8.7　CFDL-MFAC 方案和分散估计整体控制 MFAC 方案应用于反馈连接系统的仿真比较

2. 复杂连接非线性系统的 MFAC

例 8.2 考虑如下复杂连接非线性系统

$$y_1(k+1)=y_1(k)/(1+y_1^3(k))+u_1(k)+0.1z_{21}(k)+0.2z_{31}(k),$$

$$z_{12}(k+1)=0.1y_1(k)(u_1(k)-u_1(k-1))+0.2u_1(k),$$

$$z_{13}(k+1)=-0.1y_1(k)(u_1(k)-u_1(k-1))+0.1u_1(k),$$

$$y_2(k+1)=0.5y_2(k)y_2(k-1)/(1+y_2^2(k)+y_2^2(k-1)+y_2^2(k-2))$$
$$+u_2(k)+0.1u_2(k-1)z_{12}^2(k)+0.1y_2(k)/(1+z_{32}^2(k)),$$

$$z_{21}(k+1)=0.1u_2(k-1)y_2^2(k)+0.05y_2(k)+0.1u_2(k),$$

$$z_{23}(k+1)=0.5u_2(k-1)/(3+y_2^2(k))+0.2u_2(k),$$

$$y_3(k+1)=1.2y_3(k)y_3(k-1)/(1+y_3^2(k)+y_3^2(k-1))$$
$$+0.4u_3(k-1)e^{z_{23}(k)}+0.3\sin(0.5(y_3(k)+y_3(k-1)))$$
$$\cdot\cos(0.5(y_3(k)+y_3(k-1)))\cos(z_{13}(k))+1.2u_3(k),$$

$$z_{31}(k+1)=0.1y_3(k)(u_3(k-1)-u_3(k-2))$$
$$+0.03y_3(k-2)(u_3(k)-u_3(k-1)),$$

$$z_{32}(k+1)=0.1y_3(k)y_3(k-1)(u_3(k)-u_3(k-1))$$
$$/(0.1+y_3^2(k)+y_3^2(k-1)).$$

其中, $z_{ji}(k)\in\mathbf{R}, j\neq i$ 是第 j 个子系统对第 i 个子系统的可测量的互联影响, $i,j=1,2,3. i\neq j.$

期望轨迹如下

$$y_1^*(k)=\begin{cases}2, & 1\leqslant k<333\\0.5, & 333\leqslant k<667\\1, & 667\leqslant k<1000,\end{cases}$$

$$y_2^*(k)=1.5,$$

$$y_3^*(k)=\text{round}\left(\frac{k}{350}\right).$$

该系统是 3 个输入 3 个输出的非线性系统,其数学描述非常复杂,相互之间耦合又极其严重.很难想象基于模型的控制方法如何处理这样复杂的非线性系统的控制问题,甚至模型完全已知的情况下也没有好的办法.这里应用 5.2 节提出的针对 MIMO 非线性系统的 CFDL-MFAC 方案和分散估计分散控制的 MFAC 方案(8.18)~(8.20)进行仿真比较研究,其中 CFDL-MFAC 方案的参数设置为 $\rho=0.9, \lambda=0.05, \eta=0.1, \mu=1$;分散估计分散控制的 MFAC 方案的参数设置为 $\rho_1=\rho_2=\rho_3=0.9, \lambda_1=\lambda_2=\lambda_3=0.05, \eta_1=\eta_2=\eta_3=0.1, \mu_1=\mu_2=\mu_3=1.$

仿真比较效果见图 8.8~图 8.10.从仿真结果可以看出,对于复杂互联系统,两种控制方案均能实现 MIMO 系统的解耦控制,得到较好的控制效果.然而,与

CFDL-MFAC 方案相比,分散估计分散控制的 MFAC 方案由于考虑了各子系统之间的互联影响,三个子系统的超调量都更小,相应的控制输入也更加平缓,其控制效果略优于 CFDL-MFAC 方案.

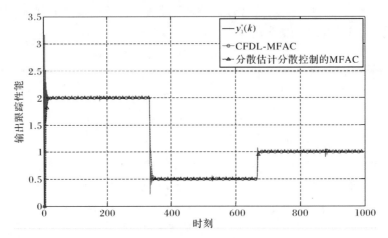

(a) 输出跟踪性能

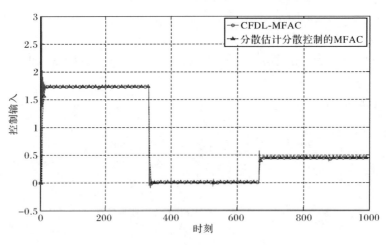

(b) 控制输入

图 8.8　子系统 P_1 的控制效果

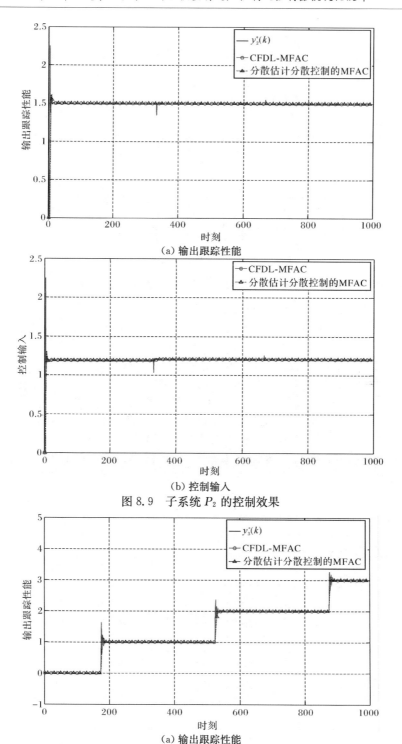

（a）输出跟踪性能

（b）控制输入

图 8.9　子系统 P_2 的控制效果

（a）输出跟踪性能

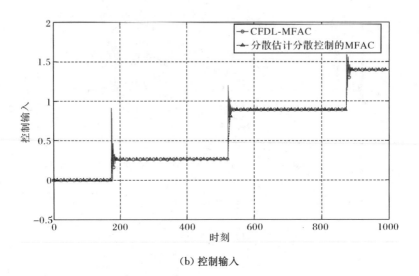

（b）控制输入

图 8.10　子系统 P_3 的控制效果

8.3　控制器模块化设计

　　MFAC 方法和其他控制方法各具优势,相互之间不能完全替代.另外,很多实际系统中的设备和装置已经应用了基于模型的控制方法,尽管控制效果可能受到质疑,但现场工程师已经熟悉此类设备和装置,完全拆除或者是完全替代势必会造成浪费,同时也可能会对产品的质量产生不利的影响,并且工程师也可能因为怀疑或不熟悉而不愿意接受设备和装置的更新换代.进一步,设计模块化的控制器,使 MFAC 方法和其他控制方法之间能够优势互补、协同工作,是一个非常有意义的研究课题[125,222,223].

8.3.1　估计型控制系统设计

　　考虑一般离散时间 SISO 非线性系统
$$y(k+1) = f(y(k),\cdots,y(k-n_y),u(k),\cdots,u(k-n_u)), \qquad (8.21)$$
其中,$u(k) \in \mathbf{R}$,$y(k) \in \mathbf{R}$ 分别是被控对象在采样时刻 k 的输入和输出;n_y,n_u 是正整数;$f(\cdots)$ 是一个未知的标量非线性函数.

　　在实际控制系统设计时,控制工程师经常采用的方法就是尽可能采用低阶的线性时不变模型来进行控制系统设计.如工程师对系统(8.21)进行自适应控制律的设计时,会采用如下一阶或二阶线性模型来描述受控对象
$$y_m(k+1) = \begin{bmatrix} y(k),u(k) \end{bmatrix}\begin{bmatrix} \theta_1 \\ \theta_2 \end{bmatrix}, \qquad (8.22)$$

$$y_m(k+1) = \left[y(k), y(k-1), u(k), u(k-1) \right] \begin{bmatrix} \theta_1 \\ \theta_2 \\ \theta_3 \\ \theta_4 \end{bmatrix}. \tag{8.23}$$

模型(8.22)中的未知参数$\left[\theta_1, \theta_2 \right]^{\mathrm{T}}$或模型(8.23)中的未知参数$\left[\theta_1, \theta_2, \theta_3, \theta_4 \right]^{\mathrm{T}}$可以利用投影算法或最小二乘算法估计,进而根据确定性等价原理给出自适应控制算法如下

$$u(k) = \frac{1}{\hat{\theta}_2(k)} (y^*(k+1) - \hat{\theta}_1(k)y(k)), \tag{8.24}$$

或

$$u(k) = \frac{1}{\hat{\theta}_3(k)} (y^*(k+1) - \hat{\theta}_1(k)y(k) - \hat{\theta}_2(k)y(k-1) - \hat{\theta}_4(k)u(k-1)), \tag{8.25}$$

其中,$\hat{\theta}_i(k)$是$\theta_i(k)$的估计值,$i=1,2$或$i=1,2,3,4$.

模型(8.22)或模型(8.23)作为实际被控对象(8.21)的近似模型,不可避免地具有未建模动态. 因此,上述的自适应控制方案在实际应用中不能保证很好的控制效果. 实际上,被控系统(8.21)和近似模型(8.22)或模型(8.23)有以下关系

$$y(k+1) = y_m(k+1) + \mathrm{NL}, \tag{8.26}$$

其中,NL 是未建模动态,它可以表示为

$$\mathrm{NL} = f(y(k), \cdots, y(k-n_y), u(k), \cdots, u(k-n_u)) - \left[y(k), u(k) \right] \begin{bmatrix} \theta_1 \\ \theta_2 \end{bmatrix}, \tag{8.27}$$

或

$$\mathrm{NL} = f(y(k), \cdots, y(k-n_y), u(k), \cdots, u(k-n_u))$$
$$- \left[y(k), y(k-1), u(k), u(k-1) \right] \begin{bmatrix} \theta_1 \\ \theta_2 \\ \theta_3 \\ \theta_4 \end{bmatrix}. \tag{8.28}$$

若 NL 已知或可以得到其估计值,控制算法应设计为

$$u(k) = \frac{1}{\hat{\theta}_2(k)} (y^*(k+1) - \hat{\theta}_1(k)y(k) - \mathrm{NL}), \tag{8.29}$$

或

$$u(k) = \frac{1}{\hat{\theta}_3(k)} (y^*(k+1) - \hat{\theta}_1(k)y(k)$$

$$-\hat{\theta}_2(k)y(k-1)-\hat{\theta}_4(k)u(k-1)-\mathrm{NL}). \tag{8.30}$$

控制算法(8.29)和算法(8.30)在实际应用中的控制效果一定比算法(8.24)和算法(8.25)的控制效果要好,因为这个控制器考虑了系统的未建模动态对系统的影响.然而,实际的 NL 不仅包括未建模动态,还可能包括参数估计误差,因为在实现自适应机制的时候,其参数估计也一定会包含误差,因此,其结构和动态非常复杂.到目前为止,已经有许多工作通过设计某种机制补偿此未建模动态和参数估计误差对控制系统的影响,但简单有效的方法较少.

基于以上分析和讨论,给出如下基于 MFAC 的估计型控制系统设计方案:自适应控制系统设计的控制律算法采用式(8.29),参数估计算法采用投影算法或最小二乘算法.未建模动态采用如下估计算法进行估计,具体的结构见图 8.11.

$$\hat{\phi}(k)=\hat{\phi}(k-1)+\frac{\eta\Delta u(k-1)}{\mu+\Delta u\,(k-1)^2}(\Delta e(k)-\hat{\phi}(k-1)\Delta u(k-1)),$$

$$\hat{\mathrm{NL}}(k+1)=e(k)+\hat{\phi}(k)\Delta u(k). \tag{8.31}$$

MFAC 的作用就是克服未建模动态和参数估计误差的综合影响,从而提高控制系统的品质.从图 8.11 可以看出控制系统设计的模块化设计思想,即外回路的加入不影响原来的系统设计.断开无模型外回路后,系统就是原来的自适应控制系统.值得注意的是,在这种控制方案里,无模型自适应算法充当的是估计器的作用,这类参数估计算法能够很好地对系统的未建模部分进行估计和预测,进而能实现对控制系统未建模动态和估计误差的补偿.

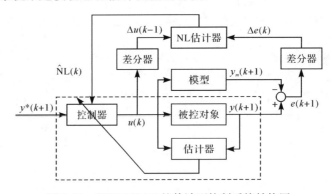

图 8.11　基于 MFAC 的估计型控制系统结构图

8.3.2　嵌入型控制系统设计

1. 非重复系统的嵌入型控制方案设计

基于模型的控制方法,尽管理论上非常完美,但在实际应用中由于建模误差或外部不确定性的存在,其实际的应用效果可能不理想.然而,若受控系统的较准确的数学模型已经存在,完全弃之不用并不是一个很好的选择.因此,为了提高如自适应控制和最优控制等基于模型控制方法的控制效果,将 MFAC 嵌入到基于模型控制方法中,进行控制系统的模块化设计,就能实现 MFAC 与基于模型控制方法之间优势互补的工作机制.

基于 MFAC 的嵌入型控制系统模块化设计方案见图 8.12.

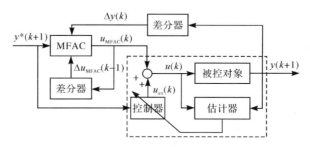

图 8.12　基于 MFAC 的嵌入型控制系统结构图

其中,虚线框内的是原有的基于模型控制方法的控制系统,比如自适应控制方法.

从图 8.12 可以看出控制系统的模块化设计思想,即外回路的加入不影响原来的系统设计,断开 MFAC 外回路后,系统就是原来的自适应控制系统;反过来,断开内回路,MFAC 就起完全作用,这与传统的控制系统设计有非常明显的不同.上述控制系统设计的思想也可以理解为 MFAC 控制将基于自适应控制方法所设计的整个系统看成一个新的增广的被控对象加以控制,这正是 MFAC 控制的主要特点.如果自适应控制的控制效果已经达到理想的状态,即受控对象的输出完全跟踪了期望信号,MFAC 的输出控制信号也就不变化,此时也相当于 MFAC 外环已经断开.

系统实际的控制输入信号是基于模型控制方法的控制信号与 MFAC 方法控制信号之和,即

$$u(k) = u_{\mathrm{ex}}(k) + u_{\mathrm{MFAC}}(k), \tag{8.32}$$

其中,$u_{\mathrm{ex}}(k)$ 是已存在的基于模型控制方法的控制输入信号;$u_{\mathrm{MFAC}}(k)$ 是 MFAC 方法产生的控制输入信号.

进一步,如果被控系统由若干个子系统组成,若采用如图 8.12 所示的嵌入式方案不能取得满意的控制效果,也可采用如下三种控制方案之一.

(1) 方案 1.若被控对象由两个子系统 P_1,P_2 串联而成,则嵌入型 MFAC 可以作用在两个子系统的连接处,结构如图 8.13 所示.与图 8.12 的嵌入方案相比,这种方案中 MFAC 直接作用于 P_2 子系统,有助于提高 P_2 子系统的控制效果.

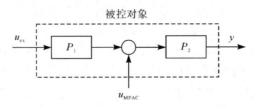

图 8.13　串联连接

（2）方案 2. 若被控对象由两个子系统 P_1, P_2 并联而成, 则嵌入型 MFAC 可以作用到 1 处或者 2 处, 结构如图 8.14 所示. 与图 8.12 的嵌入方案相比, 该方案通过合理地选择嵌入节点有助于提高相应子系统的控制性能.

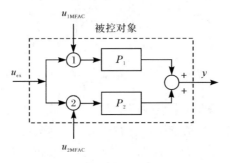

图 8.14　并联连接

（3）方案 3. 若被控对象由两个子系统 P_1, P_2 反馈连接而成, 则嵌入型 MFAC 作用于反馈回路, 结构如图 8.15 所示, 与图 8.12 的方案相比, 可部分地提高控制效果.

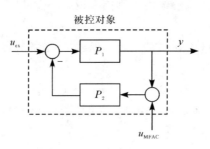

图 8.15　反馈连接

总而言之, 对于嵌入型 MFAC 的设计, 关键在于选取合适的嵌入点, 而这些节点的选取取决于实际系统的物理结构和系统特性. 本质上, 无论嵌入型 MFAC 加入到哪个节点, 原有的控制系统都可以看成 MFAC 算法中要控制的增广系统.

2. 重复系统的嵌入型控制方案设计

反馈是自动控制的一种主要形式,是根据系统输出变化的信息来进行控制器设计的,即通过比较并消除系统行为(输出)与期望行为之间的偏差,以获得预期的系统性能. 反馈控制是在时间轴上的控制方法,控制时间足够大后才可能获得较好的控制效果,所以反馈控制无法实现完全跟踪. 实际应用中的系统绝大多数都是反馈控制系统. 而对于重复运行的系统,如装配线上的机械手臂、批量生产过程、化工注模等,反馈控制并不能从以往的控制过程中吸取经验,而只能根据当前的输出误差反馈决定控制输入,控制效果不会因为重复次数的增加而改善,也就是说,不具有学习功能. 为了充分利用系统重复运行的特征,在反馈控制环路的基础上,加上前馈迭代学习控制器,反馈控制环路用于保证系统的稳定和处理外部扰动,前馈学习环路用于复杂误差的高精度跟踪,使前馈与反馈优势互补,可明显改善控制效果,因此,这类控制系统将有很大的实际应用价值.

近年来,迭代学习控制(iterative learning control, ILC)与反馈控制结合的研究成为热点. 但关于这方面的讨论都是针对严格重复的系统,在这种情况下前馈ILC 的加入可以改善单独使用反馈控制的效果. 然而,具有重复性的系统,其系统参数及期望轨迹可能会因为外界环境的变化而发生改变,系统非严格重复时单独的 ILC 控制效果并不好. 而 MFAC 方法是反馈控制方法,它仅用受控系统的 I/O 数据进行控制器的设计,控制器中不包括任何受控系统的模型信息,能够实现受控系统的参数自适应控制和结构自适应控制. 但是其不具有学习功能,在执行重复任务时无法利用过去的经验,每次重复的控制效果都一样,没有改进.

从上述问题出发,本节针对一般的非线性系统,提出了带迭代学习外环的MFAC 算法. 该方法由前馈和反馈两部分组成,前馈采用 ILC,反馈采用 MFAC控制.

考虑如下 m 维输入 m 维输出的重复运行离散时间非线性系统

$$\boldsymbol{y}_n(k+1) = \boldsymbol{f}(\boldsymbol{u}_n(k), \boldsymbol{y}_n(k), \boldsymbol{\xi}(k)), \tag{8.33}$$

其中,n 表示第 n 次迭代,$\boldsymbol{f}(\cdots)$ 是适当维数的未知非线性函数;$\boldsymbol{y}_n(k), \boldsymbol{u}_n(k)$ 分别是第 n 次迭代 k 时刻的系统输出和控制输入向量;$\boldsymbol{\xi}(k)$ 为重复的有界外部干扰.

带迭代学习外环的 MFAC 控制律如下

$$\boldsymbol{u}_n(k) = \boldsymbol{u}_n^f(k) + \boldsymbol{u}_n^b(k), \tag{8.34}$$

$$\boldsymbol{u}_n^f(k) = \boldsymbol{u}_{n-1}^f(k) + \beta \boldsymbol{e}_{n-1}(k+1), \tag{8.35}$$

$$\boldsymbol{u}_n^b(k) = \boldsymbol{u}_n^b(k-1) + \frac{\rho \hat{\boldsymbol{\Phi}}_c^{\mathrm{T}}(k)(\boldsymbol{y}^*(k+1) - \boldsymbol{y}_n(k))}{\lambda + \| \hat{\boldsymbol{\Phi}}_c(k) \|^2}, \tag{8.36}$$

$$\hat{\boldsymbol{\Phi}}_c(k) = \hat{\boldsymbol{\Phi}}_c(k-1) + \frac{\eta(\Delta \boldsymbol{y}_n(k) - \hat{\boldsymbol{\Phi}}_c(k-1)\Delta \boldsymbol{u}_n^b(k-1))\Delta \boldsymbol{u}_n^b(k-1)^{\mathrm{T}}}{\mu + \parallel \Delta \boldsymbol{u}_n^b(k-1) \parallel^2},$$

$$(8.37)$$

$\hat{\phi}_{ii}(k) = \hat{\phi}_{ii}(1)$, 如果 $|\hat{\phi}_{ii}(k)| < b_2$ 或 $|\hat{\phi}_{ii}(k)| > \alpha b_2$ 或

$$\mathrm{sign}(\hat{\phi}_{ii}(k)) \neq \mathrm{sign}(\hat{\phi}_{ii}(1)), i=1,\cdots,m,$$

$\hat{\phi}_{ij}(k) = \hat{\phi}_{ij}(1)$, 如果 $|\hat{\phi}_{ij}(k)| > b_1$ 或

$$\mathrm{sign}(\hat{\phi}_{ij}(k)) \neq \mathrm{sign}(\hat{\phi}_{ij}(1)), \quad i,j=1,\cdots,m, i\neq j, \qquad (8.38)$$

其中, $\Delta \boldsymbol{u}_n^b(k) = \boldsymbol{u}_n^b(k) - \boldsymbol{u}_n^b(k-1)$; $\Delta \boldsymbol{y}_n(k) = \boldsymbol{y}_n(k) - \boldsymbol{y}_n(k-1)$; $\lambda > 0, \mu > 0,$ $\eta \in (0,2), \rho \in (0,1]$; β 是学习增益; ε 是充分小的正数; $\hat{\phi}_{ij}(1)$ 是 $\hat{\phi}_{ij}(k)$ 的初值; $e_n(k) = \boldsymbol{y}_d(k) - \boldsymbol{y}_n(k)$ 表示第 n 次迭代的跟踪误差; $\boldsymbol{u}_n^f$ 表示前馈 ILC 部分, $\boldsymbol{u}_n^b$ 表示原有的 MFAC 反馈部分. 带迭代学习外环的 MFAC 控制器的结构如图 8.16 所示. 可以看出, 反馈和前馈相互独立工作. 对于已有的 MFAC 控制器式(8.36)~式(8.38), 只需在外环加上迭代学习控制器(8.35)即可. 前馈 ILC 控制器具有学习功能, 负责提高控制系统的品质并实现完全跟踪, 反馈 MFAC 则负责实现系统的镇定任务. 模块化的设计可以在不改变原有 MFAC 控制器设置的基础上直接加入 ILC 控制器.

　　带迭代学习外环的 MFAC 的收敛性证明参见文献[224].

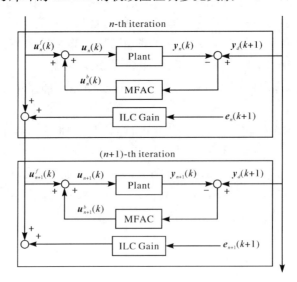

图 8.16　带迭代学习外环的 MFAC 控制器的结构框图

该控制方法不需要对已有的控制装置和系统做任何改动,只需在已存在的MFAC 控制器的外环加上迭代学习控制器即可,充分利用已有的资源,且不需要工厂长时间停工就可以实现. 文献[67,205,225]中也讨论了类似的模块化控制器设计方法,请感兴趣的读者查阅相关文献.

8.3.3 仿真研究

通过三个非线性系统仿真算例验证本节提出的控制器模块化设计方案的有效性.

例 8.3 基于 MFAC 的估计型控制方法.

离散时间非线性系统

$$y(k+1)=\frac{y(k)}{1+y^2(k)}+a(t)u^3(k)+0.2y(k-1),$$

其中,$a(k)=0.1+0.1^{\text{round}(k/100)}$,$k=1,2,\cdots,1000$.

期望轨迹如下

$$y^*(k)=5\sin\left(\frac{k\pi}{500}\right).$$

分别应用自适应控制方案(8.25)和基于 MFAC 的估计型控制方案(8.30)和方案(8.31)控制该系统,仿真比较效果见图 8.17. 从仿真结果可以看出,基于 MFAC 的估计型控制方案对未建模动态进行了估计和补偿,其输出跟踪性能优于自适应控制方案,并且控制输入信号的变化光滑,没有大幅值的尖峰变化,平缓的控制信号在一定程度上可降低设备的磨损以及能量损耗.

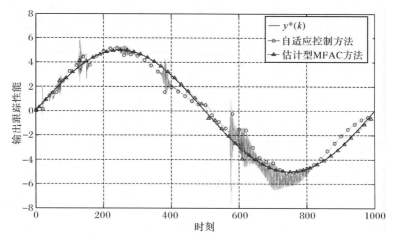

(a) 输出跟踪性能

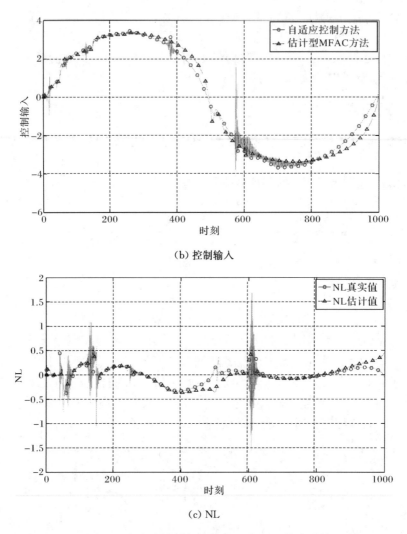

(b) 控制输入

(c) NL

图 8.17　自适应控制与估计型 MFAC 的仿真比较

例 8.4　嵌入型无模型自适应控制方法.

考虑与例 8.3 相同的离散时间非线性系统和期望轨迹. 分别应用自适应控制方案(8.25)和基于 MFAC 的嵌入型控制方案,仿真比较结果见图 8.18,其中,嵌入型控制方案中的内回路采用自适应控制方法(8.25),外回路采用 PFDL-MFAC控制方法,MFAC 方案的参数为 $L=2, \rho_1=\rho_2=0.3, \lambda=0.1, \eta=0.1, \mu=2$. 从仿真比较结果可以看出,应用基于 MFAC 的嵌入型控制方案,控制效果得到明显改善;没有大幅值的振荡和尖峰变化.

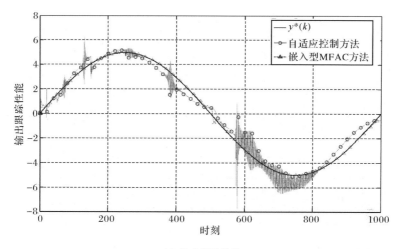

（a）输出跟踪性能

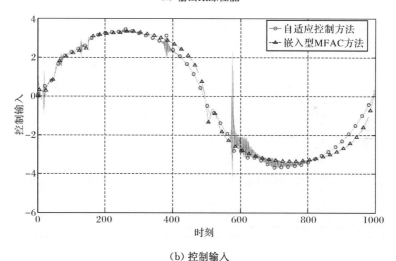

（b）控制输入

图 8.18　自适应控制与嵌入型 MFAC 的仿真比较

例 8.5　重复性系统嵌入型控制方法.

离散时间非线性系统

$$\begin{cases} x_i(k)=1.5u_i(k)-1.5u_i^2(k)+0.5u_i^3(k), \\ y_i(k+1)=0.6y_i(k)-0.1y_i(k-1)+1.2x_i(k) \\ \qquad -0.1x_i(k-1)+v(k), \quad k=1,\cdots,200, \end{cases}$$

其中, $v(k)$ 是标准差为 0.05 的 Gauss 白噪声且迭代重复.

期望输出信号如下

$$y^*(k)=\begin{cases} 0.5, & 0\leqslant k\leqslant 50 \\ 1.0, & 50<k\leqslant 100 \\ 2.0, & 100<k\leqslant 150 \\ 1.5, & 150<k\leqslant 200. \end{cases}$$

单纯应用 PFDL-MFAC 式(8.36)~式(8.38)时,参数选取如下:$\rho=0.9,\lambda=4.6,\eta=1,\mu=1,\varepsilon=0.0001$. 控制效果如图 8.19 所示. 由此可见,MFAC 的控制效果是可以接受的,但由于噪声的存在,并未实现完全跟踪. 图 8.20 是带迭代学习外环的 MFAC 的控制效果,控制方案为式(8.34)~式(8.38),MFAC 的参数保持不变,ILC 增益为 $\beta=0.55$,共迭代 50 次. 仿真结果表明,随着迭代次数的增加,跟踪误差呈下降趋势,经过 50 次迭代后几乎实现完全跟踪. 第一次迭代时,虽然 ILC 还未开始工作,但由于 MFAC 反馈控制的存在,误差较小.

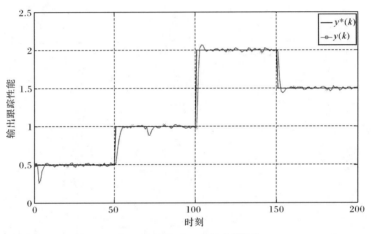

图 8.19　MFAC 的控制效果

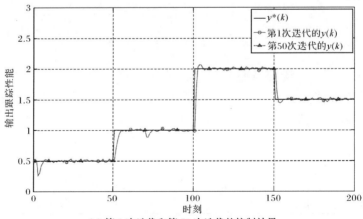

(a) 第 1 次迭代和第 50 次迭代的控制效果

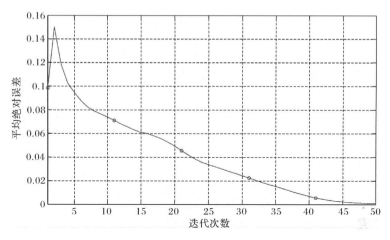

(b) 每次迭代的平均绝对误差

图 8.20　带迭代学习外环的 MFAC 的控制效果

8.4　小　　结

　　MFAC 方法不需要已知受控系统的数学模型,仅需要受控系统的 I/O 数据就能设计控制器,进而实现对受控系统的有效控制. 因此,可以将互联系统看成是一个大的'增广系统'来设计其相应的 MFAC 方案. 如果采用上述系统控制方案不能得到很好的控制效果,可选择本章提出的复杂互联系统的 MFAC 方案. 该方案利用采集到的各子系统 I/O 数据分别估计每个子系统的伪梯度信息,进而根据已知的串联、并联、反馈连接关系或可测的互联影响设计 MFAC 方案. 此外,基于优势互补的思想,本章还提出了基于 MFAC 的估计型控制系统设计方案和基于 MFAC 的嵌入型控制系统设计方案,实现了 MFAC 方法和传统的自适应控制方法以及 ILC 方法的协同工作,提高了系统的控制性能.

　　根据本章给出的控制方案设计思路,易相应地得到 SISO 和 MIMO 非线性系统的基于 CFDL 数据模型和基于 FFDL 数据模型的 MFAC 方案.

第 9 章 无模型自适应控制的鲁棒性

9.1 引　　言

在实际应用中,系统普遍存在多种不确定性,同时会受到各种各样的扰动影响,并且在网络控制中还可能存在数据丢失等问题.因而针对被控对象存在某种不确定性和受到外界扰动以及数据丢包影响的情况,设计控制器时必须考虑闭环系统的鲁棒性,即设计的闭环控制系统具有保持稳定的能力.

自适应控制系统的主要研究对象是数学模型结构已知,而模型参数未知慢时变或时不变的受控系统.然而,各种实际工业过程都运行在变化的环境中,带有各种各样的不确定性,试图用精确的数学模型以及数学假设来完全准确地描述受控过程的动力学特性是不现实的,有时也是不可能的.实际上,所建立的数学模型仅仅是过程动态特性的某种近似,因此,完全依赖数学模型所设计的闭环自适应控制系统在实际应用中往往难于达到理论分析所期望的控制效果.影响自适应控制系统鲁棒性的主要原因包括被控对象含有未建模动态、过程噪声或扰动以及所假设的各种数学条件是否满足.为了增强自适应控制系统的鲁棒性,人们已经设计了很多种方法,如死区方法,即通过在控制算法中引入死区,使受噪声扰动系统的跟踪误差收敛到预先给定的区域[226,227];归一化方法,即引入归一化信号使自适应回路中的所有信号相对于归一化信号均值有界,克服了由于回归量信号的增长而引起的参数估计算法失效的情况[228,229];参数估计的投影化处理方法,即利用投影算法把参数估计映射到一个指定区域,以防止参数估计的无限漂移[230,231];σ-修正方法,即在自适应控制律中利用一个加权校正项(σ-修正)来抑制因有界外扰和建模误差引起的对闭环系统的影响,消除自适应律的纯积分作用,克服未建模动态可能引起的不稳定性[232,233];此外还有平均化方法和衰减激励方法等[132,234].

虽然基于模型的自适应控制鲁棒性问题研究已有多种成熟方法,但是这些方法很难应用于数据驱动的无模型自适应控制(model free adaptive control,MFAC)方法中.一方面,由于 MFAC 方法中控制器的设计不包含受控过程的模型信息,仅利用在线的 I/O 数据,未建模动态在 MFAC 的框架下不存在,因此传统的鲁棒性问题在 MFAC 理论中失去了意义.另一方面,从数据角度上来看,系统产生的 I/O 数据可能受到外部扰动,或者由于传感器、执行器失效或数据传输通路故障可能产生数据丢失和数据不完备的现象.因此,研究数据驱动的 MFAC 方法在有数据噪声扰动和数据丢失情况下闭环受控系统的性能保持问题是一项很有意义的研究工作[14,124,235,236].

　　本章分别针对存在输出量测噪声和数据丢失(或不完备)的未知非线性系统,对 MFAC 算法鲁棒性进行分析. 主要内容如下:9.2 节分析了存在输出测量噪声时 MFAC 方案的鲁棒性;9.3 节研究了存在数据丢失时 MFAC 方案的鲁棒性,并提出了相应的带有数据丢失补偿的 MFAC 方案;9.4 节为本章的小结.

9.2　存在输出量测噪声情形下的无模型自适应控制

　　在实际系统中,系统的输入和输出测量值经常包含有外部噪声.那么,在存在外部噪声扰动情况下,仅基于被控系统的 I/O 数据而设计的且被理论证明跟踪误差具有单调收敛性的 MFAC 方案是否仍能保持原有的稳定性,或者其跟踪性能还能保持多少? 为了回答这个重要的问题,本节将研究存在外部量测噪声情况下的离散时间 SISO 非线性系统的 CFDL-MFAC 方案的鲁棒性问题. 需要指出的是,针对 SISO 非线性系统的相应结果可以直接推广到 MISO 和 MIMO 非线性离散时间系统中.

9.2.1　鲁棒稳定性分析

　　离散时间 SISO 非线性系统
$$y(k+1) = f(y(k),\cdots,y(k-n_y),u(k),\cdots,u(k-n_u)), \qquad (9.1)$$
其中,$y(k)$,$u(k)$ 分别表示系统在 k 时刻的输出和输入;n_y,n_u 是两个未知的正整数;$f(\cdots)$ 为未知的非线性函数.

　　当存在输出量测噪声时,无模型自适应控制系统结构如图 9.1 所示,其中 $|w(k)|<b_w$ 为有界的量测噪声,测量输出可表示为
$$y_m(k) = y(k) + w(k).$$

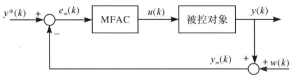

图 9.1　存在输出量测噪声情形下的 MFAC 系统

　　在存在外部量测噪声情况下,针对系统(9.1),利用测量输出 $y_m(k) = y(k) + w(k)$ 的 CFDL-MFAC 方案为
$$\hat{\phi}_c(k) = \hat{\phi}_c(k-1) + \frac{\eta\Delta u(k-1)}{\mu + |\Delta u(k-1)|^2}(\Delta y_m(k) - \hat{\phi}_c(k-1)\Delta u(k-1)), \quad (9.2)$$

$$\hat{\phi}_c(k) = \hat{\phi}_c(1), \text{如果} |\hat{\phi}_c(k)| \leqslant \varepsilon \text{ 或 } |\Delta u(k-1)| \leqslant \varepsilon \text{ 或}$$

$$\mathrm{sign}(\hat{\phi}_c(k)) \neq \mathrm{sign}(\hat{\phi}_c(1)), \tag{9.3}$$

$$u(k) = u(k-1) + \frac{\rho \hat{\phi}_c(k)}{\lambda + |\hat{\phi}_c(k)|^2}[y^*(k+1) - y_m(k)], \tag{9.4}$$

其中,$\Delta y_m(k) \triangleq y_m(k) - y_m(k-1)$;$\lambda > 0, \mu > 0, \rho \in (0,1], \eta \in (0,1]$;$\hat{\phi}_c(1)$ 为 $\hat{\phi}_c(k)$ 的初值;ε 是一个充分小的正数.

在分析上述控制算法的鲁棒稳定性之前,首先给出如下引理.

引理 9.1 针对存在量测噪声的 SISO 非线性系统(9.1),在假设 3.1,假设 3.2 和假设 4.1,假设 4.2 满足的条件下,基于参数估计算法(9.2)和重置算法 (9.3)给出的伪偏导数(pseudo partial derivative,PPD)$\phi_c(k)$ 的估计值 $\hat{\phi}_c(k)$ 是有界的,记其上界为 $\bar{b}_1$.

证明 当 $|\hat{\phi}_c(k)| \leqslant \varepsilon$ 或 $|\Delta u(k-1)| \leqslant \varepsilon$ 或 $\mathrm{sign}(\hat{\phi}_c(k)) \neq \mathrm{sign}(\hat{\phi}_c(1))$ 时,由重置算法(9.3)可知,$\hat{\phi}_c(k)$ 是有界的.

其他情形时,定义 PPD 估计误差 $\tilde{\phi}_c(k) \triangleq \hat{\phi}_c(k) - \phi_c(k)$,将式(9.2)两边同时减去 $\phi_c(k)$,有

$$\tilde{\phi}_c(k) = \tilde{\phi}_c(k-1) - \phi_c(k) + \phi_c(k-1)$$
$$+ \frac{\eta \Delta u(k-1)}{\mu + |\Delta u(k-1)|^2}(\Delta y_m(k) - \hat{\phi}_c(k-1)\Delta u(k-1)). \tag{9.5}$$

利用 $y_m(k)$ 的定义和定理 3.1,有

$$\Delta y_m(k) = \Delta y(k) + \Delta w(k)$$
$$= \phi_c(k-1)\Delta u(k-1) + \Delta w(k), \tag{9.6}$$

其中,

$$\Delta w(k) \triangleq w(k) - w(k-1).$$

将式(9.6)代入式(9.5),得

$$\tilde{\phi}_c(k) = \left[1 - \frac{\eta|\Delta u(k-1)|^2}{\mu + |\Delta u(k-1)|^2}\right]\tilde{\phi}_c(k-1)$$
$$+ \frac{\eta \Delta u(k-1)}{\mu + |\Delta u(k-1)|^2}\Delta w(k) - \phi_c(k) + \phi_c(k-1). \tag{9.7}$$

由于 $\mu > 0, \eta \in (0,1]$,且函数 $\dfrac{\eta x}{\mu + x}$ 是关于 x 的单调增加函数,所以,以下的不等式成立

$$0 < \frac{\eta \varepsilon^2}{\mu + \varepsilon^2} \leqslant \frac{\eta \mid \Delta u(k-1) \mid^2}{\mu + \mid \Delta u(k-1) \mid^2} < \eta \leqslant 1, \tag{9.8}$$

$$\frac{\eta \mid \Delta u(k-1) \mid}{\mu + \mid \Delta u(k-1) \mid^2} = \frac{\eta}{\dfrac{\mu}{\mid \Delta u(k-1) \mid} + \mid \Delta u(k-1) \mid} \leqslant \frac{\eta}{2\sqrt{\mu}}. \tag{9.9}$$

由定理 3.1 可知 $\phi_c(k)$ 有界,即存在一个常数 $\bar{b}$ 使得 $\mid \phi_c(k) \mid \leqslant \bar{b}$. 再利用式 (9.9) 得

$$\left| \frac{\eta \Delta u(k-1)}{\mu + \mid \Delta u(k-1) \mid^2} \right| \mid \Delta w(k) \mid + \mid \phi_c(k) - \phi_c(k-1) \mid \leqslant \frac{\eta}{2\sqrt{\mu}} 2b_w + 2\bar{b} = \frac{\eta b_w}{\sqrt{\mu}} + 2\bar{b}. \tag{9.10}$$

记 $c = \eta b_w / \sqrt{\mu} + 2\bar{b}$ 和 $\delta = 1 - \dfrac{\eta \varepsilon^2}{\mu + \varepsilon^2}$. 对式 (9.7) 两边取绝对值,利用式 (9.8) 和式 (9.10),有

$$
\begin{aligned}
\mid \tilde{\phi}_c(k) \mid &\leqslant \left| 1 - \frac{\eta \Delta u^2(k-1)}{\mu + \Delta u^2(k-1)} \right| \mid \tilde{\phi}_c(k-1) \mid \\
&\quad + \left| \frac{\eta \Delta u(k-1)}{\mu + \Delta u^2(k-1)} \right| \mid \Delta w(k) \mid + \mid \phi_c(k) - \phi_c(k-1) \mid \\
&\leqslant (1-\delta) \mid \tilde{\phi}_c(k-1) \mid + c \\
&\leqslant (1-\delta)^2 \mid \tilde{\phi}_c(k-2) \mid + c(1-\delta) + c \\
&\leqslant \cdots \leqslant (1-\delta)^{k-1} \mid \tilde{\phi}_c(1) \mid + \frac{c}{1-(1-\delta)},
\end{aligned} \tag{9.11}
$$

式 (9.11) 说明 $\tilde{\phi}_c(k)$ 有界,又根据 $\phi_c(k)$ 的有界性,可知 $\hat{\phi}_c(k)$ 有界. ∎

定义跟踪误差 $e(k) = y^*(k) - y(k)$. 根据引理 9.1,可给出如下定理.

定理 9.1　针对满足假设 3.1、假设 3.2 和假设 4.1、假设 4.2 的非线性系统 (9.1),在量测噪声满足 $\mid w(k) \mid < b_w$ 时,采用 CFDL-MFAC 方案 (9.2) ~ (9.4),如果 $y^*(k+1) = y^*$,则存在常数 $\lambda_{\min} > 0$,使得当 $\lambda > \lambda_{\min}$ 时,跟踪误差满足

$$\lim_{k \to \infty} \mid e(k) \mid \leqslant \frac{d_2 b_w}{d_1}, \tag{9.12}$$

其中,$d_1 = \dfrac{\rho \varepsilon \varepsilon}{\lambda + \bar{b}_1^2}, d_2 = \dfrac{\rho \bar{b}}{2\sqrt{\lambda}}$.

证明　定义量测输出跟踪误差为 $e_m(k) = y^* - y_m(k)$,则由跟踪误差定义,有

$$e_m(k) = e(k) - w(k), \tag{9.13}$$

利用式 (9.4) 和式 (9.13),得

$$u(k) = u(k-1) + \frac{\rho \hat{\phi}_c(k)}{\lambda + |\hat{\phi}_c(k)|^2} e_m(k)$$

$$= u(k-1) + \frac{\rho \hat{\phi}_c(k)}{\lambda + |\hat{\phi}_c(k)|^2} (e(k) - w(k)). \tag{9.14}$$

由于

$$y^* - y(k+1) = y^* - y(k) - \phi_c(k) \Delta u(k), \tag{9.15}$$

以及 $\underline{\varepsilon} < \phi_c(k) \leqslant \bar{b}, \varepsilon < \hat{\phi}_c(k) \leqslant \bar{b}_1, \rho \in (0,1]$，若 $\lambda > \bar{b}^2/4$，则下式成立

$$0 < \frac{\rho \underline{\varepsilon}\,\varepsilon}{\lambda + \bar{b}_1^2} \leqslant \vartheta(k) \leqslant \frac{\rho \bar{b}\hat{\phi}_c(k)}{2\sqrt{\lambda}\hat{\phi}_c(k)} = \frac{\rho \bar{b}}{2\sqrt{\lambda}} < 1,$$

其中，$\vartheta(k) = \dfrac{\rho \phi_c(k) \hat{\phi}_c(k)}{\lambda + |\hat{\phi}_c(k)|^2}$.

将式(9.14)代入式(9.15)，得

$$e(k+1) = (1 - \vartheta(k))e(k) + \vartheta(k)w(k), \tag{9.16}$$

记 $d_1 = \dfrac{\rho \underline{\varepsilon}\,\varepsilon}{\lambda + \bar{b}_1^2}$ 和 $d_2 = \dfrac{\rho \bar{b}}{2\sqrt{\lambda}}$，并将式(9.16)两边取绝对值，有

$$|e(k+1)| \leqslant |(1-\vartheta(k))| |e(k)| + |\vartheta(k)| |w(k)|$$

$$\leqslant (1-d_1)|e(k)| + d_2 b_w$$

$$\leqslant (1-d_1)^2 |e(k-1)| + (1-d_1)d_2 b_w + d_2 b_w$$

$$\vdots$$

$$\leqslant (1-d_1)^k |e(1)| + \frac{d_2 b_w}{d_1}, \tag{9.17}$$

故 $\lim\limits_{k\to\infty} |e(k)| \leqslant \dfrac{d_2 b_w}{d_1}$. ■

注 9.1　定理 9.1 说明，若量测噪声有界，则 MFAC 方案可以保证跟踪误差有界. 跟踪误差的上界与量测噪声 $w(k)$ 的上界有关. 当系统不存在量测噪声时，即 $w(k) = 0$ 时，系统的跟踪误差将收敛到 0. 因此，MFAC 系统是鲁棒稳定的.

9.2.2　仿真研究

本小节通过一个数值仿真来验证存在输出量测噪声情形下 CFDL-MFAC 方案(9.2)~(9.4)的鲁棒性.

例 9.1　SISO 非线性系统

$$y(k+1)=\begin{cases}\dfrac{y(k)}{1+y^2(k)}+u^3(k), & k\leqslant 500\\[4mm]\dfrac{y(k)y(k-1)y(k-2)u(k-1)(y(k-2)-1)+a(k)u(k)}{1+y^2(k-1)+y^2(k-2)}, & k>500,\end{cases}$$

$$(9.18)$$

其中，$a(k)=1+\mathrm{round}(k/500)$ 是一个时变参数.

系统期望输出信号为

$$y^*(k+1)=\begin{cases}1, & 1\leqslant k\leqslant 500\\-1, & 500<k\leqslant 1000.\end{cases}$$

对该系统采用 MFAC 方案(9.2)～(9.4)进行控制. 系统初值为 $u(1)=u(2)$ $=0,y(2)=1,\ y(1)=-1$；PPD 初值为 $\hat{\phi}_c(1)=2$；控制器参数为 $\rho=1,\lambda=10,\ \eta=1,\mu=1,\varepsilon=10^{-5}$；量测噪声为

$$w(k)=\begin{cases}0.1+0.05\mathrm{rand}(1), & k\leqslant 250\\-0.1+0.05\mathrm{rand}(1), & 250<k\leqslant 500\\0.1\sin(2\pi k/250)+0.05\mathrm{rand}(1), & 500<k\leqslant 750\\0.1\cos(2\pi k/250)+0.05\mathrm{rand}(1), & 750<k\leqslant 1000,\end{cases}$$

具体如图 9.2 所示.

应用 CFDL-MFAC 方案(9.2)～(9.4)的输出跟踪性能和控制输入分别如图 9.2(b)和 9.2(c)所示. 仿真结果表明，尽管存在量测噪声，CFDL-MFAC 方案仍然能够保证闭环系统稳定.

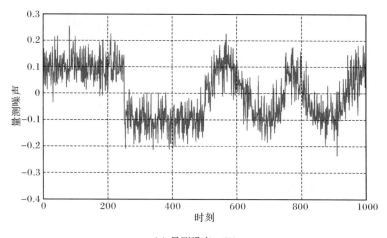

(a) 量测噪声 $w(k)$

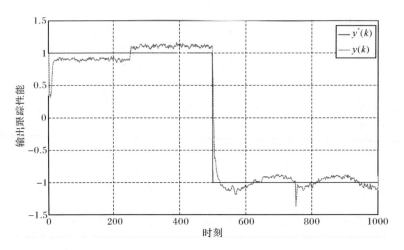

(b) 输出跟踪性能

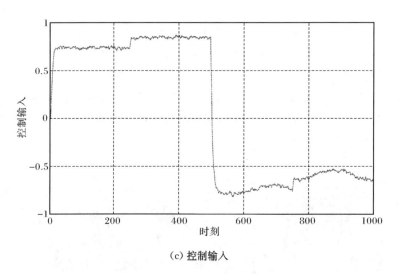

(c) 控制输入

图 9.2 存在量测噪声情形下 CFDL-MFAC 方案的控制效果

9.3 数据丢失情形下的无模型自适应控制

随着控制理论、计算机网络及通信技术的日益发展,网络控制系统 (networked control system,NCS) 的应用越来越广泛[237,238]. NCS 是指通过实时通讯网络构成闭环的反馈控制系统. 相对传统的点对点方式的控制系统,NCS 具有成本低、安装维护简便、系统灵活性高、便于进行故障诊断等优点. 然而,在 NCS

中,不可避免地存在网络阻塞和连接中断等现象,这会导致数据丢失. 数据丢失是网络控制系统中的一个重要研究问题,本节研究存在数据丢失时 MFAC 系统的鲁棒性问题.

　　将 MFAC 方案应用于 NCS 时,系统输出数据在传感器与控制器之间以及控制输入数据在控制器与执行器之间传递均通过传输网络进行,结构见图 9.3. 当网络传输机制出现问题或传感器、执行器发生故障时会造成两类不同的数据丢失:控制数据丢失和输出数据丢失. 不失一般性,本节仅讨论输出数据丢失情况下的MFAC 控制系统的鲁棒性问题,研究结果亦可推广到控制输入数据丢失的情形.

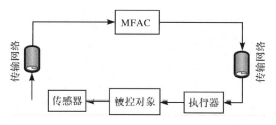

图 9.3　存在数据丢失时的 MFAC 系统结构图

9.3.1　鲁棒稳定性分析

　　考虑如下一类离散时间 SISO 非线性系统
$$y(k+1) = f(y(k),\cdots,y(k-n_y),u(k),\cdots,u(k-n_u)). \tag{9.19}$$
　　由定理 3.1 可知,非线性系统(9.19)在 $\Delta u(k) \neq 0$ 时,可以写成如下等价的 CFDL 数据模型
$$y(k+1) = y(k) + \phi_c(k)\Delta u(k), \tag{9.20}$$
相应的 CFDL-MFAC 方案可设计为式(4.7)~式(4.9)的形式.

　　按照控制方案(4.7)~(4.9),PPD 估计值 $\hat{\phi}_c(k)$ 和控制输入 $u(k)$ 的更新过程中需要用到系统输出 $y(k)$. 因此,在输出数据丢失的情形下,需要对控制方案(4.7)~(4.9)进行修正.

　　假设控制器可以检测出当前时刻系统输出数据是否丢失,并定义变量 $\beta(k)$ 和 $\bar{y}(k)$ 如下
$$\beta(k) = \begin{cases} 1, & y(k) \text{ 未丢失} \\ 0, & y(k) \text{ 丢失}, \end{cases}$$
$$\bar{y}(k) = \begin{cases} y(k), & \beta(k)=1 \\ \bar{y}(k-1), & \beta(k)=0. \end{cases}$$
设输出数据未丢失的概率定义为
$$P\{\beta(k)=1\} = \bar{\beta}.$$

在数据丢失情况下,相应的 CFDL-MFAC 方案修正如下

$$\hat{\phi}_c(k) = \hat{\phi}_c(k-1) + \beta(k)\left[\frac{\eta\Delta u(k-1)}{\mu+|\Delta u(k-1)|^2}(\bar{y}(k)-\bar{y}(k-1)-\hat{\phi}_c(k-1)\Delta u(k-1))\right],$$
(9.21)

$\hat{\phi}_c(k) = \hat{\phi}_c(1)$,如果 $\beta(k-1)=1$,或 $|\Delta u(k-1)|\leqslant\varepsilon$ 或 $|\hat{\phi}_c(k)|\leqslant\varepsilon$ 或

$$\text{sign}(\hat{\phi}_c(k)) \neq \text{sign}(\hat{\phi}_c(1)),$$
(9.22)

$$u(k) = u(k-1) + \beta(k)\left[\frac{\rho\hat{\phi}_c(k)}{\lambda+|\hat{\phi}_c(k)|^2}(y^*(k+1)-\bar{y}(k))\right], \quad (9.23)$$

其中,$\eta\in(0,1]$,$\rho\in(0,1]$;$\lambda>0$;ε 是一个充分小的正数.

定理 9.2　在假设 3.1、假设 3.2 和假设 4.1、假设 4.2 满足的情况下,应用 CFDL-MFAC 方案(9.21)~(9.23),当期望输出 $y^*(k+1)=y^*$ 为常值和输出数据不完全丢失时,则系统输出误差是收敛的.

证明　PPD 估计值 $\hat{\phi}_c(k)$ 的有界性证明与引理 9.1 类似.

定义系统跟踪误差

$$e(k)=y^*-y(k).$$

因为输出数据不完全丢失,所以 $\bar{\beta}\neq0$.设 k_i 表示系统输出数据未丢失的时刻,则根据式(9.23)可知,在相邻的没有输出数据丢失时刻 k_{i-1} 和 k_i 之间,$i=1,2,\cdots$,有

$$u(k) = \begin{cases} u(k-1) + \dfrac{\rho\hat{\phi}_c(k)e(k)}{\lambda+|\hat{\phi}_c(k)|^2}, & k=k_{i-1} \text{ 或 } k=k_i \\ u(k_{i-1}), & k_{i-1}<k<k_i. \end{cases} \quad (9.24)$$

若 $e(k)\neq0$,由式(9.24)得

$$\Delta u(k) = \begin{cases} \dfrac{\rho\hat{\phi}_c(k)e(k)}{\lambda+|\hat{\phi}_c(k)|^2} \neq 0, & k=k_{i-1} \text{ 或 } k=k_i \\ 0, & k_{i-1}<k<k_i. \end{cases} \quad (9.25)$$

式(9.25)意味着 $u(k_i-1)=u(k_i-2)=\cdots=u(k_{i-1})\neq u(k_{i-1}-1)$.因此,根据定理 3.2 可得

$$y(k) = y(k_{i-1}) + \phi_c(k-1)(u(k-1)-u(k_{i-1}-1)), \quad k_{i-1}<k\leqslant k_i,$$
(9.26)

将式(9.26)代入误差方程,并对误差取绝对值得

$$\begin{aligned}
|e(k)| &= |y^* - y(k)| \\
&= |y^* - y(k_{i-1}) - \phi_c(k-1)(u(k-1) - u(k_{i-1}-1))| \\
&= |y^* - y(k_{i-1}) - \phi_c(k-1)(u(k_{i-1}) - u(k_{i-1}-1))| \\
&= \left| e(k_{i-1}) - \phi_c(k-1) \frac{\rho \hat{\phi}_c(k_{i-1}) e(k_{i-1})}{\lambda + |\hat{\phi}_c(k_{i-1})|^2} \right| \\
&\leqslant \left| \left(1 - \frac{\rho \phi_c(k-1) \hat{\phi}_c(k_{i-1})}{\lambda + |\hat{\phi}_c(k_{i-1})|^2} \right) \right| |e(k_{i-1})|,
\end{aligned} \tag{9.27}$$

其中,$k_{i-1} < k \leqslant k_i, i = 1, 2, \cdots$.

由 $\phi_c(k)$ 和 $\hat{\phi}_c(k)$ 的有界性以及重置算法(9.22),可知存在常数 $\underline{b}, \overline{b}_1$ 使得对任意时刻 k 有 $\underline{\varepsilon} < \phi_c(k) \leqslant \overline{b}, \underline{\varepsilon} < \hat{\phi}_c(k) \leqslant \overline{b}_1$ 成立. 又因为 $\rho \in (0,1]$ 和 $\lambda > \overline{b}^2/4$,有

$$0 < \frac{\rho \underline{\varepsilon} \underline{\varepsilon}}{\lambda + \overline{b}_1^2} \leqslant \frac{\rho \phi_c(k-1) \hat{\phi}_c(k_{i-1})}{\lambda + |\hat{\phi}_c(k_{i-1})|^2} \leqslant \frac{\rho \overline{b} \hat{\phi}_c(k_{i-1})}{2\sqrt{\lambda} \hat{\phi}_c(k_{i-1})} = \frac{\rho \overline{b}}{2\sqrt{\lambda}} < 1.$$

记 $d_1 = \dfrac{\rho \underline{\varepsilon} \underline{\varepsilon}}{\lambda + \overline{b}_1^2} < 1$,则式(9.27)可重写为

$$|e(k)| \leqslant (1 - d_1)|e(k_{i-1})|, \tag{9.28}$$

其中,$k_{i-1} < k \leqslant k_i, i = 1, 2, \cdots$.

式(9.28)意味着在数据不完全丢失情况下,系统输出误差的绝对值是压缩的,也即,控制方案可保证系统输出误差有界并且收敛. ∎

9.3.2 带有丢失数据补偿的无模型自适应控制方案

在网络控制系统中,常用的数据丢失补偿算法包括对历史数据进行加权平均[239]、自适应滤波[240]或根据历史数据进行预报等方法[241,242]. 这些方法均可以直接应用到 MFAC 算法的数据丢失补偿中,这里不再做介绍. 本节根据 MFAC 自身特点提出一种基于动态线性化数据模型的补偿算法,并将其应用于控制器设计,以削弱数据丢失对控制性能的负面影响.

根据定理 3.1,离散时间 SISO 非线性系统(9.19)可转化为如下等价的紧格式线性化数据模型

$$y(k) = y(k-1) + \phi_c(k-1)\Delta u(k-1). \tag{9.29}$$

定义变量 $\beta(k)$ 和 $\overline{\overline{y}}(k)$ 如下

$$\beta(k) = \begin{cases} 1, & y(k) \text{ 未丢失} \\ 0, & y(k) \text{ 丢失}, \end{cases}$$

$$\bar{\bar{y}}(k)=\begin{cases} y(k), & \beta(k)=1 \\ \hat{y}(k), & \beta(k)=0, \end{cases}$$

其中，$\hat{y}(k)$ 是输出 $y(k)$ 的估计值.

设输出数据未丢失的概率定义为

$$P\{\beta(k)=1\}=\bar{\beta}.$$

因此，当输出数据 $y(k)$ 丢失时，可根据式(9.29)利用 $y(k-1)$，$\hat{\phi}_c(k-1)$ 和 $\Delta u(k-1)$ 对 $y(k)$ 进行估计

$$\hat{y}(k) = \bar{\bar{y}}(k-1)+\hat{\phi}_c(k-1)\Delta u(k-1), \tag{9.30}$$

进而，可以给出如下带有数据丢失补偿的 CFDL-MFAC 方案

$$\hat{\phi}_c(k)=\hat{\phi}_c(k-1)+\beta(k)\left[\frac{\eta\Delta u(k-1)}{\mu+|\Delta u(k-1)|^2}(\bar{\bar{y}}(k)-\bar{\bar{y}}(k-1)\right.$$

$$\left.-\hat{\phi}_c(k-1)\Delta u(k-1))\right], \tag{9.31}$$

$\hat{\phi}_c(k)=\hat{\phi}_c(1)$，如果 $|\hat{\phi}_c(k)|\leqslant\varepsilon$ 或 $|\Delta u(k-1)|\leqslant\varepsilon$ 或

$$\mathrm{sign}(\hat{\phi}_c(k))\neq\mathrm{sign}(\hat{\phi}_c(1)), \tag{9.32}$$

$$u(k) = u(k-1)+\frac{\rho\hat{\phi}_c(k)}{\lambda+|\hat{\phi}_c(k)|^2}(y^*(k+1)-\bar{\bar{y}}(k)), \tag{9.33}$$

其中，$\mu>0$，$\eta\in(0,1]$，$\rho\in(0,1]$；$\lambda>0$；ε 是一个充分小的正数.

当存在数据丢包时，带有丢失数据补偿 CFDL-MFAC 方案(9.31)~(9.33)具有如下性质.

定理 9.3 在假设 3.1、假设 3.2 和假设 4.1、假设 4.2 满足的情况下，应用带有数据丢失补偿的 CFDL-MFAC 方案(9.31)~(9.33)，当期望输出 $y^*(k+1)=y^*$ 为常数并且输出数据不完全丢失时，系统输出误差是收敛的.

证明 PPD 估计值 $\hat{\phi}_c(k)$ 的有界性证明与引理 9.1 类似.

因为输出数据不完全丢失，所以 $\bar{\beta}\neq0$. 在两个相邻的没有输出数据丢失时刻 k_{i-1} 和 k_i 之间，$i=1,2,\cdots$，根据预测方程(9.30)，对于输出数据丢失时刻 $k_{i-1}+1$，有

$$\bar{\bar{y}}(k_{i-1}+1)=y(k_{i-1})+\hat{\phi}_c(k_{i-1})\Delta u(k_{i-1}),$$

对于输出数据丢失时刻 $k_{i-1}+2$，有

$$\bar{\bar{y}}(k_{i-1}+2)=\bar{\bar{y}}(k_{i-1}+1)+\hat{\phi}_c(k_{i-1}+1)\Delta u(k_{i-1}+1)$$

$$=y(k_{i-1})+\hat{\phi}_c(k_{i-1})\Delta u(k_{i-1})+\hat{\phi}_c(k_{i-1}+1)\Delta u(k_{i-1}+1),$$

依此类推，对于输出数据丢失时刻 k_i-1，有

$$\bar{\bar{y}}(k_i - 1) = \bar{\bar{y}}(k_i - 2) + \hat{\phi}_c(k_i - 2)\Delta u(k_i - 2)$$

$$= \bar{\bar{y}}(k_i - 3) + \hat{\phi}_c(k_i - 3)\Delta u(k_i - 3) + \hat{\phi}_c(k_i - 2)\Delta u(k_i - 2)$$

$$\vdots$$

$$= y(k_{i-1}) + \hat{\phi}_c(k_{i-1})\Delta u(k_{i-1}) + \cdots + \hat{\phi}_c(k_i - 3)\Delta u(k_i - 3)$$

$$+ \hat{\phi}_c(k_i - 2)\Delta u(k_i - 2).$$

综上所述,对于输出数据丢失时刻 $k_{i-1} < k < k_i$,有

$$\bar{\bar{y}}(k) = \bar{\bar{y}}(k - 1) + \hat{\phi}_c(k - 1)\Delta u(k - 1)$$

$$= \bar{\bar{y}}(k - 2) + \hat{\phi}_c(k - 2)\Delta u(k - 2) + \hat{\phi}_c(k - 1)\Delta u(k - 1)$$

$$\vdots$$

$$= y(k_{i-1}) + \hat{\phi}_c(k_{i-1})\Delta u(k_{i-1}) + \cdots + \hat{\phi}_c(k - 2)\Delta u(k - 2)$$

$$+ \hat{\phi}_c(k - 1)\Delta u(k - 1). \tag{9.34}$$

定义系统跟踪误差为

$$e(k) = y^* - y(k),$$

利用式(9.34),控制算法(9.33)可改写为

$$u(k) = \begin{cases} u(k-1) + \dfrac{\rho\hat{\phi}_c(k)e(k)}{\lambda + |\hat{\phi}_c(k)|^2}, & k = k_{i-1} \ 或 \ k = k_i \\[4mm] u(k-1) + \dfrac{\rho\hat{\phi}_c(k)}{\lambda + |\hat{\phi}_c(k)|^2} \times (e(k_{i-1}) - \hat{\phi}_c(k_{i-1})\Delta u(k_{i-1}) \\[4mm] \quad - \cdots - \hat{\phi}_c(k-1)\Delta u(k-1)), & k_{i-1} < k < k_i. \end{cases} \tag{9.35}$$

定义 $c(k) = 1 - \dfrac{\rho\hat{\phi}_c(k)^2}{\lambda + |\hat{\phi}_c(k)|^2}$,由式(9.35)有

$$\Delta u(k_{i-1}) = \frac{\rho\hat{\phi}_c(k_{i-1})}{\lambda + |\hat{\phi}_c(k_{i-1})|^2}e(k_{i-1}),$$

$$\Delta u(k_{i-1} + 1) = \frac{\rho\hat{\phi}_c(k_{i-1} + 1)}{\lambda + |\hat{\phi}_c(k_{i-1} + 1)|^2}(e(k_{i-1}) - \hat{\phi}_c(k_{i-1})\Delta u(k_{i-1}))$$

$$= \frac{\rho\hat{\phi}_c(k_{i-1}+1)}{\lambda + |\hat{\phi}_c(k_{i-1}+1)|^2}\left[1 - \frac{\rho\hat{\phi}_c(k_{i-1})^2}{\lambda + |\hat{\phi}_c(k_{i-1})|^2}\right]e(k_{i-1})$$

$$= \frac{\rho\hat{\phi}_c(k_{i-1}+1)c(k_{i-1})}{\lambda + |\hat{\phi}_c(k_{i-1}+1)|^2}e(k_{i-1}),$$

$$\Delta u(k_{i-1}+2) = \frac{\rho\hat{\phi}_c(k_{i-1}+2)}{\lambda + |\hat{\phi}_c(k_{i-1}+2)|^2}(e(k_{i-1}) - \hat{\phi}_c(k_{i-1})\Delta u(k_{i-1})$$

$$- \hat{\phi}_c(k_{i-1}+1)\Delta u(k_{i-1}+1))$$

$$= \frac{\rho\hat{\phi}_c(k_{i-1}+2)}{\lambda + |\hat{\phi}_c(k_{i-1}+2)|^2}\left[c(k_{i-1})e(k_{i-1}) - \frac{\rho\hat{\phi}_c(k_{i-1}+1)^2c(k_{i-1})}{\lambda + |\hat{\phi}_c(k_{i-1}+1)|^2}e(k_{i-1})\right]$$

$$= \frac{\rho\hat{\phi}_c(k_{i-1}+2)c(k_{i-1}+1)c(k_{i-1})}{\lambda + |\hat{\phi}_c(k_{i-1}+2)|^2}e(k_{i-1}). \tag{9.36}$$

依此类推，可以得到

$$\Delta u(k) = \frac{\rho\hat{\phi}_c(k)}{\lambda + |\hat{\phi}_c(k)|^2}(e(k_{i-1}) - \hat{\phi}_c(k_{i-1})\Delta u(k_{i-1}) - \cdots$$

$$- \hat{\phi}_c(k-1)\Delta u(k-1))$$

$$= \frac{\rho\hat{\phi}_c(k)\prod\limits_{i=k_{i-1}}^{k-1}c(i)}{\lambda + |\hat{\phi}_c(k)|^2}e(k_{i-1}), \tag{9.37}$$

其中，$k_{i-1} < k < k_i$.

若 $e(k_{i-1}) \neq 0$，由式(9.37)可知

$$\Delta u(k) \neq 0,$$

其中，$k_{i-1} < k < k_i$. 因此根据定理 3.1 可得

$$y(k) = y(k-1) + \phi_c(k-1)\Delta u(k-1)$$

$$= y(k-2) + \phi_c(k-2)\Delta u(k-2) + \phi_c(k-1)\Delta u(k-1)$$

$$\vdots$$

$$= y(k_{i-1}) + \phi_c(k_{i-1})\Delta u(k_{i-1}) + \cdots + \phi_c(k-2)\Delta u(k-2)$$

$$+ \phi_c(k-1)\Delta u(k-1). \tag{9.38}$$

把式(9.37)和式(9.38)代入误差方程，得

$$e(k) = e(k_{i-1}) - \phi_c(k_{i-1})\Delta u(k_{i-1}) - \cdots - \phi_c(k-2)\Delta u(k-2)$$
$$- \phi_c(k-1)\Delta u(k-1)$$

$$= e(k_{i-1})\left\{ 1 - \frac{\rho\phi_c(k_{i-1})\hat{\phi}_c(k_{i-1})}{\lambda + |\hat{\phi}_c(k_{i-1})|^2} - \cdots \right.$$

$$- \frac{\rho\phi_c(k-2)\hat{\phi}_c(k-2)\prod\limits_{i=k_{i-1}}^{k-2}c(i)}{\lambda + |\hat{\phi}_c(k-2)|^2}$$

$$\left. - \frac{\rho\phi_c(k-1)\hat{\phi}_c(k-1)\prod\limits_{i=k_{i-1}}^{k-1}c(i)}{\lambda + |\hat{\phi}_c(k-1)|^2} \right\}. \tag{9.39}$$

根据 $\hat{\phi}_c(k)$ 有界性和参数重置算法,可知存在常数 $\bar{b}_1$ 使得对任意时刻 k 有 $\varepsilon \leqslant$ $\hat{\phi}_c(k) \leqslant \bar{b}_1$. 由于函数 $\dfrac{\rho x}{\lambda + x}$ 是关于 x 的单增函数,有

$$0 < \underline{c} = \frac{\rho\varepsilon^2}{\lambda + \varepsilon^2} \leqslant c(k) = \frac{\rho\hat{\phi}_c(k)^2}{\lambda + |\hat{\phi}_c(k)|^2} \leqslant \frac{\rho\bar{b}_1^2}{\lambda + \bar{b}_1^2} = \bar{c}.$$

由 $\phi_c(k)$ 和 $\hat{\phi}_c(k)$ 的有界性,可知存在常数 d_1 和 d_2,使得下式成立

$$0 < d_1 = \frac{\rho\underline{\varepsilon}\varepsilon}{\lambda + \bar{b}_1^2} \leqslant \frac{\rho\phi_c(k)\hat{\phi}_c(k)}{\lambda + |\hat{\phi}_c(k)|^2} \leqslant \frac{\rho\bar{b}\hat{\phi}_c(k)}{\lambda + |\hat{\phi}_c(k)|^2} \leqslant \frac{\rho\bar{b}}{2\sqrt{\lambda}} = d_2.$$

由 d_2 和 $\bar{c}$ 的定义,得

$$d_2 + \bar{c} = \frac{\rho\bar{b}}{2\sqrt{\lambda}} + \frac{\rho\bar{b}_1^2}{\lambda + \bar{b}_1^2} \leqslant \frac{\rho\bar{b}}{2\sqrt{\lambda}} + \frac{\rho\bar{b}_1^2}{2\sqrt{\lambda}\bar{b}_1} = \frac{\rho\bar{b}}{2\sqrt{\lambda}} + \frac{\rho\bar{b}_1}{2\sqrt{\lambda}}.$$

若选择 $\rho \in (0, 1], \lambda > (\bar{b} + \bar{b}_1)^2/4$,可得

$$d_1 + \underline{c}d_1 + \cdots + \underline{c}^{k-k_{i-1}}d_1$$

$$\leqslant \frac{\rho\phi_c(k_{i-1})\hat{\phi}_c(k_{i-1})}{\lambda + |\hat{\phi}_c(k_{i-1})|^2} + \cdots + \frac{\rho\phi_c(k-2)\hat{\phi}_c(k-2)\prod\limits_{i=k_{i-1}}^{k-2}c(i)}{\lambda + |\hat{\phi}_c(k-2)|^2}$$

$$+ \cdots + \frac{\rho\phi_c(k-1)\hat{\phi}_c(k-1)\prod\limits_{i=k_{i-1}}^{k-1}c(i)}{\lambda + |\hat{\phi}_c(k-1)|^2}$$

$$\leqslant d_2 + d_2\bar{c} + \cdots + d_2\bar{c}^{k\,k_{i-1}} < \frac{d_2}{1-\bar{c}} < 1. \tag{9.40}$$

根据式(9.40)可知,存在一个正数 $d'(k-k_{i-1})$,使得下式成立

$$\left| 1 - \frac{\rho\phi_c(k_{i-1})\hat{\phi}_c(k_{i-1})}{\lambda + |\hat{\phi}_c(k_{i-1})|^2} - \cdots - \frac{\rho\phi_c(k-2)\hat{\phi}_c(k-2)\prod\limits_{i=k_{i-1}}^{k-2}c(i)}{\lambda + |\hat{\phi}_c(k-2)|^2} \right.$$

$$\left. - \frac{\rho\phi_c(k-1)\hat{\phi}_c(k-1)\prod\limits_{i=k_{i-1}}^{k-1}c(i)}{\lambda + |\hat{\phi}_c(k-1)|^2} \right|$$

$$\leqslant \left| 1 - (d_1 + \underline{c}d_1 + \cdots + \underline{c}^{k-k_{i-1}}d_1) \right| \triangleq d'(k-k_{i-1}) < 1. \tag{9.41}$$

对式(9.39)两边取绝对值,考虑式(9.41),则有

$$|e(k)| \leqslant \left| 1 - (d_1 + \underline{c}d_1 + \cdots + \underline{c}^{k-k_{i-1}}d_1) \right| |e(k_{i-1})|$$

$$= d'(k-k_{i-1})|e(k_{i-1})|. \tag{9.42}$$

式(9.42)意味着在数据不完全丢失的情况下,控制方案可保证系统输出误差有界并且收敛. ∎

注 9.2 从定理 9.2 可以看出,未带丢失数据补偿的 CFDL-MFAC 方案 (9.21)~(9.23)的误差收敛率为

$$1 - d_1 = 1 - \frac{\rho\bar{\varepsilon}\underline{\varepsilon}}{\lambda + \bar{b}_1^2}.$$

从定理 9.3 的证明可以看出,带有丢失数据补偿的 CFDL-MFAC 方案 (9.31)~(9.33)的误差收敛率为

$$d'(k-k_{i-1}) = \left| 1 - d_1 + \underline{c}d_1 + \cdots + \underline{c}^{k-k_{i-1}}d_1 \right|$$

$$= \left| 1 - \frac{\rho\bar{\varepsilon}\underline{\varepsilon}}{\lambda + \bar{b}_1^2}(1 + \underline{c} + \cdots + \underline{c}^{k-k_{i-1}}) \right|.$$

显然,若权重因子 λ 相同,则带有丢失数据补偿的 CFDL-MFAC 方案(9.31)~ (9.33)的收敛速度显然更快.

9.3.3　仿真研究

通过数值仿真来比较存在输出数据丢失情形下,无输出数据丢失补偿的 CFDL-MFAC 方案(9.21)~(9.23)和有丢失数据补偿的 CFDL-MFAC 方案(9.31)~ (9.33)的控制效果以及鲁棒性.

例 9.2 考虑与例 9.1 相同的非线性系统、系统初值和期望轨迹. 两种 CFDL-MFAC 方案的参数设置均设为 $\hat{\phi}_c(1)=2, \rho=1, \lambda=10,\ \eta=1, \mu=1, \varepsilon=10^{-5}$.

　　考虑输出数据丢失率为 80％ 和 90％ 两种情况,分别采用两种 CFDL-MFAC 方案,其仿真结果如图 9.4 所示.仿真结果表明,在输出数据丢失率很大的情形下,两种控制方案都可以取得满意的稳态控制效果.然而有丢失数据补偿的 MFAC 方案相较于无数据丢失补偿 MFAC 方案,能更加有效地降低输出数据丢失对系统过渡过程的影响,并且提高了系统跟踪误差的收敛速度.

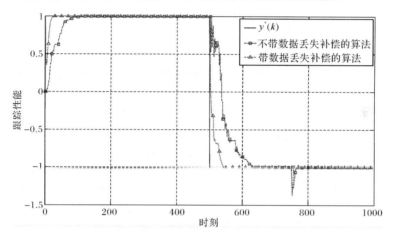

(a) 在丢失率为 80％情况下的输出跟踪性能

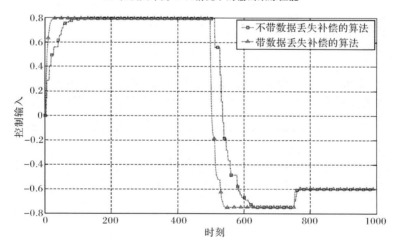

(b) 在丢失率为 80％情况下的控制输入

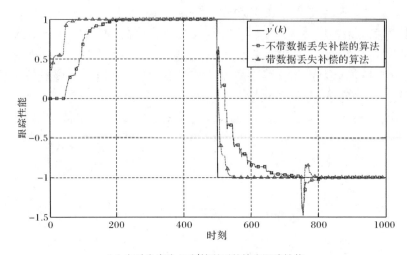

(c) 在丢失率为 90% 情况下的输出跟踪性能

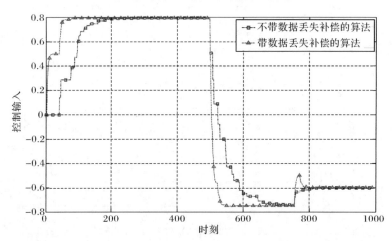

(d) 在丢失率为 90% 情况下的控制输入

图 9.4　存在数据丢失时的两种 CFDL-MFAC 方案的仿真比较

9.4　小　　结

　　本章分别研究了存在量测噪声和存在输出数据丢失情况下的非线性系统 CFDL-MFAC 方案的鲁棒稳定性问题. 理论分析和仿真结果表明, 当量测噪声有界时, CFDL-MFAC 方案可以保证跟踪误差有界; 当输出数据没有完全丢失时, CFDL-MFAC 方案可以保证跟踪误差收敛. 在此基础上, 给出了一种带有丢失数据补偿的 CFDL-MFAC 方案, 提高了系统跟踪误差的收敛速度.

值得说明的是, 本章针对 MFAC 鲁棒性的研究是基于数据驱动的角度提出的. 由于 MFAC 方法不需要知道受控系统的数学模型信息, 仅依赖 I/O 数据就可以完成控制器的设计, 因此其控制性能不受模型信息的影响, 只与数据有关. 实际系统中, 数据的不确定性主要包括噪声数据的影响以及数据不完备的情况, 因此本章从量测噪声和数据丢失两个方面研究 MFAC 的鲁棒性. 本章对 MFAC 鲁棒性的定义及研究框架, 可为其他数据驱动控制方法的鲁棒性问题研究提供借鉴.

第 10 章 控制系统设计的对称相似性

10.1 引　　言

在绝大多数研究中,控制系统的设计几乎都是从"数学分析"的角度来研究的,即分别独立进行受控对象的分析、控制器的设计和闭环控制系统的性质研究.以自适应控制系统为例,其设计和分析过程是:首先基于给定结构的数学模型,利用被控系统的量测数据设计参数估计器并研究其性质,然后设计基于模型的控制器,最后再基于误差动态研究整个自适应控制系统的性质.相反,很少有工作直接基于控制系统的结构从整体上进行控制系统的分析和综合.

众所周知,自然界中的很多动、植物物种,经过长期的演化进化和自然选择,都存在某种对称相似结构,它们都是"自寻优地"逐渐演化而成的[23,24,242].例如植物叶片,其结构是左右对称的,但仔细观察又会发现其左右两部分并非完全对称,只是相似.这种大自然的"最优结构系统"的事实说明,具有对称相似结构的系统是"优越的系统".那么,能否借鉴或者"仿自然"地设计出具有对称相似结构的"优越的控制系统"呢? 显然这个问题的研究和解决,也是控制理论本身的一种"自寻优地"演化和进化过程,有着重要的学术意义和实际应用价值.然而,目前关于控制系统中的对称相似特性的研究还非常少.

另外,自然界中的诸多物种由于它们之间彼此竞争、杂交和进化,逐渐演化成非常丰富多彩的世界,并使种属内部之间的物种具有非常强的相似性.这些相似性为人类认识自然物种、理解自然规律、保护并利用自然世界以及改造自然物种提供了许多的方便和可能.基于实际中存在的本质相似性,利用不同系统间的相似性来分析、设计并解决实际问题,已成为人类认识世界和发现知识的主要手段方法之一,也是人类作为高级智能生物体的本质标志特征.

从 20 世纪以来,已经产生和发展了许多的控制理论和方法,对人类生活的方方面面产生了巨大的影响.尽管这些方法都是独立地产生和发展起来的,但有些方法之间却具有本质的相似性.如果能明确地指出并利用这些相似性,就会给研究问题和解决问题带来一个新的视角,并有可能产生一些新的"优越"的控制方法.

研究具有对称相似结构的控制系统和具有相似性性质的控制理论是一个极富挑战性的课题,尤其是在相似性的定义和分析上,还需要许多的数学工具有待于进一步地发展.然而,研究具有对称相似结构的控制系统和具有相似性性质的控制方法却有着如下显而易见的优越性:①可以很大程度上简化控制系统的设计、分析和实现;②对于具有对称相似性质的不同控制理论,它们的控制器设计和分析方法,可以很容易地相互借鉴或移植,从而提出新的控制方法和结果,是控制理论本身的进化和完善.

文献[243]及其参考文献对具有对称相似结构的线性系统和复杂系统进行了初步研究,文献[23]最早研究了自适应控制系统的对称相似结构设计构想和设计原则,文献[126,244-248]基于上述思想给出了一些雏形性的研究工作.另外,文献[249-254]也做了类似的工作.最近,文献[209,255]研究了与无模型自适应控制(model free adaptive control,MFAC)方法具有相似性的无模型自适应迭代学习控制(model free adaptive iterative learning control,MFAILC)方法,文献[256-263]基于自适应控制和迭代学习控制(iterative learning control,ILC)方法之间的相似性,提出了新的自适应迭代学习控制方法.

本章以离散时间自适应控制系统为例,研究控制系统的对称相似性结构设计和分析.首先针对离散时间系统,研究自适应控制系统的对称相似性结构设计,以及 MFAC 系统的对称相似结构设计.它们的控制器结构和估计器结构是对称相似的,控制器和估计器的设计过程是对称相似的.

其次,本章还研究 MFAC 与 MFAILC 之间的相似性.它们本质上都是基于压缩映射的方法.MFAILC 与 MFAC 在控制器和估计器的设计过程及结构、误差收敛性性质、分析手段等方面都是相似的.关于这两种方法的设计和分析,作为本书的重点内容已分别在第 4 章和第 7 章给出了详细的过程,有兴趣的读者可进行对比性阅读.本章只是给出两种方法的比较对照,以方便读者考察它们的相似性.

最后,本章研究自适应控制和 ILC 这两种基于不同控制背景的不同控制理论之间的相似性,发现自适应控制和 ILC 之间的关系桥梁,从而提出具有更优良性能的控制系统——自适应迭代学习控制系统.与自适应控制理论本身相比,自适应迭代学习控制可以处理有限时间区间上参数任意时变的不确定性系统的完全跟踪问题.与 ILC 相比,其放宽了严格重复性条件,可处理任意迭代变化的初始条件问题和跟踪迭代变化参考轨迹的任务.

本章结构安排如下:10.2 节研究自适应控制系统内部的对称相似性结构的定义和设计原则;10.3 节则在第 4 章和第 7 章的基础上,详细分析 MFAC 与 MFAILC 这两种控制方法之间的相似性;10.4 节研究自适应控制和 ILC 两种控制理论之间的相似性;10.5 节总结本章的研究内容.

10.2　自适应控制系统的对称相似结构

自适应控制系统由估计器与控制器两部分组成.由于线性系统的自适应控制

中一些熟知的概念,如极点、零点或特征多项式等很难推广到一般离散时间非线性系统中,因此基于最小化预报误差的设计方法成为非线性系统自适应控制的主要设计方法.本节将要讨论的自适应控制系统的对称相似结构设计的构想,也是基于最小化预报误差的自适应控制系统给出的.

考虑如下一类离散时间 SISO 非线性系统的自适应控制问题

$$y(k+1) = f(y(k),\cdots,y(k-n_y),u(k),\cdots,u(k-n_u),\boldsymbol{\theta}(k)), \quad (10.1)$$

其中,$y(k)\in\mathbf{R},u(k)\in\mathbf{R},\boldsymbol{\theta}(k)$ 分别表示系统在 k 时刻的系统输出、控制输入和未知慢时变参数向量;n_y 和 n_u 是两个正整数;$f(\cdots)$ 为已知的非线性函数.

系统(10.1)的自适应控制问题的主要设计思路是:首先,基于某个参数估计准则函数得到未知时变参数向量 $\boldsymbol{\theta}(k)$ 的估计值 $\hat{\boldsymbol{\theta}}(k)$;然后,利用 $\hat{\boldsymbol{\theta}}(k)$ 及确定性等价原理,基于某个控制输入准则函数设计控制输入 $u(k)$;最后,实现非线性系统的自适应控制.

从以上自适应控制系统的设计可以看到:在系统(10.1)中,控制输入信号 $u(k)$ 和系统的时变参数 $\boldsymbol{\theta}(k)$ 的"地位"是平等的.首先,它们的更新律都是基于某种准则函数得到的.其次,在自适应控制系统设计中,对控制算法设计的约束和对参数估计算法考虑的约束也是类似的.在设计控制律算法时,经常要求 $\Delta u(k)$ 不能太大,即控制输入前后两个时刻间的变化量不能太大,以减少执行机构的磨损和实际装置输出能量的损耗.在设计时变参数 $\boldsymbol{\theta}(k)$ 的估计算法时,同样要求$\Delta\hat{\boldsymbol{\theta}}(k)$ 不能太大,以增强参数估计算法对噪声干扰和传感器失效引起的参数突然变化的鲁棒性,否则参数估计值的过大变化可能使自适应控制系统失稳.最后,对某些预测控制系统来说,在利用后退水平控制(receding horizon control)技术求解控制输入信号 $u(k)$ 时,需要对 $u(k)$ 的将来值进行某种预报校正;同样,为了充分考虑参数的时变特性和对系统输出进行预报,同样需要基于已有估计值 $\hat{\boldsymbol{\theta}}(1),\hat{\boldsymbol{\theta}}(2),\cdots,$ $\hat{\boldsymbol{\theta}}(k)$ 对 $\hat{\boldsymbol{\theta}}(k+j),j=1,\cdots,n$ 进行预报[24,252-254].

总之,在某些自适应控制系统设计中,控制算法和对参数估计算法的设计过程十分相似,这些观察启示我们:可以利用某种"对称相似"特性来设计和分析自适应控制系统.

10.2.1　对称相似结构构想及设计原则

为较为严谨地深入研究控制系统设计的"对称相似结构"框架,下面将尝试给出自适应控制系统的指标函数(控制性能指标和参数估计指标)对称相似的构想.

定义 10.1　自适应控制系统设计中的控制输入指标函数和参数估计指标函数是具有**对称相似结构**的,如果将其控制输入性能指标函数中的期望输出信号和参数估计指标函数中的系统实际输出信号的位置互换,当前控制输入变量和参数变量的位置也互换,两个指标函数的形式完全一样.

值得指出的是,这个定义以及本章的部分内容不是数学意义下的严格定义及严格描述,但为了表述格式的方便,本节仍以定义这种形式尽可能严谨地加以阐述.

例 10.1 如下的控制输入指标函数

$$J(u(k))=\left[y^*(k+1)-f(y(k),\cdots,y(k-n_y),u(k),\cdots,u(k-n_u),\hat{\pmb{\theta}}(k))\right]^2$$

和参数估计指标函数

$$J(\hat{\pmb{\theta}}(k+1))=\left[y(k+1)-f(y(k),\cdots,y(k-n_y),u(k),\cdots,u(k-n_u),\hat{\pmb{\theta}}(k+1))\right]^2$$

是具有相似对称结构的.

例 10.2 如下的控制输入指标函数

$$J(u(k))=\left[y^*(k+1)-f(y(k),\cdots,y(k-n_y),u(k),\cdots,u(k-n_u),\hat{\pmb{\theta}}(k))\right]^2$$
$$+\lambda\parallel u(k)-u(k-1)\parallel^2$$

和参数估计指标函数

$$J(\hat{\pmb{\theta}}(k+1))=\left[y(k+1)-f(y(k),\cdots,y(k-n_y),u(k),\cdots,u(k-n_u),\hat{\pmb{\theta}}(k+1))\right]^2$$
$$+\mu\parallel\hat{\pmb{\theta}}(k+1)-\hat{\pmb{\theta}}(k)\parallel^2$$

也具有对称相似结构.

例 10.3 第 4 章中控制输入指标函数(4.3)和 PPD 参数估计的指标函数(4.5)也是具有对称相似结构的.

定义 10.2 **自适应控制系统称为是具有对称相似结构的**,如果其控制输入指标函数和参数估计指标函数具有对称相似结构,且其控制律和参数估计律是通过相同的最优化方法而得到的.

文献[126,244,245,247]所给出的自适应控制系统均具有对称相似结构.

基于以上对称相似结构的定义,可给出如下的**对称相似结构设计原则**:任何基于时变参数估计指标函数经最小化程序得到的时变参数估计算法都有与之对称相似的控制输入指标函数及自适应控制算法,从而可构成具有对称相似结构的自适应控制系统;反之亦然. 其性质也是相似的.

上述对称相似结构设计原则给出了自适应控制系统设计的一种新途径,统一了参数估计器与控制器的设计方法,从而使自适应控制系统的研究在某种程度上转化为单一的参数估计算法或控制算法的设计与分析,使问题得到简化.

10.2.2 具有对称相似结构的基于模型的自适应控制

应用 10.2.1 小节所给出的自适应控制系统的对称相似结构的构想及原则,可以考察已有的自适应控制系统是否具有对称相似结构,并设计出新型的自适应控制系统.

1. 具有对称相似结构的线性系统的自适应控制

1) 基于投影算法的自适应控制

考虑单输入单输出线性时不变系统

$$A(q^{-1})y(k) = B(q^{-1})u(k),\qquad(10.2)$$

其中，$A(q^{-1})=1+a_1q^{-1}+\cdots+a_nq^{-n}$，$B(q^{-1})=b_1q^{-1}+\cdots+b_nq^{-n}$，$q^{-1}$ 是单位延迟算子.

式(10.2)可改写为一步向前预报形式

$$y(k+1) = \boldsymbol{H}^{\mathrm{T}}(k)\boldsymbol{\theta},\qquad(10.3)$$

其中，

$$\boldsymbol{\theta}^{\mathrm{T}} = [-a_1,\cdots,-a_n,b_1,\cdots,b_n],$$

$$\boldsymbol{H}^{\mathrm{T}}(k) = [y(k),\cdots,y(k-n+1),u(k),\cdots,u(k-n+1)].$$

考虑如下具有对称相似结构的控制输入指标函数和参数估计指标函数

$$\min J(u(k)) = \frac{1}{2}\,|u(k)-u(k-1)|^2,\qquad(10.4)$$

$$\text{s. t. } y^*(k+1) = \boldsymbol{H}^{\mathrm{T}}(k)\hat{\boldsymbol{\theta}}(k).$$

$$\min J(\hat{\boldsymbol{\theta}}(k)) = \frac{1}{2}\,\|\hat{\boldsymbol{\theta}}(k)-\hat{\boldsymbol{\theta}}(k-1)\|^2,\qquad(10.5)$$

$$\text{s. t. } y(k) = \boldsymbol{H}^{\mathrm{T}}(k-1)\hat{\boldsymbol{\theta}}(k).$$

分别最小化指标函数(10.4)和函数(10.5)，可得如下具有对称相似结构的控制算法和参数估计算法

$$u(k) = u(k-1) + \frac{\hat{b}_1(k)(y^*(k+1)-\boldsymbol{H}'^{\mathrm{T}}(k)\hat{\boldsymbol{\theta}}'(k)-\hat{b}_1(k)u(k-1))}{\hat{b}_1(k)^2},$$

$$(10.6)$$

$$\hat{\boldsymbol{\theta}}(k) = \hat{\boldsymbol{\theta}}(k-1) + \frac{\boldsymbol{H}(k-1)[y(k)-\boldsymbol{H}^{\mathrm{T}}(k-1)\hat{\boldsymbol{\theta}}(k-1)]}{\boldsymbol{H}^{\mathrm{T}}(k-1)\boldsymbol{H}(k-1)},\quad(10.7)$$

其中，

$$\boldsymbol{H}'(k) = [y(k),\cdots,y(k-n+1),u(k-1),\cdots,u(k-n+1)]^{\mathrm{T}},$$

$$\hat{\boldsymbol{\theta}}'(k) = [-\hat{a}_1(k),\cdots,-\hat{a}_n(k),\hat{b}_2(k),\cdots,\hat{b}_n(k)]^{\mathrm{T}}.$$

为了避免控制算法(10.6)和参数估计算法(10.7)的分母为零，可分别在式(10.6)和式(10.7)的分母中加入正常数 λ 和 μ，使原来的公式变为

$$u(k) = u(k-1) + \frac{\hat{b}_1(k)(y^*(k+1)-\boldsymbol{H}'^{\mathrm{T}}(k)\hat{\boldsymbol{\theta}}'(k)-\hat{b}_1(k)u(k-1))}{\lambda+\hat{b}_1(k)^2},$$

$$(10.8)$$

$$\hat{\boldsymbol{\theta}}(k) = \hat{\boldsymbol{\theta}}(k-1) + \frac{\boldsymbol{H}(k-1)\left[y(k) - \boldsymbol{H}^{\mathrm{T}}(k-1)\hat{\boldsymbol{\theta}}(k-1)\right]}{\mu + \boldsymbol{H}^{\mathrm{T}}(k-1)\boldsymbol{H}(k-1)}. \tag{10.9}$$

上述的自适应控制方案具有对称相似结构.

　　针对系统(10.2)的自适应控制问题,也可考虑基于如下改进的控制输入指标函数和参数估计指标函数,设计具有对称相似结构的自适应控制系统

$$J(u(k)) = \left| y^*(k+1) - \boldsymbol{H}^{\mathrm{T}}(k)\hat{\boldsymbol{\theta}}(k) \right|^2 + \lambda \left| u(k) - u(k-1) \right|^2, \tag{10.10}$$

$$J(\hat{\boldsymbol{\theta}}(k)) = \left| y(k) - \boldsymbol{H}^{\mathrm{T}}(k-1)\hat{\boldsymbol{\theta}}(k) \right|^2 + \mu \left\| \hat{\boldsymbol{\theta}}(k) - \hat{\boldsymbol{\theta}}(k-1) \right\|^2, \tag{10.11}$$

其中,$\lambda > 0$,$\mu > 0$ 是权重因子,它们的作用是给予控制输入变化量和参数估计变化量以相应的惩罚. 相邻时刻过大的控制输入变化可能会导致执行电机或其他驱动装置的饱和,或致使执行机构产生不必要的磨损. 同样,由于噪声影响或者由于个别传感器故障或失灵产生的采样数据不准确而引起的相邻时刻过大的参数估计值变化,也可能会导致自适应控制系统失稳等问题.

　　指标函数(10.10)和(10.11)同样具有对称相似结构. 分别最小化这两个指标函数,可得具有对称相似结构的控制算法和参数估计算法

$$u(k) = u(k-1) + \frac{\hat{b}_1(k)}{\lambda + \hat{b}_1(k)^2} \left(y^*(k+1) - \boldsymbol{H}'^{\mathrm{T}}(k)\hat{\boldsymbol{\theta}}'(k) - \hat{b}_1(k)u(k-1) \right),$$

$$\tag{10.12}$$

$$\hat{\boldsymbol{\theta}}(k) = \hat{\boldsymbol{\theta}}(k-1) + \frac{\boldsymbol{H}(k-1)\left[y(k) - \boldsymbol{H}^{\mathrm{T}}(k-1)\hat{\boldsymbol{\theta}}(k-1)\right]}{\mu + \boldsymbol{H}^{\mathrm{T}}(k-1)\boldsymbol{H}(k-1)}. \tag{10.13}$$

　　尽管式(10.12)和式(10.13)与前面的式(10.8)、式(10.9)具有同样的形式,但本质上,它们来自不同的理论推导.

　　根据定义 10.1,控制输入指标函数(10.4)和参数估计指标函数(10.11)不具有对称相似结构,因此由这两个指标函数得到的控制算法(10.6)和参数估计算法(10.13)不具有对称相似结构. 同理,控制输入指标函数(10.10)和参数估计指标函数(10.5),以及控制算法(10.12)和参数估计算法(10.7)都不具有对称相似结构.

　　2) 基于最小二乘算法的自适应控制

　　针对被控对象(10.3),下面设计与最小二乘参数估计指标函数对称相似的控制性能指标函数,给出满足定义 10.2 的具有对称相似结构的自适应控制系统.

　　最小二乘参数估计指标函数如下

$$J(\boldsymbol{\theta}) = \frac{1}{2}\sum_{k=1}^{N}\left((y(k) - \boldsymbol{H}^{\mathrm{T}}(k-1)\boldsymbol{\theta})^2 + (\boldsymbol{\theta} - \hat{\boldsymbol{\theta}}(0))^{\mathrm{T}}\boldsymbol{P}^{-1}(0)(\boldsymbol{\theta} - \hat{\boldsymbol{\theta}}(0))\right),$$

$$\tag{10.14}$$

其中,$\hat{\boldsymbol{\theta}}(0)$ 和 $\boldsymbol{P}(-1)$ 给定,且 $\boldsymbol{P}(-1)$ 正定.

　　基于上述指标函数的极小化,可得如下形式的递推最小二乘参数估计算法

$$\hat{\boldsymbol{\theta}}(k) = \hat{\boldsymbol{\theta}}(k-1) + \frac{\boldsymbol{P}(k-2)\boldsymbol{H}(k-1)}{1 + \boldsymbol{H}^{\mathrm{T}}(k-1)\boldsymbol{P}(k-2)\boldsymbol{H}(k-1)}$$

$$\times (y(k) - \boldsymbol{H}^{\mathrm{T}}(k-1)\hat{\boldsymbol{\theta}}(k-1)),$$

$$\boldsymbol{P}(k-1) = \boldsymbol{P}(k-2) - \frac{\boldsymbol{P}(k-2)\boldsymbol{H}(k-1)\boldsymbol{H}^{\mathrm{T}}(k-1)\boldsymbol{P}(k-2)}{1 + \boldsymbol{H}^{\mathrm{T}}(k-1)\boldsymbol{P}(k-2)\boldsymbol{H}(k-1)}. \tag{10.15}$$

尽管最小二乘参数估计算法(10.15)具有较快的收敛速度,但其算法的增益 $\dfrac{\boldsymbol{P}(k-2)\boldsymbol{H}(k-1)}{1 + \boldsymbol{H}^{\mathrm{T}}(k-1)\boldsymbol{P}(k-2)\boldsymbol{H}(k-1)}$ 可能几次迭代后(通常 10 或 20 步)就会变得非常小,从而致使最小二乘参数估计算法不能处理参数时变的情况,对应的改进形式可参见式(2.53)~式(2.55). 由对称相似结构性质可知,与其对称相似的控制算法也具有类似的性质,即,一般来说它也不能处理跟踪问题,仅能处理 $y^{*}(k+1) =$ const 的情况. 下面推导其具体形式.

与参数估计指标函数(10.14)对称相似的控制输入指标函数为

$$J(u(k)) = \frac{1}{2}\sum_{t=1}^{k}((y^{*}(t+1) - y(t+1))^{2} + (u(k) - u(0))^{\mathrm{T}}$$

$$\times \boldsymbol{P}^{-1}(0)(u(k) - u(0))). \tag{10.16}$$

此处 $\boldsymbol{P}$,对单输入单输出系统是 1×1 矩阵;对多输入多输出系统是与输入同维的对称矩阵.

应用与优化参数估计指标函数(10.14)一样的步骤,可得与最小二乘参数估计算法对称相似的控制算法

$$u(k) = u(k-1) + \frac{\boldsymbol{P}(k-2)\hat{b}_{1}(k)}{1 + \hat{b}_{1}(k)^{2}\boldsymbol{P}(k-2)}$$

$$\times (y^{*}(k+1) - \boldsymbol{H}'^{\mathrm{T}}(k)\hat{\boldsymbol{\theta}}'(k) - \hat{b}_{1}(k)u(k-1)),$$

$$\boldsymbol{P}(k-1) = \boldsymbol{P}(k-2) - \frac{\boldsymbol{P}^{2}(k-2)\hat{b}_{1}(k)^{2}}{1 + \hat{b}_{1}(k)^{2}\boldsymbol{P}(k-2)}, \tag{10.17}$$

其中

$$\boldsymbol{H}'(k) = [y(k),\cdots,y(k-n+1),u(k-1),\cdots,u(k-n+1)]^{\mathrm{T}},$$

$$\hat{\boldsymbol{\theta}}'(k) = [-\hat{a}_{1}(k),\cdots,-\hat{a}_{n}(k),\hat{b}_{2}(k),\cdots,\hat{b}_{n}(k)]^{\mathrm{T}}.$$

对基于"最小二乘类"控制算法的自适应控制系统,怎样设计具有对称相似结构的自适应控制系统来处理跟踪问题呢? 典型的方法是将控制律变成具有非零时变增益的改进形式,如方差修正最小二乘算法、方差重设最小二乘算法、带有时变遗忘因子的最小二乘算法、改进的最小二乘算法等. 以方差重设最小二乘算法为例,其具体形式为

$$u(k) = u(k-1) + \frac{\boldsymbol{P}(k-2)\hat{b}_{1}(k)}{1 + \hat{b}_{1}(k)^{2}\boldsymbol{P}(k-2)}$$

$$\times\,(y^*(k+1)-\boldsymbol{H}'^{\mathrm{T}}(k)\hat{\boldsymbol{\theta}}'(k)-\hat{b}_1(k)u(k-1)),$$

$$\boldsymbol{P}(k-1)=\boldsymbol{P}(k-2)-\frac{\boldsymbol{P}^2(k-2)\hat{b}_1(k)^2}{1+\hat{b}_1(k)^2\boldsymbol{P}(k-2)},$$

$$\boldsymbol{P}(k-1)=\sigma_k\boldsymbol{I},\quad \boldsymbol{P}(k-1)\leqslant\varepsilon\quad\text{或}\quad k=k_i,i=1,2,\cdots.$$

$$(10.18)$$

2. 具有对称相似结构的非线性系统自适应控制

为表述清晰,将非线性系统(10.1)简记为

$$y(k+1)=f(\boldsymbol{Y}(k),u(k),\boldsymbol{U}(k-1),\boldsymbol{\theta}(k)),\qquad(10.19)$$

其中,$\boldsymbol{Y}(k)=[y(k),\cdots,y(k-n_y)]$,$\boldsymbol{U}(k-1)=[u(k-1),\cdots,u(k-n_u)]$;$\boldsymbol{\theta}(k)$是系统的未知慢时变参数向量.

给出如下具有对称相似结构的控制输入指标函数和参数估计指标函数

$$J(u(k))=[y^*(k+1)-f(\boldsymbol{Y}(k),u(k),\boldsymbol{U}(k-1),\hat{\boldsymbol{\theta}}(k))]^2$$
$$+\lambda\parallel u(k)-u(k-1)\parallel^2,\qquad(10.20)$$

$$J(\hat{\boldsymbol{\theta}}(k+1))=[y(k+1)-f(\boldsymbol{Y}(k),u(k),\boldsymbol{U}(k-1),\hat{\boldsymbol{\theta}}(k+1))]^2$$
$$+\mu\parallel\hat{\boldsymbol{\theta}}(k+1)-\hat{\boldsymbol{\theta}}(k)\parallel^2,\qquad(10.21)$$

其相应的推导过程也可类似地给出.

对参数估计算法有,将 $f(\boldsymbol{Y}(k),u(k),\boldsymbol{U}(k-1),\hat{\boldsymbol{\theta}}(k+1))$ 在 $[\boldsymbol{Y}(k),u(k),\boldsymbol{U}(k-1),\hat{\boldsymbol{\theta}}(k)]$ 处做一阶 Taylor 展开得

$$f(\boldsymbol{Y}(k),u(k),\boldsymbol{U}(k-1),\hat{\boldsymbol{\theta}}(k+1))\tilde{=}f(\boldsymbol{Y}(k),u(k),\boldsymbol{U}(k-1),\hat{\boldsymbol{\theta}}(k))$$
$$+\boldsymbol{f}_\theta^{\mathrm{T}}(k)(\hat{\boldsymbol{\theta}}(k+1)-\hat{\boldsymbol{\theta}}(k)),$$

$$(10.22)$$

其中,

$$\boldsymbol{f}_\theta(k)=\left[\frac{\partial f(\boldsymbol{Y}(k),u(k),\boldsymbol{U}(k-1),\hat{\boldsymbol{\theta}}(k+1))}{\partial\hat{\boldsymbol{\theta}}}\right]\bigg|_{\theta=\hat{\boldsymbol{\theta}}(k)}.$$

将式(10.22)代入式(10.21),求解 $\dfrac{\partial J(\hat{\boldsymbol{\theta}}(k+1))}{\partial\hat{\boldsymbol{\theta}}(k+1)}=0$,并利用矩阵求逆引理,可得参数估计算法如下

$$\hat{\boldsymbol{\theta}}(k+1)=\hat{\boldsymbol{\theta}}(k)+\frac{\eta\boldsymbol{f}_\theta(k)(y(k+1)-f(\boldsymbol{Y}(k),u(k),\boldsymbol{U}(k-1),\hat{\boldsymbol{\theta}}(k)))}{\mu+\parallel\boldsymbol{f}_\theta(k)\parallel^2},$$

$$(10.23)$$

其中,η是另外加入的步长因子,目的是使该算法更具灵活性;μ是为了避免分母出现奇异的情况而加入的常数.

对控制算法有,将$f(\boldsymbol{Y}(k),u(k),\boldsymbol{U}(k-1),\hat{\boldsymbol{\theta}}(k))$在$[\boldsymbol{Y}(k),u(k-1),\boldsymbol{U}(k-1),\hat{\boldsymbol{\theta}}(k)]$处进行一阶Taylor展开,得

$$
\begin{aligned}
f(\boldsymbol{Y}(k),u(k),\boldsymbol{U}(k-1),\hat{\boldsymbol{\theta}}(k)) &= f(\boldsymbol{Y}(k),u(k-1),\boldsymbol{U}(k-1),\hat{\boldsymbol{\theta}}(k)) \\
&\quad + f_u(k)(u(k)-u(k-1)),
\end{aligned} \tag{10.24}
$$

其中,

$$
f_u(k) = \frac{\partial f(\boldsymbol{Y}(k),u(k),\boldsymbol{U}(k-1),\hat{\boldsymbol{\theta}}(k))}{\partial u(k)} \bigg|_{u(k)=u(k-1)}.
$$

将式(10.24)代入式(10.20)中,求解$\dfrac{\partial J(u(k))}{\partial u(k)}=0$,并利用矩阵求逆引理,得

$$
u(k) = u(k-1) + \frac{\rho f_u(k-1)(y^*(k+1)-f(\boldsymbol{Y}(k),u(k-1),\boldsymbol{U}(k-1),\hat{\boldsymbol{\theta}}(k)))}{\lambda + \|f_u(k-1)\|^2},
\tag{10.25}
$$

其中,ρ是加入的步长因子,目的是使该算法更具灵活性;λ是为了避免分母出现奇异的情况而加入的常数.

由参数估计算法(10.23)和自适应控制算法(10.25)构成的自适应控制系统,满足定义10.2,是具有对称相似结构的自适应控制系统.

注10.1 从式(10.20)和式(10.21)可以看出,①因子$\lambda>0$的物理意义是:给予控制输入变化量以相应的惩罚,目的是避免相邻时刻过大的控制输入变化量,进而避免由此导致的执行电机或其他驱动装置的饱和,或执行机构产生不必要的磨损.同样$\mu>0$的物理意义是给予相邻时刻过大的参数估计值变化量以相应的惩罚,目的是避免由噪声影响或采样数据不准确而引起的自适应控制系统失稳等问题.②适当地选取λ和μ,可使式(10.22)和式(10.24)的Taylor动态线性化的范围得以限制,从而可保障线性化一直是在可行范围内进行.因此,权重因子的适当选取对保障上述自适应控制方案的控制效果是非常重要的.

具有对称相似结构的最小二乘类算法的自适应控制系统也可以很容易地类似给出,此处略.具体的非线性最小二乘算法形式见第2章.

10.2.3 具有对称相似结构的无模型自适应控制

考虑一般离散时间SISO非线性系统如下

$$
y(k+1) = f(y(k),\cdots,y(k-n_y),u(k),\cdots,u(k-n_u)), \tag{10.26}
$$

其中,$u(k)\in\mathbf{R},y(k)\in\mathbf{R}$分别表示$k$时刻系统的输入和输出;$n_y,n_u$分别表示未知的系统阶数;$f(\cdots):\mathbf{R}^{n_u+n_y+2}\mapsto\mathbf{R}$是未知的非线性函数.

第 4 章已经给出了离散时间 SISO 非线性系统(10.26)的三种 MFAC 方案:CFDL-MFAC、PFDL-MFAC 和 FFDL-MFAC. 上述三种控制方案的控制器和估计器实际上都是基于投影类方法的,具有对称相似结构. 本节将进一步研究基于最小二乘类算法的 MFAC 方案的对称相似结构设计. 由于设计思想与 10.2.2 节一样,简明起见,本节仅给出三种投影类和最小二乘类算法设计的具有对称相似结构的 MFAC 方案,推导过程从略. 具体形式见表 10.1～表 10.3.

表 10.1～表 10.3 中的参数估计算法和控制算法任意组合均能构成基于 CFDL 或基于 PFDL 或基于 FFDL 的 MFAC 系统. 但是,只有由投影类参数估计算法与投影类控制算法所组成的 MFAC 系统,或只有由最小二乘类参数估计算法与最小二乘类控制算法所组成的 MFAC 系统,是具有对称相似结构的.

表 10.1　CFDL-MFAC 方案

PPD 参数估计算法	
投影类算法	$$\hat{\phi}_c(k)=\hat{\phi}_c(k-1)+\frac{\eta\Delta u(k-1)}{\mu+\Delta u(k-1)^2}(\Delta y(k)-\hat{\phi}_c(k-1)\Delta u(k-1))$$
最小二乘类算法	$$\hat{\phi}_c(k)=\hat{\phi}_c(k-1)+\frac{\boldsymbol{P}_\phi(k-2)\Delta u(k-1)(\Delta y(k)-\hat{\phi}_c(k-1)\Delta u(k-1))}{1+\Delta u(k-1)^2\boldsymbol{P}_\phi(k-2)}$$ $$\boldsymbol{P}_\phi(k-1)=\boldsymbol{P}_\phi(k-2)-\frac{\Delta u(k-1)^2\boldsymbol{P}_\phi(k-2)^2}{1+\Delta u(k-1)^2\boldsymbol{P}_\phi(k-2)}$$ 或其他时变参数的改进最小二乘类估计算法,具体参见本书的第 2 章
控制律算法	
投影类算法	$$u(k)=u(k-1)+\frac{\hat{\rho\phi}_c(k)(y^*(k+1)-y(k))}{\lambda+\|\hat{\phi}_c(k)\|^2}$$
最小二乘类算法	$$u(k)=u(k-1)+\frac{P_u(k-2)\hat{\phi}_c(k)(y^*(k+1)-y(k))}{1+\hat{\phi}_c(k)^2P_u(k-2)}$$ $$P_u(k-1)=P_u(k-2)-\frac{P_u(k-2)^2\hat{\phi}_c(k)^2}{1+\hat{\phi}_c(k)^2P_u(k-2)}$$ 或其他带有时变遗忘因子、方差重置等的最小二乘类算法,具体参见本书的第 2 章

表 10.2　PFDL-MFAC 方案

PG 参数估计算法	
投影类算法	$$\hat{\boldsymbol{\phi}}_{p,L}(k)=\hat{\boldsymbol{\phi}}_{p,L}(k-1)+\frac{\eta\Delta\boldsymbol{U}_L(k-1)(y(k)-y(k-1)-\hat{\boldsymbol{\phi}}_{p,L}^{\mathrm{T}}(k-1)\Delta\boldsymbol{U}_L(k-1))}{\mu+\|\Delta\boldsymbol{U}_L(k-1)\|^2}$$

PG 参数估计算法	
最小二乘 类算法	$\hat{\boldsymbol{\phi}}_{p,L}(k)=\hat{\boldsymbol{\phi}}_{p,L}(k-1)+\dfrac{\boldsymbol{P}_{\phi}(k-2)\Delta\boldsymbol{U}_{L}(k-1)(\Delta y(k)-\hat{\boldsymbol{\phi}}_{p,L}^{T}(k-1)\Delta\boldsymbol{U}_{L}(k-1))}{1+\Delta\boldsymbol{U}_{L}^{T}(k-1)\boldsymbol{P}_{\phi}(k-2)\Delta\boldsymbol{U}_{L}(k-1)}$ $\boldsymbol{P}_{\phi}(k-1)=\boldsymbol{P}_{\phi}(k-2)-\dfrac{\boldsymbol{P}_{\phi}(k-2)\Delta\boldsymbol{U}_{L}(k-1)\Delta\boldsymbol{U}_{L}^{T}(k-1)\boldsymbol{P}_{\phi}(k-2)}{1+\Delta\boldsymbol{U}_{L}^{T}(k-1)\boldsymbol{P}_{\phi}(k-2)\Delta\boldsymbol{U}_{L}(k-1)}$ 或其他时变参数的改进最小二乘类估计算法,具体参见本书的第 2 章

控制律算法	
投影类算法	$u(k)=u(k-1)+\dfrac{\rho_1\hat{\phi}_1(k)(y^*(k+1)-y(k))-\hat{\phi}_1(k)\sum\limits_{i=2}^{L}\rho_i\hat{\phi}_i(k)\Delta u(k-i+1)}{\lambda+\mid\hat{\phi}_1(k)\mid^2}$
最小二乘 类算法	$u(k)=u(k-1)$ $\quad+\dfrac{P_u(k-2)\hat{\phi}_1(k)(y^*(k+1)-y(k)-\hat{\boldsymbol{\phi}}_{p,L}^{\prime T}(k)\Delta\boldsymbol{U}_{L}^{\prime}(k))}{1+\hat{\phi}_1(k)^2 P_u(k-2)}$ $P_u(k-1)=P_u(k-2)-\dfrac{P_2(k-2)^2\hat{\phi}_1(k)^2}{1+\hat{\phi}_1(k)^2 P_u(k-2)}$ 其中,$\hat{\boldsymbol{\phi}}_{p,L}^{\prime}(k)=[\hat{\phi}_2(k),\cdots,\hat{\phi}_L(k)]$,$\Delta\boldsymbol{U}_{L}^{\prime}(k)=[\Delta u(k-1),\cdots,\Delta u(k-L+1)]$. 或其他带有时变遗忘因子、方差重置等的最小二乘类算法,具体参见本书的第 2 章

表 10.3　FFDL-MFAC 方案

PG 参数估计算法	
投影类算法	$\hat{\boldsymbol{\phi}}_{f,L_y,L_u}(k)=\hat{\boldsymbol{\phi}}_{f,L_y,L_u}(k-1)$ $\quad+\dfrac{\eta\Delta\boldsymbol{H}_{L_y,L_u}(k-1)(y(k)-y(k-1)-\hat{\boldsymbol{\phi}}_{f,L_y,L_u}^{T}(k-1)\Delta\boldsymbol{H}_{L_y,L_u}(k-1))}{\mu+\parallel\Delta\boldsymbol{H}_{L_y,L_u}(k-1)\parallel^2}$
最小二乘 类算法	$\hat{\boldsymbol{\phi}}_{f,L_y,L_u}(k)=\hat{\boldsymbol{\phi}}_{f,L_y,L_u}(k-1)$ $\quad+\dfrac{\boldsymbol{P}_{\phi}(k-2)\Delta\boldsymbol{H}_{L_y,L_u}(k-1)(\Delta y(k)-\hat{\boldsymbol{\phi}}_{f,L_y,L_u}^{T}(k-1)\Delta\boldsymbol{H}_{L_y,L_u}(k-1))}{1+\Delta\boldsymbol{H}_{L_y,L_u}^{T}(k-1)\boldsymbol{P}_{\phi}(k-2)\Delta\boldsymbol{H}_{L_y,L_u}(k-1)}$ $\boldsymbol{P}_{\phi}(k-1)=\boldsymbol{P}_{\phi}(k-2)-\dfrac{\boldsymbol{P}_{\phi}(k-2)\Delta\boldsymbol{H}_{L_y,L_u}(k-1)\Delta\boldsymbol{H}_{L_y,L_u}^{T}(k-1)\boldsymbol{P}_{\phi}(k-2)}{1+\Delta\boldsymbol{H}_{L_y,L_u}^{T}(k-1)\boldsymbol{P}_{\phi}(k-2)\Delta\boldsymbol{H}_{L_y,L_u}(k-1)}$ 或其他时变参数的改进最小二乘类估计算法,具体参见本书的第 2 章

续表

	控制律算法
投影类算法	$$u(k) = u(k-1) + \frac{\rho_{L_y+1}\hat{\phi}_{L_y+1}(k)(y^*(k+1)-y(k))}{\lambda + |\hat{\phi}_{L_y+1}(k)|^2}$$ $$-\frac{\hat{\phi}_{L_y+1}(k)\sum_{i=1}^{L_y}\rho_i\hat{\phi}_i(k)\Delta y(k-i+1)}{\lambda + |\hat{\phi}_{L_y+1}(k)|^2} - \frac{\hat{\phi}_{L_y+1}(k)\sum_{i=L_y+2}^{L_y+L_u}\rho_i\hat{\phi}_i(k)\Delta u(k-L_y-i+1)}{\lambda + |\hat{\phi}_{L_y+1}(k)|^2}$$
最小二乘类算法	$$u(k) = u(k-1) + \frac{P_u(k-2)\hat{\phi}_{L_y+1}(k)}{1+\hat{\phi}_{L_y+1}(k)^2 P_u(k-2)}$$ $$\times (y^*(k+1)-y(k) - \hat{\boldsymbol{\phi}}'_{f,L_y,L_u}(k)\Delta \boldsymbol{H}'_{L_y,L_u}(k))$$ $$P_u(k-1) - P_u(k-2) - \frac{P_u(k-2)^2\hat{\phi}_{L_y+1}(k)^2}{1+\hat{\phi}_{L_y+1}(k)^2 P_u(k-2)}$$ 其中, $$\hat{\boldsymbol{\phi}}'_{f,L_y,L_u}(k) = [\hat{\phi}_1(k),\cdots,\hat{\phi}_{L_y}(k),\hat{\phi}_{L_y+2}(k),\cdots,\hat{\phi}_{L_y+L_u}(k)],$$ $$\Delta \boldsymbol{H}'_L(k) = [\Delta y(k),\cdots,\Delta y(k-L_y+1),\Delta u(k-1),\cdots,\Delta u(k-L_u+1)].$$ 或其他带有时变遗忘因子、方差重置等的最小二乘类算法,具体参见本书的第 2 章

10.2.4　仿真研究

通过前面的讨论和设计可以看出:首先,由于具有对称相似结构的自适应控制系统的参数估计算法及控制律算法均具有迭代更新的结构形式,因此适用于线性系统和非线性系统的自适应控制问题,而且其参数估计算法和控制律算法可以用统一的结构来设计,这是具有对称相似结构的自适应控制系统所具有的独特优越性,而其他已存在的大多数的自适应控制系统不具有这种优越性. 其次,在自适应控制系统中应用的投影算法,其分母中的常数只是为了避免分母为零而加入,没有实际物理意义. 而在本书的估计算法中,分母中的常数是参数变化量的惩罚因子,而与之对称相似的控制算法分母中的常数则是对控制输入变化量的惩罚因子. 由于它们的存在,使得所设计的自适应控制系统可以处理非最小相位系统的控制问题,这是经典自适应控制系统所不具备的. 而且,对线性系统还可证明[76],加权一步向前控制算法的进一步推广形式可稳定任何控制系统. 最后,按照对称相似原理设计的自适应控制系统可简化控制系统的设计,使估计器设计和控制器设计变成一个统一的"适应器"设计,从而使自适应控制系统的设计成本降低.

目前为止,从理论上分析具有对称相似结构的自适应控制系统的"优越性"还没有行之有效的方法,有待于其他现代数学方法的发展和引入. 但近年来,计算机技术的迅猛发展为我们提供了通过计算机仿真来验证具有对称相似结构的自适应控制系统的"优越性"的另一条研究路线. 结合理论猜想和计算机仿真结果,本节将演示具有对称相似结构的自适应控制系统的某些"优越性".

1. 具有对称相似结构基于模型的自适应控制

下例验证具有对称相似结构的投影类自适应控制方案的有效性.

例 10.4 非线性被控对象

$$y(k+1) = y(k)\sin(\theta_1(k)u(k)) - \theta_2(k)u^2(k) + \theta_3(k)u(k-1), \quad (10.27)$$

系统初值为 $y(1) = y(2) = 0.1, u(1) = 0.3$. 期望输出信号为 $y^*(k) = 1 + 0.5 \times (-1)^{\text{round}(k/200)}$.

当参数是时不变参数,且真值为 $\boldsymbol{\theta}(k) = [0.3, 0.6, 2]^T$ 时,仿真比较具有对称相似结构的自适应控制方案和不具有对称相似结构的自适应控制方案的控制效果.

具有对称相似结构的自适应控制方案采用投影类参数估计算法(10.23)和投影类控制算法(10.25). 控制方案的参数设置为 $\rho = 0.2, \lambda = 1, \eta = 1, \mu = 0.1$. 不具有对称相似结构的自适应控制方案采用带遗忘因子的最小二乘类参数估计算法和投影类控制算法(10.25)控制方案的参数设置为 $\rho = 0.2, \lambda = 0.1, \boldsymbol{P}(0) = 1000\boldsymbol{I}$, $\alpha = 0.95$.

仿真结果如图 10.1 所示,除了控制输入信号不同之外,控制效果几乎一样. 但具有对称相似结构的自适应控制系统比不具有对称相似结构的自适应控制系统简单,计算量小,能耗低.

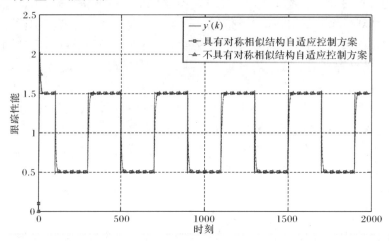

(a) 被控对象输出

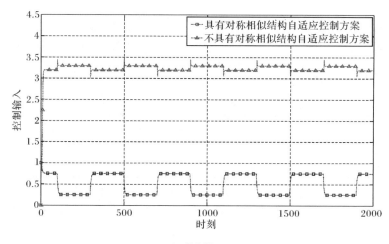

（b）控制输入

图 10.1 对例 10.4 应用具有对称相似结构的投影类自适应控制方案
和不具有对称相似结构的自适应控制方案的仿真比较（参数时不变情形）

当参数是时变参数，如选取 $\theta_1(k)=0.3,\theta_2(k)=0.6,\theta_3(k)=0.5\sin(k/500)$
时，同样分别应用上述两种方案，仿真结果如图 10.2 所示. 从仿真结果可以看出
具有对称相似结构的自适应控制系统所具有的优越性.

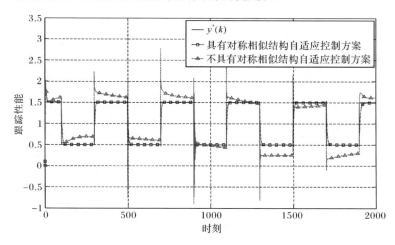

（a）被控对象输出

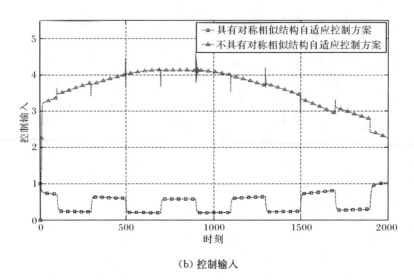

（b）控制输入

图 10.2　对例 10.4 应用具有对称相似结构的投影类自适应控制方案
和不具有对称相似结构的自适应控制方案的仿真比较（参数时变情形）

下例验证具有对称相似结构的最小二乘类自适应控制方案的有效性.

例 10.5　非线性被控对象

$$y(k+1) = \frac{\theta_1(k)y(k)}{1+\theta_2(k)y^2(k)} + \theta_3(k)u^3(k), \tag{10.28}$$

系统初值为 $y(1)=1, y(2)=0.5, u(1)=0.1.$ 期望输出信号为 $y^*(k)=2\times(-1)^{\mathrm{round}(k/400)}$.

当参数的真实值为 $\boldsymbol{\theta}(k)=[1,1,1]^{\mathrm{T}}$ 时,仿真比较具有对称相似结构的自适应控制方案和不具有对称相似结构的自适应控制方案的控制效果.

具有对称相似结构的自适应控制方案采用带遗忘因子的最小二乘类参数估计算法 2.53~2.55 和与之对应的最小二乘类控制算法. 参数估计算法中的协方差矩阵和遗忘因子分别设置为 $\boldsymbol{P_\theta}(0)=10000\boldsymbol{I}, \alpha_\theta=0.99$;控制算法中的协方差矩阵和遗忘因子分别设置为 $P_u(0)=0.5, \alpha_u=0.99$,且当 $P_u(k)<0.1$ 时重置 $P_u(k)=P_u(0)$.不具有对称相似结构的自适应控制方案采用带遗忘因子的最小二乘类参数估计算法 2.53~2.55 和投影类控制算法(10.25).控制方案的参数设置为 $\rho=0.5, \lambda=0.5, \boldsymbol{P_\theta}(0)=10000\boldsymbol{I}, \alpha_\theta=0.99$.

仿真结果如图 10.3 所示.从仿真结果可以看出具有对称相似结构的最小二乘类自适应控制系统所具有的优越性.

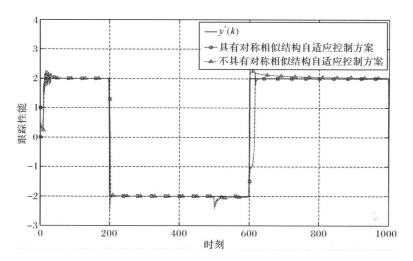

（a）被控对象输出

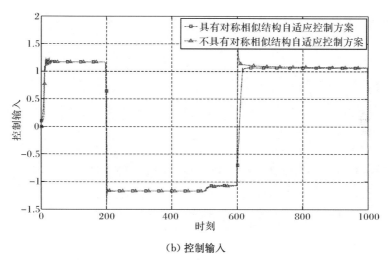

（b）控制输入

图 10.3　对例 10.5 应用具有对称相似结构的最小二乘类自适应控制方案
和不具有对称相似结构的自适应控制方案的仿真比较

2. 具有对称相似结构的无模型自适应控制

例 10.6　非线性被控对象

$$
y(k+1)=\begin{cases}
\dfrac{(a(k)+2.5)y(k)y(k-1)}{1+y(k)^2+y(k-1)^2}+0.7\sin(0.5(y(k)+y(k-1))) \\
\quad\times\cos(0.5(y(k)+y(k-1)))+1.2u(k)+1.4u(k-1),\quad k\leqslant200 \\
0.55y(k)+0.46y(k-1)+0.07y(k-2)+0.1u(k) \\
\quad+0.02u(k-1)+0.03u(k-2),\qquad\qquad\qquad 200<k\leqslant400 \\
-0.1y(k)-0.2y(k-1)-0.3y(k-2)+0.1u(k) \\
\quad+0.02u(k-1)+0.03u(k-2),\qquad\qquad\qquad 400<k\leqslant600,
\end{cases}
$$

$$(10.29)$$

其中, $a(k)=2\sin(k/50)$.

系统由三个子系统组成:第一个子系统在原系统[163]的基础上加入了 $1.4u(k-1)$ 项,是一个非最小相位的非线性系统;其他两个子系统取自文献 [168],且第二个子系统是开环不稳定的.

系统初值为 $y(1)=0.1, y(2)=0.1, y(3)=0.5, u(1)=0.3, u(2)=0.2$,PG 估计值的初值为 $\hat{\boldsymbol{\phi}}_{f,L_y,L_u}(3)=[0,0,0]^\mathrm{T}$.动态线性化常数为 $L_y=1, L_u=2$.期望跟踪信号 $y^*(k)=5\times(-1)^{\mathrm{round}(k/100)}$.

针对上述被控对象,仿真比较具有对称相似结构的 MFAC 方案和不具有对称相似结构的 MFAC 方案的控制效果.

具有对称相似结构的 MFAC 方案采用表 10.3 中的投影类参数估计算法和投影类控制算法,其控制器参数设置为 $\eta=\rho=0.6, \lambda=0.003, \mu=0.01$;不具有对称相似结构的 MFAC 方案采用表 10.3 中的最小二乘类参数估计算法和投影类控制算法,其控制器参数设置为 $\boldsymbol{P}(0)=1000\boldsymbol{I}, \rho=0.6, \lambda=0.003$.

仿真结果如图 10.4 所示.从仿真结果中容易看出,具有对称相似结构的 MFAC 的控制效果要好于不具有对称相似结构的 MFAC.

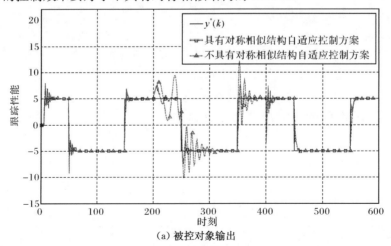

(a) 被控对象输出

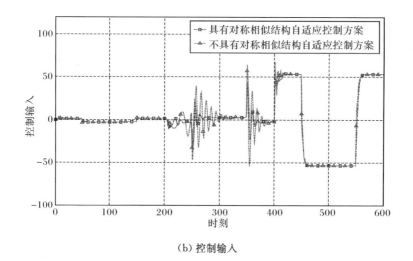

（b）控制输入

图 10.4　对例 10.6 应用具有对称相似结构的投影类 MFAC 方案
和不具有对称相似结构的 MFAC 方案的仿真比较

例 10.7　非线性被控对象

$$y(k+1) = \frac{y(k)}{1+y(k)^2} + u(k)^3. \tag{10.30}$$

此系统取自文献[162]，其控制输入是非线性的.

动态线性化常数设为 $L_y = 3, L_u = 3$. 系统初值为 $y(1)=0, y(2)=0, y(3)=0$, $y(4)=0.1, y(5)=0.1, y(6)=0.5, u(1)=0, u(2)=0, u(3)=0, u(4)=0.3$, $u(5)=0.2$，PG 估计值的初值为 $\hat{\boldsymbol{\phi}}_{f,L_y,L_u}(6) = [0,0,0,0,0,0]^{\mathrm{T}}$. 期望跟踪信号 $y^*(k) = 5 + 2.5 \times (-1)^{\mathrm{round}(k/100)}$.

针对上述被控对象，仿真比较具有对称相似结构的 MFAC 方案和不具有对称相似结构的 MFAC 方案的控制效果.

具有对称相似结构的 MFAC 方案采用表 10.3 中的投影类参数估计算法和投影类控制算法，其控制器参数设置为 $\eta = \rho = 0.3, \lambda = 1.8, \mu = 1$；不具有对称相似结构的 MFAC 方案采用表 10.3 中的最小二乘类参数估计算法和投影类控制算法，其控制器参数设置为 $\boldsymbol{P}(0) = 1000\boldsymbol{I}, \rho = 0.3, \lambda = 1.8$.

仿真结果如图 10.5 所示. 显然，具有对称相似结构的 MFAC 的控制效果好于不具有对称相似结构的 MFAC.

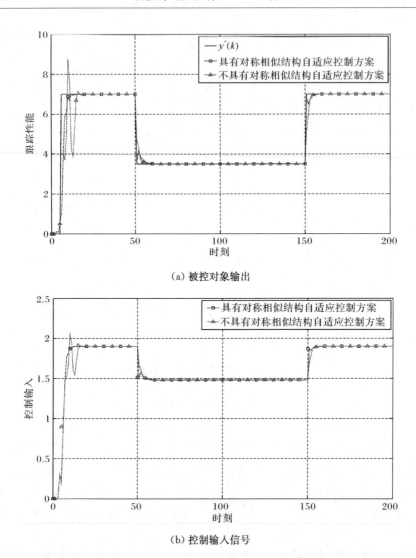

（a）被控对象输出

（b）控制输入信号

图 10.5　对例 10.7 应用具有对称相似结构的投影类 MFAC 方案
和不具有对称相似结构的 MFAC 方案的仿真比较

10.3　无模型自适应控制和无模型自适应
迭代学习控制的相似性

10.2 节讨论了自适应控制系统设计的对称相似结构定义和设计原则，包括基于模型的自适应控制和数据驱动的 MFAC，并应用仿真数例验证了理论猜想的对称相似控制系统的"优越性". 对称相似结构设计原则使自适应控制系统设计、分析及其实现变得更为方便,为控制理论研究提供了一个新的视角,利用这种猜想可直觉地给出新型的自适应控制系统.

本节将从更宽广的视野,通过对第 4 章 MFAC 的设计和分析方法和第 7 章 MFAILC 的设计和分析方法进行仔细地对照研究,讨论 MFAC 和 MFAILC 这两种不同控制方法之间的相似性特征.

框架性地讲,MFAC 和 MFAILC 这两种方法的推导过程和分析技巧几乎一样.唯一的差别在于 MFAC 方法的设计和分析是按照时间轴方向进行的,而 MFAILC 方法的设计和分析则是按照迭代轴方向进行的.换句话说,MFAILC 方法仅是将 MFAC 理论与分析方法从水平的时间轴沿着垂直的迭代轴方向"竖立"起来就可得到;或者反过来说,MFAC 方法可以通过将 MFAILC 理论和分析方法从垂直的迭代轴"放倒"为水平的时间轴而得到.由于详细的控制系统设计和性质分析已在相应章节中给出,本节主要对这两种方法的对称相似特性进行总结和讨论.

为能更清楚和鲜明地比较两类方法的相似点和不同点,本节仅以基于 CFDL 的 MFAC 和 MFAILC 为例,给出两种方法的对照表,见表 10.4.基于 PFDL 和基于 FFDL 的 MFAC 和 MFAILC 方法之间也有类似的对照相似关系,限于篇幅,本书从略,读者可自行给出.

由表 10.4 可见,CFDL-MFAC 方案和 CFDL-MFAILC 方案之间本质上是相似的,表现为:①研究对象类似,都是一类完全未知的一般非线性系统;②非线性系统的动态线性化方法相似,都是利用微分中值定理,引入 PPD 参量进行描述;③两种方法的控制器和估计器设计过程及结构均相似;④收敛性质及其分析方法也都相似.两者的主要差别在于:①MFAILC 的研究对象是有限时间区间上重复运行的受控系统或无穷时间区间上的周期已知的受控系统,该方法的主要特点是沿迭代轴更新控制输入和 PPD;而 MFAC 的研究对象则是在无限时间区间上运行的非线性系统,由于系统在无限时间区间上运行,因此不具备重复性特性,其主要特点是沿着时间轴更新控制输入和 PPD;②MFAILC 是实现跟踪误差沿迭代轴方向的在有限时间区间上的逐点渐近收敛,而 MFAC 则是沿时间轴的渐近收敛;③MFAC 是反馈控制策略,而 MFAILC 则是前馈控制策略.

本质上来看,MFAC 可归属为非线性系统的自适应控制方法范畴,而 MFAILC 则属于 ILC 方法范畴.因此,从更宽广的角度来看,上述 MFAC 与 MFAILC 两种控制方法的相似性,可上升为自适应控制与 ILC 两种较为成熟的控制理论之间的相似性,这部分内容的详细讨论将在 10.4 节给出.

表 10.4　CFDL-MFAC 和 CFDL-MFAILC 之间的相似性比较

	MFAC	MFAILC
被控对象	$y(k+1)=f(y(k),\cdots,y(k-n_y),$ $u(k),\cdots,u(k-n_u)),$ $k\in\{0,1,\cdots,\infty\}$(第4章式(4.1))	$y(k+1,i)=f(y(k,i),\cdots,y(k-n_y,i),$ $u(k,i),\cdots,u(k-n_u,i)),$ $k\in\{0,1,\cdots,T\},i\in\{0,1,\cdots,\infty\}$ (第7章式(7.1))
关键假设	在时间轴方向,被控系统满足广义 Lipschitz 条件(第3章假设3.2)	在迭代轴方向,被控系统满足广义 Lipschitz 条件(第7章假设7.2)
动态线性化	$\Delta y(k+1)=\phi_c(k)\Delta u(k),$ $k\in\{0,1,\cdots,\infty\}$ 沿时间轴上的动态线性化(第3章定理3.1)	$\Delta y(k+1,i)=\phi_c(k,i)\Delta u(k,i),$ $k\in\{0,1,\cdots,T\},$ $i\in\{0,1,\cdots,\infty\}$ 沿迭代轴上的动态线性化(第7章定理7.1)
控制器	$u(k)=u(k-1)$ $+\dfrac{\rho\hat{\phi}_c(k)(y^*(k+1)-y(k))}{\lambda+\|\hat{\phi}_c(k)\|^2}$ (第4章式(4.9)),控制输入沿时间轴 k 方向更新	$u(k,i)=u(k,i-1)$ $+\dfrac{\rho\hat{\phi}_c(k,i)}{\lambda+\|\hat{\phi}_c(k,i)\|^2}e(k+1,i-1)$ (第7章式(7.15)),控制输入沿迭代轴 i 方向更新
估计器	$\hat{\phi}_c(k)=\hat{\phi}_c(k-1)+\dfrac{\eta\Delta u(k-1)}{\mu+\Delta u(k-1)^2}$ $\times(\Delta y(k)-\hat{\phi}_c(k-1)\Delta u(k-1))$ (第4章式(4.7)),参数估计算法沿时间轴 k 方向运行	$\hat{\phi}_c(k,i)=\hat{\phi}_c(k,i-1)+\dfrac{\eta\Delta u(k,i-1)}{\mu+\|\Delta u(k,i-1)\|^2}$ $\times(\Delta y(k+1,i-1)-\hat{\phi}_c(k,i-1)\Delta u(k,i-1))$ (第7章式(7.14)),参数估计算法沿迭代轴 i 方向运行
控制目标	$\lim\limits_{k\to\infty}\|y^*-y(k+1)\|=0.$ $\{y(k)\}$和$\{u(k)\}$为有界序列, $\forall k\in\{0,1,\cdots,\infty\}$. 沿时间轴 k 的渐近收敛性	$\lim\limits_{i\to\infty}\|y^*(k+1)-y(k+1,i)\|=0,$ $\forall k=0,1,\cdots,T.$ $\{y(k,i)\}$和$\{u(k,i)\}$为有界序列, $\forall k\in\{0,1,\cdots,T\},\forall i\in\{0,1,\cdots,\infty\}$. 整个有限时间区间上,沿迭代轴 i 的渐近收敛性
分析工具	按照时间轴 k 方向,采用压缩映射的分析方法	按照迭代轴 i 方向,采用压缩映射的分析方法

10.4　自适应控制和自适应迭代学习控制的相似性

自适应控制,尤其是线性系统的自适应控制理论已发展得非常成熟,并得到了广泛的应用. 自从 20 世纪中期被提出以来,自适应控制系统已具有典型的设计方法和分析手段. ILC 自 1984 年正式提出以来,也已逐渐发展成为一门独立的控制理论分支,并得到了广泛的应用.

需要指出的是,自适应控制和 ILC 是两种针对完全不同的控制背景和控制目标的方法. 离散时间系统自适应控制:①主要控制对象是具有已知结构,带有未知慢时变或时不变模型参数的受控系统;②控制目标是设计控制输入信号,使受控系统的输出能渐近跟踪期望信号,跟踪误差沿时间轴渐近收敛. 换言之,自适应控制系统的运行是沿时间轴进行的;③其稳定性和收敛性分析的主要方法是 Lyapunov 稳定性理论和关键技术引理.

而 ILC:①主要控制对象是针对有限时间区间上具有严格重复性的被控系统,这里的重复性是指受控系统动力学行为完全重复、系统每次运行的初始点完全重复、系统期望输出信号完全重复;②控制目标是设计控制输入信号,使受控系统能完全跟踪有限时间区间的期望轨迹,完全跟踪的意思是针对有限时间区间上的任何一点,其跟踪误差沿迭代轴方向都要渐近收敛. 换言之,ILC 系统的运行是沿迭代轴进行的;③其稳定性和收敛性分析的主要方法是压缩映射原理和组合能量函数方法.

由此可见,自适应控制和 ILC 是两种完全不同的控制理论和方法. 然而,这两种方法都能处理带有不确定性的系统控制问题,"适应"和"学习"在本质上具有某种相似性质或非常强的内在联系,那么,这两种方法之间具体有着怎样的关联性,能否建立他们之间的关系桥梁,都是非常值得研究的问题. 一旦能建立起来,则可使两种方法之间交叉变异、相辅相成,进而提出能利用更多有用信息的具有更"优越"品质的控制策略. 本节将在 10.3 节基础上,详细讨论离散时间系统的自适应控制与 ILC 两种控制理论之间的相似性特征以及控制器的相似性设计原理,借鉴自适应控制器的设计和分析方法,提出一种新的能利用更多有用信息的"优越"的控制方法——离散时间系统的自适应迭代学习控制方法,解决新的控制问题——有限时间区间上重复运行的任意快时变参数系统的完全跟踪问题.

本节所提出的离散时间自适应迭代学习控制具有与离散时间自适应控制相似的控制器结构、参数估计器结构,相似的收敛性定理及分析过程. 针对重复运行的带有任意快时变参数不确定性的离散时间系统,该方法可在初始条件和参考轨迹均迭代变化的情况下,实现有限时间区间上的完全跟踪性能,具有比自适应控制和 ILC 本身更"优越"的控制性能[260,263]. 本节从被控对象、关键假设、控制目标、控制器设计方法、收敛性分析工具和收敛性结论等方面,对离散时间系统的自适应控制和自适应迭代学习控制进行详细对比研究,给出两种控制方法的相似性分析对照表,使读者能更容易地发现二者的相似性特征.

10.4.1　离散时间非线性系统的自适应控制

1. 问题描述

简单起见且不失理论严谨性和一般性,这里仅基于如下简单的离散时间系统

给出自适应控制方案设计和分析的过程与方法. 设被控对象为

$$x(k+1) = \theta\xi(x(k)) + u(k), \tag{10.31}$$

其中, $x(k)\in \mathbf{R}$ 为可测系统状态; $u(k)\in \mathbf{R}$ 为系统的控制输入; θ 是未知的定常参数; $\xi(x(k))$ 为已知的非线性标量函数, 并对任意有界的 $x(k)$, $\xi(x(k))$ 均有界; $k=0,1,\cdots,\infty$ 表示采样时间.

系统的期望参考轨迹 $r(k+1)$ 已知, 且对所有时间 $k=0,1,\cdots,\infty$ 有界.

定义跟踪误差为 $e(k)=x(k)-r(k)$. 控制目标是寻找一个合适的控制输入序列 $u(k)$, 使得系统输出 $x(k)$ 能够跟踪期望轨迹 $r(k)$, 即

$$\lim_{k\to\infty} e(k)=0.$$

2. 自适应控制方案设计

按照标准的自适应控制方法, 下面给出基于最小二乘算法估计和基于投影算法估计的两种离散时间自适应控制方案.

基于最小二乘算法的自适应控制方案

$$u(k) = r(k+1) - \hat{\theta}(k)\xi(x(k)), \tag{10.32}$$

$$\hat{\theta}(k) = \hat{\theta}(k-1) + P(k-1)\xi(x(k-1))e(k), \tag{10.33}$$

$$P(k-1) = P(k-2) - \frac{P^2(k-2)\xi^2(x(k-1))}{1+P(k-2)\xi^2(x(k-1))}, \tag{10.34}$$

其中, $\hat{\theta}(k)$ 是在 k 时刻对系统未知参数 θ 的估计; 初始值 $\hat{\theta}(0)$ 可任意选取; 初始 $P(0)$ 一般选择为充分大的正数.

基于投影算法的自适应控制方案

$$u(k) = r(k+1) - \hat{\theta}(k)\xi(x(k)), \tag{10.35}$$

$$\hat{\theta}(k) = \hat{\theta}(k-1) + \frac{a\xi(x(k-1))}{c+\xi(x(k-1))^2}e(k), \tag{10.36}$$

其中, $\hat{\theta}(k)$ 是在 k 时刻对系统未知参数 θ 的估计; 初始值 $\hat{\theta}_0$ 可任意选取; $0<a<2$, $c>0$.

3. 稳定性和收敛性分析

为使后面分析过程更加严谨, 在给出系统的稳定性和收敛性分析之前, 需要引入如下两个基本假设和关键技术引理.

1) 两个基本假设

假设 10.1　非线性函数 $\xi(x(k))$ 满足线性增长条件, 即
$$|\xi(x(k))| \leqslant c_1^0 + c_2^0|x(k)|, \quad \forall k,$$
其中, $0<c_1^0<\infty$; $0<c_2^0<\infty$.

假设 10.2　假设未知参数 θ、目标轨迹 $r(k)$，$\forall k$ 和初始状态 $x(0)$ 均有界.

注 10.2　假设 10.1 是基于关键技术引理进行离散自适应控制系统分析所用到的线性增长条件. 在假设 10.2 中，仅需已知这些界的存在性，而不必知道其精确值.

引理 10.1　关键技术引理[76]：对于给定序列 $\{s(k)\}$，$\{\boldsymbol{\sigma}(k)\}$，$\{b_1(k)\}$ 和 $\{b_2(k)\}$，如果满足下列条件：

(1) $\lim\limits_{k\to\infty}\dfrac{s(k)^2}{b_1(k)+b_2(k)\boldsymbol{\sigma}(k)^{\mathrm{T}}\boldsymbol{\sigma}(k)}=0$, 　　　　　　　　　(10.37)

其中，$\{b_1(k)\}$，$\{b_2(k)\}$ 和 $\{s(k)\}$ 是实数标量序列；$\boldsymbol{\sigma}(k)$ 是个 $p\times1$ 的实数向量序列.

(2) 一致有界条件，即对所有的 $k\geqslant1$ 有

$$0<b_1(k)<K<\infty, 0\leqslant b_2(k)<K<\infty,\qquad(10.38)$$

(3) 线性有界条件

$$\|\boldsymbol{\sigma}(k)\|\leqslant C_1+C_2\max_{0\leqslant\tau\leqslant k}|s(\tau)|,\qquad(10.39)$$

其中，$0<C_1<\infty$；$0<C_2<\infty$.

那么：

(1) $\lim\limits_{k\to\infty}s(k)=0$；

(2) $\{\|\boldsymbol{\sigma}(k)\|\}$ 是个有界序列.

2) 稳定性与收敛性分析

基于最小二乘估计的自适应控制系统的稳定性和收敛性分析过程如下所述. 基于投影算法的自适应控制系统的稳定性和收敛性分析与此类同，读者可参照本节证明过程自己给出.

定理 10.1　对离散时间系统(10.31)，在满足假设 10.1 和假设 10.2 的条件下，上述提出的最小二乘自适应控制方法(10.32)～(10.34)具有如下性质：

(1) $\forall k$ 参数估计值 $\hat{\theta}(k)$ 有界，并且

$$|\hat{\theta}(k)-\theta|\leqslant|\hat{\theta}(k-1)-\theta|\leqslant\cdots\leqslant|\hat{\theta}(0)-\theta|.$$

(2) 当时间 k 趋于无穷时，跟踪误差收敛为零，即

$$\lim_{k\to\infty}e(k)=0.$$

(3) 系统的输入信号 $\{u(k)\}$ 和输出信号 $\{y(k)\}$ 序列有界.

证明　证明分为三个部分. 第一部分首先证明 $\hat{\theta}(k)$ 的有界性；第二部分是系统跟踪误差的收敛性分析；第三部分得出系统的 BIBO 稳定性.

(1) 这里先证明 $\hat{\theta}(k)$ 的有界性.

定义参数估计误差 $\varphi(k)=\theta-\hat{\theta}(k)$. 根据控制律(10.32)，系统跟踪误差的动

态特性可表示为

$$e(k+1) = x(k+1) - r(k+1) = \theta\xi(x(k)) + u(k) - r(k+1)$$

$$= \theta\xi(x(k)) + (r(k+1) - \hat{\theta}(k)\xi(x(k))) - r(k+1)$$

$$= \varphi(k)\xi(x(k)). \tag{10.40}$$

参数估计律(10.33)两边同时减去 θ,根据关系式(10.40),可得

$$\varphi(k) = \varphi(k-1) - P(k-1)\xi(x(k-1))e(k)$$

$$= (1 - P(k-1)\xi^2(x(k-1)))\varphi(k-1). \tag{10.41}$$

为给出 $\varphi(k)$ 和 $\varphi(k-1)$ 间的关系,考察式(10.41)的 $1 - P(k-1)\xi^2(x(k-1))$ 项. 由式(10.34)可得

$$P(k-1) = \frac{P(k-2)}{1 + P(k-2)\xi^2(x(k-1))}, \tag{10.42}$$

因此

$$1 - P(k-1)\xi^2(x(k-1)) = 1 - \frac{P(k-2)\xi^2(x(k-1))}{1 + P(k-2)\xi^2(x(k-1))}$$

$$= \frac{1}{1 + P(k-2)\xi^2(x(k-1))}. \tag{10.43}$$

由式(10.42)得

$$P(k-1)^{-1} = P(k-2)^{-1} + \xi^2(x(k-1)), \tag{10.44}$$

因此对任意 k, $P(k) > 0$ 总成立.

根据式(10.43)和式(10.44),对式(10.41)两边取绝对值可得

$$|\varphi(k)| = \frac{1}{1 + P(k-2)\xi^2(x(k-1))} |\varphi(k-1)| \leqslant |\varphi(k-1)|. \tag{10.45}$$

显然,式(10.45)意味着参数估计误差 $\varphi(k)$ 是非增的. 根据假设 10.2, θ 有界,因此对所有 $k = 0, 1, 2, \cdots, +\infty$, $\hat{\theta}(k)$ 有界. 定理 10.1 中的结论(1)成立.

(2) 跟踪误差的渐近收敛性分析如下.

定义非负函数 $V(k) = P(k-1)^{-1}\varphi(k)^2$,则

$$\Delta V(k) = V(k) - V(k-1) = P(k-1)^{-1}\varphi(k)^2 - P(k-2)^{-1}\varphi(k-1)^2. \tag{10.46}$$

根据式(10.40)和式(10.41),可将式(10.46)改写为

$$\Delta V(k) = P(k-1)^{-1} (\varphi(k-1) - P(k-1)\xi(x(k-1))e(k))^2$$

$$- P(k-2)^{-1}\varphi(k-1)^2$$

$$= [P(k-1)^{-1} - P(k-2)^{-1}]\varphi(k-1)^2$$

$$- 2\varphi(k-1)\xi(x(k-1))e(k) + P(k-1)\xi(x(k-1))^2e(k)^2. \tag{10.47}$$

由式(10.40)和式(10.44),可得

$$[P(k-1)^{-1}-P(k-2)^{-1}]\varphi(k-1)^2 = \xi(x(k-1))^2\varphi(k-1)^2 = e(k)^2$$
$$(10.48)$$

和

$$-2\varphi(k-1)\xi(x(k-1))e(k) = -2e(k)^2.\qquad(10.49)$$

将式(10.48)和式(10.49)代入式(10.47),可得

$$\Delta V(k) = -[1-P(k-1)\xi(x(k-1))^2]e(k)^2,\qquad(10.50)$$

再次利用式(10.43),式(10.50)变为

$$\Delta V(k) = -\frac{e(k)^2}{1+P(k-2)\xi^2(x(k-1))} \leqslant 0,\qquad(10.51)$$

对式(10.51)两边从 0 到 k 求和,得

$$V(k) = V(0) - \sum_{j=1}^{k} \frac{e(j)^2}{1+P(j-2)\xi^2(x(j-1))}.\qquad(10.52)$$

因为 $V(0) = P(-1)^{-1}\varphi(0)^2$ 有界,又 $V(k)$ 已证明是非负非增的,则式(10.52)意味着

$$\lim_{k\to\infty}\sum_{j=1}^{k} \frac{e(j)^2}{1+P(j-2)\xi^2(x(j-1))} < \infty,\qquad(10.53)$$

即

$$\lim_{k\to\infty} \frac{e(k)^2}{1+P(k-2)\xi^2(x(k-1))} = 0.\qquad(10.54)$$

利用假设 10.1 线性增长条件和跟踪误差的定义,可得

$$|\xi(x(k-1))| \leqslant c_1^0 + c_2^0|x(k-1)| \leqslant c_1^0 + c_2^0(|e(k-1)| + |r(k-1)|).$$
$$(10.55)$$

根据假设 10.2,$|r(k)|$ 对所有 $k=0,1,2,\cdots,+\infty$ 有界,则一定存在常数 c_1 和 c_2 使得

$$|\xi(x(k-1))| \leqslant c_1 + c_2|e(k-1)|,\qquad(10.56)$$

其中,$c_1 = c_1^0 + c_2^0\sup_k|r(k)|$,$c_2 = c_2^0$.

由式(10.53),显然可得

$$|\xi(x(k-1))| \leqslant c_1 + c_2\max_{0\leqslant r\leqslant k}|e(k)|.$$

至此,根据关键技术引理,定理 10.1 中的结论(2)自然成立.

(3) 系统的 BIBO 稳定性.

前面已经证明系统跟踪误差的渐近收敛性,而且参考轨迹 $r(k)$ 给定有界,显然系统的输出 $x(k)$ 是有界的.

根据控制律(10.32)可得

$$|u(k)| \leqslant |r(k+1)| + |\hat{\theta}(k)||\xi(x(k))| \leqslant |r(k+1)| + |\hat{\theta}(k)|(c_1^0 + c_2^0|x(k)|).$$
$$(10.57)$$

对所有 $k=0,1,2,\cdots,+\infty,r(k),|\hat{\theta}(k)|$ 和 $\{x(k)\}$ 均已证明有界,显然 $u(k)$ 对任意 $k=0,1,2,\cdots,+\infty$ 也是有界的. 由此可得定理 10.1 的结论(3)成立. ■

10.4.2　离散时间非线性系统的自适应迭代学习控制

1. 问题描述

与被控对象(10.31)不同,这里的被控对象是在有限时间区间 $\{0,1,\cdots,T\}$ 上重复运行的,并且未知参数是随时间任意变化的,具体如下

$$x(k+1,i) = \theta(k)\xi(x(k,i)) + u(k,i), \quad k \in \{0,1,\cdots,T\}, \quad (10.58)$$

其中,$x(k,i)\in\mathbf{R}$ 为第 i 次迭代第 k 时刻的可测系统状态;$u(k,i)\in\mathbf{R}$ 为系统在第 i 次迭代第 k 时刻的控制输入;$\theta(k)\in\mathbf{R}$ 是未知的时变参数,可是慢变化或者快变化的参数;$\xi(x(k,i))$ 为已知的非线性标量函数;$k\in\{0,1,\cdots,T\}$ 表示有限时间;$i\in\{0,1,\cdots,\infty\}$ 表示迭代次数.

期望轨迹 $r(k,i)$ 已知,$k\in\{0,1,\cdots,T\}$,是关于有限时间 k 和迭代次数 i 的函数,可随迭代次数 i 而任意变化,这是对传统 ILC 要求跟踪轨迹完全重复这一假设条件的根本性放宽.

定义跟踪误差为 $e(k,i)=x(k,i)-r(k,i),k\in\{0,1,\cdots,T\}$. 控制目标是寻找一个合适的控制输入序列 $u(k,i),k\in\{0,1,\cdots,T\}$,使得系统输出 $x(k,i)$ 能够跟踪期望轨迹 $r(k,i)$,即

$$\lim_{i\to\infty}e(k,i)=0, \quad \forall k\in\{0,1,\cdots,T\},i\in\{0,1,\cdots,\infty\}.$$

2. 自适应迭代学习控制方案

基于最小二乘估计和基于投影估计的两种离散自适应迭代学习控制方案如下.

1) 基于最小二乘估计的自适应迭代学习控制

$$u(k,i) = r(k+1,i) - \hat{\theta}(k,i)\xi(x(k,i)), \quad (10.59)$$

$$\hat{\theta}(k,i) = \hat{\theta}(k,i-1) + P(k,i-1)\xi(x(k,i-1))e(k+1,i-1), \quad (10.60)$$

$$P(k,i-1) = P(k,i-2) - \frac{P^2(k,i-2)\xi^2(x(k,i-1))}{1+P(k,i-2)\xi^2(x(k,i-1))}, \quad (10.61)$$

其中,$\hat{\theta}(k,i)$ 是在第 i 次迭代对系统未知时变参数 $\theta(k)$ 的估计;初始值 $\hat{\theta}(k,0)$,$k\in\{0,1,\cdots,T\}$,可任意选取. 同样,可任意选取初始值 $P(k,0)=P_0$,其中,P_0 为充分大的正数.

2) 基于投影估计的自适应迭代学习控制

$$u(k,i) = r(k+1,i) - \hat{\theta}(k,i)\xi(x(k,i)), \quad (10.62)$$

$$\hat{\theta}(k,i)=\hat{\theta}(k,i-1)+\frac{a\xi(x(k,i-1))}{c+\xi(x(k,i-1))^2}e(k+1,i-1), \quad (10.63)$$

其中,$\hat{\theta}(k,i)$是在第 i 次迭代对系统未知时变参数 $\theta(k)$ 的估计,初始值 $\hat{\theta}(k,0)$ 可任意选取;$0<a<2,c>0$.

3. 稳定性和收敛性分析

稳定性和收敛性分析是基于如下两个基本假设和类关键技术引理(KTL-Like Lemma)来证明的.

1) 两个基本假设

假设 10.3　非线性函数 $\xi(x(k,i))$ 满足线性增长条件,即

$$|\xi(x(k,i))|\leqslant c_1^0+c_2^0|x(k,i)|, \quad \forall\ k\in\{0,\cdots,T\}\ \text{和}\ \forall i\in\{0,1,\cdots,\infty\},$$

其中,$0<c_1^0<\infty,0<c_2^0<\infty$.

假设 10.4　对所有 $k\in\{0,1,\cdots,T\}$ 和 $i\in\{0,1,\cdots,\infty\}$,未知时变参数 $\theta(k)$、目标轨迹 $r(k,i)$ 和初始状态值 $x(0,i)$ 均一致有界.

注 10.3　假设 10.3 与假设 10.1 相同,都是关于线性增长条件的假设.唯一的区别在于假设 10.3 对于所有时间 $k\in\{0,1,\cdots,T\}$ 和迭代 $i=0,1,\cdots$ 都是成立的.同样,假设 10.4 也仅需要已知这些界的存在性,不必知道其精确值.

引理 10.2　类关键技术引理. 对任意 $k\in\{0,1,\cdots,T\}$ 和 $i\in\{0,1,\cdots,\infty\}$,实数序列 $\{s(k,i)\}$,$\{\boldsymbol{\sigma}(k,i)\}$,$\{b_1(k,i)\}$ 和 $\{b_2(k,i)\}$,如果满足下列条件:

$$(1)\ \lim_{i\to\infty}\frac{s(k,i)^2}{b_1(k,i)+b_1(k,i)\boldsymbol{\sigma}(k,i)^{\mathrm{T}}\boldsymbol{\sigma}(k,i)}=0, \quad (10.64)$$

其中,$\{b_1(k,i)\}$,$\{b_2(k,i)\}$ 和 $\{s(k,i)\}$ 是实数标量序列;$\boldsymbol{\sigma}(k,i)$ 是个 $p\times1$ 的实数向量序列.

(2) 一致有界条件,即对所有的 $k\in\{0,1,\cdots,T\}$ 和 $i\geqslant1$ 有

$$0<b_1(k,i)<K<\infty,0<b_2(k,i)<K<\infty. \quad (10.65)$$

(3) 线性有界条件

$$\|\boldsymbol{\sigma}(k,i)\|\leqslant C_1+C_2\max_{0\leqslant\tau\leqslant i}\max_{k\in\{0,\cdots,T\}}|s(k,\tau)|, \quad (10.66)$$

其中,$0<C_1<\infty,0<C_2<\infty$.

那么:

(1) $\lim_{i\to\infty}s(k,i)=0$.

(2) $\{\|\boldsymbol{\sigma}(k,i)\|\}$ 是个有界序列.

注 10.4　与关键技术引理不同,类关键技术引理的讨论是在 2-D 空间沿迭代轴 i 进行的,所有性质在有限时间区间 $k\in\{0,1,\cdots,T\}$ 上是逐点成立的.后面的证明过程也是如此.

证明　如果对所有 $k\in\{0,1,\cdots,T\}$ 和 $i\in\{0,1,\cdots,\infty\}$,$\{s(k,i)\}$ 是个有界实

数序列,则由式(10.66)可知$\{\boldsymbol{\sigma}(k,i)\}$是有界序列. 然后,由式(10.64)和式(10.65)可以得到

$$\lim_{i\to\infty}s(k,i)=0.$$

假设$\{s(k,i)\}$无界,即存在一个子序列$\{i_n\}$,使得

$$\lim_{i_n\to\infty}|s(k,i_n)|=\infty,$$

并且

$$|s(k,i)|\leqslant|s(k,i_n)|,\quad\forall i\leqslant i_n.$$

利用式(10.63)和式(10.64),沿着子序列$\{i_n\}$,有

$$\left|\frac{s(k,i_n)}{[b_1(k,i_n)+b_1(k,i_n)\boldsymbol{\sigma}(k,i_n)^{\mathrm{T}}\boldsymbol{\sigma}(k,i_n)]^{1/2}}\right|\geqslant\frac{|s(k,i_n)|}{[K+K\|\boldsymbol{\sigma}(k,i_n)\|^2]^{1/2}}$$
$$\geqslant\frac{|s(k,i_n)|}{K^{1/2}+K^{1/2}\|\boldsymbol{\sigma}(k,i_n)\|}$$
$$\geqslant\frac{|s(k,i_n)|}{K^{1/2}+K^{1/2}[C_1+C_2|s(k,i_n)|]}.$$

因此

$$\lim_{i_n\to\infty}\left|\frac{s(k,i_n)}{[b_1(k,i_n)+b_1(k,i_n)\boldsymbol{\sigma}(k,i_n)^{\mathrm{T}}\boldsymbol{\sigma}(k,i_n)]^{1/2}}\right|\geqslant\frac{1}{K^{1/2}C_2}>0.$$

这与式(10.64)是相矛盾的,因此$\{s(k,i)\}$无界的假设是错误的,从而引理10.2的结论成立.

2)稳定性与收敛性分析

基于最小二乘估计的自适应迭代学习控制系统的稳定性和收敛性分析过程如下.基于投影算法的自适应迭代学习控制系统的稳定性和收敛性分析过程与此类同,读者可自己给出.

定理10.2 对于有限时间区间上重复运行的非线性离散时间系统(10.58),在满足假设10.3和假设10.4的条件下,所提出的基于最小二乘算法的自适应迭代学习控制方法(10.59)~(10.61)具有如下性质:

(1) $\forall k\in\{0,1,\cdots,T\}$和$\forall i\in\{0,1,\cdots\}$,参数估计值$\hat{\theta}(k,i)$有界,并且

$$|\hat{\theta}(k,i)-\theta(k)|\leqslant|\hat{\theta}(k,i-1)-\theta(k)|\leqslant\cdots\leqslant|\hat{\theta}(k,0)-\theta(k)|.$$

(2) 当迭代次数i趋于无穷时,跟踪误差收敛为零.即对所有$k\in\{0,1,\cdots,T\}$有

$$\lim_{i\to\infty}e(k,i)=0.$$

(3) 对所有$k\in\{0,1,\cdots,T\}$和$i\in\{0,1,\cdots\}$,系统的输入信号$u(k,i)$和输出信号$y(k,i)$均有界.

证明 证明分为三个部分.第一部分证明$\hat{\theta}(k,i)$的有界性;第二部分是系统

跟踪误差的收敛性分析;第三部分得出系统的 BIBO 稳定性.

(1) $\hat{\theta}(k,i)$ 的有界性.

定义参数估计误差 $\phi(k,i)=\theta(k)-\hat{\theta}(k,i)$. 根据控制律(10.59),系统跟踪误差的动态方程可表示为

$$e(k+1,i)=x(k+1,i)-r(k+1,i)=\theta(k)\xi(x(k,i))+u(k,i)-r(k+1,i)$$
$$=\theta(k)\xi(x(k,i))+(r(k+1,i)-\hat{\theta}(k,i)\xi(x(k,i)))-r(k+1,i)$$
$$=\varphi(k,i)\xi(x(k,i)). \tag{10.67}$$

参数估计律(10.60)两边同时减去 $\theta(k)$,根据关系式(10.67),可得

$$\varphi(k,i)=\varphi(k,i-1)-P(k,i-1)\xi(x(k,i-1))e(k+1,i-1)$$
$$=(1-P(k,i-1)\xi^2(x(k,i-1)))\varphi(k,i-1). \tag{10.68}$$

为了给出 $\varphi(k,i)$ 和 $\varphi(k,i-1)$ 间的关系,考察式(10.68)的 $1-P(k,i-1)\xi^2(x(k,i-1))$ 项. 由式(10.61),可得

$$P(k,i-1)=\frac{P(k,i-2)}{1+P(k,i-2)\xi^2(x(k,i-1))}. \tag{10.69}$$

因此

$$1-P(k,i-1)\xi^2(x(k,i-1))=1-\frac{P(k,i-2)\xi^2(x(k,i-1))}{1+P(k,i-2)\xi^2(x(k,i-1))}$$
$$=\frac{1}{1+P(k,i-2)\xi^2(x(k,i-1))}. \tag{10.70}$$

由式(10.69)可得

$$P(k,i-1)^{-1}=P(k,i-2)^{-1}+\xi^2(x(k,i-1)). \tag{10.71}$$

因此,对任意 $k\in\{0,1,\cdots,T\}$ 和 $i\in\{0,1,\cdots\}$,$P(k,i)>0$ 总成立.

根据式(10.70)和式(10.71),对式(10.68)两边取绝对值可得

$$|\varphi(k,i)|=\frac{1}{1+P(k,i-2)\xi^2(x(k,i-1))}|\varphi(k,i-1)|\leqslant|\varphi(k,i-1)|. \tag{10.72}$$

显然,式(10.72)意味着参数估计误差 $|\varphi(k,i)|$ 是非增的. 根据假设 10.4, $\theta(k)$ 有界,因此对所有 $k\in\{0,1,\cdots,T\}$ 和 $i\in\{0,1,\cdots\}$,$\hat{\theta}(k,i)$ 有界. 定理 10.2 中的结论(1)成立.

(2) 跟踪误差的渐近收敛性.

定义非负函数 $V(k,i)=P(k,i-1)^{-1}\varphi(k,i)^2$,$k\in\{0,1,\cdots,T-1\}$,则

$$\Delta V(k,i)=V(k,i)-V(k,i-1)$$
$$=P(k,i-1)^{-1}\varphi(k,i)^2-P(k,i-2)^{-1}\varphi(k,i-1)^2. \tag{10.73}$$

根据式(10.67)和式(10.68),可将式(10.73)写为

$$\Delta V(k,i)=P(k,i-1)^{-1}(\varphi(k,i-1)-P(k,i-1)\xi(x(k,i-1))e(k+1,i-1))^2$$

$$-P(k,i-2)^{-1}\varphi(k,i-1)^2$$
$$= [P(k,i-1)^{-1} - P(k,i-2)^{-1}]\varphi(k,i-1)^2$$
$$-2\varphi(k,i-1)\xi(x(k,i-1))e(k+1,i-1)$$
$$+ P(k,i-1)\xi(x(k,i-1))^2 e(k+1,i-1)^2. \qquad (10.74)$$

由式(10.67)和式(10.71),可得

$$[P(k,i-1)^{-1} - P(k,i-2)^{-1}]\varphi(k,i-1)^2 = \xi(x(k,i-1))^2\varphi(k,i-1)^2$$
$$= e(k+1,i-1)^2, \qquad (10.75)$$

和

$$-2\varphi(k,i-1)\xi(x(k,i-1))e(k+1,i-1) = -2e(k+1,i-1)^2. \qquad (10.76)$$

将式(10.75)和式(10.76)代入式(10.74),可得

$$\Delta V(k,i) = -[1 - P(k,i-1)\xi(x(k,i-1))^2]e(k+1,i-1)^2. \qquad (10.77)$$

再次利用式(10.70),式(10.77)变为

$$\Delta V(k,i) = -\frac{e(k+1,i-1)^2}{1+P(k,i-2)\xi^2(x(k,i-1))} \leqslant 0. \qquad (10.78)$$

由此可得,$V(k,i)$是个非负非增的函数.

对式(10.78)两边从 0 到 i 求和,得

$$V(k,i) = V(k,0) - \sum_{j=1}^{i} \frac{e(k+1,j-1)^2}{1+P(k,j-2)\xi^2(x(k,j-1))}. \qquad (10.79)$$

因为 $V(k,0) = P(k,-1)^{-1}\varphi(k,0)^2$ 有界,又 $V(k,i)$ 已证明是非负非增的,则式(10.79)意味着

$$\lim_{i \to \infty} \sum_{j=1}^{i} \frac{e(k+1,j-1)^2}{1+P(k,j-2)\xi^2(x(k,j-1))} < \infty, \qquad (10.80)$$

即

$$\lim_{i \to \infty} \frac{e(k+1,i)^2}{1+P(k,i-1)\xi^2(x(k,i))} = 0. \qquad (10.81)$$

利用假设 10.3 线性增长条件和跟踪误差的定义,可得

$$|\xi(x(k,i))| \leqslant c_1^0 + c_2^0|x(k,i)| \leqslant c_1^0 + c_2^0(|e(k,i)| + |r(k,i)|). \qquad (10.82)$$

根据假设 10.4,$|r(k,i)|$ 有界.因此,一定存在常数 c_1^* 和 c_2^* 使得

$$|\xi(x(k,i))| \leqslant c_1^* + c_2^*|e(k,i)|, \qquad (10.83)$$

其中,$c_1^* = c_1^0 + c_2^0 \sup_i \max_{k \in \{0,\cdots,T\}} |r(k,i)|$,$c_2^* = c_2^0$.

根据假设 10.3 和假设 10.4,$|e(0,i)| \leqslant |x(0,i)| + |r(0,i)|$ 有界.则由式(10.83)可得,

$$|\xi(x(k,i))| \leqslant c_1^* + c_2^*|e(k,i)|$$
$$\leqslant c_1^* + c_2^*(\max_{\tau \leqslant i}|e(0,\tau)| + \max_{\tau \leqslant i} \max_{k \in \{0,\cdots,T-1\}} |e(k+1,\tau)|)$$

$$\leqslant c_1 + c_2 \max_{\leqslant i} \max_{k \in \{0, \cdots, T-1\}} |e(k+1, \tau)|, \tag{10.84}$$

其中，$c_1 = c_1^* + c_2^* \sup_i |e(0, i)|, c_1 = c_2^*$.

根据类关键技术引理，显然可得，对所有 $k \in \{0, 1, \cdots, T\}$ 有

$$\lim_{i \to \infty} e(k+1, i) = 0.$$

（3）系统的 BIBO 稳定性.

前面已经证明系统跟踪误差的渐近收敛性，而且参考轨迹 $r(k, i)$ 给定有界，显然系统的输出 $x(k, i)$ 是有界的.

根据控制律（10.59）可得

$$|u(k, i)| \leqslant |r(k+1, i)| + |\hat{\theta}(k, i)| |\xi(x(k, i))|$$

$$\leqslant |r(k+1, i)| + |\hat{\theta}(k, i)| (c_1^0 + c_2^0 |x(k, i)|). \tag{10.85}$$

对所有 $k \in \{0, 1, \cdots, T\}$ 和 $i \in \{0, 1, \cdots\}$，$r(k, i)$，$|\hat{\theta}(k, i)|$ 和 $x(k, i)$ 均已证明有界，显然 $u(k, i)$ 也是有界的. 由此可得定理 10.2 的结论（3）成立. ■

注 10.5　需要指出的是，因为存在时变参数不确定性，且时变参数可快变化，是有限时间区间上的完全跟踪问题，因而传统的离散自适应控制方法（10.32）~（10.36）是不适用的. 所提出的自适应迭代学习控制方法（10.59）~（10.63）是在 2-D 系统中沿迭代轴上运行的，不是时间轴上的进化过程，其参数估计算法（10.60）、（10.61）或（10.63）是随迭代次数 i 在有限时间区间 $k \in \{0, 1, \cdots, T\}$ 上逐点更新的. 因此，可以处理带有任意时变参数不确定性的控制系统的完全跟踪问题. 另外，参数更新律（10.60）或（10.63）在时间轴上是非因果的，即当计算 $\hat{\theta}(k, i)$ 时用到 $e(k+1, i-1)$. 尽管这在 ILC 中很普通，但对 1-D 时间域的在线控制方法则是很少见的. 非因果项在收敛性分析中扮演了重要的角色.

10.4.3　两种控制方法的对比

表 10.5　离散时间自适应控制与离散时间自适应 ILC 的相似性比较

	离散时间系统自适应控制	离散时间系统自适应 ILC
被控对象	$x(k+1) = \theta\xi(x(k)) + u(k)$, $k \in \{0, 1, \cdots, \infty\}$ ① 系统在无限时间区间上运行； ② 不必具有重复性； ③ 未知参数为常数	$x(k+1, i) = \theta(k)\xi(x(k, i)) + u(k, i)$, $k \in \{0, 1, \cdots, T\}, i \in \{0, 1, \cdots, \infty\}$ ① 系统在有限时间区间上运行； ② 系统具有重复性； ③ 未知参数可任意时变
	时间轴上的线性参数化系统	迭代轴上的线性参数化系统

续表

	离散时间系统自适应控制	离散时间系统自适应 ILC
关键假设	非线性函数 $\xi(x(k))$ 对所有时间 $k \in \{0,1,\cdots,\infty\}$，满足线性增长条件	非线性函数 $\xi(x(k,i))$ 对所有时间 $k \in \{0,1,\cdots,T\}$ 和迭代过程 $i \in \{0,1,\cdots,\infty\}$ 满足线性增长条件
	时间轴上的线性增长条件	迭代轴上的线性增长条件
期望轨迹	$r(k)$，对所有 $k \in \{0,1,\cdots,\infty\}$ 均有界。无限时间区间上的跟踪任务	$r(k,i)$，对所有 $k \in \{0,1,\cdots,T\}$ 和 $i \in \{0,1,\cdots,\infty\}$ 均有界 有限时间区间上的跟踪任务
	时间轴方向的渐近跟踪	迭代轴方向的渐近跟踪
控制律	$u(k)=r(k+1)-\hat{\theta}(k)\xi(x(k)),k \in \{0,1,\cdots,\infty\}$ 控制器非重复运行	$u(k,i)=r(k+1,i)-\hat{\theta}(k,i)\xi(x(k,i)),k \in \{0,1,\cdots,T-1\}$ 和 $i \in \{0,1,\cdots,\infty\}$ 控制器重复运行
	时间轴方向的反馈控制	迭代轴方向的反馈控制
估计器 RLS	$\hat{\theta}(k)=\hat{\theta}(k-1)$ $\qquad +P(k-1)\xi(x(k-1))e(k)$ $P(k-1)=P(k-2)$ $\qquad -\dfrac{P^2(k-2)\xi^2(x(k-1))}{1+P(k-2)\xi^2(x(k-1))}$	$\hat{\theta}(k,i)=\hat{\theta}(k,i-1)$ $\qquad +P(k,i-1)\xi(x(k,i-1))e(k+1,i-1)$ $P_{k-1}(k,i-1)=P_{k-2}(k,i-2)$ $\qquad -\dfrac{P^2(k,i-2)\xi^2(x(k,i-1))}{1+P(k,i-2)\xi^2(x(k,i-1))}$
估计器 投影算法	$\hat{\theta}(k)=\hat{\theta}(k-1)$ $\qquad -\dfrac{a\xi(x(k-1))}{c+\xi(x(k-1))^2}e(k),$	$\hat{\theta}(k,i)=\hat{\theta}(k,i-1)$ $\qquad -\dfrac{a\xi(x(k,i-1))}{c+\xi(x(k,i-1))^2}e(k+1,i-1)$
	时间轴方向的迭代更新估计	迭代轴方向的迭代更新估计
收敛性质	$\forall k: \hat{\theta}(k)$ 有界，且 $|\hat{\theta}(k)-\theta| \leqslant \cdots \leqslant |\hat{\theta}(0)-\theta|$； $\lim\limits_{k\to\infty}e(k)=0$； 系统 BIBO 稳定	$\forall k \in \{0,\cdots,T-1\}$ 和 $i \in \{0,1,\cdots,\infty\}$： $\hat{\theta}(k,i)$ 有界，且 $|\hat{\theta}(k,i)-\theta(k)| \leqslant \cdots \leqslant |\hat{\theta}(k,0)-\theta(k)|$；$\lim\limits_{i\to\infty}e(k,i)=0$； 系统 BIBO 稳定
	时间轴方向	迭代轴方向
分析工具	关键技术引理	类关键技术引理
	时间轴方向上的关键技术引理	迭代轴方向上的关键技术引理

由表 10.5 很容易发现，所提出的离散时间自适应 ILC 和传统的离散时间自适应控制的相似性：①被控对象及其假设是相似的；②控制器结构以及估计器结构是相同的；③收敛性分析工具关键技术引理和类关键技术引理是相似的；④稳

定性和收敛性分析过程也是相似的. 只是两种控制系统的设计、分析和运行一个是沿时间轴进行的,一个是沿迭代轴进行的. 也就是说离散时间自适应 ILC 就是将离散自适应控制设计和分析方法沿迭代轴方向"竖立"而得到. 或者说,离散自适应控制就是将离散自适应 ILC 的设计和分析方法沿时间轴方向"放倒"而获得. 因此,这两种方法尽管在应用背景、研究对象等方面有些不同,但本质上是相似的,在控制系统的设计和分析等方面均可以相互借鉴、互为补充. 关于这方面更多的工作可参见文献[209,212,255-263].

10.5　小　　结

本章给出了自适应控制系统的对称相似结构的定义、设计原则及其性质,研究和设计了具有对称相似结构的自适应控制系统和 MFAC 系统,并仿真验证了具有对称相似结构的自适应控制系统的"优越性",详细分析和比较了 MFAC 方法和 MFAILC 方法的相似性. 在此基础上,本章还从更为宽广的角度,研究了自适应控制和 ILC 两种不同控制理论方法之间的相似性,并交叉变异,提出了具有"优越"品质的离散时间自适应 ILC 方法.

控制系统中的对称相似结构可大大简化控制系统设计和分析的难度. 一方面,自身具有对称相似结构的控制方法,具有实现简单的优点. 例如,具有对称相似结构的 MFAC,其控制律和估计律可以用相同结构的算法实现. 另一方面,具有相似结构的不同控制方法之间,可很容易地借鉴对方的新结果. 例如,任何自适应控制方面的新结果都有可能推广到与其具有相似性结构的自适应迭代学习控制中. 同样,MFAC 和 MFAILC 之间、周期自适应控制和 ILC 之间,本质上都是相似的,都有可能借鉴对方的设计分析方法及其新结果.

第 11 章 应　　用

11.1　引　　言

20 世纪中叶以来,基于模型的控制在理论和实际应用两个领域都获得了空前的成功,尤其是在航天和军事领域的成就更是其他学科所无法比拟的. 然而,随着科学技术的快速发展,企业的规模越来越大、流程越来越复杂、对产品质量的要求越来越高,这给基于模型的控制理论在实际中的应用带来越来越多的困难. 对于一个实际的工业过程来说,要想建立精确的数学模型是一件非常难的事情,多数情况是不可能的. 即使能建立起数学模型,未建模动态问题也不可避免,基于不准确的数学模型而设计的控制系统在实际应用中的控制效果就会与理论分析的预期效果相差甚远,未建模动态问题对基于模型的控制理论发展和实际应用是一个致命的阻碍,同时也是基于模型的控制理论和实际应用效果之间存在鸿沟的根本原因. 因此,研究如何利用数据解决无法获取准确数学模型的实际系统的控制任务,无论是对控制理论本身的发展,还是对控制理论的实际应用都是一件具有重大意义的事情.

无模型自适应控制(model free adaptive control,MFAC)自 1994 年[23]提出以来,理论上已经逐步得到了发展和完善,在实际中也取得了比较广泛的成功应用,如直线电机控制[29,30]、pH 中和过程[264,265]、快速路交通控制[210,211,266,267]、大型轮船的减摇系统[268,269]、液位控制[25,270,271]、玻璃熔窑系统[272]、磁悬浮开关磁阻电机[273]、MR 阻尼器[274]、电厂主汽压力控制[275]、球磨机负载控制[276,277]、大型射电望远镜[278]、索网式天线网面精度调整[279]、索系馈源支撑结构[280]、电气炉控制[281]、多点板材成型[282]、水下拖曳升沉补偿[283]、注模成型控制[30]、焊接过程[284-287]、垂直钻井纠斜控制[288]、宏观经济动态控制[289]、多线切割系统[290]、电弧炉电极调节系统[291]、风力发电系统[292,293]、人工心脏心率调节[294,295]、电压型PWM 整流器[296]等 60 余个实际系统和仿真系统.

本章内容仅介绍如下几个典型的实际系统:三容水箱、永磁直线电机、快速路交通系统、电弧焊接过程、风力发电的 MFAC 控制方案. 关于 MFAC 方法在其他实际系统中的应用请参阅文献.

11.2 三容水箱系统

液位是工业过程控制中的重要参数之一. 三容水箱液位控制系统是一种典型的具有大滞后、慢时变参数的非线性系统,工业过程中的许多被控对象都可以整体或局部地被描述成三容水箱系统.

本节中的三容水箱控制对象是由浙江天煌科技实业公司生产的 THJ-2 型高级过程控制实验装置. 实验目的是将 MFAC 方法应用于该三容水箱系统,并验证 MFAC 方法在液位控制系统实际应用时的有效性. 进一步,将其他两种典型的数据驱动控制方法,VRFT 和 IFT,应用到该三容水箱系统中,用以比较三种数据驱动控制方法之间的优缺点.

11.2.1 实验装置

三容水箱控制系统实验装置如图 11.1(a)所示,包括上位机、控制仪表、执行机构、上水箱、中水箱、下水箱和液位检测装置等部件. 该装置的执行机构包括一个智能电动调节阀和一个三相 380V 交流磁力驱动泵. 水泵用于提供水箱供水动力,其最大流量为 32 升/分钟. 调节阀用于调节水泵流量,重复精度±1%. 液位检测装置采用扩散硅压力变送器,精度为 0.25cm. 三个水箱的直径和高分别是 35cm 和 20cm,每个水箱各有一个手动的进水流量调节阀门和一个手动的出水流量调节阀门.

三容水箱系统的原理图如图 11.1(b)所示. 被控对象由三个水箱串联组成,被控制量是下水箱的液位,控制量是上水箱的进水流量. 控制目标是调节上水箱的进水流量,使下水箱的液位能够跟踪期望液位. 较长的供水管路导致控制输入的较大滞后,而三个水箱和执行机构又存在非线性特性. 因此,被控对象是一个滞后非线性系统.

该装置出厂的控制仪表只能完成对水箱液位的 PID 控制. 因此,为了在实验装置上研究三种数据驱动控制方法,作者开发了一套新的数据驱动控制仪表,其硬件部分包括 ARM7 处理器、10 位的 AD/DA 接口电路和通信接口电路. 软件部分包括 MFAC、IFT 和 VRFT 三种数据驱动控制算法以及与上位机的通信程序. 上位机软件采用 C++Builder 编写,用于设置控制算法类型和控制器参数,并对控制仪表返回的控制信号及液位信号进行监测和实时显示.

（a）实验装置

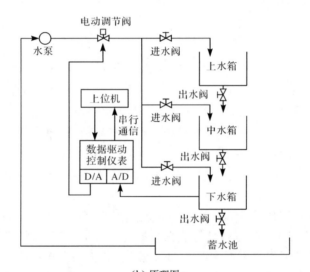

（b）原理图

图 11.1　三容水箱系统

11.2.2　三种数据驱动控制方案

1. MFAC 方案

由于 MFAC 方案仅需要利用受控系统的 I/O 数据，而不需要对三容水箱系统建模，因此若给定下水箱的期望液位 $h_d(k)$，按照 4.3 节介绍的方法可直接给出针对三容水箱液位调节的 PFDL-MFAC 控制方案如下

$$\hat{\boldsymbol{\phi}}_{p,L}(k)=\hat{\boldsymbol{\phi}}_{p,L}(k-1)+\frac{\eta\Delta\boldsymbol{U}_L(k-1)(h(k)-h(k-1)-\hat{\boldsymbol{\phi}}_{p,L}^{\mathrm{T}}(k-1)\Delta\boldsymbol{U}_L(k-1))}{\mu+\parallel\Delta\boldsymbol{U}_L(k-1)\parallel^2}.$$

(11.1)

$$\hat{\boldsymbol{\phi}}_{p,L}(k) = \hat{\boldsymbol{\phi}}_{p,L}(1), 如果 \|\hat{\boldsymbol{\phi}}_{p,L}(k)\| \leqslant \varepsilon \ 或 \ \|\Delta U_L(k-1)\| \leqslant \varepsilon \ 或$$

$$\mathrm{sign}(\hat{\phi}_1(k)) \neq \mathrm{sign}(\hat{\phi}_1(1)), \tag{11.2}$$

$$u(k) = u(k-1) + \frac{\rho_1 \hat{\phi}_1(k)(h_d(k+1)-h(k))}{\lambda + |\hat{\phi}_1(k)|^2} - \frac{\hat{\phi}_1(k)\sum_{i=2}^{L}\rho_i\hat{\phi}_i(k)\Delta u(k-i+1)}{\lambda + |\hat{\phi}_1(k)|^2},$$
$$\tag{11.3}$$

其中, $h(k)$ 表示下水箱的液位(cm); $u(k)$ 表示水泵流量(L/min); $\hat{\boldsymbol{\phi}}_{p,L}(1)$ 为 $\hat{\boldsymbol{\phi}}_{p,L}(k)$ 的初始值; $\lambda>0, \mu>0, \eta\in(0,2), \rho_i\in(0,1], i=1,2,\cdots,L, \varepsilon$ 为一个小正数.

2. VRFT 方法

VRFT 方法[51,52,117,297]的控制目标是:针对未知的被控对象 $P(z)$,预先给定控制器结构 $C(z,\Theta)$ 和一个给定可逆的期望闭环传递函数 $M(z)$,利用收集到的一定采样时间长度内的一组开环或者闭环系统 I/O 数据来优化控制器参数 Θ,使得闭环控制系统的特性与期望的闭环传递函数 $M(z)$ 一致,也就是使得如下控制性能指标 $J(\Theta)$ 最小

$$J(\Theta) = \left\| \left(\frac{P(z)C(z,\Theta)}{1+P(z)C(z,\Theta)} - M(z) \right) W(z) \right\|_2^2, \tag{11.4}$$

其中, $W(z)$ 是权重函数; z 是一步向前移位算子.

在实际应用中,经常选用的 VRFT 控制器结构为 PID 控制器,在下面的实验中用到的 VRFT 控制器结构如下

$$u(k) = u(k-1) + K_1 e(k) + K_2 e(k-1) + \cdots + K_{n_c} e(k-n_c+1), \tag{11.5}$$

其中, $K_1, K_2, \cdots, K_{n_c}$ 表示控制器参数 Θ 的 n_c 个分量; n_c 表示控制器的阶数.

3. IFT 方法

IFT 方法[40,43,45,298,299]的控制目标是:针对未知的被控对象 $P(z)$,给定期望输出信号 $y^*(k)$ 和控制器 $C(z,\Theta)$ 的结构,在闭环系统上进行迭代实验,每次迭代实验包括正常实验和梯度实验[40,45,298,299],利用迭代实验的 I/O 数据优化控制器的参数 Θ,也就是使得如下性能指标函数最小

$$J(\Theta) = \frac{1}{2N}\sum_{k=1}^{N}(y(k,\Theta)-y^*(k))^2, \tag{11.6}$$

其中, N 是闭环实验中获得的 I/O 数据对的数量.理论上,若迭代实验中闭环系统稳定,则当迭代次数趋于无穷时,控制器参数达到局部最优[45].本节用到的 IFT 控制器结构也如式(11.5)所示.

IFT 方法与 VRFT 方法的主要差别是:①IFT 方法基于梯度下降算法,本质

上是一种迭代方法. 因此,需要在实际被控对象上进行大量迭代实验来完成控制器参数的优化;②VRFT 方法仅利用一组系统 I/O 数据就可以完成控制器参数的优化,不需要进行迭代实验. 关于以上两种方法的细节请参阅文献.

11. 2. 3　实验研究

实验研究包括两个实验,实验一的目的是验证前述三种控制算法在水箱液位控制中的有效性,并考察控制器参数的选择对控制效果的影响;实验二的目的是对前述三种控制算法的控制效果进行综合比较,并研究当系统结构发生变化时相应的控制算法的鲁棒性.

实验一:实验时间长度设定为 400s,采样时间为 1s. 打开三个水箱的出水阀和上水箱的进水阀,同时关闭中水箱和下水箱的进水阀,控制目标为通过调节上水箱的进水流量控制下水箱的液位跟踪期望液位. 下水箱的期望液位设置为 $h_d =$ 5cm. 系统初始液位为 $h=0$cm,水泵初始流量为 $u(0)=0$L/min .

1. 应用 PFDL-MFAC 方法

一般而言,在 PFDL-MFAC 方案中选取较大的控制输入线性化常数 L 会得到较好的控制效果,但同时会增加在线调整参数的数量,从而增大在线计算的负担,为选取一个合适的 L,下面进行两次实验来比较 $L=3$ 和 $L=5$ 时,PFDL-MFAC 方案(11. 1)~(11. 3)控制效果.

当 $L=3$ 时,PG 的初值设为 $\hat{\boldsymbol{\phi}}_{p,L}(0)=[0.5,0,0]^{\mathrm{T}}$;当 $L=5$ 时,PG 的初值设为 $\hat{\boldsymbol{\phi}}_{p,L}(0)=[0.5,0,0,0,0]^{\mathrm{T}}$. 控制器中的其他可调参数都设定为 $\lambda=1,\eta=1,\mu=1,\rho_i=1,i=1,\cdots,L$. 从图 11. 2 的仿真结果可以看出,$L=5$ 时的控制效果较好.

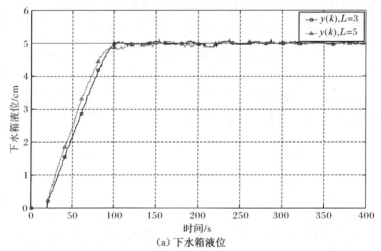

(a) 下水箱液位

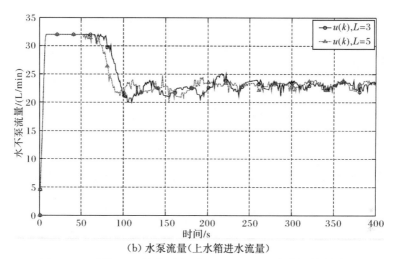

（b）水泵流量（上水箱进水流量）

图 11.2 不同 LLC 情况下应用 PFDL-MFAC 方案的控制效果

2. 应用 VRFT 方法

由于 VRFT 方法要求控制器结构已知,因此,在利用 VRFT 方法整定控制器参数之前要给定控制器(11.5)的阶数 n_c. 为了得到较好的控制器参数 n_c 和 Θ,考虑 $(n_c, \text{I/O 数据对个数}) \in \{(3,200),(5,200),(3,400),(5,400)\}$ 这四种情形下的参数整定结果.

水箱系统的滞后时间约为 24s,因此参考模型设置为 $M = z^{-24}$. 实验结果如图 11.3 所示. 可以看出,当 $n_c = 5$ 及采集 400 对 I/O 数据时,其控制效果最好,相应的控制器为

$$u(k) = u(k-1) + 12.04e(k) - 11.78e(k-1) - 2.045e(k-2) + 0.747e(k-3)$$
$$+ 1.365e(k-4).$$

3. 应用 IFT 方法

IFT 方法也要求控制器结构已知,因此,在利用 IFT 方法整定控制器参数之前要给定控制器(11.5)的阶数 n_c. 为了得到较好的控制器参数 n_c 和 Θ,考虑 $(n_c, \text{I/O 数据对个数}) \in \{(3,200),(5,200),(3,400),(5,400)\}$ 这四种情形下的参数整定结果. IFT 方法的补偿因子设置为 $\gamma = 0.01$. 由于每次迭代实验要进行正常实验和梯度实验两次实验,非常耗时. 因此,对于每种情形只进行五次迭代实验,然后利用五次迭代实验的数据优化相应的控制器参数. 实验结果如图 11.4 所示. 从图 11.4 可以看出,当 $n_c = 5$,采集 400 对 I/O 数据时其控制效果最好,相应的控制器为

$$u(k) = u(k-1) + 8.62e(k) - 8.922e(k-1) + 0.555e(k-2)$$
$$- 0.585e(k-3) + 0.851e(k-4).$$

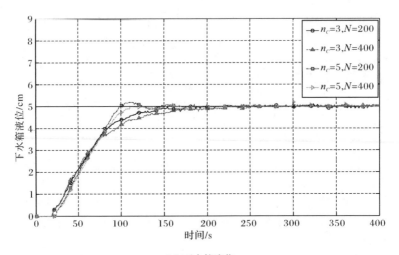

（a）下水箱液位

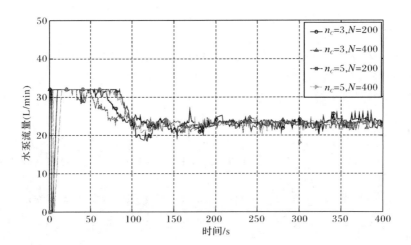

（b）水泵流量（上水箱进水流量）

图 11.3 不同控制器阶数和数据对个数情况下应用 VRFT 方法的控制效果

从以上实验结果可以看出,分别应用三种不同数据驱动控制方法都能较好地实现三容水箱的液位控制.值得指出的是:首先,从控制效果上看,MFAC 方法优于其他两种方法.另外,经过五次迭代之后,利用 IFT 方法得到的控制效果仍然没有得到改善,这意味着控制器的参数并没有收敛到最优值.其原因可能在于有限的数据量和不合理的参数更新率的步长设置.其次,从用于参数整定的实验数据量来看,MFAC 是一种在线自适应控制方法,仅需利用在线数据更新控制器参数,无需离线数据的收集过程;其他两种方法是离线方法,离线数据收集过程不可避

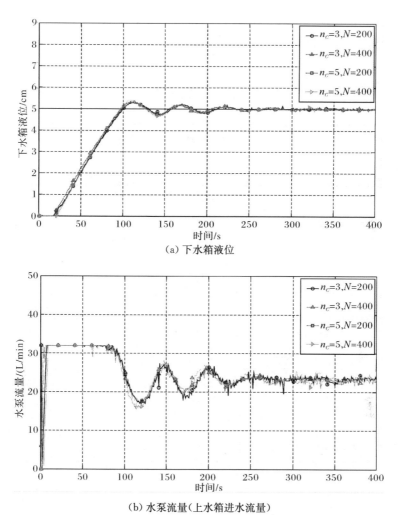

(a) 下水箱液位

(b) 水泵流量(上水箱进水流量)

图 11.4 不同控制器阶数和数据对个数情况下应用 IFT 的控制效果

免,且收集到的数据越多,其控制效果越好.最后,需要指出的是,对于 IFT 方法来说,需要做很多次迭代实验才有可能找到最优的控制器参数.因此,IFT 方法的参数整定过程比 VRFT 方法要耗时得多,仅进行了五次迭代实验,却耗时 5h.

实验二:在实验一中已经得到了三种控制方法的最好的控制参数.基于这些最好的控制器参数,进行如下实验来比较三种数据驱动控制方法的鲁棒性.

实验时间长度,采样时间,期望轨迹,系统初值的设置与实验一相同.首先,重做实验一,在 250s 时刻,关闭上水箱的进水阀,同时打开下水箱的进水阀.因此,在 250s 之后,被控对象由三容水箱变为单容水箱,其控制输入相应的变为下水箱的进口流率.从系统动力学角度来说,本次实验的被控对象是一个系统阶数和时滞都变化的非线性系统.将三种数据驱动控制方法分别应用于这个结构时变的三容水箱系统,其实验结果如图 11.5 所示.

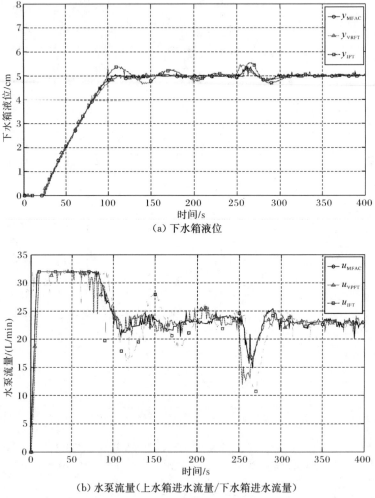

(a) 下水箱液位

(b) 水泵流量(上水箱进水流量/下水箱进水流量)

图 11.5　三种数据驱动控制方法的控制效果比较

为了更清楚地比较三种算法的控制性能,表 11.1 列出了三者的均方根(root mean square,RMS)误差指标 $e_{RMS} = \sqrt{\dfrac{1}{N}\sum\limits_{k=1}^{N} e\left(k\right)^2}$ 和时间乘以误差绝对值积分 (integral time absolute error,ITAE) 指标 $e_{ITAE} = \sum\limits_{k=1}^{N} k\left|e(k)\right|$ 以及控制输入变化的平方和(total sum of square,TSS) 指标 $\Delta u_{TSS} = \sum\limits_{k=1}^{N} \Delta u\left(k\right)^2$ 的具体数值比较结果.

表 **11.1**　跟踪误差的 **RMS** 指标和 **ITAE** 指标以及控制输入变化的 **TSS** 指标

	MFAC	VRFT	IFT
e_{RMS}	0.01675	0.01679	0.01702
e_{ITAE}	132	144	179
Δu_{TSS}	333	481	1950

上述实验结果表明,在三容水箱系统的结构发生改变的情形下,三种数据驱动控制方法都能得到较为满意的控制效果,无论从哪个指标上比较,MFAC 都是最好的. 进一步,需要指出的是:①MFAC 算法简单,省时省力,易于实现,其控制性能也优于其他两种方法,且相对较小的控制输入变化使得执行机构的磨损也较小;②MFAC 方法是一种在线的控制方法,无需离线量测数据的收集过程,而VRFT方法和IFT方法都是离线的控制器参数整定方法,离线数据的收集过程不可避免;③IFT 方法需要多次迭代实验才能完成控制器参数优化,整定过程比较耗时.

11.3　永磁直线电机

永磁直线电机是一种将电能直接转化成直线运动机械能而不需要任何中间转换机构的装置,因而较传统的机械传动方式有明显的优势,如结构简单、无接触、无磨损、噪声低、速度快、精度高等. 近年来,直线电机在高速、高精度运行装置中得到了广泛的应用.

在直线电机运行时,由于电机参数的变化、导轨摩擦力的产生、电机内部存在的齿槽效应以及端部效应等各种因素的存在[300],给直线电机系统的精确数学建模带来了巨大的困难,同时也由于负载等各种不确定性因素以及外界干扰的影响,使得应用基于模型的控制方法控制直线电机运行的效果不甚理想. 与单轴直线电机控制相比,双轴直线电机龙门系统的两个运动轴之间存在耦合,因此,为了克服以上问题,除采用高性能的硬件外,还需要采用先进控制方法处理上述因素的影响[301-304].

由于需要建立受控系统的精确的数学模型信息,同时也由于实际问题中未知扰动很难确定,以及设计和计算复杂等问题,自适应鲁棒控制方法在实际直线电机控制中的应用受到一定的限制[301]. PID 控制方法由于缺乏处理系统时变干扰的能力而难以达到对直线电机高速高精度控制的要求[304]. 基于扰动观测器的控制方法可以在一定程度上补偿观测到的扰动,但这需要受控系统的精确数学模型[303]. 神经网络控制方法仅用受控系统的I/O数据就能设计控制器,因而在直线电机控制中也有一定的应用,但该方法存在神经网络训练困难、计算量大等缺点且不易处理系统中的各种不确定性[302]. 因此,构造不依赖于模型的控制器对精密直线伺服系统的控制具有重要意义.

本节在直线电机精密运动平台和双轴直线电机龙门系统上设计出基于 MFAC 的控制方案. 实验结果表明,利用该控制方案可以提高直线电机伺服系统的位置跟踪精度并具备一定的抗干扰能力.

11.3.1　永磁同步直线电机

1. 实验装置

实验所用的装置是由郑州微纳科技有限公司研发的直线电机伺服系统,见图 11.6. 该系统由 U 型永磁同步直线伺服电机、机械运动平台、精密线性导轨、光栅编码器检测装置和数字伺服驱动器构成. 该直线电机的最大速度为 1m/s,最大加速度为 60m/s^2,最大行程为 380mm,额定推力为 30N,峰值推力为 80N. 光栅位置检测装置的分辨率为 $5\mu\text{m}$.

图 11.6　直线电机伺服系统硬件配置

本小节设计的基于 MFAC 的直线电机伺服系统是一个双闭环系统. 速度内环由以色列 Elmo 公司开发的直线电机伺服驱动器实现,位置外环由 MFAC 方案实现. 该系统工作原理如图 11.7 所示,具体的工作步骤如下.

步骤 1　将设计好的 MFAC 算法在 PC 机上通过 Matlab/Simulink 搭建,将 I/O 接口替换为 cSPACE 的 Simulink 硬件模块,运行编译模块将 MFAC 算法自动生成 DSP 代码,通过 USB 接口将代码下载到 DSP 中.

步骤 2　cSPACE 控制卡通过光栅编码器采集直线电机的位置信号,将其与期望的正弦位置信号比较得到误差信号,然后调用 DSP 中的 MFAC 算法计算得到电压的控制信号,最后将该信号通过 D/A 转换送至直线电机伺服驱动器.

步骤 3 来自 cSPACE 控制卡的控制信号,经过直线电机伺服驱动器放大后驱动直线电机运行.

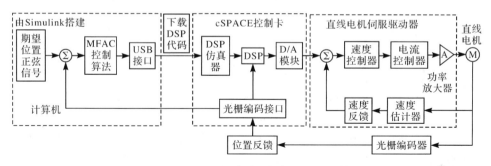

图 11.7 基于 MFAC 的直线电机伺服系统工作原理图

2. 控制方案设计

直线电机伺服系统可用如下 CFDL 数据模型描述

$$\Delta y(k+1) = \phi_c(k)\Delta u(k), \tag{11.7}$$

其中,控制输入 $u(k)$ 是直线电机在 k 时刻的输入电压(V);系统输出 $y(k)$ 是直线电机在 k 时刻的位置(mm);$\Delta y(k+1) \underline{\triangle} y(k+1) - y(k)$,$\Delta u(k) \underline{\triangle} u(k) - u(k-1)$.

注 11.1 直线电机伺服系统满足 CFDL 模型转化的两个假设条件. 首先直线电机是一个连续运动的系统,其动态系统满足一定的光滑性;其次,当输入的控制电压在电机运行的允许范围内时,输入电压的有界变化引起的电机位置变化也必然是有界的,即满足广义 Lipschitz 条件.

给定电机运行的期望位移曲线 $y_d(k)$,直线电机 CFDL-MFAC 方案设计如下

$$\hat{\phi}_c(k) = \hat{\phi}_c(k-1) + \frac{\eta \Delta u(k-1)(y(k) - y(k-1) - \hat{\phi}_c(k-1)\Delta u(k-1))}{\mu + |\Delta u(k-1)|^2}.$$

$$\tag{11.8}$$

$\hat{\phi}_c(k) = \hat{\phi}_c(1)$,如果 $|\hat{\phi}_c(k)| \leqslant \varepsilon$ 或 $|\Delta u(k-1)| \leqslant \varepsilon$ 或

$$\text{sign}(\hat{\phi}_c(k)) \neq \text{sign}(\hat{\phi}_c(1)), \tag{11.9}$$

$$u(k) = u(k-1) + \frac{\rho \hat{\phi}_c(k)(y_d(k+1) - y(k))}{\lambda + |\hat{\phi}_c(k)|^2}, \tag{11.10}$$

其中,$\hat{\phi}_c(1)$ 为 $\hat{\phi}_c(k)$ 的初始值;$\lambda > 0, \mu > 0, \eta \in (0,1]$ 和 $\rho \in (0,1]$ 为可调参数;ε 为

一个小正数. 控制输入和 PPD 的估计值分别由式(11.10)和式(11.8)根据直线电机的 I/O 数据在线更新.

　　3. 实验研究

　　实验包含两部分, 第一部分是直线电机驱动器性能测试; 第二部分是直线电机伺服系统控制实验.

　　1) 直线电机伺服驱动器性能测试及分析

　　直线电机伺服驱动器动态响应特性直接关系到外环控制策略的实施效果. 因此, 首先对直线电机伺服驱动器的基本性能进行调试和分析, 以保证该驱动器可以满足试验的各项性能需要.

　　使用 Elmo Composer 软件对伺服驱动器的底层参数进行设置和调节, 获得的频率特性如图 11.8 所示. 从频率特性曲线可知速度闭环系统对低频信号(5Hz 以下)具有较快的响应速度.

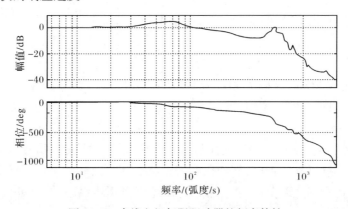

图 11.8　直线电机伺服驱动器的频率特性

　　图 11.9 给出了速度闭环系统对 20 000 个脉冲/s 的速度阶跃响应曲线. 由光栅编码器的分辨率是 5μm 可知相应的速度为 0.1m/s. 从图 11.9 可看出该直线电机伺服驱动器对速度的阶跃信号响应较快、调节时间短且稳态误差较小. 对于本节所要研究的直线电机位置跟踪控制而言, 精度已经达到了实验的要求.

　　2) 直线电机伺服系统控制实验

　　实验的目的是在直线电机伺服驱动器速度内环稳定情况下, 考察几种数据驱动控制方法在位置控制中的控制性能及鲁棒性.

　　针对上述直线电机伺服系统, 选取两种期望位置信号和一种负载扰动作为典型情况来进行研究, 具体描述见表 11.2. 分别应用 PID、神经网络控制和 MFAC 算法进行位置控制. 实验的采样周期为 0.005s.

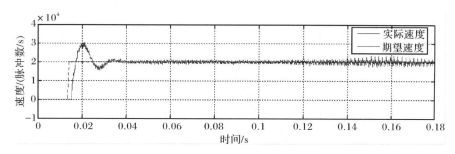

图 11.9 直线电机伺服驱动器速度跟踪特性

表 11.2 试验情形

情形	期望位置输出信号/mm	负载扰动情况	实验目的
1	$90\sin(2\pi kT/1000)$（平均速度约 72mm/s）	空载	在电机低速运行时，考察算法在位置跟踪控制中的效果
2	$90\sin(2\pi kT/200)$（平均速度约 360mm/s）	空载	在电机高速运行时，考察算法在位置跟踪中的效果
3	$90\sin(2\pi kT/200)$（平均速度约 360mm/s）	运行平稳后，加 2kg 负载	考察负载发生变化时，位置跟踪控制算法的鲁棒性

情形 1 应用 PID 控制方法，整定后的参数分别为 $k_P=0.9, k_I=18, k_D=0$，控制效果如图 11.10(a) 所示，位置跟踪误差在 0.6mm 之内．

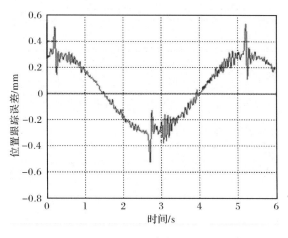

(a) PID 方法

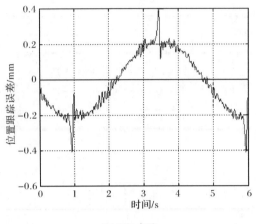

（b）NN方法

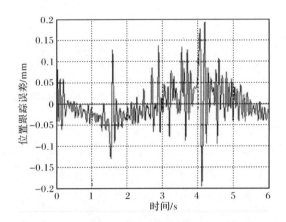

（c）应用 CFDL-MFAC 方案

图 11.10　情形 1 下三种控制算法的位置跟踪误差

　　应用 BP 神经网络控制方法，网络为三层前向网络 $NN_{1\text{-}20\text{-}1}$，训练次数为 3000 次，学习率为 1，跟踪误差阈值设为 0.0001mm. 该控制器最好的控制效果如图 11.10(b) 所示，位置跟踪误差在 0.4mm 之内.

　　应用 CFDL-MFAC 方案 (11.8)～(11.10)，参数分别设定为 $\eta=1.5$，$\mu=1.5$，$\rho=0.01$，$\lambda=4$，$\varepsilon=0.001$，$\hat{\phi}(k)$ 的初值 $\hat{\phi}(1)$ 取为 2. 控制效果如图 11.10(c) 所示，跟踪误差在 0.2mm 之内.

　　从控制效果上看，三种方法都能实现对电机的实际控制，但应用 MFAC 方案的控制效果明显优于前两种方法.

　　将期望位置正弦信号的幅值减小为 30mm，即直线电机行程变短时，三种算法的位置误差变化均不大,在 0.01mm 之间. 当正弦信号的幅值增大为 150mm,即直线电机行程加大时,控制效果也类似.

情形 2 应用 PID 控制器,整定后的参数分别为 $k_P=1, k_I=24, k_D=0$,位置跟踪误差如图 11.11(a)所示,最大误差为 3mm 左右. 相对于情形 1 时的结果,PID 控制的跟踪误差明显增大,控制精度降低. 采用神经网络控制的位置跟踪误差如图 11.11(b)所示,最大误差约为 0.8mm,控制精度优于 PID 控制. 与 PID 控制和神经网络控制相比,应用 CFDL-MFAC 方案(11.8)~(11.10)依然具有最好的控制效果,其位置跟踪误差如图 11.11(c)所示,最大误差小于 0.4mm. 此时 MFAC 方案中的参数 λ 调整为 1.3.

由永磁直线电机的特性可知,当其速度增大时,驱动电机的电流将增大,因此电机中随电流变化的干扰对电机动态性能会产生非常大的影响. 通过实验发现,

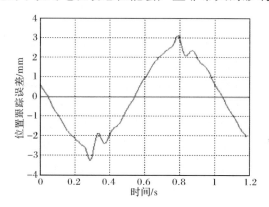

(a) PID 方法

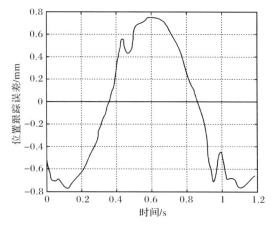

(b) NN 方法

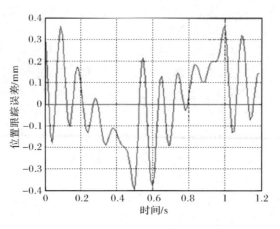

（c）MFAC 方案

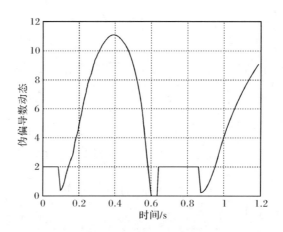

（d）MFAC 方案中 PPD 动态特性

图 11.11　情形 2 下三种控制算法的特性比较

采用 MFAC 方案在电机高速运行时依然能得到很好的跟踪性能,这说明了 MFAC 方案是不依赖于模型的. 其 PPD 的估计值是一个时变的参数,如图 11.11(d)所示,正是由于它的不断变化自适应地调节了位置变化量和电压变化量之间的关系.

对 CFDL-MFAC 方案进行进一步的实验分析会发现:当其他参数不变,选取 $\lambda > 8$ 时,位置输出产生非常大的相位差,最大可达 180°;如果选取参数 $\lambda > 10$,则系统响应会变得非常慢. 其原因是,过大的 λ 会导致输入电压变化量趋于零,PPD 不再随时间发生变化,也就不能调节电机电压和位置的变化. 另一方面,如果减小 λ,则位置信号会变为三角波,甚至出现平顶现象,具有非常大的跟踪误差. 而当 λ<0.5 后,系统会产生震荡. 原因是,过小的 λ 会引起过大的电压变化量,使系统不能平稳运行. 由此可见,λ 的选择会明显影响系统的动态性能. 这与理论分析是相吻合的.

情形 3 应用 PID 算法时,无论如何调节参数都无法使系统稳定,直线电机的运动会出现非常大的震荡,电机在经过多次往复运动达到其最大行程后停止. 应用神经网络控制方法所得到的最好的控制效果如图 11.12(a)所示. 相对于情形 2 时的结果,位置跟踪误差明显加大,最大值接近 1.5mm. 这是因为当存在负载扰动时,采用的神经网络控制无法实现神经网络权重的实时更新,从而导致控制精度降低. 应用 CFDL-MFAC 方案(11.8)~(11.10)时,只需将 PPD 重置为初值 $\hat{\phi}(1)$,不必调节参数 λ 就可得到稳定的跟踪特性,如图 11.12(b)所示,位置跟踪误差可以控制在 1mm 以内.

电机的电压、位置、速度和加速度等均与负载有关,当负载变化时这些变量都会发生变化,而 MFAC 方案在负载发生变化后,依然能够对直线伺服系统进行很好的控制,体现了该方法不依赖于模型的特性及其较强的鲁棒性.

由以上实验结果可知,MFAC 方案具有较强的处理负载扰动的能力,而 PID 控制对参数的调整非常敏感,很小的参数变化都可能使控制效果产生非常大的变化;神经网络控制的训练时间比较长. 相对而言,CFDL-MFAC 方案易于设计、使用和实现. 另外需要强调的是,如果应用 PFDL-MFAC 方案,其控制精度会大幅度提高,几乎可以达到 μm 级.

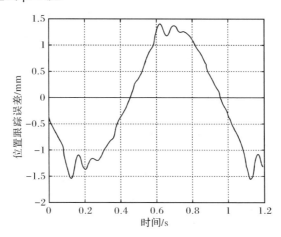

(a) 神经网络方法

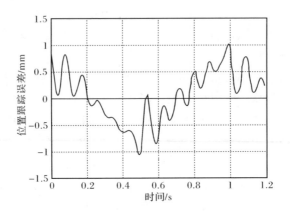

(b) MFAC 方案

图 11.12 情形 3 下控制算法的位置跟踪误差

11.3.2 双轴直线电机龙门系统

1. 实验装置

实验装置由台湾大银微系统有限公司研发的双轴直线电机龙门系统 LMG2A-CB6-CC8，以色列 Mega-fabs 公司的 D1 驱动器、DTC-8B 四通道转接接口板，美国泰道公司的可编程多轴运动卡（PMAC）和工业计算机构成，见图 11.13. 双轴龙门机床包括 X 轴和 Y 轴两个驱动轴以实现平面图形的定位和加工，它以线性导轨为定位平台，采用单边无铁心线性电机作为动力装置. 龙门系统每个轴直线电机的最大速度为 3m/s，最大加速度为 50m/s^2，其中，X 轴的最大推力为 330N，Y 轴的最大推力为 585N. 光栅位置检测装置的分辨率为 10^{-7}m.

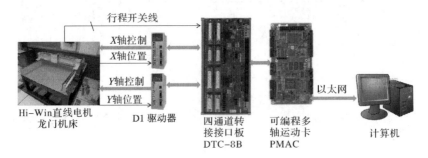

图 11.13 双轴直线电机龙门系统硬件配置

本小节设计的基于 MFAC 的直线电机龙门系统为一个双闭环系统，其中速度内环由以色列 Mega-fabs 公司开发的 D1 驱动器实现，位置外环由 MFAC 方案实现,该系统原理图见图 11.14.

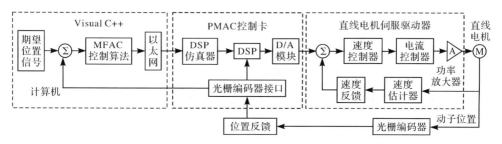

图 11.14 基于 MFAC 的双轴直线电机龙门系统原理图

具体的工作步骤如下.

步骤 1 在计算机上以 Visual C++语言实现设计好的 MFAC 方案,该方案根据期望的位置输出信号,来自 PMAC 控制卡的电机位置信号以及行程开关信号计算机床电机的控制信号,并将控制信号发送到 PMAC 控制卡;

步骤 2 PMAC 控制卡一方面接受光栅编码器采集的直线电机位置信号以及行程开关信号,并通过以太网线将其发送到计算机;另一面,将来自计算机的控制信号通过 D/A 转换为($-10\sim+10$V)电压信号,并将该信号经由 DTC-8B 四通道转接接口板送至 D1 电机驱动器;

步骤 3 来自 PMAC 控制卡的控制信号,经过 D1 电机伺服驱动器放大后驱动直线电机运行.

2. 控制方案设计

双轴直线电机龙门系统的 X 轴电机和 Y 轴电机均可用 FFDL 数据模型描述

$$\Delta y_i(k+1) = \phi_{i,1}(k)\Delta y_i(k) + \phi_{i,2}(k)\Delta u_i(k), \quad i = x, y,$$

其中,$\Delta u_i(k)$ 为龙门机床 i 轴在 k 时刻的控制输入(V);$y_i(k)$ 为 i 轴的动子在 k 时刻的位置(μm);$\Delta y_i(k+1) = y_i(k+1) - y_i(k)$,$\Delta u_i(k) = u_i(k) - u_i(k-1)$.

基于上述 FFDL 数据模型,可以应用 SISO 系统的 FFDL-MFAC 方案(4.65)~(4.67)对双轴直线电机龙门系统的 X 轴和 Y 轴进行控制.

3. 实验研究

实验目的是验证 FFDL-MFAC 方案在双轴电机协同控制中的有效性.将期望轨迹设为平面上以 R_d 为半径,角速度为 ω_d rad/s 的圆,即 $R_d(\mathrm{e}^{\mathrm{j}\omega_d t} - 1) = R_d(\cos(\omega_d t) - 1) + iR_d\sin(\omega_d t)$.基于以上描述,机床 X 轴和 Y 轴的期望输出轨迹分别设为

$$x_d(t) = R_d(\cos(\omega_d t) - 1),$$

$$y_d(t) = R_d \sin(\omega_d t).$$

为了检验期望输出信号发生变化时控制算法的鲁棒性,将参考轨迹的参数设为

$$\begin{cases} R_d = 0.05, & \omega_d = 0.1\pi, & 0\mathrm{s} \leqslant t < 15\mathrm{s} \\ R_d = 0.1, & \omega_d = 0.1\pi, & 15\mathrm{s} \leqslant t < 20\mathrm{s}, \end{cases}$$

实验持续时间设为 20s,系统采样时间设为 0.005s. 适当选择 MFAC 方案的控制器参数,并将其应用于双轴直线电机的协同控制,实验结果如图 11.15 所示. 从图 11.15(a) 可以看出,当系统的期望轨迹在第 15s 发生跳变时,控制方案可以保证对期望轨迹的快速跟踪,从图 11.15(b) 可以看出,系统的稳态误差在 $50\mu\mathrm{m}$ 之内. 这说明 MFAC 方案具有良好的动态性能和稳态跟踪精度.

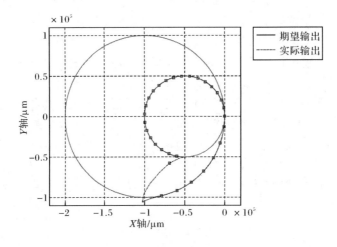

(a) 系统输出轨迹

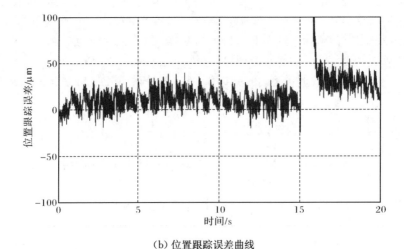

(b) 位置跟踪误差曲线

图 11.15　系统输出和跟踪误差曲线

11.4 快速路交通系统

快速路是现代大城市地面交通系统的一个重要组成部分,它能使居民在城市范围内快速出行,提高车辆在大城市中的运行效率.但是,仅靠城市交通基础设施的新建和改建很难满足由于现代城市人口高速增长而带来的巨大交通需求.快速路承担着越来越大的交通压力,快速路拥堵已经成为当前大城市交通面临的主要问题之一.快速路的拥堵会导致出行延误,使得快速路基础设施不能得到高效率的利用,降低交通的安全性,同时也会增加燃料消耗,加剧城市空气污染.所以,为了缓解或防止交通拥堵,提高快速路的通行效率,必须要对快速路交通流进行充分而有效的控制.

对快速路交通系统的控制方法一般分为入口匝道控制、主线速度控制和通道控制.其中,匝道控制是最常用也是最有效的控制方法[305].匝道控制是通过在匝道入口处设置交通信号灯,调节进入快速路的车流量,使得快速路上的交通流密度维持在一个期望的水平,从而可以避免和预防交通流的常发性拥堵和部分偶发性拥堵.匝道控制如果应用得当,可以有效缓解快速路拥堵并提高快速路的利用率.主线速度控制是指在快速路主线上方或路旁放置一个可变信息板,用以显示该路段期望的运行速度信息,提示交通的参与者遵照执行,目的是使快速路交通流的密度均匀,从而避免交通流拥堵.但该种措施是建议性的措施,没有交通流法规保障其强制性执行.通道控制也类似,它也是一种建议性的交通流控制措施,它也是通过显示交通流实时信息的可变信息板来诱导拥堵路段上的交通流到平行的不拥堵道路上,以期避免拥堵.

从系统控制的观点来看,入口匝道控制是典型的调节问题,许多现有的控制方法都可以应用,如数学规划方法[306]、线性二次型调节器[307]、PI 型控制器[308,309]、基于神经网络的控制方法[310]、最优控制理论[311]、ILC[67,205,267]等.根据文献[305],这些方法可以归为三类:定时控制策略、局部动态控制策略和系统控制策略.定时控制策略基于简单的静态交通流模型和历史数据制定入口匝道的信号配时方案.局部动态控制策略根据某个入口匝道邻近路段的实时交通条件而实时调整该入口匝道的流量,目的是使该入口匝道附近的交通流运行在最优的水平上.系统控制策略根据整个交通系统的交通状况来实时调整系统内的所有入口匝道的流量,以使整个交通流系统运行在最优的状态上.在上述三种方法中,定时控制策略的效果是最差的.局部动态控制在设计和实施上都比系统控制要容易得多,并且实践证明在很多情况下局部动态控制的效果并不比系统控制的效果差[305,312].

在众多的入口匝道控制方法中,目前应用最广的 ALINEA 方法属于局部动态控制策略,本质上是一种 PI 型控制器,其控制器的设计不需要对交通系统建模,实现简单.然而,PI 型控制器对于具有强非线性、时变、结构不确定性及参数不确定性的系统控制效果不理想,同时没有理论分析结果保证其稳定性.这就意味着,若交通系统的结构或参数发生变化,ALINEA 方法很难保证其控制性能.而天气的突然变化、早晚出行高峰等会导致快速路系统的结构或参数均发生显著变化[313].

　　需要强调的是,交通系统的控制问题具有自身的特点.首先,当交通流密度很轻时,交通流系统不需要控制,因为它不产生拥堵现象;相反,当交通流密度非常大并且超过某一临界值时,交通流系统也不需要控制,因为交通流密度一旦超过临界的交通流密度,无论怎样控制,交通拥堵总会发生[67, 205].其次,尽管由于信息技术和计算机技术的发展,交通流系统的所有状态实际中都是可以测量的,然而在实际交通系统中,任何交通流数据的检测都需要大量的资金投入.此外,通过获取的交通流数据来建立准确的交通流模型也是一件非常困难的事情.更何况实际交通流系统还受到各种外界扰动和干扰,如天气、道路几何形状以及驾驶人员的交通行为等.最后,交通流系统是一个高度非线性的系统,交通流模型中的主要参数由于受到天气等不确定性因素的影响都是时变参数,且交通流出口匝道的流量还具有不可控的特点,因此,交通流系统的控制问题是一个非常具有挑战性的问题.即使模型完全已知,交通流本身的非线性特性也使得基于模型的交通流控制系统设计变得很困难.

　　本节,在已有的快速路交通流模型的基础上,研究快速路交通系统应用 MFAC 的解决方案.数值仿真结果表明,MFAC 方案具有优于 ALINEA 方法的控制效果,而且控制器的参数调整简单,易于实现.

11.4.1　宏观交通流模型

　　得到广泛认可的交通流模型是 M. Papageorgiou 于 1989 年提出的[314].该时空离散模型将所描述的一条快速路分为 N 个路段,每个路段最多有一个入口匝道和一个出口匝道,该快速路路段划分示意图如图 11.16 所示.

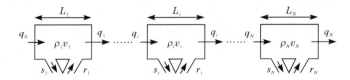

图 11.16　快速路路段划分示意图

　　具体的交通流模型如下

$$\rho_i(k+1) = \rho_i(k) + \frac{T}{L_i}[q_{i-1}(k) - q_i(k) + r_i(k) - s_i(k)], \quad (11.11)$$

$$q_i(k) = \rho_i(k) v_i(k),\tag{11.12}$$

$$v_i(k+1) = v_i(k) + \frac{T}{\tau}[V(\rho_i(k)) - v_i(k)]$$

$$+ \frac{T}{L_i} v_i(k)[v_{i-1}(k) - v_i(k)] - \frac{\nu T}{\tau L_i} \frac{[\rho_{i+1}(k) - \rho_i(k)]}{[\rho_i(k) + \kappa]},$$

$$\tag{11.13}$$

$$V(\rho_i(k)) = v_{\text{free}}(1 - [\frac{\rho_i(k)}{\rho_{\text{jam}}}]^l)^m,\tag{11.14}$$

其中，T 是采样周期；$k \in \{0,1,\cdots,K\}$ 表示第 k 个采样间隔；$i \in \{1,\cdots,N\}$ 表示第 i 个快速路路段；N 表示路段的总数.

模型中各个变量的含义如下：

$\rho_i(k)$ 表示路段 i 在第 k 个时段的平均密度（veh/lane/km）；

$v_i(k)$ 表示路段 i 在第 k 时段的平均速度（km/h）；

$q_i(k)$ 表示第 k 时段从 i 到 $i+1$ 路段的流量（veh/h）；

$r_i(k)$ 表示第 k 时段从入口匝道进入路段 i 的流量（veh/h）；

$s_i(k)$ 表示第 k 时段从出口匝道流出路段 i 的流量（veh/h）；

L_i 表示路段 i 的长度（km）；

v_{free} 和 ρ_{jam} 分别表示自由流速度和单个车道的最大可能密度；自由流速度是指在车辆密度为零时车辆的最大允许速度，而最大可能密度则表示当速度为零时最大可能的车辆密度. 它们是交通流模型中两个重要的参数，它们的准确获取与否直接影响交通流模型描述实际交通流系统的准确性；

τ,γ,κ,l,m 是常数，反映特定交通系统的道路几何特点、车辆特征、驾驶员行为等.

式（11.11）～式（11.14）组成了确定性的快速路宏观动态交通流数学模型. 其中，式（11.11）称为密度方程，反映了车辆数守恒定律；式（11.12）描述了快速路交通流中三个重要参数，平均密度、平均速度和流量之间的基本关系，该关系方程称为交通流基本方程；式（11.13）称为动态速度方程，给出了速度和密度之间的动态关系；式（11.14）为稳态情况下的速度-密度关系式.

该模型还要求满足 $T < L_{\min}/v_{\text{free}}$，即选择的采样周期 T 应使 在最短的检测区间 $L_{\min}$ 上以自由速度 v_{free} 行驶的车辆在一个采样周期内能够被检测到. 若采样周期 T 偏大，则可能产生车辆漏检现象，使得部分有用信息丢失，从而导致动态控制算法不能有效工作.

简明起见，假定从第 k 个到第 $k+1$ 个采样时间内进入第一个路段的车流量为 $q_0(k)$，进入路段 1 的车辆的平均速度等于路段 1 上车辆的平均速度，即 $v_0(k) = v_1(k)$，且路段 $N+1$ 的平均速度和密度分别等于路段 N 的平均速度和密度，即

$$v_{N+1}(k) = v_N(k), \quad \rho_{N+1}(k) = \rho_N(k).$$

那么,如上交通流模型的边界条件可总结为

$$\rho_0(k) = q_0(k)/v_1(k), \tag{11.15}$$

$$v_0(k) = v_1(k), \tag{11.16}$$

$$\rho_{N+1}(k) = \rho_N(k), \tag{11.17}$$

$$v_{N+1}(k) = v_N(k), \quad \forall k\{0,1,\cdots,K\}. \tag{11.18}$$

从系统控制的角度来看,可以通过调节入口匝道进入路段的车流量来控制入口匝道所在路段的车流密度,消除路段的拥堵现象使其达到预定值,同时增大道路的有效利用率. 基于这种考虑,入口匝道的车流量 $r_i(k)$ 可以认为是所在路段交通流系统的控制输入信号,而该路段的车流密度 $\rho_i(k)$ 是交通流系统的输出信号. 在此基础上,就可以利用一些已有的控制理论和方法对这样的快速路交通流系统进行控制.

11.4.2　控制方案设计

针对上述快速路交通流系统,常见的控制目标是设计合适的控制输入信号,即入口匝道流量 $r_i(k)$,使得入口匝道所在路段的密度 $\rho_i(k)$ 达到期望密度 $\rho_{i,d}(k)$. 需要指出的是,出口匝道流量 $s_i(k)$ 是一个不能控制的变量,在本节的快速路交通流控制系统设计中,将它作为一个外部扰动信号来处理.

很显然,由于宏观交通流模型的强非线性和不确定性,即使在模型完全已知的情况下,应用最优控制或自适应控制等方法设计合适的控制输入也是很困难的.

此处将针对交通流模型的特点,利用 MFAC 理论设计出一种 CFDL-MFAC 方案. 首先把宏观交通流模型(11.11)转换为如下形式

$$\begin{aligned}
\rho_i(k+1) &= \rho_i(k) + \frac{T}{L_i}\big[v_{i-1}(k)\rho_{i-1}(k) - v_i(k)\rho_i(k) + r_i(k) - s_i(k)\big] \\
&= \Big(1 - \frac{T}{L_i}v_i(k)\Big)\rho_i(k) + \frac{T}{L_i}v_{i-1}(k)\rho_{i-1}(k) + \frac{T}{L_i}r_i(k) - \frac{T}{L_i}s_i(k).
\end{aligned} \tag{11.19}$$

简便起见,记 $a_i(k) = 1 - \dfrac{T}{L_i}v_i(k)$, $b_i(k) = \dfrac{T}{L_i}v_{i-1}(k)$, $c_i(k) = \dfrac{T}{L_i}$,那么可将式(11.19)重写为

$$\rho_i(k+1) = a_i(k)\rho_i(k) + b_i(k)\rho_{i-1}(k) + c_i(k)r_i(k) - c_i(k)s_i(k). \tag{11.20}$$

由于宏观交通流模型(11.20)在任意紧集上对于所有变量都是连续可微的. 另外,有限车流量的变化也不会引起交通流密度的无限增加. 因此可将宏观交通流模型(11.20)等效地转化为 CFDL 数据模型

$$\Delta\rho_i(k+1) = \phi_{i,c}(k)\Delta r_i(k), \tag{11.21}$$

其中，$\Delta\rho_i(k+1)=\rho_i(k+1)-\rho_i(k)$，$\Delta r_i(k)=r_i(k)-r_i(k-1)$.

在给定期望密度 $\rho_{i,d}(k)$ 的情况下，相应的 CFDL-MFAC 方案设计如下

$$\hat{\phi}_{i,c}(k) = \hat{\phi}_{i,c}(k-1) + \frac{\eta\Delta r_i(k-1)(\rho_i(k)-\rho_i(k-1)-\hat{\phi}_{i,c}(k-1)\Delta r_i(k-1))}{\mu+|\Delta r_i(k-1)|^2},$$

$$\tag{11.22}$$

$\hat{\phi}_{i,c}(k)=\hat{\phi}_{i,c}(1)$，如果 $|\hat{\phi}_{i,c}(k)|\leqslant\varepsilon$ 或 $|\Delta r_i(k-1)|\leqslant\varepsilon$ 或

$$\text{sign}(\hat{\phi}_{i,c}(k))\neq\text{sign}(\hat{\phi}_{i,c}(1)), \tag{11.23}$$

$$r_i(k) = r_i(k-1) + \frac{\rho\hat{\phi}_{i,c}(k)(\rho_{i,d}(k+1)-\rho_i(k))}{\lambda+|\hat{\phi}_{i,c}(k)|^2}, \tag{11.24}$$

其中，$\hat{\phi}_{i,c}(1)$ 为 $\hat{\phi}_{i,c}(k)$ 的初始值；$\mu>0,\lambda>0,\eta\in(0,1],\rho\in(0,1]$；$\varepsilon$ 为一个小正数. 控制输入和 PPD 的估计值分别由式(11.24)和式(11.22)根据快速路的入口匝道流量和快速路的车流密度在线更新.

此外，入口匝道输入流量在实际应用中还满足如下约束

$$r_i(k) \leqslant d_i(k) + \frac{l_i(k)}{T}, \quad i\in I_{\text{on}}, \tag{11.25}$$

其中，$d_i(k)$ 表示 k 时刻第 i 个入口匝道交通需求量；$l_i(k)$ 表示 k 时刻第 i 个入口匝道的排队长度. I_{on} 表示存在有入口匝道的路段标号的集合. 另一方面，排队长度动力学又是前一时刻入口匝道的排队长度和入口匝道交通需求与入口匝道输入流量差值的累加，即

$$l_i(k+1) = l_i(k) + T(d_i(k)-r_i(k)). \tag{11.26}$$

11.4.3 仿真研究

需要指出的是，11.4.2 小节给出的快速路宏观交通流模型(11.11)仅用于仿真模拟实际交通系统，进而产生 I/O 数据，并未参加上述控制器的设计.

考虑一段长度为 2.5km 单车道快速路，分为 12 个路段，每个路段长度为 0.5km，期望密度为 $\rho_d=30\text{veh/km}$. 进入第一个路段的交通流为 1500veh/h，其中第 2、9 路段各有一入口匝道，第 1、7 路段各有一个出口匝道，相应的交通需求和出口流量如图 11.17 所示. 各参数取值及初始密度和平均速度初始值设定见表 11.3. 在仿真中，出口匝道交通流量被看成快速路交通系统的未知的外界干扰.

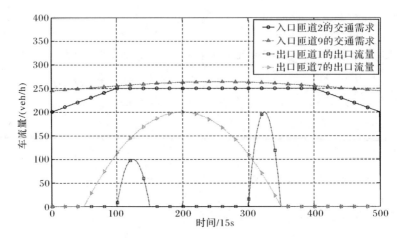

图 11.17　第 2、9 入口匝道的交通需求和第 1、7 出口匝道的流量

表 11.3　各路段交通流密度和速度初始值及模型参数[67,205]

路段	1	2	3	4	5	6	7	8	9	10	11	12
$\rho_i(0)$	30	30	30	30	30	30	30	30	30	30	30	30
$v_i(0)$	50	50	50	50	50	50	50	50	50	50	50	50
参数	v_{free}	ρ_{jam}	l	m	κ	τ	T	γ	$q_0(k)$	$r_i(0)$	α	
	80	80	1.8	1.7	13	0.01	15	35	1500	0	0.95	

仿真分两种情形. 情形 I: 无入口匝道控制; 情形 II: 有入口匝道控制.

（1）情形 I. 在入口匝道没有进行交通流控制, 即第 2、9 路段入口匝道的交通流量按照入口匝道的交通需求自由进入, 不加任何控制. 仿真结果如图 11.18 所示. 从仿真结果中可以看出, 由于车辆不加控制地按照需求自由通过入口匝道进入主路, 导致主路上交通流很快进入拥堵状态. 具体表现为所有路段交通密度越来越高, 远远超出了 $\rho_{\text{cr}} = 38.4\text{veh/km}$. 这里的临界密度 ρ_{cr} 的定义为使得速度-密度公式（11.14）取得极大值时所对应的密度值, 其值可由公式（11.14）求极值得到. 同时车流速度已接近 0km/h, 几乎停止不前.

（2）情形 II. 分别采用 ALINEA 方法和 CFDL-MFAC 方案对入口匝道进行控制. 其中, 基于 ALINEA 控制器的局部入口匝道控制, 其反馈增益选取为 40[312]. 应用 CFDL-MFAC 方案（11.22）～（11.24）时, 参数分别设定为 $\rho=20$, $\eta=0.0001$, $\mu=0.01$, $\lambda=0.001$, $\varepsilon=0.00005$. 仿真结果如图 11.19 所示. 从图中可以看出, 与无入口匝道控制相比, 实施 ALINEA 方法和 CFDL-MFAC 方案都能很好地解决该路段的交通拥堵问题, 但是 CFDL-MFAC 方案对外部干扰的抑制能力更强, 控制效果更好.

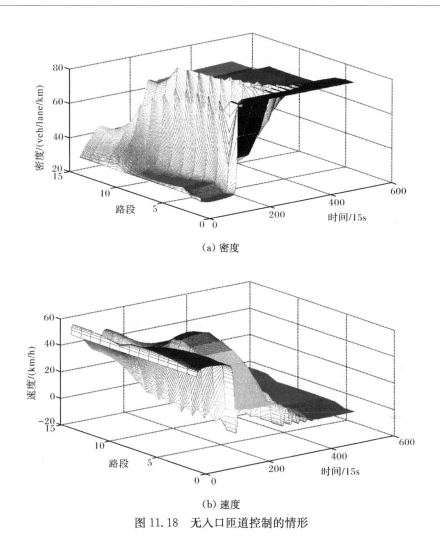

（a）密度

（b）速度

图 11.18 无入口匝道控制的情形

仿真结果表明,对于具有强非线性和不确定性的快速路交通控制系统, CFDL-MFAC 方案具有良好的控制效果.

CFDL-MFAC 方案的优点在于控制系统的设计仅依赖于快速路交通流系统的 I/O 数据,摆脱了对宏观交通流模型的依赖.众所周知,建立快速路宏观交通流模型,以及对模型中各种模型参数的标定是一件非常困难,并且耗时和费钱的事情.由于 MFAC 方案不依赖交通流模型,因此无论模型结构或者模型参数如何变化,它们都不影响交通信号控制系统的控制效果.其次,由本书的第 4 章的理论证明中可知,CFDL-MFAC 方案还能保障闭环控制系统误差收敛.在交通流控制领域,具有收敛性和稳定性保障的交通流控制算法非常少.最后,相对于快速路交通

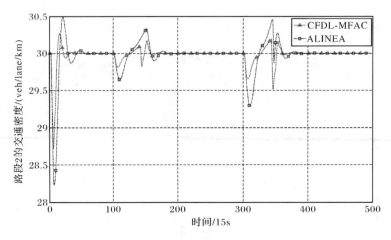

(a) 路段 2 交通密度

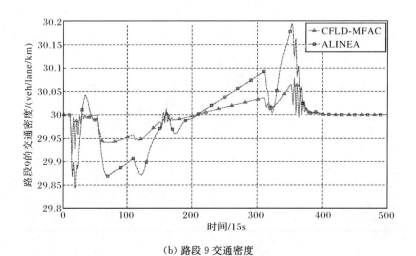

(b) 路段 9 交通密度

图 11.19　有入口匝道控制的情形

流控制领域著名的 ALINEA 控制方法, CFDL-MFAC 方案是一种自适应的控制方式, 只要给定系统的初值, 系统就可以自适应地工作, 不再需要人工干预.

　　关于 MFAC 方法及其改进形式在快速路交通流系统中的应用的详细内容, 读者可以参见文献[211, 266, 267].

11.5　焊　接　过　程

　　焊接过程是涉及材料、冶金、物理化学变化等多种因素交互作用的复杂过程.

焊接质量(焊缝成形、接头组织及性能)与焊接工艺的多参数有关,这些参数的作用相互关联,既有动态过程的耦合,又有静态效果的重叠.

对焊接过程的控制方法主要有 PID 控制[315]、自适应控制[316]、鲁棒控制[317]、模糊控制[318]、神经网络控制[319]和模糊神经网络控制[7,13,60]等. 对于焊接动态过程这样具有多变量、非线性、时变参数且含有诸多不确定因素和约束条件的复杂对象,很难建立其精确数学模型,从而传统的基于模型的自适应控制和鲁棒控制不能有效地处理参数不确定性或抑制外部扰动和参数摄动. 模糊控制和神经网络控制则需要控制专家实施并需要对受控过程有非常深入的了解,设计过程复杂,不能适应环境变化情况.

实际焊接过程中需要的是对建模要求低、方便在线计算、控制效果好和成本低的控制方法. 本节针对铝合金脉冲 TIG 过程设计多输入单输出 MFAC 方案,仿真和实际应用结果均表明 MFAC 方案具有良好的控制效果,而且控制器的参数调整简单,易于实现[287].

11.5.1 实验系统

铝合金脉冲 TIG 焊接系统结构如图 11.20 所示,主要包括行走机构、焊接电气单元、中央控制器及视觉传感器. 在中央控制器作用下,整个系统可以完成起弧、焊接、收弧、视觉传感及行走等功能.

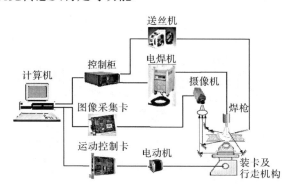

图 11.20 铝合金脉冲 TIG 焊接系统结构示意图

在焊缝成形过程中,焊接电流和送丝速度是两个重要参数. 从系统控制的角度来看,可以通过调节焊接电流和送丝速度,实现对熔池背面宽度的控制,使其尽量保持均匀一致. 本节考虑的焊接过程就以焊接电流和送丝速度为控制输入,以熔池的背面熔宽为系统输出.

11.5.2　控制方案设计

控制目标为调节焊接电流和送丝速度,使得熔池背面熔宽达到期望的熔池背面宽度.由于 MFAC 方案仅需要利用受控系统的 I/O 数据,而不需要对焊接系统建模,因此,若给定熔池背面宽度 $y_d(k)$,按照 5.2 节介绍的方法可直接给出 CFDL-MFAC 方案如下

$$\hat{\boldsymbol{\phi}}_c(k) = \hat{\boldsymbol{\phi}}_c(k-1) + \frac{\eta \Delta \boldsymbol{u}(k-1)(y(k)-y(k-1)-\hat{\boldsymbol{\phi}}_c^{\mathrm{T}}(k-1)\Delta \boldsymbol{u}(k-1))}{\mu + \parallel \Delta \boldsymbol{u}(k-1) \parallel^2},$$

$$(11.27)$$

$\hat{\phi}_i(k) = \hat{\phi}_i(1)$,如果 $|\hat{\phi}_i(k)| < b_2$ 或

$$\mathrm{sign}(\hat{\phi}_i(k)) \neq \mathrm{sign}(\hat{\phi}_i(1)), i=1,\cdots,2,\qquad (11.28)$$

$$\boldsymbol{u}(k) = \boldsymbol{u}(k-1) + \frac{\rho \hat{\boldsymbol{\phi}}_c(k)(y_d(k+1)-y(k))}{\lambda + \parallel \hat{\boldsymbol{\phi}}_c(k) \parallel^2},\qquad (11.29)$$

其中,$\Delta \boldsymbol{u}(k) = \boldsymbol{u}(k)-\boldsymbol{u}(k-1)$,$\boldsymbol{u}(k) = [I_p(k), v_f(k)]^{\mathrm{T}}$;$I_p(k)$ 和 $v_f(k)$ 分别表示焊接电流和送丝速度;$y(k)$ 表示熔池背面宽度.$\hat{\boldsymbol{\phi}}_c(1)$ 为 $\hat{\boldsymbol{\phi}}_c(k)$ 的初始值,$\lambda>0, \mu>0$,$\eta \in (0,2), \rho \in (0,1]$,$b_2$ 为一个小正数.

11.5.3　仿真研究

本小节给出一个焊接过程的仿真示例来验证 MISO 系统 CFDL-MFAC 方案的有效性.铝合金脉冲 TIG 焊接系统的动态特性可以由如下 ARX 模型来描述[287]

$$\begin{aligned}
y(k) =& a_1 y(k-1) + a_2 y(k-2) + u_3 y(k-3) + a_4 y(k-4) + a_5 y(k-5)\\
&+ b_{11} I_p(k-1) + b_{12} I_p(k-2) + b_{14} I_p(k-4)\\
&+ b_{21} v_f(k-1) + b_{23} v_f(k-3) + b_{25} v_f(k-5),
\end{aligned}\qquad (11.30)$$

其中,$y(k)$ 为熔池背面宽度;$I_p(k)$ 和 $v_f(k)$ 分别表示焊接电流和送丝速度,

$$[a_1, a_2, a_3, a_4, a_5] = [1.2245, -0.7935, 0.45269, -0.23124, 0.11518],$$
$$[b_{11}, b_{12}, b_{14}, b_{21}, b_{23}, b_{25}] = [0.0085696, -0.3748, 0.0039714, -0.16826,$$
$$0.0023674, -0.079501].$$

仿真过程的时间设定为 10s. $y_d(k) = 5\mathrm{mm}$ 为期望的熔池背面宽度.在应用 CFDL-MFAC 方案(11.27)~(11.29)时,控制器的参数设定为 $\eta=1, \mu=1, \rho=1$,

$\lambda = 25, \hat{\boldsymbol{\phi}}_c(1) = [-0.5, 10]^\mathrm{T}$,得到的控制效果如图 11.21 所示.

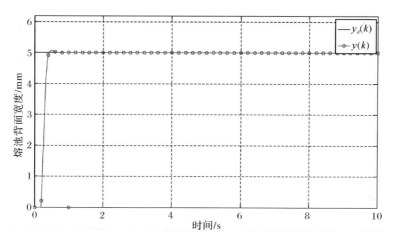

(a) 熔池背面宽度

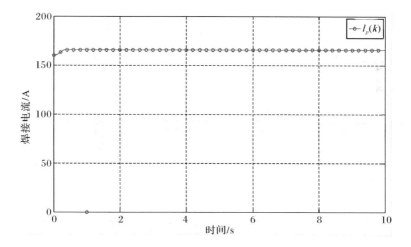

(b) 焊接电流

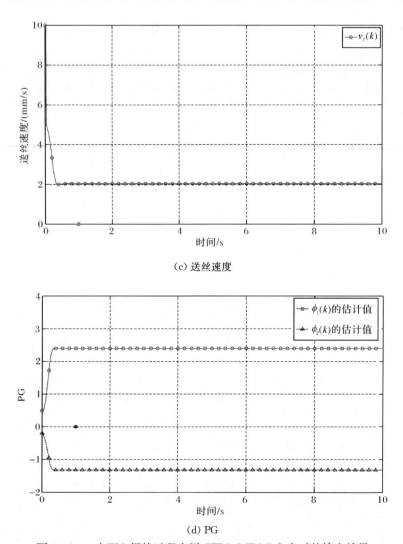

（c）送丝速度

（d）PG

图 11.21　对 TIG 焊接过程应用 CFDL-MFAC 方案时的输出效果

仿真结果表明，对于多变量、非线性、时变的焊接过程，CFDL-MFAC 方案具有良好的控制效果. 该方案的优点在于控制系统的设计仅依赖于焊接过程的 I/O 数据. 关于 MFAC 在焊接过程中应用的相关内容，读者可以参见文献[287, 320].

11.5.4　实验研究

11.5.3 小节的仿真结果表明针对焊接过程的 MISO 情形下的 CFDL-MFAC 方案控制效果良好. 本小节为了验证提出的 MISO 情形下的 MFAC 方案的有效性和相对于 PID 方法的优越性，在实验室的 TIG 焊接设备上应用 PID 方法和本节提出的 CFDL-MFAC 方法进行实验比较研究.

实际的焊接过程中存在的干扰形式多种多样,但它们在焊接过程中却可以用不同散热条件的变化来体现. 因此,可以设计渐变哑铃形状的变散热工件,以代表实际焊接过程中的干扰[285]. 实验所用材料为 LD10,工件厚度 4mm,开坡口,接头形式为对接,采用脉冲送丝形式. 由于铝合金散热快,在焊缝的起始位置不易焊透. 为了保证初始位置的熔透,在焊接过程中采用起弧后停留一段时间,熔透后再施加焊接速度的方法. 根据经验,在焊接的起始阶段停留 5s. 为了比较两种控制方法,使用相同的起始焊接参数和相同的期望背面熔宽,即脉冲峰值电流 $I_p(1) = 220A$,送丝速度$v_f(1) = 10mm/s$,背面熔宽的期望值为 $y_d(k) = 6mm$. 根据经验及多次实验,确定电流及送丝的 PID 控制器参数分别为 $K_{p1} = 0.1, T_{I1} = 2.5, T_{D1} = 1.5, K_{p2} = 4, T_{I2} = 17, T_{D1} = 0.5$. 实验结果如图 11.22、图 11.23 所示,可以看出,虽然焊接过程是非线性的,并且其散热条件也随着时间发生变化,但是两种控制方法都可以将熔池的背面熔宽控制到期望值. 然而,值得指出的是应用 MFAC 方案时,超调量和稳态误差均明显小于 PID 控制方法.

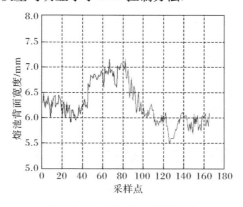

图 11.22　PID 方法控制效果

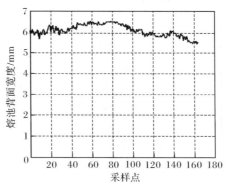

图 11.23　MFAC 方案控制效果

11.6　兆瓦级风力发电

　　兆瓦级风力发电系统中,风电叶片是风机的主要部件之一.对于新研制的叶片或者工艺重大更改后的叶片均需做静力加载试验,目的是验证叶片的静态承载能力,并为刚度检验以及结构优化设计等提供必要的数据[293].

　　由于叶片模型在静力加载过程中会伴随着控制过程变化,无法用一个准确的数学模型表示,并且各个加载点上的牵引力之间互相耦合.对于静力加载试验这样具有非线性、时变参数且含有牵引力耦合的复杂过程,传统控制方法很难得到良好的控制效果.

　　本节将在静力加载控制系统中应用 MFAC 方案,试验结果表明采用 MFAC 方案可有效处理牵引力耦合问题.

11.6.1　风电叶片静力加载控制系统

　　静力加载试验台如图 11.24 所示,主要由筒形支座、加载支架和控制系统等组成.筒形支座固定于地面,每个节点的加载支架主要由液压系统、滑轮等组成.

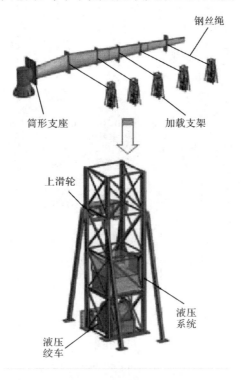

图 11.24　静力加载试验台

液压系统放置在加载支架内部,上滑轮可根据叶片加载点的高低位置进行调整,上下滑轮也可以沿水平方向滑动,以保证牵引力方向尽可能垂直于叶片表面.液压绞车固定在方形钢架上,通过滑轮组改变牵引力的输出方向.叶片通过高强度法兰螺栓横向固定在筒形支座上,液压绞车采用横向牵引模式对叶片进行多点静力加载,牵引力变化则采用逐级递增模式,当达到设定值后保持一段时间.

静力加载控制系统的检测部分主要有力传感器、位移传感器和静态电阻应变仪.力传感器被串联到牵引钢丝绳上,用于实时测量施加在叶片上的牵引力.力传感器采用电流型输出,测量的误差小于 0.3%.位移传感器测量叶片的弯曲挠度.位移传感器的分辨率为 1mm,精度为 ± 2mm.电阻式应变片采用半桥方式粘贴在叶片的特定区域,完成应变数据的采集、分析及处理.

设计的兆瓦级风电叶片静力加载系统如图 11.25 所示,由一台计算机、一台主控制器、多台局部控制器组成.计算机与主控制器通过 RS485 总线进行数据通信,主控制器与局部控制器通过 CAN 总线连接,保证了上位机与下位机的数据通信可靠.加载过程中,各个加载节点在上位机调度下通过液压伺服系统对风电叶片进行加载(卸载);局部控制器通过检测系统不断采集各节点的牵引力及其挠度,通过 RS485 总线反馈给计算机,并自动生成加载时间-加载载荷曲线以及加载时间-叶片挠度曲线.

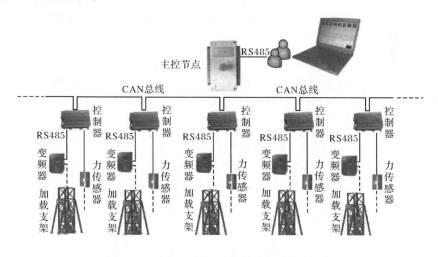

图 11.25 基于 CAN 总线的分布式控制系统

11.6.2 控制方案设计

给定期望牵引力为 $y_d(k)$,风电叶片加载试验的 CFDL-MFAC 方案设计如下

$$\hat{\phi}_c(k) = \hat{\phi}_c(k-1) + \frac{\eta \Delta u(k-1)(y(k)-y(k-1)-\hat{\phi}_c(k-1)\Delta u(k-1))}{\mu + |\Delta u(k-1)|^2},$$

$$(11.31)$$

$$\hat{\phi}_c(k) = \hat{\phi}_c(1), \text{如果} |\hat{\phi}_c(k)| \leqslant \varepsilon \text{ 或 } |\Delta u(k-1)| \leqslant \varepsilon \text{ 或}$$

$$\text{sign}(\hat{\phi}_c(k)) \neq \text{sign}(\hat{\phi}_c(1)), \qquad (11.32)$$

$$u(k) = u(k-1) + \frac{\rho \hat{\phi}_c(k)(y_d(k+1)-y(k))}{\lambda + |\hat{\phi}_c(k)|^2}, \qquad (11.33)$$

其中,$y(k) \in \mathbf{R}, u(k) \in \mathbf{R}$ 分别表示系统在 k 时刻的牵引力输出(kN)和加载载荷控制输入(kN/m²);$\hat{\phi}_c(k)$ 为 $\phi_c(k)$ 的估计值,$\hat{\phi}_c(1)$ 为 $\hat{\phi}_c(k)$ 的初始值;$\lambda > 0, \mu > 0,$ $\eta \in (0,1]$ 和 $\rho \in (0,1]$ 为可调参数;ε 为一个小正数.

11.6.3　静力加载试验

对 aeroblade3.6-56.4 风电叶片进行全尺寸静力加载试验,检验叶片承受极限载荷的能力.该风机额定功率为 3.6MW,叶片长度为 56.4m,试验现场如图 11.26 所示.静力加载方式为:5 个节点进行加载,7 个节点测量叶片挠度,40 个节点采集应变.将风电叶片通过 88 个高强度螺栓固定在筒形支座上,用钢丝绳将叶片夹具与加载支架连接,安装好力传感器、激光测距仪及静态应变仪等.

按照静力加载试验大纲分 4 个阶段进行,加载静力分别为最大载荷的 40%、60%、80% 和 100%.采用 MFAC 方案,设置采样周期 $T=0.01$s,相关参数取值分别为:$\rho=1.5, \lambda=0.4, \eta=0.5, \mu=0.1$,输入输出初值均为 0.

图 11.26　静力加载现场图片

表 11.4[293] 给出节点 2(距离根部 27.9m)和节点 3(距离根部 37.9m)数据.由试验数据可知:每个特定阶段,牵引力误差远小于 1.0%,满足静力加载试验要求.尽管各节点的牵引力耦合程度十分严重,但是 MFAC 算法较好地将静力加载过

程中的牵引力控制在期望值附近,保证牵引力误差基本维持在±4kN 之内,有效降低了加载节点之间的耦合,得到较好的控制效果.

表 11.4 静力加载部分试验数据[293]

阶段	节点 2		节点 3	
	实际值/kN	误差率/%	实际值/kN	误差率/%
40%	49.6	0.8	41.8	0.4
60%	74.7	0.4	62	0.6
80%	100.2	0.2	83.6	0.4
100%	125.4	0.32	103	0.32

11.7 小 结

本章针对三容水箱、永磁直线电机、快速路交通系统、电弧焊接过程、风电叶片加载试验过程几个典型的实际系统,分别给出了相应的 MFAC 设计方案.这些系统的仿真和实验表明,MFAC 方法的主要优点在于控制器设计仅利用被控系统的 I/O 数据,避免了复杂系统的建模过程,因此特别适用于工业实际中难于建模的非线性系统.针对具有复杂非线性性、不确定性、参数时变性等特点的系统应用 MFAC 方法时,不仅获得了满意的控制性能,而且还表现出非常强的鲁棒性.

值得指出的是,很多实际生产过程变得越来越复杂,建立其精确的数学模型也越来越困难,因此,数据驱动的 MFAC 方法无疑具有越来越广阔的应用前景.

第 12 章　结论与展望

12.1　结　论

本书系统介绍了针对未知离散时间非线性系统的一种数据驱动的 MFAC 理论与方法. 主要内容包括针对离散时间非线性系统的动态线性化方法、MFAC 方法、MFAPC 方法、MFAILC 方法以及相应的稳定性分析和典型的实际应用. 同时也包括复杂互联系统的 MFAC、MFAC 方法与其他控制方法之间的模块化设计、MFAC 的鲁棒性、MFAC 系统的对称相似结构构想等若干重要问题.

MFAC 是一种新体制的自适应控制方法,该方法提出并利用一系列的新概念,如 PPD(PG 或 PJM)等,在闭环系统的每个动态工作点上给出一系列与原离散时间非线性系统等价的动态线性化数据模型,然后基于此等价的虚拟动态线性化数据模型以及量测的 I/O 数据在线估计系统的 PPD(PG 或 PJM)信息,最后进行控制器设计和控制系统的分析. 由于 PPD(PG 或 PJM)等概念与系统是线性还是非线性、参数时变还是结构时变等无明显关系,因此,MFAC 方法可以统一描述和处理这类系统的自适应控制问题.

MFAC 与传统的自适应控制有本质的不同. 从控制对象的角度上看,传统的自适应控制的控制对象是结构已知而参数未知或慢时变的系统;而 MFAC 的受控对象则是一般的未知非线性系统. 传统自适应控制的对象模型是机理模型或输入输出辨识模型,其参数具有明显的物理意义;而 MFAC 受控对象是未知的离散时间非线性系统,该系统可用等价的基于 PPD 描述的虚拟数据模型来替代. 从控制器设计上看,传统的自适应控制的控制器设计方法是基于受控对象数学模型的设计方法;而 MFAC 方法则是基于受控对象的 I/O 数据进行控制器的设计. 从稳定性分析手段上看,传统的自适应控制系统的稳定性分析是基于 Lyapunov 理论以及关键技术引理等手段,得到的结论是跟踪误差渐近收敛;而 MFAC 方法则是基于广义 Lipschitz 条件以及压缩映射分析方法,得到的结论是跟踪误差单调收敛. 从实际应用角度上看,传统的自适应控制总是受到未建模动态与鲁棒性、系统精确建模与模型简约或控制器简约、信号持续激励与跟踪误差收敛、未知扰动和鲁棒控制要求不确定性上界已知、理论严谨但实际应用效果差等一系列孪生的现代控制理论无法避免的理论难题困扰;而 MFAC 方法则从根本上摆脱了这些传统自适应控制无法避免的困难. 传统的未建模动态、持续激励条件、模型简约或控制器简约、理论与实际应用效果之间的鸿沟等问题在 MFAC 框架下不再存在.

总之,MFAC 方法仅利用被控系统的 I/O 量测数据设计控制器,不涉及受控系统模型的动力学信息. MFAC 是一种纯粹的数据驱动控制方法,摆脱了现代控制理论对受控系统数学模型的依赖,为控制理论的研究和实际应用提供了一个新的框架和方法,是一种目的于实际应用的控制理论和方法.

值得指出的是,本书第 3 章给出的非线性系统动态线性化方法,即将一般离散时间非线性系统,利用伪偏导数或伪梯度或伪雅可比矩阵的概念,将其转化成一个虚拟的等价时变的动态线性化数据模型,是一种控制器设计的关键性方法,MFAC 方法所具有的优越性均得益于此种动态线性化方法. 实际上,也可以将该种动态线性化方法应用于一般的未知理想非线性控制器,利用等价动态线性化方法将理想控制器转换为 CFDL 控制器或 PFDL 控制器,然后基于优化指标设计控制器的未知参数估计器,相关内容参见文献[321]和[322].

12.2 展　　望

MFAC 方法虽然已经有了基本的理论体系和分析框架,但无论从理论上还是应用上讲,还都处于初始阶段,还有许多的问题有待于进一步的发展和完善. 作为典型的数据驱动控制理论和方法之一,它的发展和完善对数据驱动控制理论发展和应用都将具有重要的借鉴和指导价值.

MFAC 的研究还有许多关键的科学问题尚未得到解决,有些问题还几乎是空白,典型重要的有:

(1) 针对 SISO、MISO、MIMO 三种非线性受控对象,FFDL-MFAC 方案的稳定性和收敛性问题研究.

(2) PFDL-MFAPC 方案和 FFDL-MFAPC 方案的输出调节问题和跟踪问题的稳定性和收敛性问题研究.

(3) 基于对称相似结构设计的自适应控制系统,尤其是基于对称相似结构设计的 MFAC 系统优越性的理论分析方法和进化演化设计问题.

(4) 基于各种动态线性化数据模型表述的非线性系统在非严格重复条件下的 ILC 控制器设计和系统的理论分析方法.

(5) MFAC 与基于模型控制方法、其他数据驱动方法之间的关系,以及系统部分信息可获取情况下数据驱动控制方法如何利用这些有用信息的问题.

(6) MFAC 理论与方法的鲁棒性分析方法以及鲁棒增强方法研究,部分初步的研究见文献[323]和[324].

(7) MAFC 控制系统设计中,控制输入线性化水平常数及伪阶数 L_y 和 L_u 的系统选取方法;MFAPC 方案设计中的各种控制器参数的系统整定方法.

（8）系统 PPD、PG、PJM 的物理意义以及这些时变参数的高效预报方法等.

（9）针对 MIMO 系统的 MFAC 系统的解耦能力研究. 在强耦合情况下输出调节问题的相应结果.

（10）数据驱动控制方法统一研究框架的建立,部分已有工作见文献[14,17,321,322].

（11）无模型自适应控制在各种实际工业系统中的应用也是一项非常有意义的研究课题.

参 考 文 献

[1] Kalman R E. A new approach to linear filtering and prediction problems. Transactions ASME, Series D, Journal of Basic Engineering, 1960, 82: 34~45.

[2] Kalman R E. Contributions to the theory of optimal control. Boletin de la Sociedad Matematica Mexicana, 1960, 5: 102~119.

[3] Albertos P, Sala A. Iterative Identification and Control. London: Springer-Verlag, 2002.

[4] Anderson B D O. Failures of adaptive control theory and their resolution. Communications in Information and Systems, 2005, 5(1): 1~20.

[5] Anderson B D O, Dehghani A. Historical, generic and current challenges of adaptive control // Proceedings of the 3rd IFAC Workshop on Periodic Control Systems. Laxenburg: IFAC Secretariat. 2007.

[6] Anderson B D O, Dehghani A. Challenges of adaptive control-past, permanent and future. Annual Reviews in Control, 2008, 32(2): 123~135.

[7] Ljung L. System Identification: Theory for the User. Englewood Cliffs, NJ: Prentice-Hall, 1987.

[8] Gevers M. Modelling, identification and control // Albertos P, Sala A. Iterative Identification and Control Design. London: Springer-Verlag, 2002: 3~16.

[9] Skelton R E. Model error concepts in control design. International Journal of Control, 1989, 49(5): 1725~1753.

[10] Rohrs C E, Valavani L, Athans M, et al. Robustness of continuous-time adaptive control algorithms in the presence of unmodeled dynamics. IEEE Transactions on Automatic Control, 1985, 30(9): 881~889.

[11] Rohrs C E, Valavani L, Athans M, et al. Robustness of adaptive control algorithms in the presence of unmodeled dynamics // Proceedings of the 21st IEEE Conference on Decision and Control. Piscataway, NJ: IEEE, 1982: 3~11.

[12] 柴天佑, 刘德荣. 基于数据驱动的控制、决策、调度和故障诊断. 自动化学报, 2009, 35(6): I0002, I0003.

[13] Chai T Y, Hou Z S, Fewis F L, et al. Special section on data-based control, modeling, and optimization. IEEE Transactions on Neural Networks, 2011, 22(12): 2150~2153.

[14] 侯忠生, 许建新. 数据驱动控制理论及方法的回顾和展望. 自动化学报, 2009, 35(6): 650~667.

[15] Van Helvoort J. Unfalsified control: data-driven control design for performance improvement. Eindhoven Technische Universiteit Eindhoven PhD Dissertation, 2007.

[16] van Heusden K. Non-iterative data-driven model reference control. Lausanne: Ecole Polytechnique Federale de Lausanne PhD Dissertation, 2010.

[17] Hou Z S, Wang Z. From model-based control to data-driven control: survey, classification and perspective. Information Sciences, 2013, 235: 3~35.

[18] Spall J C. Multivariate stochastic approximation using a simultaneous perturbation gradient approximation. IEEE Transactions on Automatic Control,1992,37(3):332～341.

[19] Spall J C. Adaptive stochastic approximation by the simultaneous perturbation method. IEEE Transactions on Automatic Control,2000,45(10):1839～1853.

[20] Spall J C,Cristion J A. Model-free control of nonlinear stochastic systems with discrete-time measurements. IEEE Transactions on Automatic Control,1998,43(9):1198～1210.

[21] Spall J C,Chin D C. Traffic-responsive signal timing for system-wide traffic control. Transportation Research Part C,1997,5 (3-4):153～163.

[22] Rezayat F. On the use of an SPSA-based model-free controller in quality improvement. Automatica,1995,31(6):913～915.

[23] 侯忠生. 非线性系统参数辨识、自适应控制和无模型学习自适应控制. 沈阳:东北大学博士学位论文,1994.

[24] 侯忠生. 非参数模型及其自适应控制理论. 北京:科学出版社,1999.

[25] Hou Z S,Jin S T. A novel data-driven control approach for a class of discrete-time nonlinear systems. IEEE Transactions on Control Systems Technology,2011,19(6):1549～1558.

[26] Hou Z S,Jin S T. Data driven model-free adaptive control for a class of MIMO nonlinear discrete-time systems. IEEE Transactions on Neural Networks,2011,22(12):2173～2188.

[27] Coelho L D S,Coelho A A R. Model-free adaptive control optimization using a chaotic particle swarm approach. Chaos,Solitons & Fractals,2009,41(4):2001～2009.

[28] Coelho L D S,Pessôa M W,Sumar R R,et al. Model-free adaptive control design using evolutionary-neural compensator. Expert Systems with Applications,2010,37(1):499～508.

[29] 曹荣敏,侯忠生. 直线电机的非参数模型直接自适应预测控制. 控制理论与应用,2008,25(3):587～590.

[30] Tan K K,Lee T H,Huang S N,et al. Adaptive-predictive control of a class of SISO nonlinear systems. Dynamics and Control,2001,11(2):151～174.

[31] Zhang B,Zhang W D. Adaptive predictive functional control of a class of nonlinear systems. ISA Transactions,2006,45(2):175～183.

[32] Safonov M G,Tsao T C. The unfalsified control concept:a direct path from experiment to controller// Francis B A,Tannenbaum A R. Feedback Control,Nonlinear Systems and Complexity. Berlin:Springer-Verlag,1995:196～214.

[33] Safonov M G,Tsao T C. The unfalsified control concept and learning. IEEE Transactions on Automatic Control,1997,42(6):843～847.

[34] van Helvoort J,De Jager B,Steinbuch M. Direct data-driven recursive controller unfalsification with analytic update. Automatica,2007,43(12):2034～2046.

[35] Battistelli G,Mosca E,Safonov M G,et al. Stability of unfalsified adaptive switching control in noisy environments. IEEE Transactions on Automatic Control,2010,55(10):2424～2429.

[36] Baldi S,Battistelli G,Mosca E,et al. Multi-model unfalsified adaptive switching supervisory control. Automatica,2010,46(2):249~259.

[37] Safonov M G. Data-driven robust control design:unfalsified control. http://routh. usc. edu/ pub/safonov/safo03i. pdf. 2003 .

[38] Sivag J,Datta A,Bhattacharyya S P. New results on the synthesis of PID controllers. IEEE Transactions on Automatic Control,2002,47(2):241~252.

[39] Hjalmarsson H, Gunnarsson S, Gevers M. A convergent iterative restricted complexity control design scheme//Proceedings of the 33rd IEEE Conference on Decision and Control. Piscataway,NJ:IEEE. 1994:1735~1740.

[40] Hjalmarsson H,Gevers M,Gunnarson S. Iterative feedback tuning-theory and applications. IEEE Control Systems,1998,18(4):26~41.

[41] Hjalmarsson H. Control of nonlinear systems using iterative feedback tuning//Proceedings of the 1998 American Control Conference. Piscataway,NJ:IEEE. 1998:2083~2087.

[42] Sjöberg J,Agarwal M. Nonlinear controller tuning based on linearized time-variant model// Proceedings of the 1997 American Control Conference. Piscataway,NJ:IEEE. 1997:3336~ 3340.

[43] Sjöberg J,de Bruyne F,Agarwal M,et al. Iterative controller optimization for nonlinear systems. Control Engineering Practice,2003,11(9):1079~1086.

[44] Sjöberg J,Gutman P O,Agarwal M,et al. Nonlinear controller tuning based on a sequence of identifications of linearized time-varying models. Control Engineering Practice,2009,17 (2):311~321.

[45] Hjalmarsson H. Iterative feedback tuning:an overview. International Journal of Adaptive Control and Signal Processing,2002,16(5):373~395.

[46] Karimi A,Miskovic L,Bonvin D. Convergence analysis of an iterative correlation-based controller tuning method//Camacho E F B L,de La Puenta J A. Proceedings of the 15th IFAC World Congress. Netherland:Elsevier. 2002:1546~1551.

[47] Miskovic L,Karimi A,Bonvin D,et al. Correlation-based tuning of decoupling multivariable controllers. Automatica,2007,43(9):1482~1494.

[48] Karimi A,Miskovic L,Bonvin D. Iterative correlation-based controller tuning with application to a magnetic suspension system. Control Engineering Practice, 2003, 11(6):1069~ 1078.

[49] Miskovic L,Karimi A,Bonvin D. Correlation-based tuning of a restricted-complexity controller for an active suspension system. European Journal of Control,2003,9(1):77~83.

[50] Guardabassi G O,Savaresi S M. Virtual reference direct design method:an off-line approach to data-based control system design. IEEE Transactions on Automatic Control, 2000, 45 (5):954~959.

[51] Campi M C,Lecchini A,Savaresi S M. Virtual reference feedback tuning:a direct method for the design of feedback controllers. Automatica,2002,38(8):1337~1346.

[52] Campi M C, Savaresi S M. Direct nonlinear control design: the virtual reference feedback tuning (VRFT) approach. IEEE Transactions on Automatic Control, 2006, 51(1): 14~27.

[53] Nakamoto M. An application of the virtual reference feedback tuning for an MIMO process// Proceedings of the 2004 SICE Annual Conference. Tokyo: Society of Instrument and Control Engineers, 2004: 2208~2213.

[54] Yabui S, Yubai K, Hirai J. Direct design of switching control system by VRFT-application to vertical-type one-link arm// Proceedings of the 2007 SICE Annual Conference. Tokyo: Society of Instrument and Control Engineers. 2007: 120~123.

[55] Campi M C, Lecchini A, Savaresi S M. An application of the virtual reference feedback tuning method to a benchmark problem. European Journal of Control, 2003, 9: 66~76.

[56] Previdi F, Fico F, Belloli D, et al. Virtual Reference Feedback Tuning (VRFT) of velocity controller in self-balancing industrial manual manipulators// Proceedings of the 2010 American Control Conference. Piscataway, NJ: IEEE. 2010: 1956~1961.

[57] Uchiyama M. Formulation of high-speed motion pattern of a mechanical arm by trial. Control Engineering, 1978, 14(6): 706~712.

[58] Arimoto S, Kawamura S, Miyazaki F. Bettering operation of robots by learning. Journal of Robotic Systems, 1984, 1: 123~140.

[59] Chen Y Q, Wen C Y. Iterative learning control-convergence, robustness and applications// Lecture Notes in Control and Information Sciences 248. Berlin: Springer-Verlag, 1999.

[60] Moore K L. Iterative Learning Control for Deterministic Systems. New York: Springer-Verlag, 1993.

[61] 孙明轩, 黄宝健. 迭代学习控制. 北京: 国防工业出版社, 1998.

[62] Xu J X, Tan Y. Linear and Nonlinear Iterative Learning Control. Berlin Heidelberg: Springer-Verlag, 2003.

[63] Xu J X. A survey on iterative learning control for nonlinear systems. International Journal of Control, 2011, 84(7): 1275~1294.

[64] Chen C J. A discrete iterative learning control for a class of nonlinear time-varying systems. IEEE Transactions on Automatic Control, 1998, 43(5): 748~752.

[65] Kuc T Y, Lee J S, Nam K. An iterative learning control theory for a class of nonlinear dynamic systems. Automatica, 1992, 28(6): 1215~1221.

[66] Ahn H S, Chen Y Q, Moore K L. Iterative learning control: brief survey and categorization. IEEE Transactions on Systems, Man, and Cybernetics, Part C: Applications and Reviews, 2007, 37(6): 1099~1121.

[67] Hou Z S, Xu J X, Yan J W. An iterative learning approach for density control of freeway traffic flow via ramp metering. Transportation Research Part C, 2008, 16(1): 71~97.

[68] Schaal S, Atkeson C G. Robot juggling: implementation of memory-based learning. IEEE Control Systems Magazine, 1994, 14(1): 57~71.

[69] Aha D W. Editorial: lazy learning. Artificial Intelligence Review, 1997, 11(1-5): 7~10.

［70］Bontempi G,Birattari M. From linearization to lazy learning:a survey of divide-and-conquer techniques for nonlinear control. International Journal of Computational Cognition,2005, 3(1):56～73.

［71］Gybenko G. Just-in-time learning and estimation//Bittanti S,Picci G. Identification,Adaptation,Learning:The Science of Learning Models from Data. New York:Springer-Verlag, 1996:423～434.

［72］Aha D W,Kibler D,Albert M. Instance-based learning algorithms. Machine Learning,1991, 6(1):37～66.

［73］Atkeson C G,Moore A W,Schaal S. Locally weighted learning for control. Artificial Intelligence Review,1997,11(1～5):75～113.

［74］Braun M W,Rivera D E,Stenman A. A model-on-demand identification methodology for nonlinear process systems. International Journal of Control,2001,74(18):1708～1717.

［75］Hur S,Park M,Rhee H. Design and application of model-on-demand predictive controller to a semibatch copolymerization reactor. Industrial & Engineering Chemistry Research,2003, 42(4):847～859.

［76］Goodwin G C,Sin K S. Adaptive Filtering Prediction and Control. Englewood Cliffs,NJ: Prentice-Hall,1984.

［77］Söderström T,Ljung L,Gustavsson I. A theoretical analysis of recursive identification methods. Automatica,1978,14(3):231～244.

［78］韩志刚. 动态系统时变参数的辨识. 自动化学报,1984,10(4):330～337.

［79］韩志刚. 多层递阶方法及其应用. 北京:科学出版社,1989.

［80］侯忠生,韩志刚. 加权慢时变改进的非线性系统最小二乘算法//中国控制与决策会议论文集. 沈阳:东北大学出版社. 1993:268～271.

［81］侯忠生,韩志刚. 改进的非线性系统最小二乘算法. 控制理论与应用,1994,11(3):271～276.

［82］Golub G H,van Loan C F. Matrix Computations. Baltimore,MD:Johns Hopkins University Press,1983.

［83］Chen Y M,Wu Y C. Modified recursive least-squares algorithm for parameter identification. International Journal of Systems Science,1992,23(2):187～205.

［84］Billings S A,Fakhour S Y. Identification of system containing linear and static nonlinear elements. Automatica,1982,18(1):15～26.

［85］Billings S A. An overview of nonlinear systems identification//Barker H A,Young P C. Proceedings of the 7th IFAC Symposium on Identification and System Parameter Estimation. Oxford:Pergamon Press. 1985:725～729.

［86］Billings S A,Zhu Q M. Rational model identification using an extended least-squares algorithm. International Journal of Control,1991,52(3):529～546.

［87］Chen S,Billings S A. Prediction error estimation algorithm for nonlinear output-affine systems. International Journal of Control,1988,47(1):309～332.

[88] Chen S, Billings S A. Recursive prediction error parameter estimator for nonlinear models. International Journal of Control, 1989, 49(2): 569~594.

[89] Chen S, Billings S A. Representations of non-linear systems: the NARMAX model. International Journal of Control, 1989, 49(3): 1013~1032.

[90] Fraiech F, Ljung L. Recursive identification of bilinear systems. International Journal of Control, 1987, 45(2): 453~470.

[91] Goodwin G C, Payne R L. Dynamic System Identification: Experiment Design and Data Analysis. New York: Academic Press, 1977.

[92] Ljung L, Söerström T. Theory and Practice of Recursive Identification. Cambridge, MA: MIT Press, 1983.

[93] Young P C. Recursive Estimation and Time-series Analysis. Berlin: Springer-Verlag, 1984.

[94] Zhu Q M, Billings S A. Parameter estimation for stochastic nonlinear rational models. International Journal of Control, 1993, 57(2): 309~333.

[95] Anbunmani K, Patnaik L, Serma I. Self-tuning minimum variance control of nonlinear systems of the Hammerstein model. IEEE Transactions on Automatic Control, 1981, 26(4): 959~961.

[96] Svoronos S, Stephanopoulos G, Aris R. On bilinear estimation and control. International Journal of Control, 1981, 34(4): 651~684.

[97] Sung D J T, Lee T T. Model reference adaptive control of nonlinear systems using the Wiener model. International Journal of Systems Science, 1987, 18(3): 581~599.

[98] Pröll T, Karim M N. Real-time design of an adaptive nonlinear predictive controllers. International Journal of Control, 1994, 59(3): 863~889.

[99] Sales K R, Billings S A. Self-tuning control of nonlinear ARMAX models. International Journal of Control, 1990, 51(4): 753~769.

[100] Aranda-Bricaire E, Kotta Ü, Moog C H. Linearization of discrete-time systems. SIAM Journal on Control and Optimization, 1996, 34(6): 1999~2023.

[101] Barbot J P, Monaco S, Normand-Cyrot D. Quadratic forms and approximate feed back linearization in discrete time. International Journal of Control, 1997, 67(4): 567~586.

[102] Barbot J P, Monaco S, Normand-Cyrot D. Discrete-time approximated linearization of SISO systems under output feedback. IEEE Transactions on Automatic Control, 1999, 44(9): 1729~1733.

[103] Deng H, Li H X, Wu Y H. Feedback-linearization-based neural adaptive control for unknown nonaffine nonlinear discrete-time systems. IEEE Transactions on Neural Networks, 2008, 19(9): 1615~1625.

[104] Grizzle J W. Feedback linearization of discrete-time systems // Bensoussan A, Lions J L. Analysis and Optimization of Systems, Lecture Notes in Control and Information Sciences. Berlin: Springer-Verlag, 1986: 271~281.

[105] Grizzle J W, Kokotovic P V. Feedback linearization of sampled-data systems. IEEE Trans-

actions on Automatic Control,1988,33(9):857~859.

[106] Guardabassi G O, Savaresi S M. Approximate feedback linearization of discrete-time nonlinear systems using virtual input direct design. Systems & Control Letters,1997,32 (2):63~74.

[107] Guardabassi G O, Savaresi S M. Approximate linearization via feedback: an overview. Automatica,2001,37(1):1~15.

[108] Jakubczyk B. Feedback linearization of discrete-time systems. Systems & Control Letters, 1987,9(5):411~416.

[109] Kwnaghee N. Linearization of discrete-time nonlinear systems and a canonical structure. IEEE Transactions on Automatic Control,1989,34(1):119~122.

[110] Lee H G, Arapostathis A, Marcus S I. Linearization of discrete-time systems. International Journal of Control,1987,45(5):1803~1822.

[111] Lee H G, Marcus S I. Approximate and local linearizability of non-linear discrete-time systems. International Journal of Control,1986,44(4):1103~1124.

[112] Lee H G, Marcus S I. On input-output linearization of discrete-time nonlinear systems. Systems & Control Letters,1987,8(3):249~259.

[113] Yeh P C, Kokotovic P V. Adaptive control of a class of nonlinear discrete-time systems. International Journal of Control,1995,62(2):203~324.

[114] Chen L, Narendra K S. Identification and control of a nonlinear dynamical system based on its linearization:Part II//Proceedings of the 2002 American Control Conference. Piscataway, NJ:IEEE. 2002:382~387.

[115] Chen L, Narendra K S. Identification and control of a nonlinear discrete-time system based on its linearization:a unified framework. IEEE Transactions on Neural Networks,2004,15 (3):663~673.

[116] Narendra K S, Chen L. Identification and control of a nonlinear dynamical system Σ based on its linearization Σ_L:Part I//Proceedings of the 37th IEEE Conference on Decision and Control. Piscataway, NJ:IEEE. 1998:2977~2982.

[117] Savaresi S M, Guardabassi G O. Approximate I/O feedback linearization of discrete-time non-linear systems via virtual input direct design. Automatica,1998,34(6):715~722.

[118] Wen C, Hill D J. Adaptive linear control of nonlinear systems. IEEE Transactions on Automatic Control,1990,35(11):1253~1257.

[119] Xi Y, Wang F. Nonlinear multi-model predictive control//Janos G, Jose B C, Michael A P. Proceedings of the 13th IFAC World Congress. Elmsford, NY:Pergamon Press. 1996.

[120] Dumont G A, Fu Y. Nonlinear adaptive control via laguerre expansion of volterra kernels. International Journal of Adaptive Control and Signal Processing,1993,7(5):367~382.

[121] Dumont G A, Fu Y, Lu G. Nonlinear adaptive generalized predictive control and applications//Clarke D W. Advances in Model-based Predictive Control. Oxford:Oxford University Press,1994:498~515.

[122] Dumont G A, Zervos C C, Pageau G L. Laguerre-based adaptive control of PH in an industrial plant extraction stage. Automatica, 1990, 26(4): 781~787.

[123] Xu J X, Hou Z S. Notes on data-driven system approaches. Acta Automatica Sinica, 2009, 35(6): 668~675 .

[124] Hou Z S, Bu X H. Model free adaptive control with data dropouts. Expert Systems with Applications, 2011, 38(8): 10709~10717.

[125] 侯忠生. 无模型自适应控制的现状与展望. 控制理论与应用, 2006, 23(4): 586~592.

[126] Hou Z S, Huang W H. The model-free learning adaptive control of a class of SISO nonlinear systems // Proceedings of the 1997 American Control Conference. Piscataway, NJ: IEEE. 1997: 343~344.

[127] Rudin W. Principles of mathematical analysis(3rd ed). New York: McGraw-Hill, 1976.

[128] Kong F, Keyser P D. Criteria for choosing the horizon in extended horizon predictive control. IEEE Transactions on Automatic Control, 1994, 39(7): 1467~1470.

[129] Scattolini R, Bittanti S. On the choice of the horizon in long-range predictive control: some simple criteria. Automatica, 1990, 26(5): 915~917.

[130] Narendra K S, Annaswamy A M. Stable Adaptive Systems. Englewood Cliffs, NJ: Prentice-Hall, 1989.

[131] Åström K J, Wittenmark B. Adaptive Control (2nd ed). Boston, MA: Addison-Wesley Longman Publishing, 1994.

[132] 郭雷. 时变随机系统: 稳定性、估计与预测. 长春: 吉林科学技术出版社, 1993.

[133] Åström K J. Theory and applications of adaptive control: a survey. Automatica, 1983, 19 (5): 471~486.

[134] Hsia T. Adaptive control of robot manipulators: a review // Proceedings of the 1986 IEEE International Conference on Robotics and Automation. 1986: 183~189.

[135] Seborg D E, Edgar T F, Shah S L. Adaptive control strategies for process control: a survey. AIChE Journal, 1986, 32(6): 881~913.

[136] Isidori A. Nonlinear Control Systems(3rd ed). London: Springer-Verlag, 1995.

[137] Tao G. Adaptive Control Design and Analysis. New York: Wiley, 2003.

[138] Pajunen G. Adaptive control of wiener type nonlinear systems. Automatica, 1992, 28(4): 781~785.

[139] Chen F C, Khalil H K. Adaptive control of a class of nonlinear discrete-time systems. IEEE Transactions on Automatic Control, 1995, 40(5): 791~801.

[140] Zhang Y, Wen C Y, Soh Y C. Robust adaptive control of uncertain discrete-time systems. Automatica, 1999, 35(5): 321~329.

[141] Krstic M, Smyshlyaev A. Adaptive boundary control for unstable parabolic PDEs-Part I: Lyapunov design. IEEE Transactions on Automatic Control, 2008, 53(7): 1575~1591.

[142] Zhang Y, Chen W H, Soh Y C. Improved robust backstepping adaptive control for nonlinear discrete-time systems without overparameterization. Automatica, 2008, 44(3): 864~

867.

[143] Zhou J, Wen C Y. Decentralized backstepping adaptive output track-ing of interconnected nonlinear systems. IEEE Transactions on Automatic Control, 2008, 53(10): 2378~2384.

[144] Zhou J, Wen C Y, Zhang Y. Adaptive backstepping control of a class of uncertain nonlinear systems with unknown backlash-like hysteresis. IEEE Transactions on Automatic Control, 2004, 49(10): 1751~1759.

[145] Findeisen R, Imsland L, Allgöwer F, et al. State and output feedback nonlinear model predictive control: an overview. European Journal of Control, 2003, 9(2-3): 190~206.

[146] Henson M A. Nonlinear model predictive control: current status and future directions. Computers & Chemical Engineering, 1998, 23(2): 187~202.

[147] Kouvaritakis B, Cannon M. Nonlinear Predictive Control: Theory and Practice. IEE Control Engineering Series. London: IEE, 2001.

[148] Magni L, Raimondo D M, Allögwer F. Nonlinear Model Predictive Control: Towards New Challenging Applications. Berlin: Springer-Verlag, 2009.

[149] Narendra K S, Xiang C. Adaptive control of discrete-time systems using multiple models. IEEE Transactions on Automatic Control, 2000, 45(9): 1669~1686.

[150] Narendra K S, Driollet O A, Feiler M, et al. Adaptive control using multiple models, switching and tuning. International Journal of Adaptive Control and Signal Processing, 2003, 17(2): 87~102.

[151] Chen X K, Fukuda T, Young K D. Adaptive quasi-sliding-mode tracking control for discrete uncertain input output systems. IEEE Transactions on Industrial Electronics, 2001, 48(1): 216~224.

[152] Chen X K. Adaptive sliding mode control for discrete-time multi-input multi-output systems. Automatica, 2006, 42(3): 427~435.

[153] Chen B, Liu X P, Tong S C. Adaptive fuzzy output tracking control of MIMO nonlinear uncertain systems. IEEE Transactions on Fuzzy Systems, 2007, 15(2): 287~300.

[154] Diaz D V, Tang Y. Adaptive robust fuzzy control of nonlinear systems. IEEE Transactions on Systems, Man, and Cybernetics, Part B: Cybernetics, 2004, 34(3): 1596~1601.

[155] Tong S C, Li Y M, Shi P. Fuzzy adaptive backstepping robust control for SISO nonlinear system with dynamic uncertainties. Information Sciences, 2009, 179(9): 1319~1332.

[156] Chang Y C, Yen H M. Adaptive output feedback tracking control for a class of uncertain nonlinear systems using neural networks. IEEE Transactions on Systems, Man, and Cybernetics, Part B: Cybernetics, 2005, 35(6): 1311~1316.

[157] Fu Y, Chai T Y. Nonlinear multivariable adaptive control using multiple models and neural networks. Automatica, 2007, 43(6): 1101~1110.

[158] Ge S S, Li G Y, Zhang J, et al. Direct adaptive control for a class of MIMO nonlinear systems using neural networks. IEEE Transactions on Automatic Control, 2004, 49(11): 2001~2004.

[159] Ge S S, Zhang J, Lee T H. Adaptive MNN control for a class of non-affine NARMAX systems with disturbances. Systems & Control Letters, 2004, 53(1): 1~12.

[160] Zhu Q M, Guo L Z. Stable adaptive neurocontrol for nonlinear discrete-time systems. IEEE Transactions on Neural Networks, 2004, 15(3): 653~662.

[161] Sang Q, Tao G. Gain margins of adaptive control systems. IEEE Transactions on Automatic Control, 2010, 55(1): 104~115.

[162] Narendra K S, Parthasarathy K. Identification and control for dynamic systems using neural networks. IEEE Transactions on Neural Networks, 1990, 1(1): 4~27.

[163] Chen F C. Back-propagation networks for neural nonlinear self-tuning adaptive control. IEEE Control Systems Magazine, 1990, 10(3): 44~48.

[164] Jury E I. Theory and Application of the z-Transform Method. New York: Wiley, 1964.

[165] Jin L, Nikiforuk D N, Gupta M M. Adaptive control of discrete-time nonlinear systems using neural networks. IEE Proceedings of Control Theory and Applications, 1994, 141(3): 169~176.

[166] Cook P A. Application of model reference adaptive control to a benchmark problem. Automatica, 1994, 36(4): 585~588.

[167] Ahmed M S, Tasaddug I A. Neural-net controller for nonlinear plants: design approach through linearization. IEE Proceedings of Control Theory and Applications, 1994, 141(5): 305~314.

[168] Etxebarria V. Adaptive control of discrete systems using neural networks. IEE Proceedings of Control Theory and Applications, 1994, 141(4): 209~215.

[169] Skogestad S, Postlethwaite I. Multivariable Feedback Control: Analysis and Design (2nd ed). Chichester: Wiley, 2005.

[170] Elliot H, Wolovich W A. A parameter adaptive control structure for linear multivariable systems. IEEE Transactions on Automatic Control, 1982, 27(2): 340~352.

[171] Asano T, Yoshikawa K, Suzuki S. The design of a precompensator for multivariable adaptive control: a network-theoretic approach. IEEE Transactions on Automatic Control, 1990, 35(6): 706~710.

[172] Ortega R. On Morse's new adaptive controller: parameter convergence and transient performance. IEEE Transactions on Automatic Control, 1993, 38(8): 1191~1202.

[173] Liu X P, Gu G X, Zhou K M. Robust stabilization of MIMO nonlinear systems by backstepping. Automatica, 1999, 35(5): 987~992.

[174] Yao B, Tomizuka M. Adaptive robust control of MIMO nonlinear systems in semi-strict feedback forms. Automatica, 2001, 37(9): 1305~1321.

[175] Wang C L, Lin Y. Adaptive dynamic surface control for linear multivariable systems. Automatica, 2010, 46(10): 1703~1711.

[176] Wang C L, Lin Y. Decentralized adaptive dynamic surface control for a class of interconnected nonlinear systems. IET Control Theory & Applications, 2012, 6(9): 1172~1181.

[177] Chen B, Tong S, Liu X. Fuzzy approximate disturbance decoupling of MIMO nonlinear systems by backstepping approach. Fuzzy Sets and Systems, 2007, 158(10):1097~1125 .

[178] Wang W H, Hou Z S, Jin S T. Model-free indirect adaptive decoupling control for nonlinear discrete-time MIMO systems // Tilbury D, Chen B M. Proceedings of the 48th IEEE Conference on Decision and Control. Piscataway, NJ: IEEE. 2009:7663~7668.

[179] 金尚泰. 无模型学习自适应控制的若干问题研究及其应用. 北京:北京交通大学博士学位论文,2008.

[180] 王卫红. 无模型自适应控制理论几类问题的研究. 北京:北京交通大学博士学位论文,2008.

[181] Wen C Y, Zhou J, Wang W. Decentralized adaptive backstepping stabilization of interconnected systems with dynamic input and output interactions. Automatica,2009,45(1):55~67.

[182] Gerschgorin S. Uber die abgrenzung der eigenwerte einer matrix. Izv, Akad. Nauk. USSR Otd. Fiz. Mat. Nauk 7,1931:749~754.

[183] 黄琳. 系统与控制理论中的线性代数. 北京:科学出版社,1984.

[184] Zhang J, Ge S S. Output feedback control of a class of discrete MIMO nonlinear systems with triangular form inputs. IEEE Transactions on Neural Networks,2005,16(1):1491~1503.

[185] Richalet J. Model predictive heuristic control:application to industrial process. Automatica,1978,14(5):413~428.

[186] Culter C R, Ramaker B L. Dynamic matrix control: a computer control algorithm // Proceedings of JACC. 1980.

[187] Clarke D W, Mohtadi C, Tuffs P S. Generalized predictive control. Automatica, 1987, 23(2):137~160.

[188] 席裕庚. 预测控制. 北京:国防工业出版社,1993.

[189] Chen H, W. Scherer C. Moving horizon H∞ control with performance adaptation for constrained linear systems. Automatica,2006,42(6):1033~1040.

[190] Sui D, Feng L, Hovd M, et al. Decomposition principle in model predictive control for linear systems with bounded disturbances. Automatica,2009,45(8):1917~1922.

[191] Elshafei A L, Dumont G, Elaaggar A. Stability and convergence analysis of an adaptive GPC based on state-space modeling. International Journal of Control,1995,61(1):193~210.

[192] Rouhani R, Mehra R K. Model algorithmic control (MAC):basic theoretical proper. Automatica,1982,18(4):401~414.

[193] Yoon T W, Clarke D W. Adaptive predictive control of the Benchmark plant. Automatica, 1994,30(4):621~628.

[194] Scokaert P O M, Clarke D W. Stabilizing properties of con-strained predictive control. IEE Proceedings of Control Theory and Applications,1994,141(5):295~304.

[195] Canale M, Fagiano L, Milanese M. Efficient model predictive control for nonlinear systems via function approximation techniques. IEEE Transactions on Automatic Control, 2010, 55(8):1911~1916.

[196] Munoz de La Pena D, Christofides P D. Lyapunov-based model predictive control of nonlinear systems subject to data losses. IEEE Transactions on Automatic Control, 2008, 53(9):2076~2089.

[197] Mayne D Q, Rawlings J B, Rao C V, et al. Constrained model predictive control: stability and optimality. Automatica, 2000, 36(6):789~814.

[198] Hou Z S. The model-free direct adaptive predictive control for a class of discrete-time nonlinear system//Ding Z T, Xu J X, Yow K C. Proceedings of the 4th Asian Control Conference. Singapore: Suntec. 2002:519~524.

[199] Tan K K, Huang S N, Lee T H. Applied Predictive Control. London: Springer-Verlag, 2002.

[200] Tan K K, Huang S N, Lee T H, et al. Adaptive predictive PI control of a class of SISO systems // Proceedings of the 1999 American Control Conference. Piscataway, NJ: IEEE. 1999:3848~3852 .

[201] Clarke D W, Gawthrop P J. Self-tuning control. IEE Proceedings, 1979, 126(6):633~640.

[202] Palsson O P, Madsen H, Sogaard H T. Generalized predictive control for non-stationary systems. Automatica, 1994, 30(12):1991~1997.

[203] Bristow D A, Tharayil M, Alleyne A G. A survey of iterative learning control: a learning-based method for high-performance tracking control. IEEE Control Systems Magazine, 2006, 26,(3):96~114.

[204] 许建新, 侯忠生. 学习控制的现状与展望. 自动化学报, 2005, 31(6):943~955.

[205] Hou Z S, Xu J X, Zhong H W. Freeway traffic control using iterative learning control based ramp metering and speed signaling. IEEE Transactions on Vehicular Technology, 2007, 56(2):466~477.

[206] Hou Z S, Wang Y. Terminal iterative learning control based station stop control of a train. International Journal of Control, 2011, 84(7):1263~1274.

[207] Hou Z S, Yan J W, Xu J X, et al. Modified iterative-learning-control-based ramp metering strategies for freeway traffic control with iteration-dependent factors. IEEE Transactions on Intelligent Transportation Systems, 2012, 13(2):606~618.

[208] Hou Z S, Xu X, Yan J W, et al. A complementary modularized ramp metering designing approach based on iterative learning control and ALINEA. IEEE Transactions on Intelligent Transportation Systems, 2011, 12(4):1305~1318.

[209] Chi R H, Hou Z S. Dual-stage optimal iterative learning control for nonlinear non-affine discrete-time systems. Acta Automatica Sinica, 2007, 33(10):1061~1065.

[210] 池荣虎, 侯忠生, 隋树林. 快速路入口匝道的非参数自适应迭代学习控制. 控制理论与应用, 2008, 25(6):1011~1015.

[211] Chi R H, Hou Z S. A model-free periodic adaptive control for freeway traffic density via ramp metering. Acta Automatica Sinica, 2010, 36(7):1029~1032.

[212] 池荣虎, 侯忠生, 于镭, 等. 高阶无模型自适应迭代学习控制. 控制与决策, 2008, 23(7): 795~798.

[213] Chandra R S, Langbort C, Andrea R D. Distributed control design with robustness to small time delays. Systems & Control Letters, 2009, 58(4):296~303.

[214] Fan C-H, Speyer J L, Jaensch C R. Centralized and decentralized solutions of the linear-exponential-Gaussian problem. IEEE Transactions on Automatic Control, 1994, 39(10): 1986~2003.

[215] Milutinovic D, Lima P. Modeling and optimal centralized control of a large-size robotic population. IEEE Transactions on Robotics, 2006, 22(6):1280~1285.

[216] Huang S, Tan K, Lee T. Neural network learning algorithm for a class of interconnected nonlinear systems. Neurocomputing, 2009, 72(4-6):1071~1077.

[217] Labibi B, Marquez H J, Chen T. Decentralized robust output feedback control for control affine nonlinear interconnected systems. Journal of Process Control, 2009, 19(5):865~878.

[218] Stankovic S S, Siljak D D. Robust stabilization of nonlinear interconnected systems by decentralized dynamic output feedback. Systems & Control Letters, 2009, 58(4):271~275.

[219] Becerril-Arreola R, Aghdam A G, Yurkevich V D. Decentralised two-time-scale motions control based on generalised sampling. Control Theory & Applications, IET, 2007, 1(5): 1477~1486.

[220] D'Andrea R, Dullerud G E. Distributed control design for spatially interconnected systems. IEEE Transactions on Automatic Control, 2003, 48(9):1478~1495.

[221] Ding S X, Yang G, Zhang P, et al. Feedback control structures, embedded residual signals, and feedback control schemes with an integrated residual access. IEEE Transactions on Control Systems Technology, 2010, 18(2):352~367.

[222] 侯忠生, 熊丹. 带有无模型外环补偿的自适应控制系统设计∥褚健, 王树青, 俞立, 等. 第五届全球智能控制与自动化大会论文集. Piscataway, NJ: IEEE. 2004:444~448.

[223] 熊丹. 基于无模型控制外环补偿的控制系统模块化设计研究. 北京: 北京交通大学硕士学位论文, 2004.

[224] 晏静文, 侯忠生. 学习增强型 PID 控制系统的收敛性分析. 控制理论与应用, 2010, 27(6): 761~768.

[225] Hou Z S, Xu J X. A new feedback-feedforward configuration for the iterative learning control of a class of discrete-time systems. Acta Automatica Sinica, 2007, 33(3):323~326.

[226] Ortega R, Tang Y. Robustness of adaptive controllers: a survey. Automatica, 1989, 25(5): 651~677.

[227] Peterson B B, Narendra K S. Bounded error adaptive control. IEEE Transactions on Automatic Control, 1982, 27(6): 1161~1168.

[228] Narendra K S, Annaswamy A M. A new adaptive law for robust adaptive without persistent excitation. IEEE Transactions on Automatic Control, 1987, 32(2): 134~145.

[229] Ortega R, Praly L, Landau I D. Robustness of discrete time direct adaptive controllers. IEEE Transactions on Automatic Control, 1985, 30(12): 1179~1187.

[230] Wen C Y, Hill D J. Decentralized adaptive control of linear time-varying systems // Utkin V, Jaaksoo Ü. Proceedings of IFAC 11th World Congress on Automatic Control. Elmsford, NY, United States: Pergamon Press. 1990: 131~136.

[231] Ydstie B E. Transient performance and robustness of direct adaptive control. IEEE Transactions on Automatic Control, 1992, 37(8): 1091~1105.

[232] Ioannou P A, Kokotovic P V. Instability analysis and improvement of adaptive control. Automatica, 1984, 20(5): 583~594.

[233] Ioannou P A, Tsaklis K. A robust direct adaptive controller. IEEE Transactions on Automatic Control, 1986, 31(11): 1033~1043 .

[234] Krstic M, Kanellakopoulos I, Kokotovic P V. Passivity and parametric robustness of a new class adaptive systems. Automatica, 1994, 30(11): 1703~1716.

[235] 卜旭辉, 侯忠生, 金尚泰. 扰动抑制无模型自适应控制的鲁棒性分析. 控制理论与应用, 2011, 28(3): 358~362.

[236] Bu X H, Hou Z S, Fu F S, et al. Robust model free adaptive control with measurement disturbance. IET Control Theory & Applications, 2012, 9(6): 1288~1296.

[237] Hespanha J P, Naghshtabrizi P, Xu Y G. A survey of recent results in networked control systems. Proceedings of the IEEE, 2007, 95(1): 138~162.

[238] Sahebsara M, Chen T, Shah S L. Optimal filtering in networked control systems with multiple packet dropout. IEEE Transactions on Automatic Control, 2007, 52(8): 1508~1513.

[239] Tian Y P, Feng C B, Xin X. Robust stability of polynomials with multilinearly of dependent coefficient perturbations. IEEE Transactions on Automatic Control, 1994, 39(3): 554~558.

[240] Wang Y L, Yang G H. Linear estimation-based time delay and packet dropout compensation for networked control systems // Proceedings of the 2008 American Control Conference. Piscataway, NJ: IEEE. 2008: 3786~3791.

[241] Hsieh C C, Hsu P, Wang B C. The motion message estimator in net-worked control systems // Proceedings of the 17th IFAC World Congress. Laxenburg, Austria: IFAC Secretariat. 2008: 11606~11611.

[242] 索格罗, 阳宪惠. 网络传输迟延与丢包的补偿及系统稳定性分析. 控制与决策, 2006, 21(2): 205~209.

[243] 张嗣瀛. 复杂控制系统的对称性及相似性结构. 控制理论与应用, 1994, 11(2): 231~236.

[244] Hou Z S, Huang W H. The model-free learning adaptive control of a class of MISO nonlinear discrete-time systems//Chen Z Y, Chai T Y. Proceedings of the 5th IFAC Symposium on Low Cost Automation. Laxenburg, Austria: IFAC Secretariat. 1998:13~26.

[245] Hou Z S, Huang W H. The model-free learning adaptive control of a class of nonlinear discreat-time systems. Control Theory & Applications, 1998, 15(6):893~899.

[246] 侯忠生. 鲁棒的非线性系统无模型学习自适应控制. 控制与决策, 1995, 10(2):137~142.

[247] 侯忠生, 韩志刚. 非线性系统的参数估计及与之对偶的自适应控制. 自动化学报, 1995, 21(1):122~125.

[248] 侯忠生, 黄文虎, 韩志刚. 自校正控制系统的对称相似结构设计初探: 参数模型的情形. 控制与决策, 1998, 13:291~295.

[249] Alessandri A, Baglietto M, Battistelli G. Receding-horizon estimation for discrete-time linear systems. IEEE Transactions on Automatic Control, 2003, 48(3):473~478.

[250] Goodwin G C, de Doná J A, Seron M M, et al. Lagrangian duality between constrained estimation and control. Automatica, 2005, 41(6):935~944.

[251] Gopaluni R B, Patwardhan R S, Shah S L. MPC relevant identification-tuning the noise model. Journal of Process Control, 2004, 14(6):699~714.

[252] Papadakis I N M, Thomopoulos S C A. On the dual nature of the MARC and MARI problems//Proceedings of the 1991 American Control Conference. Green Valley, AZ: American Automatic Control Council. 1991:163~164.

[253] Shook D S, Mohtadi C, Shah S L. Identification for long-range predictive control. IEE Proceedings of Control Theory and Applications, 1991, 138(1):75~84.

[254] Shook D S, Mohtadi C, Shah S L. A control-revelant identification strategy for GPC. IEEE Transactions on Automatic Control, 1992, 37(7):975~980.

[255] 池荣虎. 非线性离散时间系统的自适应迭代学习控制及应用. 北京: 北京交通大学博士学位论文, 2006.

[256] Chi R H, Hou Z S. A neural network-based adaptive ILC for a class of nonlinear discrete-time systems with dead zone scheme. Journal of Systems Science and Complexity, 2009, 22(3):435~445.

[257] Chi R H, Hou Z S, Jin S T. Data-weighting based discrete-time adaptive iterative learning control for nonsector nonlinear systems with iteration-varying trajectory and random initial condition. Journal of Dynamic Systems, Measurement, and Control, 2012, 134(2):021016-1~021016-10.

[258] Chi R H, Hou Z S, Jin S T. Discrete-time adaptive ILC for non-parametric uncertain nonlinear systems with iteration-varying trajectory and random initial condition. Aisan Journal of Control, 2013, 15(2):562~570.

[259] Chi R H, Hou Z S, Sui S L, et al. A new adaptive iterative learning control motivated by discrete-time adaptive control. International Journal of Innovative Computing, Information and Control, 2008, 4(6):1267~1274.

[260] Chi R H, Hou Z S, Xu J X. Adaptive ILC for a class of discrete-time systems with itera-tion-varying trajectory and random initial condition. Automatica, 2008, 44(8): 2207～2213.

[261] Chi R H, Sui S L, Yu L, et al. A discrete-time adaptive ILC for systems with random initial condition and iteration-varying trajectory // Proceedings of the 17th IFAC World Congress. Laxenburg, Austria: IFAC Secretariat. 2008: 14432～14437.

[262] Xu J X. A new periodic adaptive control approach for time-varying parameters with known periodicity. IEEE Transactions on Automatic Control, 2004, 49(4): 579～583.

[263] Hou Z S, Chi R H, Xu J X. Reply to "Comments on 'Adaptive ILC for a class of discrete-time systems with iteration-varying trajectory and random initial condition". Automatica, 2010, 46(3): 635～636.

[264] 曹荣敏,侯忠生. pH 值中和反应过程的无模型学习自适应控制. 计算机工程与应用, 2006, 42(28): 191～194.

[265] 王俊伟,尚群立. 无模型控制方法在泵式中和 pH 值控制中的研究. 机电工程, 2008, 25(5): 96～99.

[266] Chi R H, Hou Z S. A model free adaptive control approach for freeway traffic density via ramp metering. International Journal of Innovative Computing, Information and Control, 2008, 4(11): 2823～2832.

[267] 侯忠生,晏静文. 带有迭代学习前馈的快速路无模型自适应入口匝道控制. 自动化学报, 2009, 35(6): 588～595.

[268] 马洁,陈智勇,侯忠生. 大型舰船综合减摇系统无模型自适应控制. 控制理论与应用, 2009, 26(11): 1289～1292.

[269] 马洁,刘小河,李国斌. 减摇水舱试验台架系统无模型自适应控制. 船舶工程, 2006, 28(4): 5～8.

[270] 李传庆,刘广生. 锅炉汽包水位 MFAC-PID 串级控制方案的仿真研究. 东北电力学院学报(自然科学版), 2005, 25(4): 11～15.

[271] 李大中,宁薇薇,倪玮强. 双速率采样 MFA-PID 串级控制在汽包水位系统中的仿真研究. 锅炉技术, 2007, 38(5): 19～21, 35.

[272] 齐建玲,马光. 玻璃熔窑无模型自适应控制系统的设计. 北华航天工业学院学报, 2010, 20(2): 1～3, 10.

[273] 何炜. 一种磁悬浮开关磁阻电机的自适应控制器. 大电机技术, 2004(5): 57～60, 64.

[274] 周强,瞿伟廉. 安装 MR 阻尼器工程结构的非参数模型自适应控制. 地震工程与工程振动, 2004, 24(4): 127～132.

[275] 马平,张晨晖. 基于无模型控制器的火电厂主汽压控制系统. 电力科学与工程, 2008, 24(10): 28～30.

[276] 程启明,程尹曼,汪明媚,等. 基于灰色预测的无模型控制在球磨机负荷控制中的仿真研究. 仪器仪表学报, 2011, 32(1): 87～92.

[277] 程启明,郭瑞青,杜许峰,等. 无模型多变量解耦控制方法及其在球磨机控制中的仿真应

用.动力工程,2008,28(6):891~895.

[278] 保宏,段宝岩,陈光达,等.大射电望远镜舱索系统的控制与实验.中国机械工程,2007,18(14):1643~1647.

[279] 保宏,段宝岩,尤国强.索网式展开天线网面精度调整的控制方法.应用力学学报,2008,25(1):154~157.

[280] 保宏,段宝岩,陈光达.索系馈源支撑结构控制方法的研究.机械设计与研究,2005,21(2):64~66.

[281] 史旭华,俞海珍,钱锋.一种基于斜率辨识的DMC自适应预测控制算法.仪器仪表学报,2008,29(1):152~158.

[282] 刘纯国,隋振,付文智,等.板材多点成形过程的非参数模型及自适应控制.控制工程,2004,11(4):306~308.

[283] 王海波,王庆丰.水下拖曳升沉补偿系统的非参数模型自适应控制.控制理论与应用,2010,27(4):513~516.

[284] Guo D,Fu Y L,Lu N,et al. Application of model-free adaptive control in billet flash butt welding // Proceedings of the 29th Chinese Control Conference. Piscataway, NJ: IEEE Computer Society. 2010:5110~5114.

[285] 吕凤琳,陈华斌,樊重建,等.无模型自适应控制方法在脉冲TIG焊中的应用.上海交通大学学报,2009,43(1):62~64,70.

[286] Lv F L,Chen H B,Fan C J,et al. A novel control algorithm for weld pool control. Industrial Robot:An International Journal,2010,37(1):89~96.

[287] Lv F L,Wang J F,Fan C J,et al. An improved model-free adaptive control with G function fuzzy reasoning regulation design and its applications // Proceedings of the Institution of Mechanical Engineers,Part I:Journal of Systems and Control Engineering,2008,222(8):817~828.

[288] 李运升,姚爱国,杨俊波,等.基于无模型自适应算法的垂钻纠斜控制试验研究.探矿工程-岩土钻掘工程,2009,36(S1):104~109.

[289] 孙剑飞,冯英浚,王新生.基于无模型控制的一类宏观经济动态调控.系统工程理论与实践,2008,28(6):45~52.

[290] 蒋近,戴瑜兴,彭思齐.多线切割机控制系统的研制.中国机械工程,2010,21(15):1780~1784.

[291] 张德江,姚禹.电弧炉电极调节系统的嵌入型无模型非参数自适应控制.冶金自动化,2009,33(S2):171~174.

[292] 鲁效平,李伟,林勇刚.基于无模型自适应控制器的风力发电机载荷控制.农业机械学报,2011,42(2):109~114,129.

[293] 张磊安,乌建中,陈州全,等.兆瓦级风电叶片静力加载控制系统设计及试验.中国机械工程,2011,22(18):2182~2185,2208.

[294] Chang Y,Gao B,Gu K Y. A model-free adaptive control to a blood pump based on heart rate. ASAIO Journal,2011,57(4):262~267.

[295] Gao B, Gu K Y, Zeng Y, et al. An anti-suction control for an intra-aorta pump using blood assistant index: a numerical simulation. Artificial Organs, 2012, 36(3): 275~285. .

[296] 郭春华, 汪同庆. 基于无模型自适应控制的电压型 PWM 整流器研究 // 陈杰. 第 29 届中国控制会议论文集. 北京: 北京航空航天大学出版社. 2010: 2077~2081.

[297] Campi M C, Lecchini A, Savaresi S M. Virtual reference feedback tuning (VRFT): a new direct approach to the design of feedback controllers // Proceedings of the 39th IEEE Conference on Decision and Control. Piscataway, NJ: IEEE. 2000: 623~629.

[298] Hjalmarsson H. From experiment design to closed-loop control. Automatica, 2005, 41(3): 393~438.

[299] Hjalmarsson H, Gunnarsson S, Gevers M. Model-free tuning of a robust regulator for a flexible transmission system. European Journal of Control, 1995, 1(2): 148~156.

[300] Tan K K, Huang S N, Lee T H. Robust adaptive numerical compensation for friction and force ripple in permanent magnet linear motors. IEEE Transactions on Magnetics, 2002, 38(1): 221~228.

[301] Huang Y S, Sung C C. Implementation of sliding mode controller for linear syn-chronous motors based on direct thrust control theory. IET Control Theory & Applications, 2010, 4(3): 326~338.

[302] Naso D, Cupertino F, Turchiano B. Precise position control of tubular linear motors with neural networks and composite learning. Control Engineering Practice, 2010, 18(5): 515~522.

[303] Tan K K. Precision motion control with disturbance observer for pulse width-modulated-driven permanent magnet linear motors. IEEE Transactions on Magnetics, 2003, 39(3): 1813~1818.

[304] Tan K K, Lee T H, Zhou H X. Micro-positioning of linear piezoelectric motors based on a learning nonlinear PID controller. IEEE Transactions on Mechatronics, 2001, 6(4): 428~436.

[305] Parageorgiou M, Kotsialos A. Freeway ramp metering: an overview. IEEE Transactions on Intelligent Transportation Systems, 2002, 3(4): 271~278.

[306] Cheng I C, Gruz J B, Paquet J G. Entrance ramp control for travel rate maximization in expressways. Transportation Research Part C, 1974, 8(6): 503~508.

[307] Isaken L, Payne H J. Suboptimal control of linear systems by augmentation with application to freeway traffic regulation. IEEE Transactions on Automatic Control, 1973, 18(3): 210~219.

[308] Masher D P, Ross D W, Wong P J, et al. Guidelines for Design and Operation of Ramp Control Systems. California: Stanford Research Institute, 1975.

[309] Papageorgiou M, Hadj-Salem H, Blosseville J M. ALINEA: A local feedback control law for on-ramp metering. Transportation Research Record, 1991, 1320: 58-64.

[310] Zhang H M, Ritchie S G, Jayakrishnan R. Coordinated traffic-responsive ramp control via

nonlinear state feedback. Transportation Research Part C,2001,9(5):337~352.

[311] Kotsialos A. Coordinated and integrated control of motor-way networks via nonlinear optimal control. Transportation Research Part C,2002,10(1):65~84.

[312] Parageorgiou M,Hadj-Salem H,Middleham F. ALINEA local ramp metering:summary of the field results. Transportation Research Record,1997,1603:90~98.

[313] Wang Y B,Papageorgion M. Real-time freeway traffic state estimation based on extended kalman filter:a general approach. Transportation Research Part B,2005,39(2):141~167.

[314] Papageorgiou M,Blosseville J M,Hadj-Salem H. Macroscopic modeling of traffic flow on the boulevard peripherique in Paris. Transportation Research Part B,1989,23(1):29~47.

[315] Pietrzak K A,Packer S M. Vision-based weld pool width control. ASME Journal of Engineering for Industry,1994,116(1):86~92.

[316] Song J B,Hardt D E. Dynamic modeling and adaptive control of the gas metal arc welding process. ASME Journal of Dynamic Systems,Measurement,and Control,1994,116(3):405~413.

[317] Zhang Y M,Liguo E,Walcott B L. Robust control of pulsed gas metal arc welding. ASME Journal of Dynamic Systems,Measurement,and Control,2002,124(2):281~289.

[318] Tsai C H,Hou K H,Chuang H T. Fuzzy control of pulsed GTA welds by using real-time root bead image feedback. Journal of Materials Processing Technology,2006,176(1-3):158~167.

[319] Andersen K,Cook G E. Artificial neural networks applied to arc welding process modeling and control. IEEE Transactions on Industry Application,1990,26(5):824~830.

[320] Lv F L,Chen S B,Dai S W. A model-free adaptive control of pulsed GTAW//Tarn T J,Chen S B,Zhou C. Robotic Welding,Intelligence and Automation. Berlin:Springer-Verlag,2007:333~339.

[321] Hou Z S,Zhu Y M. Controller-dynamic-linearization based model free adaptive control for discrete-time nonlinear systems. IEEE Transactions on Industrial informatics,DOI:10.1109/TII,2013:2257806.

[322] Hou Z S,Zhu Y M. Controller compact form dynamic linearization based model free adaptive control//Proceedings of the 51st IEEE Annual Conference on Decision and Control. Piscataway,NJ:IEEE,2012:4817~4822.

[323] Bu X H,Hou Z S,Yu F S,et al. Model free adaptive control with disturbance observer. Control Engineering and Applied Informatics,2012,14(4):42~49.

[324] Bu X H,Yu F S,Hou Z S,et al. Model free adaptive control algorithm with data dropout compensation. Mathematical Problems in Engineering,2012:1~14.